应用型本科土木工程系列规划教材

土木工程施工技术

主　编　王正君
副主编　卢成江　李玖颖　霍洪元
参　编　孔方昀　刘小伟　杨　阳
主　审　史长莹

机 械 工 业 出 版 社

本书以现行的土木工程专业有关技术规范和规程为依据，对土木工程中常用的施工技术和施工组织进行了全面的介绍。在内容上不仅保留了目前仍采用的一些传统的施工技术，而且将近几年发展起来的土木工程施工的新理论、新技术和新工艺充实到本书中。

本书是按照高等学校土木工程学科专业指导委员会制定的《高等学校土木工程本科指导性专业规范》编写的，能够满足普通高等院校培养应用型人才的需要。全书共11章，包括土方工程、桩基础工程、砌筑工程、脚手架工程、混凝土结构工程、结构吊装工程、防水装饰工程、施工组织概论、流水施工原理、网络计划技术、盾构法施工技术。本书对内容进行了精简，并注重和实际结合。

本书可作为高等院校土木工程专业、工程管理专业和工程造价专业等相关专业的教材，也可作为相关专业工程技术人员的参考书。

图书在版编目（CIP）数据

土木工程施工技术/王正君主编. —北京：机械工业出版社，2017. 10
应用型本科土木工程系列规划教材
ISBN 978-7-111-58139-0

Ⅰ. ①土… Ⅱ. ①王… Ⅲ. ①土木工程-工程施工-高等学校-教材
Ⅳ. ①TU7

中国版本图书馆CIP数据核字（2017）第238508号

机械工业出版社（北京市百万庄大街22号　邮政编码100037）
策划编辑：李宣敏　责任编辑：李宣敏　于伟蓉　责任校对：张　征
封面设计：张　静　责任印制：李　昂
河北鹏盛贤印刷有限公司印刷
2018年1月第1版第1次印刷
184mm×260mm · 14.75印张 · 387千字
标准书号：ISBN 978-7-111-58139-0
定价：39.00元

凡购本书，如有缺页、倒页、脱页，由本社发行部调换

电话服务
服务咨询热线：010-88379833
读者购书热线：010-88379649

网络服务
机 工 官 网：www.cmpbook.com
机 工 官 博：weibo.com/cmp1952
教育服务网：www.cmpedu.com
金 书 网：www.golden-book.com

前　言

土木工程施工是土木工程专业教学中的重要专业课程之一，它主要研究土木工程施工技术和管理方面的基本理论、方法、相关施工规律等。本书内容既包括传统的施工方法，同时也吸收了最近几年土木工程施工的新技术、新工艺、新方法。通过本课程的学习，学生应能了解国内外土木工程施工的新技术和发展动态，掌握土木工程施工中常用的施工技术和施工方法，掌握单位工程施工组织设计及施工组织总设计的编制步骤方法，具有解决土木工程施工技术和施工组织设计问题的能力，重视培养实际工程中分析问题和解决问题的能力。

本书主要参照了现行建筑、道路、桥梁工程的施工规范、规程和标准，以及相关的设计规范、技术规范等。本书为应用型本科土木工程系列规划教材，是依据高等学校土木工程学科专业指导委员会编制的《高等学校土木工程本科指导性专业规范》所提出的核心知识，按照最低标准要求编写的。本书可作为高等院校土木工程、工程管理、道路桥梁等专业的教学和参考书，也可作为其他相关专业或从事土木工程施工技术和管理工作人员的参考书。

本书的编写人员具有多年的工程实践经历和工程施工的教学经验，均为从事土木工程施工教学和科研的一线教师，他们将多年的教学经验和专业知识融入本书的编写中。本书第1.3节、第1.4节由王正君老师编写，第1.2节、第1.5节、第8章和第11.1节由卢成江老师编写，第2章、第11.3节和第11.4节由李玖颖老师编写，第1.1节、第5.2节、第5.3节和第6章由霍洪元老师编写，第4章、第5.1节和第9章由孔方昀老师编写，第3章和第7章由刘小伟老师编写，第10章和第11.2节由杨阳老师编写，全书由史长莹教授主审。

本书编写时借鉴、参考了一些国内外著名学者编写的著作，在此表示诚挚的感谢。限于编者水平有限，书中难免有不足之处，敬请读者批评指正，诚挚地希望读者提出宝贵的意见。

编　者

目　录

第1章　土方工程

1.1　概述

1.1.1　土方工程施工的内容

土方工程主要分为两类：其一是场地平整，完成“四通一平”中的“一平”，施工中主要是土方的挖、填工作；其二是基坑、基槽及管沟、隧道和路基的开挖与填筑，施工中主要解决开挖前的降水、土方边坡的稳定、土方开挖方式的确定、土方开挖机械的选择和组织以及土壤的填筑与压实等问题。

1.1.2　土方工程施工的特点

土方工程施工主要有以下特点：施工面积和工程量大，劳动繁重；大多为露天作业，施工条件复杂，施工中易受地区气候条件影响；土体本身是一种天然物质，种类繁多，施工时受工程地质条件和水文地质条件的影响也很大。因此，为了减轻劳动强度，提高劳动生产效率，确保土方在施工阶段的安全，加快工程进度和降低工程成本，在组织施工时，应根据工程特点和周边环境，制定合理施工方案，尽可能采用新技术和机械化施工，为其后续工作尽快提供工作面。

1.1.3　土的工程分类

在土木工程施工和工程预算定额中，根据土的开挖难易程度，将土分为表 1-1 中的八类。前四类为一般土，后四类为岩石。正确区分和鉴别土的种类，可以合理地选择施工方法和准确地套用定额计算土方工程费用。

表 1-1　土的工程分类与开挖方法和工具

土的分类	土的级别	土的名称	土的可松性系数		开挖方法及工具
			K_p	K'_p	
一类土（松软土）	Ⅰ	砂土，粉土，冲积砂土层，疏松的种植土，淤泥（泥炭）	1.08～1.17	1.01～1.03	用锹、锄头挖掘，少许用脚蹬
二类土（普通土）	Ⅱ	粉质黏土，潮湿的黄土，夹有碎石卵石的砂，粉土混卵（碎）石，种植土，填土	1.20～1.30	1.03～1.04	用锹、锄头挖掘，少许用镐翻松
三类土（坚土）	Ⅲ	软及中等密实黏土，重粉质黏土，砾石土，干黄土，含有碎石卵石的黄土，粉质黏土，压实的填土	1.14～1.28	1.02～1.05	主要用镐，少许用锹、锄头挖掘，部分用撬棍
四类土（砂砾坚土）	Ⅳ	坚硬密实的黏性土或黄土，含碎石、卵石的中等密实的黏性土或黄土，粗卵石，天然级配砂石，软泥灰岩	1.26～1.32（泥灰岩、蛋白石除外） 1.33～1.37（泥灰岩、蛋白石）	1.06～1.09（泥灰岩、蛋白石除外） 1.11～1.15（泥灰岩、蛋白石）	整个先用镐、撬棍，后用锹挖掘，部分用楔子及大锤

（续）

土的分类	土的级别	土的名称	土的可松性系数		开挖方法及工具
			K_p	K'_p	
五类土（软石）	Ⅴ~Ⅵ	硬质黏土，中密的页岩、泥灰岩，白垩土，胶结不紧的砾岩，软石灰岩及贝壳石灰岩			用镐或撬棍、大锤挖掘，部分使用爆破方法
六类土（次坚石）	Ⅶ~Ⅸ	泥岩，砂岩，砾岩，坚实的页岩、泥灰岩，密实的石灰岩，风化花岗岩，片麻岩及正长岩	1.30~1.145	1.10~1.20	用爆破方法开挖，部分用风镐
七类土（坚石）	Ⅹ~ⅩⅢ	大理石，辉绿岩，玢岩，粗、中粒花岗岩，坚实的白云岩、砂岩、砾石、片麻岩、石灰岩，微风化安山岩、玄武岩			用爆破方法开挖
八类土（特坚石）	ⅩⅣ~ⅩⅥ	安山岩，玄武岩，花岗片麻岩，坚实的细粒花岗岩、闪长岩、石英岩、辉长岩、辉绿岩、玢岩、角闪岩	1.45~1.50	1.20~1.30	用爆破方法开挖

1.1.4 土的工程性质

土的工程性质对土方工程的施工方法、机械设备的选择、基坑（槽）降水、劳动力消耗以及工程费用等有直接的影响。其工程性质主要是指含水量、可松性、渗透性和边坡。

1. 土的含水量

土的含水量是指土中水的质量与固体颗粒质量之比，以百分率表示，即

$$w=\frac{m_1-m_2}{m_2}\times 100\%=\frac{m_w}{m_s}\times 100\% \tag{1-1}$$

式中 m_1——含水状态时土的质量（kg）；

m_2——烘干后土的质量（kg）；

m_w——土中水的质量（kg）；

m_s——固体颗粒的质量（kg）。

土的含水量随气候条件、季节和地下水的影响而变化，它对降低地下水、土方边坡的稳定性及填方密实程度有直接的影响。

2. 土的可松性

自然状态下的原状土经开挖后内部组织被破坏，其体积因松散而增加，以后虽经回填压实，仍不能恢复其原来的体积，土的这种性质称为土的可松性。土的可松性用可松性系数表示，即

$$K_p=\frac{V_2}{V_1} \tag{1-2}$$

$$K'_p=\frac{V_3}{V_1} \tag{1-3}$$

式中 K_p——土的最初可松性系数；

K'_p——土的最终可松性系数；

V_1——土在自然状态下的体积（m^3）；

V_2——土挖出后在松散状态下的体积（m^3）；

V_3——土经回填压实后的体积（m^3）。

V_3 是指土方分层填筑时在土体自重、运土工具重量及压实机具作用下压实后的体积，此时，土壤变得密实，但一般情况下其密实程度不如原状土，即 $V_3>V_1$。

土的最初可松性系数 K_p 是计算车辆装运土方体积及选择挖土机械的主要参数；土的最终可松性系数 K'_p 是计算填方所需土方量的主要参数。K_p、K'_p 的大小与土质有关，根据土的工程分类，相应的可松性系数参见表 1-1。

3. 土的渗透性

土的渗透性是指土体被水透过的性质。土体孔隙中的自由水在重力作用下会发生流动，当基坑（槽）开挖至地下水位以下时，地下水会不断地流入基坑（槽）。地下水在渗流过程中受到土颗粒的阻力，其大小与土的渗透性及地下水渗流的路程长短有关。法国学者达西根据图 1-1 所示的砂土渗透试验，发现水在土中的渗流速度（v）与水力坡度（i）成正比，即

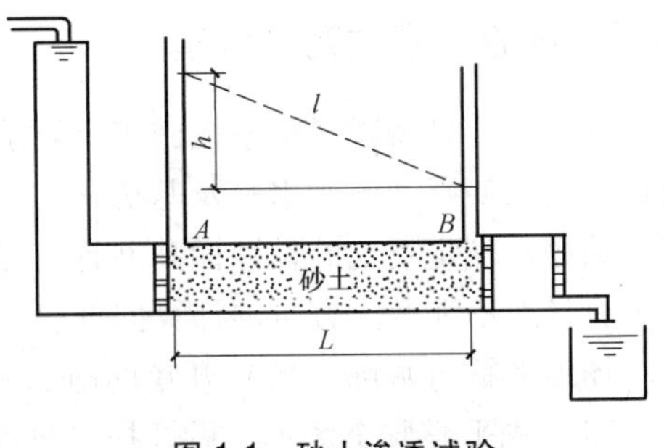

图 1-1　砂土渗透试验

$$v=ki \tag{1-4}$$

水力坡度 i 是 A、B 两点的水位差 h 与渗流路程 L 之比，即 $i=h/L$。显然，渗流速度 v 与 h 成正比，与渗流的路程长度 L 成反比。渗流速度与水力坡度之间的比例系数 k 称为土的渗透系数（单位为 m/d 或 cm/d）。

土的渗透系数与土的颗粒级配、密实程度等有关，一般由试验确定，表 1-2 的数值可供参考。

表 1-2　土的渗透系数

土的种类	渗透系数/(m/d)	土的种类	渗透系数/(m/d)
黏土	<0.01	含黏土的中砂及纯细砂	5~20
粉质黏土	0.01~0.1	含黏土的粗砂及纯中砂	10~30
含粉质黏土的粉砂	0.1~0.5	纯粗砂	20~50
纯粉砂	0.5~1.0	粗砂夹砾石	50~100
含黏土的细砂	1.0~5.0	砾石	50~150

土的渗透系数是选择人工降低地下水位方法的依据，也是分层填土时确定相邻两层结合面形式的依据。

4. 土方边坡

土方边坡是指土体自由倾斜能力的大小，一般用边坡坡度和边坡系数表示。

边坡坡度是指边坡深度 h 与边坡宽度 b 之比（图 1-2）。工程中通常以 1∶m 表示边坡的大小，m 称为边坡系数，即

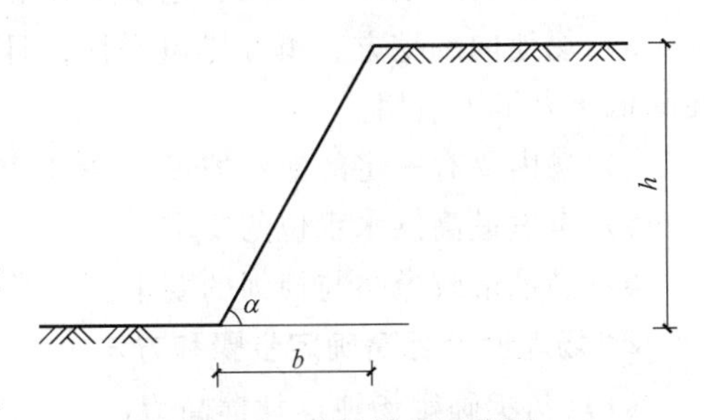

图 1-2　边坡坡度示意图

$$\text{边坡坡度}=\tan\alpha=\frac{h}{b}=\frac{1}{\frac{b}{h}}=1:m \tag{1-5}$$

1.2 土方量计算

土方量是土方工程施工组织设计的主要数据之一，是采用人工挖掘时组织劳动力或采用机械施工时计算机械台班和工期的依据。土方量的计算要尽量准确。

1.2.1 场地平整土方量计算

场地平整是将现场平整成施工所要求的设计平面。场地平整前，应根据建设工程的性质、规模、施工期限和施工水平及基坑（槽）开挖的要求等，确定场地平整与基坑（槽）开挖的施工顺序，确定场地的设计标高并计算挖填土方量。但建筑物范围内厚度在±0.3m以内的人工平整场地不涉及土方量的计算问题。

场地平整与基坑（槽）开挖的施工顺序通常有三种情况：

（1）先平整整个场地，后开挖建筑物或构筑物基坑（槽） 这样可使大型土方机械有较大的工作面，能充分发挥其效能，也可减少与其他工作（如排水、移树等）的互相干扰，但工期较长。此种顺序适用于场地挖填土方量较大的工程。

（2）先开挖建筑物或构筑物的基坑（槽），后平整场地 这是指建筑物或构筑物的基础施工完毕后再进行场地平整，这样可减少许多土方的重复开挖，加快施工速度。此方法适用于地形较平坦的场地。

（3）边平整场地 边开挖基坑（槽） 当工期紧迫或场地地形复杂时，可按照现场施工的具体条件和施工组织的要求划分施工区。施工时，可先平整某一区场地，随即开挖该区的基坑（槽）；或先开挖某一区的基坑（槽），并在完成基础后再进行该区的场地平整。

无论哪种施工顺序，场地平整设计标高的确定及挖填土方量的计算方法相同，其步骤和方法如下。

1.2.1.1 场地设计标高的确定

场地设计标高一般由设计单位确定，它是进行场地平整和土方量计算的依据。合理地确定场地设计标高，对减少土方量、加快建设速度都具有十分重要的意义。

1. 确定设计标高时需考虑的因素

1）满足生产工艺和运输的要求。

2）尽量利用地形，以减少挖填土方量。

3）场地内的挖方、填方尽量平衡，且土方量尽量小（面积大、地形又复杂时除外），以便降低土方施工费用。

4）场内要有一定的泄水坡度（$i \geqslant 0.2\%$），能满足排水的要求。

5）考虑最高洪水水位的要求。

6）满足市政道路与规划的要求。

2. 场地设计标高确定步骤和方法

（1）初步确定场地设计标高 H_0

初步确定场地设计标高要根据场地挖填土方量平衡的原则进行，即场内土方的绝对体积在平整前后是相等的。

1）在具有等高线的地形图上将施工区域划分为边长 $a=10\sim40$m 的若干个（N）方格（图1-3）。

2）确定各小方格的角点高程。可根据地形图上相邻两等高线的高程，用插入法计算求角点高程；也可用一张透明纸，上面画6根等距离的平行线，把该透明纸放到标有方格网的地形图上（图1-4），将6根平行线的最外两根分别对准A、B两点，这时6根等距离的平行线将A、B之间的高差分成5等份，于是便可直接读得C点的地面标高。此外，在无地形图的情况下，也可以在地面用木桩或钢钎打好方格网，然后用仪器直接测出方格网各角点标高。

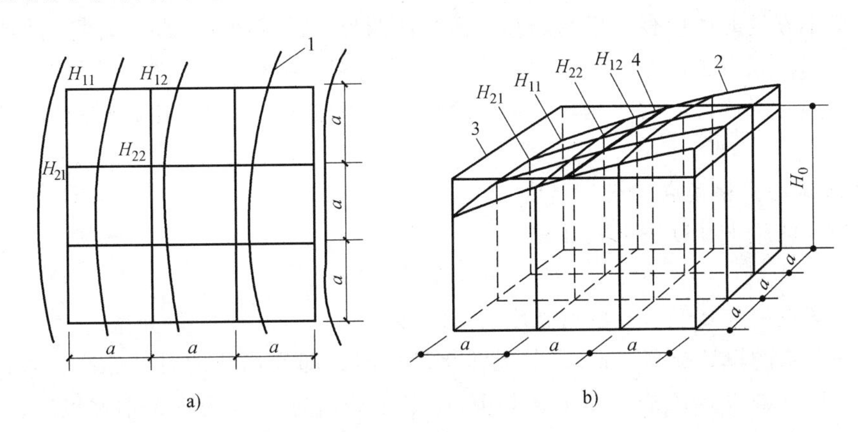

图1-3　场地设计标高计算简图

a）地形图上划分方格　b）设计标高示意图

1—等高线　2—自然地面　3—设计标高平面　4—零线

3）按填挖方平衡原则确定设计标高H_0，即由

$$H_0Na^2 = \sum\left(a^2\frac{H_{11}+H_{12}+H_{21}+H_{22}}{4}\right)$$

得

$$H_0 = \frac{\sum(H_{11}+H_{12}+H_{21}+H_{22})}{4N} \tag{1-6}$$

从图1-3a可知，H_{11}是一个方格的角点标高，H_{12}和H_{21}均是两个方格公共的角点标高，H_{22}则是四个方格公共的角点标高，它们分别在式（1-6）中要加一次、二次、四次。因此，式（1-6）可改写成下列形式：

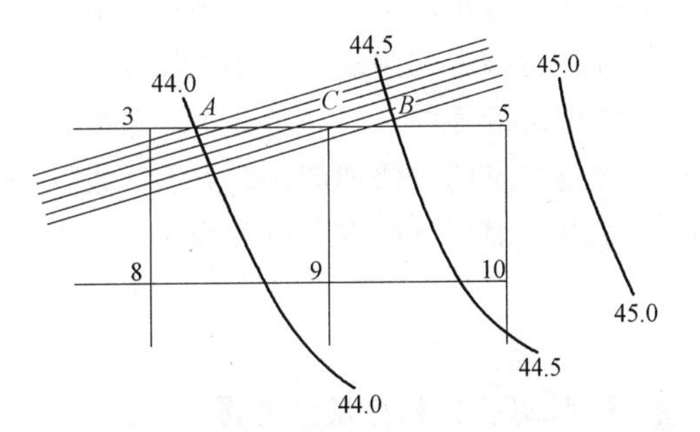

图1-4　内插法的图解示意图

$$H_0 = \frac{\sum H_1 + 2\sum H_2 + 3\sum H_3 + 4\sum H_4}{4N} \tag{1-7}$$

式中　H_1——一个方格仅有的角点标高（m）；

H_2——两个方格共有的角点标高（m）；

H_3——三个方格共有的角点标高（m）；

H_4——四个方格共有的角点标高（m）。

（2）场地设计标高H_0的调整　按式（1-7）计算所得的设计标高H_0是一个理论值，实际上还需要根据以下因素进行调整。

1）由于土的可松性，会使填土有剩余，为此需相应提高设计标高，以达到土方量的实际平衡。

2）考虑场地泄水坡度对角点设计标高的影响。

3）由于设计标高以上的各种填方工程（如场区上填筑路堤）而导致设计标高的降低，或者由于设计标高以下的各种挖方工程（如挖河道、水池、基坑等）而导致设计标高的提高。

4）根据经济比较的结果，将部分挖方就近弃于场外，或部分填方就近取于场外而引起挖、填土方量的变化后，需增减设计标高。

上述四个方面的因素对 H_0 的影响同时出现的机会较小，可根据现场情况适当考虑。

1.2.1.2 场地平整土方量的计算

场地平整土方量的计算有方格网法和横截面法两种。横截面法是将要计算的场地划分成若干横截面后，用横截面法计算公式逐段计算，最后将逐段计算结果汇总。横截面法计算精度较低，可用于地形起伏变化较大的地区。对于地形较平坦地区，一般采用方格网法，其计算步骤如下。

1. 计算场地各方格角点的施工高度

各方格角点的施工高度按下式计算

$$h_n = H_n - H'_n \tag{1-8}$$

式中 h_n——角点施工高度，即挖填高度（m），以“+”为填，“-”为挖；

H_n——角点的设计标高（m），若无泄水坡度时，即为场地的设计标高，若设有泄水坡度，则 $H_n = H_0 \pm i_x l_x \pm i_y l_y$，其中，$i_x$、$i_y$ 分别为 x、y 方向的泄水坡度，l_x、l_y 分别为以坐标原点为方格网中心时 x、y 方向的坐标；

H'_n——角点的自然地面标高（m）。

2. 确定零线

零线是方格网中的挖填分界线。确定零线位置的方法是：先求出一端为挖方、另一端为填方的方格边线上的零点，即不挖不填的点，然后将相邻的零点相连，得到一条折线，这条折线就是要确定的零线。

确定零点的方法如图 1-5 所示。设 h_1 为填方角点的填方高度，h_2 为挖方角点的挖方高度，O 为零点，则可求得零点位置为

$$x = \frac{a h_1}{h_1 + h_2} \tag{1-9}$$

3. 计算各方格挖填土方量

零线求出后，场地的挖填区随之标出，便可按“四方棱柱体法”或“三角棱柱体法”计算出各方格的挖填土方量。

（1）用四方棱柱体法计算挖填土方量　方格网中的零线将方格划分为下述三种类型。

1）方格四个角点全部为挖（或填），如图 1-6 所示的无零线通过的方格，其土方量为

$$V = \frac{a^2}{4}(h_1 + h_2 + h_3 + h_4) \tag{1-10}$$

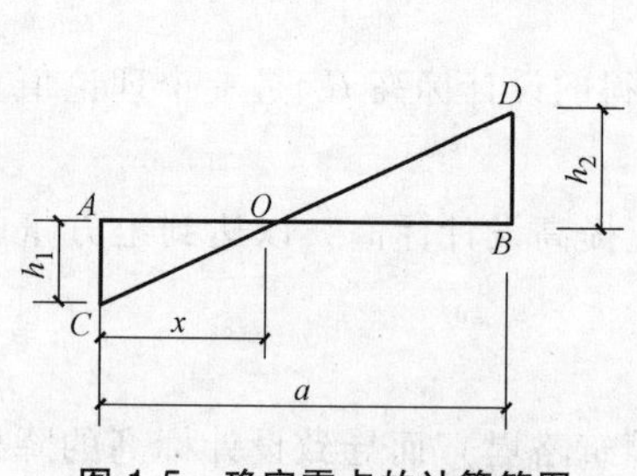

图 1-5 确定零点的计算简图

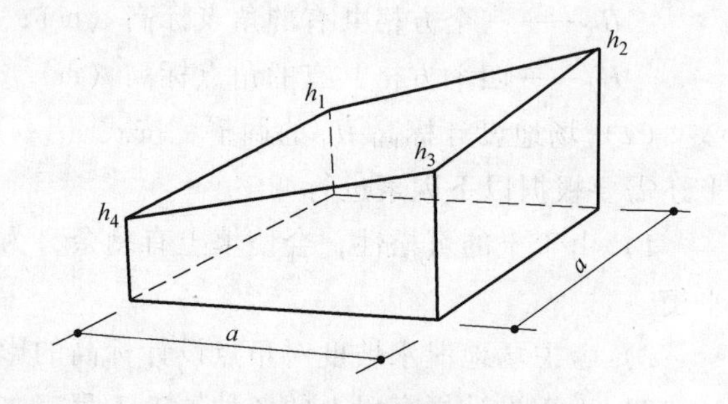

图 1-6 全挖（或全填）的方格

2）方格的相邻两角点为挖方，另两角点为填方，如图1-7所示，其挖方部分土方量为

$$V_{1,2}=\left(\frac{h_1^2}{h_1+h_4}+\frac{h_2^2}{h_2+h_3}\right)\frac{a^2}{4} \tag{1-11}$$

填方部分土方量为

$$V_{3,4}=\left(\frac{h_3^2}{h_2+h_3}+\frac{h_4^2}{h_1+h_4}\right)\frac{a^2}{4} \tag{1-12}$$

3）方格的三个角点为挖方，另一角点为填方（或相反），如图1-8所示，其填方部分土方量为

$$V_4=\frac{a^2}{6}\cdot\frac{h_4^3}{(h_1+h_4)(h_3+h_4)} \tag{1-13}$$

挖方部分土方量为

$$V_{1,2,3}=\frac{a^2}{6}(2h_1+h_2+2h_3-h_4)+V_4 \tag{1-14}$$

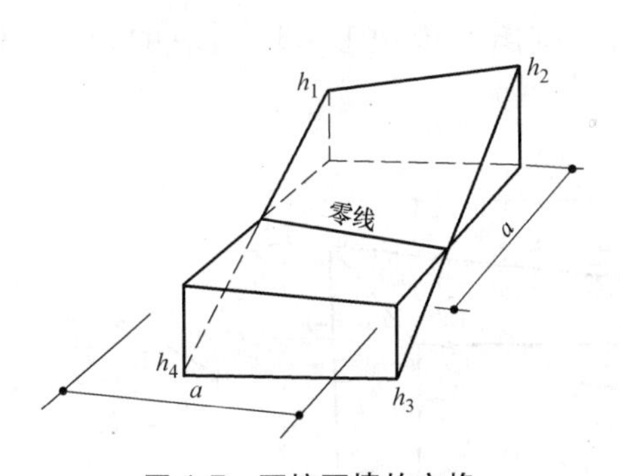

图1-7 两挖两填的方格

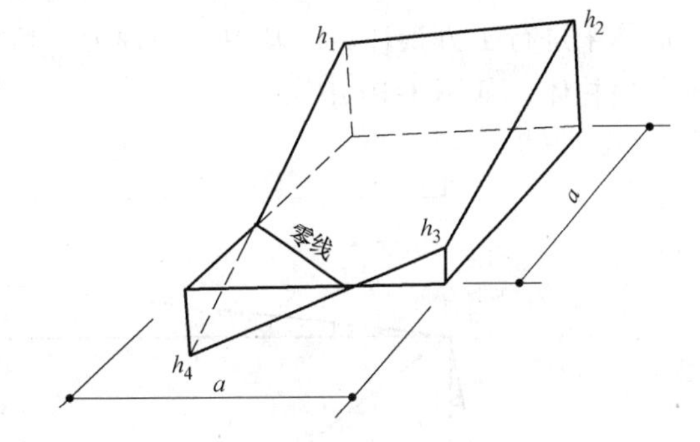

图1-8 三挖一填（或三填一挖）的方格

（2）用三角棱柱体法计算挖填土方量　三角棱柱体法是将每一方格顺地形的等高线沿对角线方向划分为两个三角形，然后分别计算每一个三角棱柱（锥）体的土方量。

1）三角形为全挖或全填时，如图1-9a所示，其土方量为

$$V=\frac{a^2}{6}(h_1+h_2+h_3) \tag{1-15}$$

2）三角形有挖有填时，如图1-9b所示，则其零线将三角形分为两部分，一个是底面为三角形的锥体，一个是底面为四边形的楔体，其土方量分别为

$$V_{锥}=\frac{a^2}{6}\cdot\frac{h_3^3}{(h_1+h_3)(h_2+h_3)} \tag{1-16}$$

$$V_{楔}=\frac{a^2}{6}\left[\frac{h_3^3}{(h_1+h_3)(h_2+h_3)}-h_3+h_2+h_1\right] \tag{1-17}$$

计算土方量的方法不同，其结果精度亦不相同。当地形平坦时，常采用四方棱柱体法，并将方格划分得大些。当地形起伏变化较大时，若用四方棱柱法，则应将方格划分得小些；或采用三角棱柱体法，该法计算结果更准确。

4. 计算边坡土方量

场地的挖方区和填方区的边沿都需要做成边坡，以保证挖方、填方坑土壁稳定和施工安全。

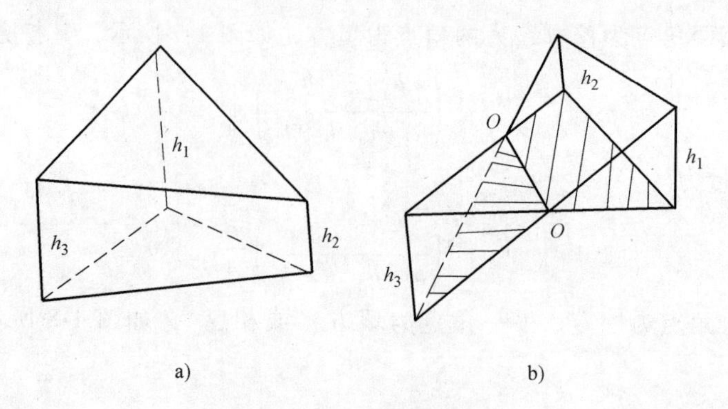

图 1-9 三角棱柱体法

a）全挖或全填 b）有挖有填

边坡土方量计算不仅用于平整场地，而且可用于修筑路堤、路堑的边坡挖、填土方量计算，其计算方法常采用图解法。

图解法是根据地形图和边坡竖向布置图或现场测绘，将要计算的边坡划分成两种近似的几何形体来进行土方量计算。其中，一种为三角棱锥体，如图 1-10 中①~③、⑤~⑩，另一种为三角棱柱体，如图 1-10 中④。

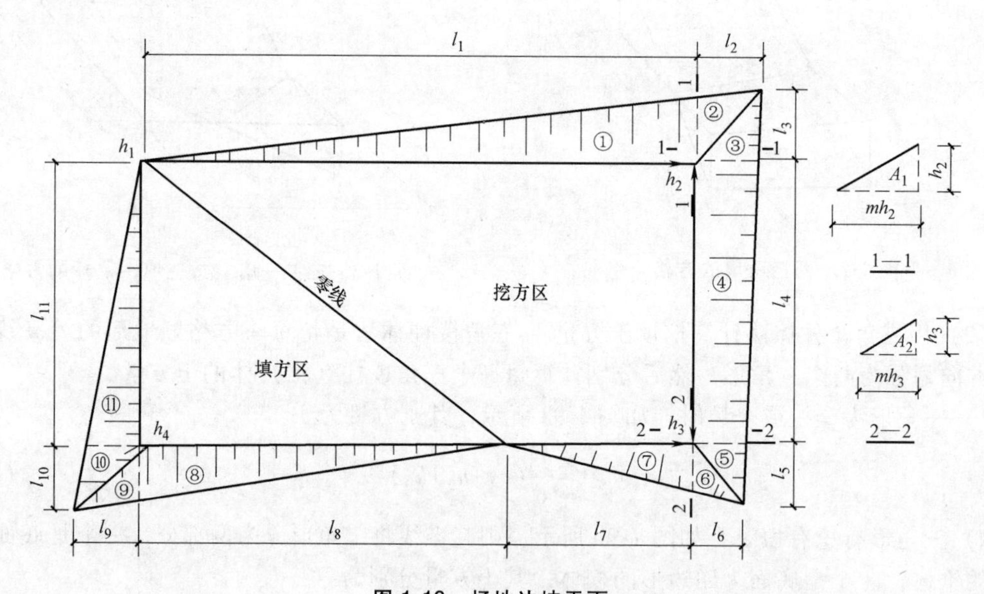

图 1-10 场地边坡平面

（1）三角棱锥体边坡体积 以图 1-10 中①为例，其边坡体积为

$$V=\frac{1}{3}A_1 l_1 \tag{1-18}$$

式中 l_1——边坡①的长度（m）；

A_1——边坡①的端面面积（m^2），即

$$A_1=\frac{h_2(mh_2)}{2}=\frac{m}{2}h_2^2$$

h_2——角点的挖土高度（m）；

m——边坡的坡度系数。

（2）三角棱柱体　从图1-10中的④为例，其边坡体积为

1）当两端横断面面积相差不大时

$$V=\frac{A_1+A_2}{2}l_1 \tag{1-19}$$

2）当两端横断面面积相差很大时

$$V=\frac{l_4}{6}(A_1+4A_0+A_2) \tag{1-20}$$

式中　l_4——边坡④的长度（m）；

A_1、A_2、A_0——分别为边坡④两端及中部横截面面积（m^2）。

1.2.2　基坑（槽）、管沟土方量计算

1.2.2.1　基坑土方量的计算

基坑土方量的计算可近似按立体几何中的拟柱体（由两个平行的平面作底面的一种多面体）体积的公式计算（图1-11），即

$$V=\frac{H}{6}(A_1+4A_0+A_2) \tag{1-21}$$

式中　H——基坑挖深（m）；

A_1、A_2——基坑上、下平面的面积（m^2）；

A_0——基坑中部横截面的面积（m^2）。

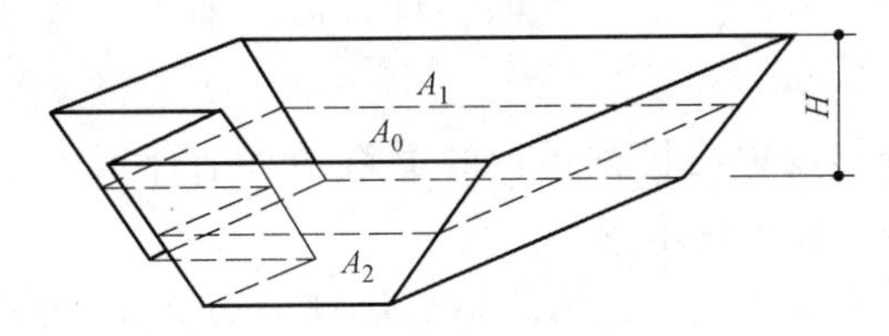

图1-11　基坑土方量计算简图

1.2.2.2　基槽、管沟土方量的计算

基槽和管沟比基坑的长度大，但宽度小。为了保证计算的精度，可沿长度方向分段计算土方量（图1-12），即

$$V_i=\frac{l_i}{6}(A_{i1}+4A_{i0}+A_{i2}) \tag{1-22}$$

式中　l_i——第i段的长度（m）；

A_{i1}、A_{i2}——第i段两端部的截面面积（m^2）；

A_{i0}——基坑中部截面的面积（m^2）。

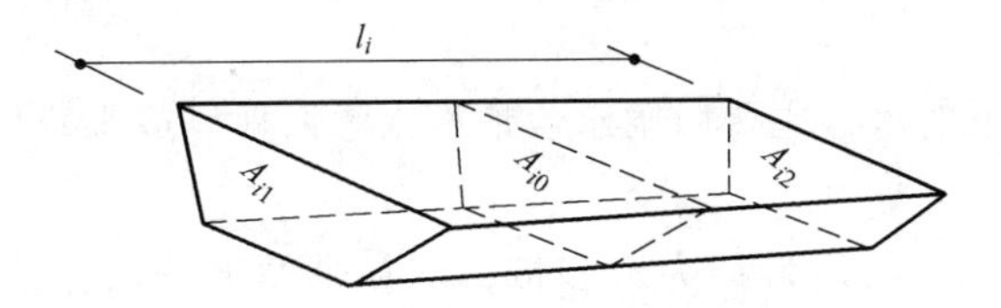

图1-12　基槽土方量计算简图

若沟槽两端部也放坡，则第一段和最后一段按三面放坡计算。

将各段土方量相加，即得总土方量为

$$V = \sum_{i=1}^{n} V_i \tag{1-23}$$

基坑（槽）或管沟开挖的底口尺寸，除了考虑垫层尺寸外，还应考虑施工工作面和排水沟的宽度。施工工作面宽度视基础形式而定，一般不大于0.8m；排水沟宽度视地下水的涌入量而定，一般不大于0.5m。

1.3 土方开挖

1.3.1 土方工程施工前的准备工作

在土方工程施工前，应做好以下各项准备工作。

1）场地清理。包括拆除施工区域内的房屋、地下障碍物；拆除或搬迁通信和电力设备、上下水管道和其他构筑物；迁移树木；清除树墩及含有大量有机物的草皮、耕植土和河道淤泥等。

2）地面水排除。场地内积水会影响施工，故地面水和雨水均应及时排走，使得场地内保持干燥。地面水的排除一般采用排水沟、截水沟、挡水土坎等。临时性排水设施应尽可能地与永久性排水设施相结合。

3）修好临时设施及供水、供电、供气（当开挖石方时用到压缩空气）管线，并试水、试电、试气。搭设必需的临时建筑，如工具棚、材料库、油库、维修棚、办公和生活临时用房等。

4）修建运输道路。修筑场地内机械运行的道路（宜结合永久性道路修建）。路面宜为双车道，宽度不小于6m，路侧应设排水沟。

5）安排好设备运转。对需进场的土方机械、运输车辆及各种辅助设备进行维修检查、试运转，并运往现场。

6）编制土方工程施工组织设计方案。主要是确定基坑（槽）的降水方案，确定挖、填土方工程量和基坑边坡处理顺序及方法，选择及组织土方开挖机械，选择填方土料及回填方法。

1.3.2 基坑（槽）、管沟降水

在地下水位较高的地区开挖基坑或沟槽时，土的含水层被切断，地下水会不断地渗入基坑。雨期施工时，雨水也会落入基坑。为了保证施工的正常进行，防止出现流砂、边坡失稳和地基承载能力下降等现象，必须在基坑或沟槽开挖前或开挖时，做好降水、排水工作。基坑或沟槽的降水方法可分为明排水法和人工降低地下水位法。

1.3.2.1 流砂及其防治

1. 地下水简介

地下水即为地面以下的水，主要由雨水、地面水渗入地层或水蒸气在地层中凝结而成，如图1-13所示。

土（岩石）空隙充满水的地带称为饱和带，饱和带的地下水称为饱和带水。在饱和带以上，未被水充满的地带称为包气带或未饱和带，包气带中的地下水称为包气带水。有时在包气带内夹有局部隔水层，可形成局部饱和带水，称为上层滞水。

根据含水层空隙性质的不同，可将地下水划分为孔隙水、裂隙水和岩溶水三类，根据地下

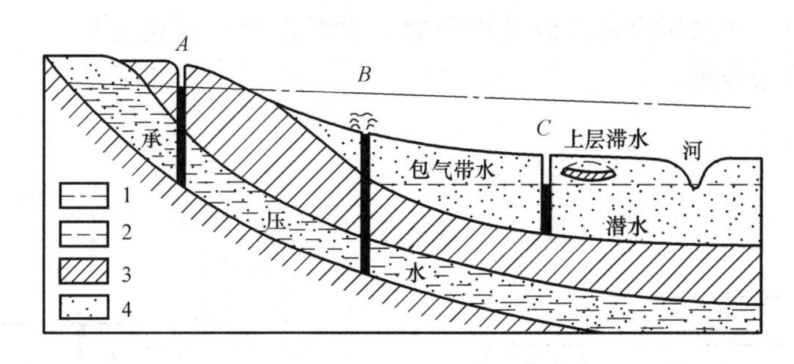

图 1-13 地下水埋藏示意图

1—承压水位 2—潜水位 3—隔水层 4—含水层 A—承压水井 B—自流水井 C—潜水井

水的埋藏条件，也可以把地下水划分为包气带水、潜水和承压水。

（1）上层滞水 上层滞水是一种局部的、暂时的地下水。当透水层中夹有不透水层或弱透水层的透镜体时，地表水便可下渗集于透镜体上，而成为上层滞水。

（2）潜水 它是存在于地面以下，第一个稳定隔水层（不透水层）顶板以上的自由水，有一个自由水面称潜水面。潜水面受地质、气候及环境的影响，雨季时水位高，冬季时水位下降；附近有河、湖等地表水存在时也会互相补给。潜水面至地表的距离称潜水的埋藏深度，潜水面以下至隔水层顶板的距离为含水层厚度。潜水在重力作用下能做水平移动。如钻孔、打井至该层时，孔、井中的水面即为潜水水位，其标高即为地下水位标高。

（3）承压水 充满于两个隔水层间的含水层中的承受水压力的地下水，称为承压水。承压水必须充满两个隔水层之间的含水层，如果没有充满，则地下水仍具有自由水面，其性质和潜水相同。而当地下水充满两个隔水层之间的含水层时，则地下水在高水头补给的情况下，具有明显的承压特性，如果钻孔穿过含水层的上覆隔水层，水便会沿钻孔显著上升，甚至喷出地表。所以，承压水又称为自流水。由于承压水具有这一特点，因此它是良好的水源。承压水有时也会给地下工程、坝基稳定等造成很大困难。

2. 地下水流网

水在土中稳定渗流时，水流情况不随时间而变，土的孔隙和饱和度也不变，流入任意单元体的水量等于该单元体流出的水量，以保持平衡。若用流网表示稳定渗流，其流网由一组流线和一组等势线组成如图 1-14 所示。

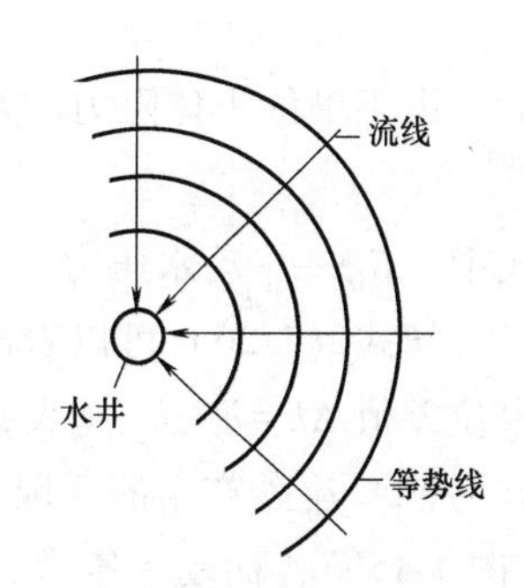

图 1-14 流网示意图

流线是指地下水从高水位向低水位渗流的路线。等势线是指在平面或剖面上各水流线上水头值相等的点连成的线。等势线与流线相互正交。

如果根据降水方案绘出相应的流网，就可直观地观察水在土体中的渗流途径，更主要的是利用流网可计算出基坑（槽）的渗流量（涌水量）及确定土体中各点的水头和水力梯度。

3. 动水压力与流砂

当基坑（槽）挖土到达地下水位以下时，若土质是细砂或粉砂，又采用明排水法，则基坑（槽）底下面的土会呈流动状态而随地下水涌入基坑，这种现象就称为流砂。发生流砂时土体完全丧失承载能力，边挖边冒浆，使施工条件恶化，难以挖到设计深度，严重时会造成边坡塌方及附近建筑物、构筑物下沉、倾斜、倒塌等。因此，在施工前必须对工程地质和水文地质资料进行详细调查研究，采取有效措施，防止流砂现象产生。

（1）动水压力　动水压力是指流动中的地下水对土颗粒产生的压力。动水压力的性质可通过图 1-15 的试验来说明。

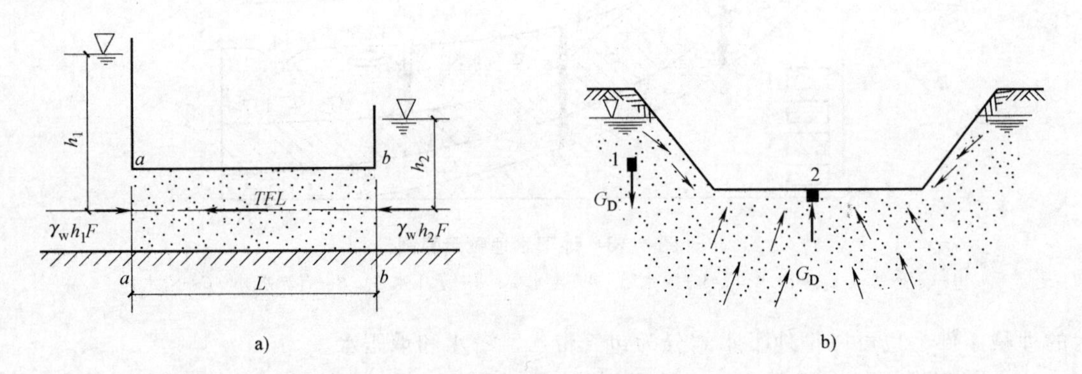

图 1-15　动水压力原理

a）水在土中渗流时的力学现象　b）动水压力对地基土的影响

1、2—单位土体

土体左端 $a—a$ 截面处的总水压力为 $\gamma_w h_1 F$（F 为试件横截面面积），其方向与水流方向一致（γ_w 为水的重度）；土体右端 $b—b$ 截面处的总水压力为 $\gamma_w h_2 F$，其方向与水流方向相反，而土颗粒骨架对水的阻力为 TFL（ T 为单位土体阻力）。根据作用力与反作用力原理，得

$$\gamma_w h_1 F - \gamma_w h_2 F = -TFL$$

简化得

$$T = -\frac{h_1 - h_2}{L}\gamma_w \tag{1-24}$$

式中，$\frac{h_1 - h_2}{L}$为水头差与渗流路程长度之比，即为水力坡度，用 I 表示，则式（1-24）可写成

$$T = -I\gamma_w \tag{1-25}$$

由于单位土体阻力与水在土中渗流时对单位土体的压力 G_D 大小相等，方向相反，所以

$$G_D = -T = I\gamma_w \tag{1-26}$$

式中　G_D——动水压力（kN/m^3）。

从式（1-26）可以看出，动水压力 G_D 与水力坡度成正比。结合式（1-24）可以看出，其水位差值 $\Delta h = h_1 - h_2$ 越大，G_D 越大；而渗流路程 L 越长，G_D 则越小。

（2）流砂产生的原因　水流在水位差作用下，对单位土体（土颗粒）产生了动水压力（图 1-15b），而动水压力方向与水流（流线）方向一致。对于图 1-15b 中的单位土体 1 而言，流线向下，则动水压力向下，与重力方向一致，土体趋于稳定；对单位土体 2 而言，流线向上，则动水压力向上，与重力方向相反，这时土颗粒在水中不仅受到水的浮力；还受到向上的动水压力，有向上升的趋势。当动水压力等于或大于土的浸水重度 γ'时，即

$$G_D \geqslant \gamma' \tag{1-27}$$

则土颗粒失去自重，处于悬浮状态，土的抗剪强度等于零，土颗粒随渗流的水一起流入基坑（槽）。此时如果土质为砂质土，就会发生流砂现象。

此外，当基坑（槽）底部位于不透水层内，而其下面为承压蓄水层，基坑（槽）底覆盖厚度内的不透水层的重量小于承压水的顶托力时，基坑（槽）底部便可能发生管涌现象，即

$$H\gamma_w \geqslant h\gamma \tag{1-28}$$

式中　H——压力水头（m）；

h——坑（槽）底不透水层厚度（m）；

γ_w——水的重度（kN/m^3）；

γ——土的重度（kN/m^3）。

（3）流砂的防治　从以上分析可以看出，发生流砂的主要条件是动水压力过大且方向朝上。因此，在基坑（槽）开挖中，防止流砂的途径一是减小或平衡动水压力；二是改变动水压力的方向，设法使动水压力的方向向下，或是截断地下水水流；三是改善土质。其具体措施如下：

1）在枯水期施工。因为枯水期地下水位低，基坑内外水位差小，动水压力小，此时施工不易发生流砂。

2）打板桩法。将板桩打入基坑（槽）底下面一定深度，增加地下水的渗流路程，从而减少水力坡度，降低动水压力，防止流砂发生。目前所用的板桩有钢板桩、钢筋混凝土板桩、木板桩等。此法需要大量板桩，一次投资较高，但钢板桩、木板桩可回收再利用，钢筋混凝土板桩又可作为地下结构的一部分（如工程桩、衬墙等）。所以，在深基础施工中常用钢筋混凝土板桩，在管沟、基槽施工中常使用钢板桩和木板桩。

3）水下挖土法。采用不排水法施工，使得坑（槽）内外水压相平衡，消除动水压力（$\Delta h=0$）。从而防止流砂产生。此法在沉井挖土下沉过程中常被采用。

4）筑地下连续墙、地下连续灌注桩法。此法是在基坑周围先灌注一道钢筋混凝土的连续墙或连续的圆形桩，以承重、挡土、截水并防止流砂现象发生。此法在深基支护中常被采用。

5）筑水泥土墙法。此法是在基坑（槽）周围连续将土和水泥拌合成一道水泥土墙，这样既可挡土又可挡水。

6）人工降低地下水位法。如采用轻型井点降水法，使得地下水的渗流向下，动水压力的方向也朝下，从而可有效地防止流砂现象发生，并增大了土颗粒间的压力。

7）改善土质。主要方法是向产生流砂的土中注入水泥浆或采用硅化注浆法。硅化注浆是将硅酸钠（水玻璃）为主剂的混合溶液或水玻璃水泥浆，通过注浆管均匀地注入地层，让浆液赶走土粒间或岩土裂隙中的水分和土气，并将砂土胶结成一整体，形成强度较大、阻止性能好的结石体，从而防治流砂。

此外，在含有大量地下水的土层或沼泽地施工时，还可以采用土壤冻结法、烧结法等，截止地下水流入基坑（槽）内，以防止流砂现象的产生。

当基坑（槽）出现局部或轻微流砂现象时，可抛入石块、装土（或砂）的麻袋把流砂压住。如果坑（糟）底冒砂太快，见土已失去承载力，此法就无效了。因此，对位于易发生流砂地区的基础工程，应尽可能采用桩基或沉井施工，以节约防治流砂所增加的费用。

1.3.2.2　明排水法

明排水法又称集水井法，属于重力降水，是采用截、疏、抽的方法来进行排水，即在基坑开挖过程中，沿基坑底周围或中央开挖排水沟，并设置一定数量的集水井，使得基坑内的水经排水沟流向集水井，然后用水泵抽走。

施工中，应根据基坑（槽）底涌水量的大小、基础的形状和水泵的抽水能力，确定排水沟的截面尺寸和集水井的个数。排水沟和集水井应在基础边线 0.4m 以外。当坑（槽）底为砂质土时，排水沟边缘应离开坡脚大于或等于 0.3m，以免影响边坡稳定。排水沟的截面尺寸一般为 0.3m×0.5m，沟底低于挖土工作面大于或等于 0.5m，并向集水井方向保持 0.3%左右的纵向坡度。应每间隔 20~40m 设置一个集水井，其直径或宽度为 0.6~0.8m，深度随挖土深度增加而增加，且低于挖土面 0.7~1.0m。集水井积水到一定深度时，将水抽出坑外。基坑（槽）挖至设计标高后，集水井底比沟底低 0.5m 以上，并铺设碎石滤水层。为了防止井壁由于抽水时间较长而将泥砂抽出及井底土被搅动而塌方，井壁可用竹、木、砖、水泥管等进行简单加固。

用明排水法降水时，所采用的抽水泵主要有离心泵、潜水泵（图 1-16）、软轴泵等，其主要性能包括流量、扬程和功率。选择水泵时，水泵的流量和扬程应满足基坑涌水量和坑底降水深度的要求。

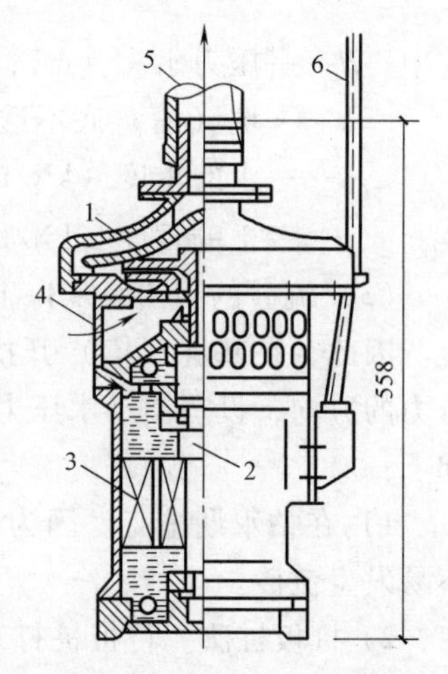

图 1-16 潜水泵工作简图

1—叶轮 2—轴 3—电动机 4—进水口 5—出水胶管 6—电缆

明排水法由于设备简单、排水方便，工地上采用比较广泛。它适用于水流较大的粗粒土层的排水、降水，因为水流一般不能将粗的土颗粒带走；也可以用于渗水较小的黏性土层降水，即渗透系数为 7~20.0m/d 的土质，降水深度在 5m 以内。该方法不适宜细砂土和粉砂土层，因为地下水渗流会带走细粒而发生流砂现象，使得边坡坍塌、坑底凸起而难以施工。在这种情况下就必须采取有效的措施和方法防止流砂现象的发生。

1.3.2.3 人工降低地下水位

人工降低地下水位，就是在基坑（槽）开挖前，预先在基坑（槽）四周埋设一定数量的滤水管（井），利用抽水设备从中抽水，使地下水位降低至坑（槽）底标高以下，直至基础施工结束。这样，可使所挖的土始终保持干燥状态，改善了施工条件，同时，还使动水压力方向向下，从根本上防止流砂发生，并增加土中有效应力，提高土的强度和密实度。在降水过程中，基坑（槽）附近的地基土壤会有一定的沉降，施工时应加以注意。

人工降低地下水位的方法有轻型井点法、喷射井点法、电渗井点法、管井井点（大口井）法等，各种方法的选用可视土的渗透系数、降水深度、工程特点、设备条件及经济条件而定（参照表 1-3）。其中以轻型井点法的理论最为完善，应用较广。但目前很多深基坑（槽）降水都采用大口井法。大口井的设计是以经验为主、理论计算为辅，目前我国尚无这种井的规程。下面重点介绍轻型井点法的理论和大口井法的成功经验。

表 1-3 降水井类型及适用条件

降水井类型	渗透系数/(m/d)	降水深度/m	土质类型	水文地质特征
轻型井点	0.1~20.0	单级<6	填土、粉土、黏性土、砂土	上层滞水或水量不大的滞水
		多级<20		
喷射井点	0.1~20.0	<20		
电渗井点	<0.1	按井点确定	黏性土	
管井井点	1~200.0	>5	粉土、砂土、碎石土、可溶岩、破碎带	含水丰富的潜水、承压水、裂隙水

1. 轻型井点法

轻型井点法降水（图 1-17）是沿基坑四周或一侧，每隔一定距离埋入井点管（下端为滤管）至蓄水层内，井点管上端通过弯联管与总管连接，利用抽水设备将地下水从井点管内不断抽出，使原有地下水位降至坑底以下的一种降水方法。

（1）轻型井点的设备 轻型井点设备主要包括井点管、滤管、集水总管、抽水设备等。

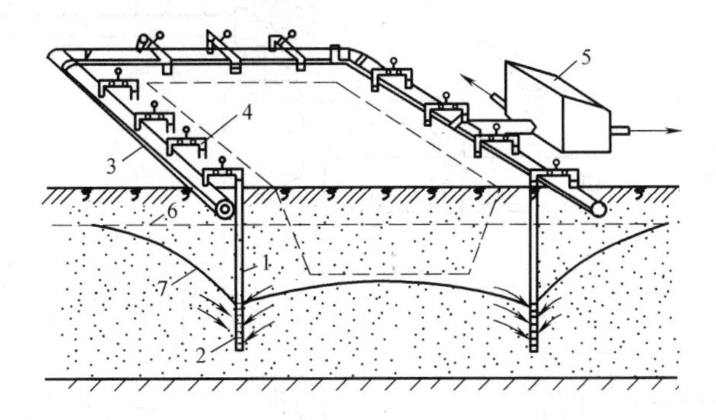

图1-17 轻型井点降低地下水位全貌

1—井点管 2—滤管 3—总管 4—弯联管 5—水泵房
6—原有地下水位线 7—降低后的地下水位

1）滤管。滤管长1.0~1.2m，它与井点管用螺丝套头连接。滤管是井点设备的重要组成部分，其构造是否合理对抽水效果影响很大。滤管（图1-18）的骨架管为外径38~57mm的无缝钢管，管壁上钻有直径12~18mm星状排列的小圆孔，滤孔面积为滤管表面积的20%~50%。骨架管外包两层孔径不同的滤网。网孔过小，则阻力大容易堵塞；网孔过大，则易进入泥砂。因此，内层滤网宜采用30~40目/cm^2的生丝布或钢丝布，外层粗滤网宜采用5~10目/cm^2的塑料纱布或钢丝布。为了使流水畅通，避免滤孔淤塞，在骨架管与滤网之间用缠成螺旋形的小塑料管或钢丝隔开。滤网外面用带孔的薄钢管或粗钢丝网保护，滤管下端为一铸铁头。

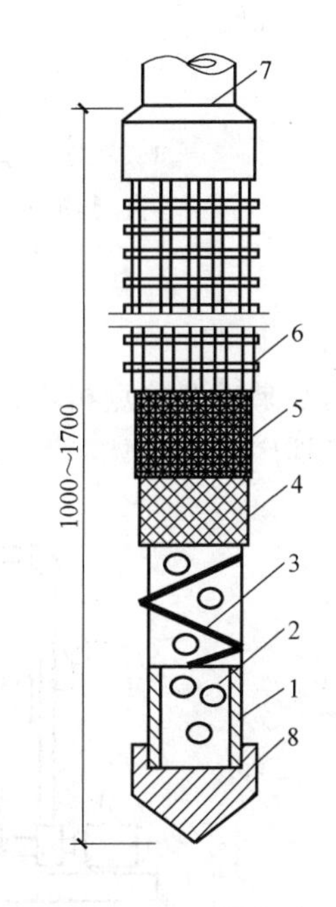

图1-18 滤管构造

1—骨架管 2—管壁上小孔
3—缠绕的钢丝 4—细滤网
5—粗滤网 6—粗钢丝保护网
7—井点管 8—铸铁头

2）井点管和弯联管。井点管长5~7m，宜采用直径为38~57mm的无缝钢管，可整根或分节组成。井点管的上端用弯联管与总管相连。弯联管宜装有阀门，以便检修井点。近年来有的弯联管采用透明塑料管，可随时观察井点管的工作情况；有的采用橡胶管，可避免两端不均匀沉降而引起泄漏。

3）集水总管。集水总管为内径100~127mm的无缝钢管，每节长4m，其间用橡胶套管连接，并用钢箍固定，以防漏水。总管上还装有与弯联管连接的短接头，其间距0.8~1.6m。

4）抽水设备。如果轻型井点的抽水设备主机由真空泵、离心水泵和水汽分离器组成，那么该轻型井点就称为真空泵轻型井点。其工作原理如图1-19所示。抽水时先开动真空泵13，管路中形成真空将水吸入水汽分离器6中，然后开动离心泵14将水抽出。

如果轻型井点设备的主机由射流泵、离心泵、循环水箱等组成，那么该轻型井点就称为射流泵轻型井点。其工作原理如图1-20所示。抽水时，利用离心泵将循环水箱中的水送入射流器内，由喷嘴喷出。由于喷嘴处断面收缩，水流速度骤增，压力骤降，使射流器空腔内产生部分真空，把井点管内的气、水吸入水箱，待水箱内的水位超过泄水口时即自动溢出，排至指定地点。射流泵井点系统的降水深度可达6m，但其所带动的井点管一般只有30~40根。若采用两台离心泵和两个射流器联合工作，就能带动井点管70根，集水总管长100m。这种设备与上

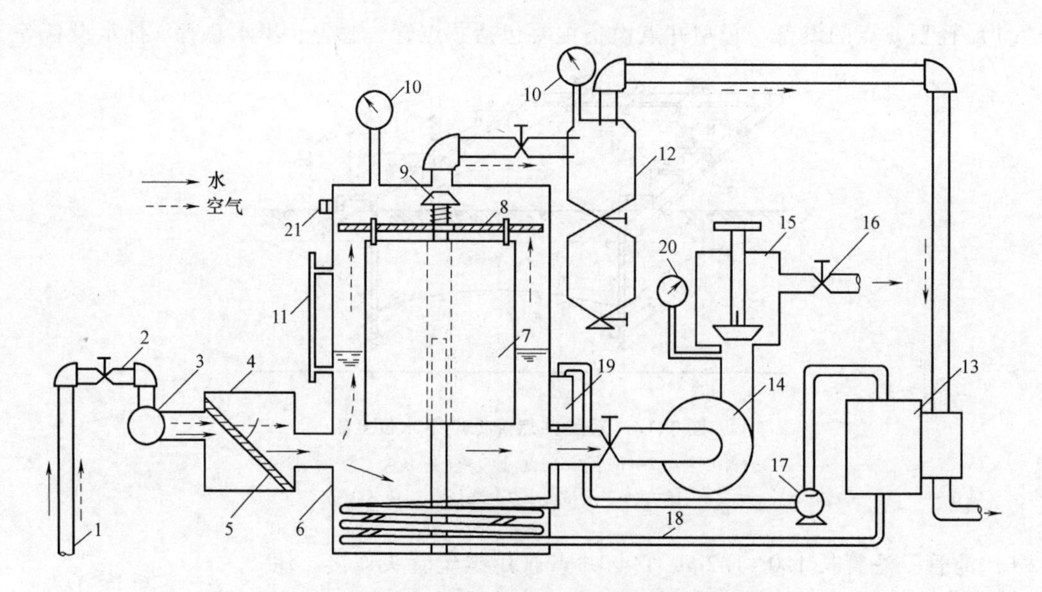

图 1-19　真空泵轻型井点抽水设备工作原理示意图

1—井点管　2—弯联管　3—总管　4—过滤箱　5—过滤网　6—水汽分离器　7—浮筒　8—挡水布　9—阀门　10—真空表　11—水位计　12—副水汽分离器　13—真空泵　14—离心泵　15—压力箱　16—出水管　17—冷却泵　18—冷却水管　19—冷却水箱　20—压力表　21—真空调节阀

述真空泵轻型井点相比，具有结构简单、制造容易、成本低、耗电少、使用维修方便等优点，便于推广使用。

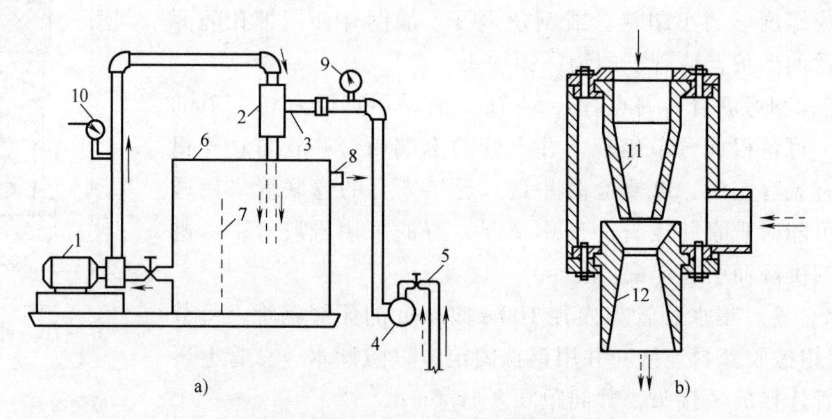

图 1-20　射流泵轻型井点设备工作原理示意图

a）总图　b）射流器剖面图

1—离心泵　2—射流器　3—进水管　4—总管　5—井点管　6—循环水箱　7—隔板　8—泄水口　9—真空表　10—压力表　11—喷嘴　12—喉管

（2）轻型井点的布置　轻型井点的布量应根据基坑大小和深度、土质、地下水位高低与流向、降水深度要求等而定。井点布置是否恰当，对降水效果、施工速度影响很大。

1）平面布置。当基坑或沟宽度小于 6m，水位降低值不大于 6m 时，可采用单排井点，布置在地下水流的上游一侧，其两端的延伸长度一般以不小于坑（槽）宽度为宜（图 1-21）。当基坑宽度大于 6m 或土质不良、渗透系数较大时宜采用双排井点。当基坑面积较大（$L/B\leqslant5$，降水深度 $S\leqslant5$m，坑宽 B 小于 2 倍的抽水影响半径 R）时，宜采用环形井点（图 1-22）。当基

坑面积过大或 $L/B>5$ 时，可分段进行布置。无论哪种布置方案，井点管距离基坑（槽）壁一般不宜小于0.7~1.0m，以防漏气。井点管间距应根据土质、降水深度、工程性质等确定，一般为0.8~1.6m，或由计算和经验确定。

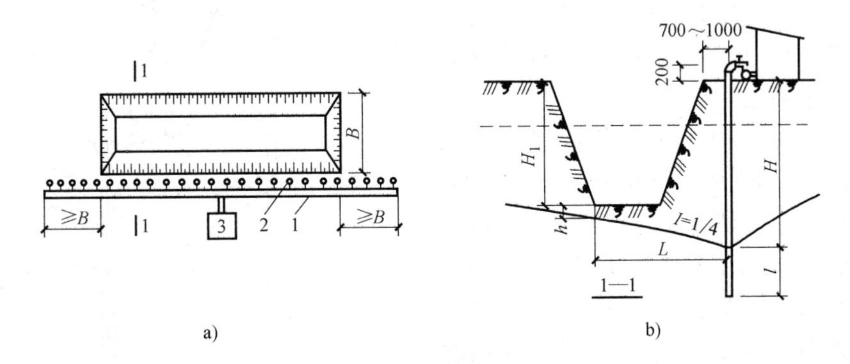

a)　　b)

图1-21　单排线状井点的布置

a）平面布置　b）高程布置

1—总管　2—井点管　3—泵站

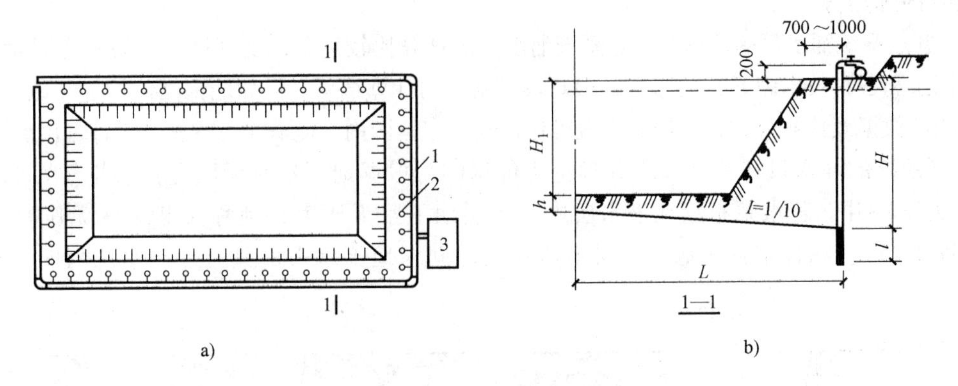

a)　　b)

图1-22　环形井点的布置

a）平面布置　b）高程布置

1—总管　2—井点管　3—泵站

2）高程布置。井点管的埋置深度 H（不包括滤管）按下式计算（图1-21b、图1-22b）

$$H \geqslant H_1+h+IL \tag{1-29}$$

式中　H——井点管埋置面至基坑（槽）底的距离（m）；

h——基坑（槽）底面［单排井点时为远离井点一侧坑（槽）底边缘，双排、环形时为坑中心处］至降低后地下水的距离，一般为0.5~1.0m；

I——地下水降落坡度，根据众多工程实测结果，环形、双侧井点宜为1/10，单排井点宜为1/4；

L——井点管至基坑（槽）中心的水平面距离［单排井点为井点管至基坑（槽）另一侧的水平距离］（m），如图1-21、图1-22所示。

一级轻型井点利用真空泵抽吸地下水时，其降水深度理论上可达10.3m，但考虑抽水设备及管路系统的水头损失，一般不超过6m。如果根据式（1-29）算出的 H 值大于降水深度6m（一层井点管标长度一般也为6m），还应降低井点管埋置面，以适应降水深度要求。此外，在确定井点管埋置深度时，还应考虑到井点管一般要露出地面0.2~0.3m。在任何情况下，滤管必须埋在透水层内。

为了充分利用抽吸能力，总管的布置标高宜接近地下水位线（要事先挖槽），水泵轴心标高宜与总管平行或略低于总管，总管应具有0.25%~0.5%坡度（坡向泵房）。各根滤管最好设在同一水平面上。

当一级（一层）井点未达到上述埋置及降水深度要求时，即 $H_1+h+IL>6.0\text{m}-(0.2\sim0.3)\text{m}$ 时，可视土质情况，先用其他方法排水（如明排水法），挖去一层土再布置井点系统；或采用二级井点，即先挖去第一级井点所流干的土，然后再布置第二级井点，使降水深度增加（图1-23）。

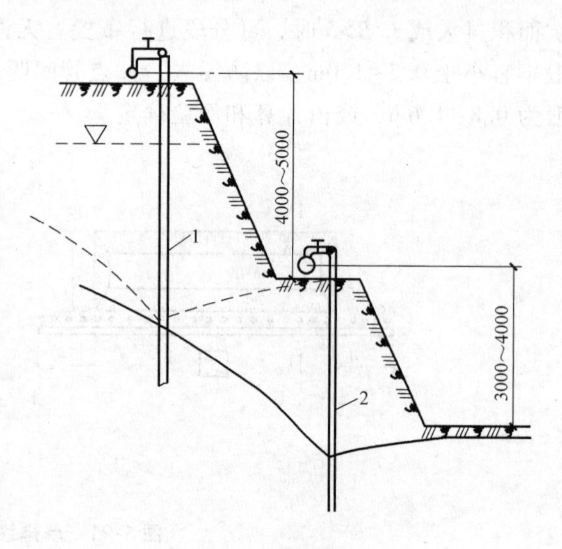

图1-23 二级轻型井点

1—第一级井点管 2—第二井口点管

（3）轻型井点的计算 轻型井点计算包括涌水量的计算、井点管数量与井距确定以及抽水设备的选用等。

1）井点系统涌水量的计算。井点系统涌水量的计算比较复杂，受到许多不易确定因素（如水文地质因素和各种技术因素）的影响，很难得出精确的计算结果。但如能仔细分析水文地质资料和选用适当的数据及计算公式，其误差一般可保持在一定范围内，能满足工程施工设计精度要求。

井点系统的涌水量计算是以水井理论为依据的。根据地下水有无压力，水井分为承压井和潜水（无压）井。若水井布置在潜水层中，此层地下水无压力，则称为潜水（无压）井（图1-24、图1-25）。滤管布置在地下两层不透水层之间，地下水表面具有一定水压力时，称为承

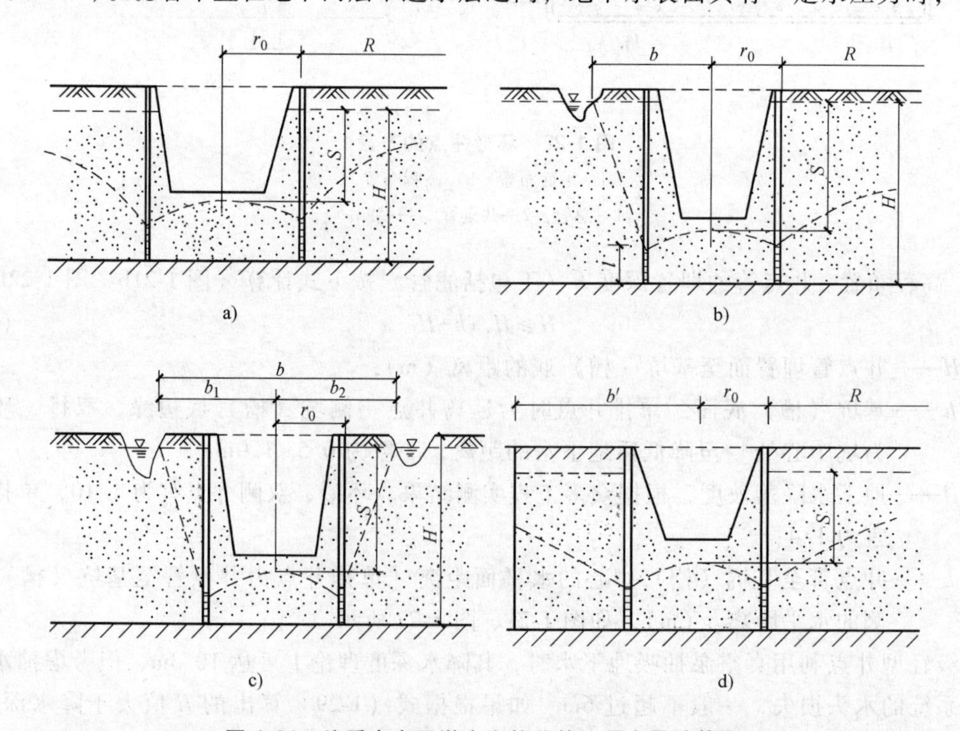

图1-24 均质含水层潜水完整井基坑涌水量计算图

a）基坑远离地面水源 b）基坑近河岸 c）基坑位于两地表水体之间 d）基坑靠近隔水边界

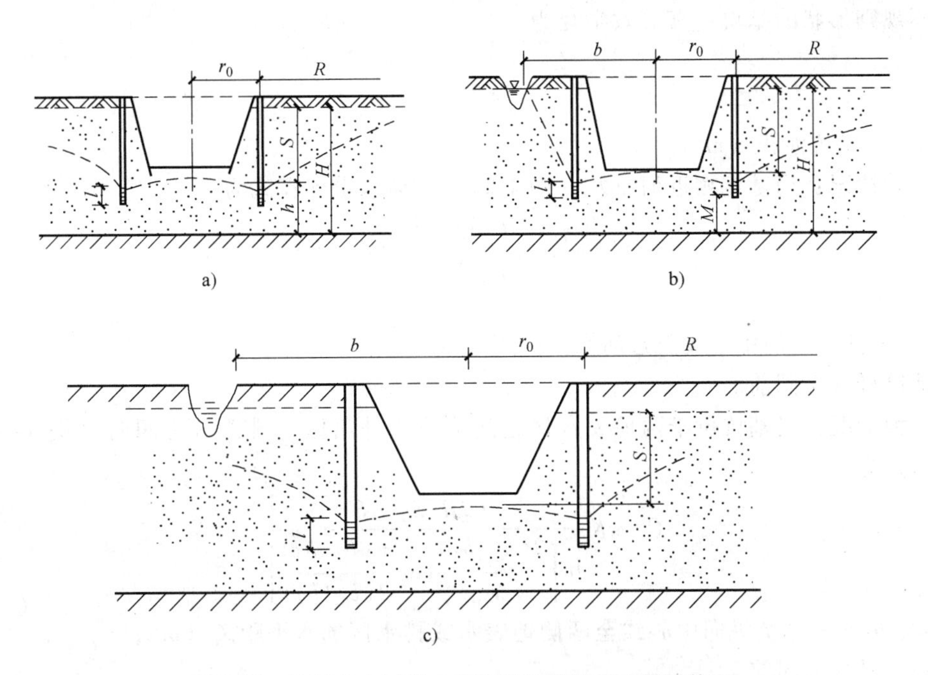

图 1-25　均质含水层潜水非完整井基坑涌水量计算图

a）基坑远离地面水源　b）基坑近河岸，含水层厚度不大　c）基坑近河岸，含水层厚度很大

压井（图 1-26、图 1-27）。当水井底部达到不透水层时称完整井（图 1-24、图 1-26）；否则，称为非完整井（图 1-25、图 1-27）。水井的类型不同，其涌水量的计算公式亦不相同。

① 均质含水层潜水完整井基坑涌水量计算（有四种情况）。

第一种情况：当基坑远离地面水源时（图 1-24a），涌水量计算式为

$$Q=\pi K\frac{(2H-S)\cdot S}{\ln\left(1+\frac{R}{r_0}\right)} \tag{1-30}$$

式中　Q——基坑涌水量（m^3/d）；

K——土壤的渗透系数（m/d），若为相近的多层含水土层，可取加权平均值，即

$$K=\sum(k_ih_i)/\sum h_i$$

k_i——第 i 层土的渗透系数（m/d）；

h_i——第 i 层土的含水层厚度（m）；

H——潜水含水层厚度（m）；

S——基坑水位降落深度（m）；

R——降水影响半径（m），宜通过试验或根据当地经验确定，当基坑安全等级为二、三级时，对潜水含水层按下式计算

$$R=2S\sqrt{KH} \tag{1-31}$$

对承压含水层按下式计算

$$R=10S\sqrt{K} \tag{1-32}$$

r_0——基坑等效半径（m），当基坑为圆形时取其半径，对矩形基坑其等效半径为

$$r_0=0.29(L+B) \tag{1-33}$$

L、B——基坑的长、短边（m）；

对不规则形状的基坑，其等效半径为

$$r_0=\sqrt{\frac{A}{\pi}} \tag{1-34}$$

A——基坑面积（m^2）。

第二种情况：当基坑靠近河岸时（图 1-24b），涌水量计算式为

$$Q=\pi K\frac{(2H-S)\cdot S}{\ln\dfrac{2b}{r_0}}(b<0.5R) \tag{1-35}$$

式中　b——基坑纵向中心线至近河水位的距离（m）；

其他符号含义同前。

第三种情况：当基坑位于两地表水体之间或位于补给区与排泄区之间时（图 1-24c），涌水量计算式为

$$Q=\pi K\frac{(2H-S)\cdot S}{\ln\left[\dfrac{2(b_1+b_2)}{\pi r_0}\cos\dfrac{\pi(b_1-b_2)}{2(b_1+b_2)}\right]} \tag{1-36}$$

式中　b_1、b_2——基坑纵向中心线至两侧地表水或排水区的水平距离（m）；

其他符号含义同前。

第四种情况：当基坑靠近隔水边界时（图 1-24d），涌水量计算式为

$$Q=\pi K\frac{(2H-S)\cdot S}{2\ln(R+r_0)-\ln r_0(2b'+r_0)} \tag{1-37}$$

式中　b'——基坑纵向中心线至隔水边界水平距离（m），$b'<0.5R$；

其他符号含义同前。

② 均质含水层潜水非完整井基坑涌水量计算（有三种情况）

第一种情况：当基坑远离地面水源时（图 1-25a），涌水量计算式为

$$Q=\pi K\frac{H^2-h_m^2}{\ln\left(1+\dfrac{R}{r_0}\right)+\dfrac{h_m-l}{l}\ln\left(1+0.2\dfrac{h_m}{r_0}\right)} \tag{1-38}$$

式中　h——基坑动水位至含水层底板深度（m），$h=H-S$；

h_m——H 与 h 的均值（m），$h_m=\dfrac{H+h}{2}$；

l——滤管长度（m）；

其他符号含义同前。

第二种情况：当基坑靠近河岸，含水层厚度不大时（图 1-25b），涌水量计算式为

$$Q=\pi KS\left[\frac{l+S}{\ln\dfrac{2b}{r_0}}+\frac{l}{\ln\dfrac{0.66l}{r_0}+0.25\dfrac{l}{M}\ln\dfrac{b^2}{M^2-0.14l^2}}\right]\left(b>\frac{M}{2}\right) \tag{1-39}$$

式中　M——由含水层底板到滤头（滤水管）有效工作部分中点的长度（m）；

其他符号含义同前。

第三种情况：当基坑靠近河岸，含水层厚度很大时（图 1-25c），涌水量计算式为

$$Q=\pi KS\left[\frac{l+S}{\ln\dfrac{2b}{r_0}}+\frac{l}{\ln\dfrac{0.66l}{r_0}-0.22\,\mathrm{arsh}\dfrac{0.44l}{b}}\right](b>l) \tag{1-40}$$

$$Q=\pi KS\left[\frac{l+S}{\ln\frac{2b}{r_0}}+\frac{l}{\ln\frac{0.66l}{r_0}-0.11\frac{l}{b}}\right](b<l) \tag{1-41}$$

$$Q=2\pi K\frac{MS}{\ln\left(1+\frac{R}{r_0}\right)} \tag{1-42}$$

式中　M——承压含水层厚度（m）。

③ 均质含水层承压水完整井基坑涌水量计算（有三种情况）。

第一种情况：当基坑远离地面水源时（图1-26a），涌水量计算式为

$$Q=2\pi K\frac{MS}{\ln\left(1+\frac{R}{r_0}\right)} \tag{1-43}$$

第二种情况：当基坑靠近河岸时（图1-26b），涌水量计算式为

$$Q=2\pi K\frac{MS}{\ln\left(\frac{2b}{r_0}\right)}(b<0.5r_0) \tag{1-44}$$

第三种情况：当基坑位于两地表水体之间或位于补给区与排泄区之间时（图1-26c），涌水量计算式为

$$Q=2\pi K\frac{MS}{\ln\left[\frac{2(b_1+b_2)}{\pi r_0}\cos\frac{\pi(b_1+b_2)}{2(b_1+b_2)}\right]} \tag{1-45}$$

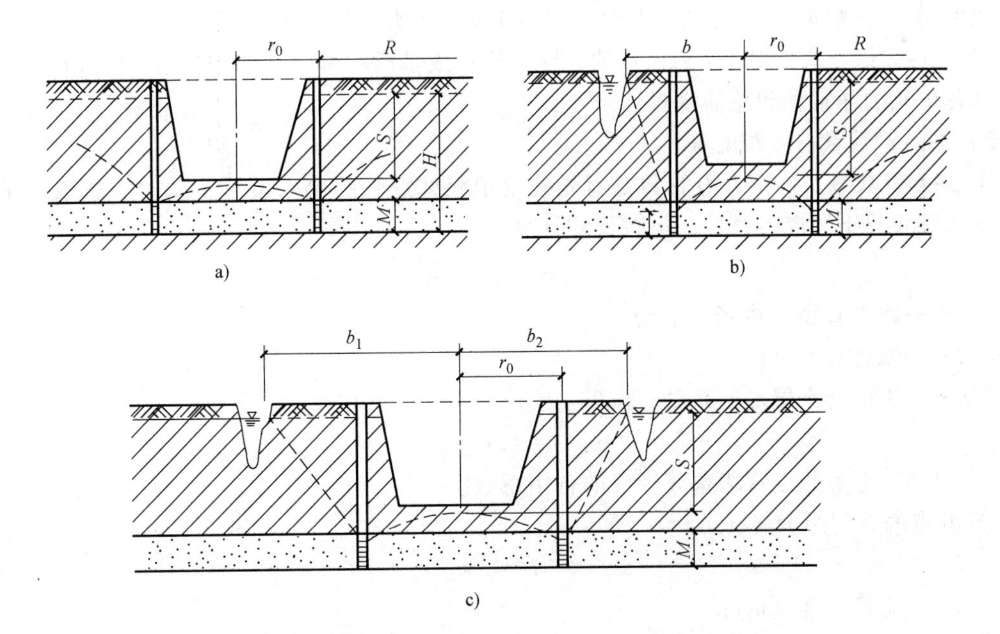

图1-26　均质含水层承压水完整井基坑涌水量计算图

a）基坑远离地面水源　b）基坑近河岸　c）基坑位于两地表水体之间

④ 均质含水层承压水非完整井基坑涌水量计算式为（图1-27）。

$$Q=2\pi K\frac{MS}{\ln\left(1+\frac{R}{r_0}\right)+\frac{M-l}{l}\ln\left(1+0.2\frac{M}{r_0}\right)} \tag{1-46}$$

式中，各符号含义同前。

⑤ 均质含水层承压-潜水非完整井基坑涌水量计算式为（图 1-28）。

$$Q=\pi K\frac{(2H-M)M-h^2}{\ln\left(1+\frac{R}{r_0}\right)} \tag{1-47}$$

式中，各符号含义同前。

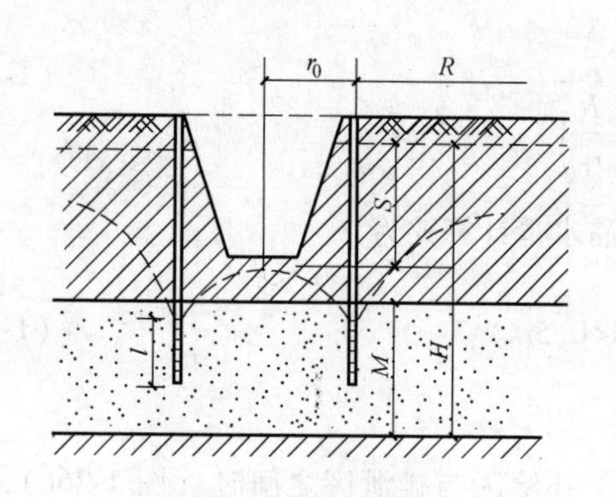

图 1-27 均质含水层承压水非完整井基坑涌水量计算图

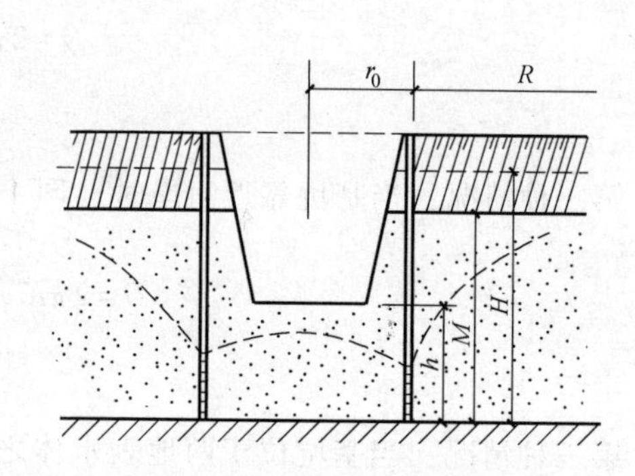

图 1-28 均质含水层承压-潜水非完整井基坑涌水量计算图

应用式（1-30）~式（1-46）计算轻型井点系统涌水量时，要先确定井点系统布置方式和基坑（槽）计算图形面积。当矩形基坑（槽）的长宽比大于 5 且基坑（槽）宽度大于抽水影响半径的两倍时（即 $L/B>5$，$B>2R$ 时），需将基坑（槽）划分成若干个计算单元，长度 L 按宽度 B 的 4~5 倍考虑；对于 $L>1.5R$ 的长线型管沟或基槽，可取 $L=1.5R$ 为一段进行计算。然后计算各单元的涌水量和总涌水量。

2）井点管数量与井距的确定。

① 井点管数量。确定井点管数量需先确定单根井点管的出水量 g(m³/d)，这取决于滤管的构造和尺寸及土的渗透系数，可按下式计算

$$g=65\pi dl^3\sqrt{K} \tag{1-48}$$

式中 d——滤管直径（内径）（m）；

l——滤管长度（m）；

K——土的含水层渗透系数（m/d）。

$$n=1.1Q/g \tag{1-49}$$

式中 1.1——考虑井点管堵塞等因素的备用系数。

② 井点的管间距 D（m）。

$$D=L/n \tag{1-50}$$

式中 L——总管长度（m）；

n——井点管根数。

③ 确定井点管间距时应注意的问题。

井点管间距不能过小，否则彼此干扰大，出水量会显著减小，一般取滤管周长的 5~10 倍，即 $5\pi d$~$10\pi d$；在渗透系数小的土中，井距不应完全按计算取值，还要考虑抽水时间，否

则井距较大时水位降落需时间很长，因此在此类土中井距宜取得较小些；在基坑（槽）周围拐角和靠近地下水流方向（河边）一边的井点管应适当加密；井距应与总管上的接头间距相配合，取接头间距的整数倍；当采用多级井点排水时，下一级井距应小于上一级井距。

根据综合考虑确定了实际井点管间距后，再确定所需的井点管根数和总管长度。

3）抽水设备的选择。

① 真空泵的选择。干式真空泵常用的型号有W5型、W6型，真空度最大可达1.0×10^5Pa。总管长度小于100m时可选用W5型，总管长度小于120m时可选用W6型。同时，还要考虑真空泵在抽水过程中所用的最低真空度，以确保降水效果。

② 离心泵的选用。轻型井点中一般采用单级离心泵，其型号根据流量、吸水扬程及总扬程而定。水泵的流量应比基坑（槽）涌水量增大10%~20%，因为最初的涌水量比稳定时的涌水量（计算值）要大些。在一般情况下，一台真空泵对应一台离心泵作业，但在土的渗透系数及涌水量较大时，也可配备两台离心泵。

③ 射流器的选用。射流器常用型号有QJD-45、QJD-60、QJD-90、JS-45，根据基坑（槽）的涌水量及总管长度、井点管根数确定射流器的大小和台数。

（4）轻型井点的施工工艺　轻型井点施工工艺流程为：施工准备、井点管布置、总管排放、井点管埋设、弯联管连接、抽水设备安装、井点管系统运行、井点管系统拆除。其施工要点如下：

1）井点管埋设。井点管埋设的方法有射水法、水冲法、钻孔法和套管法。一般采用水冲法，它包括冲孔和埋管两个过程。

冲孔时，先用起重设备将直径50~70mm的冲管吊起，并插在井点位置上，然后开动高压水泵，将土冲松。在冲孔过程中，冲管应垂直插入土中，并做上下左右摆动，以加剧土体松动，边冲边沉。冲孔直径不应小于300cm，以保证井管四周有一定厚度的砂滤层。冲孔深度应比滤管底深500mm左右，以防冲管拔出时，部分土颗粒沉于孔底而触及滤管底部。各层土冲孔所需水流压力视土质而定。

井孔冲成后，立即拔出冲管，插入井点管，并在井点管和孔壁间迅速填灌砂滤层，以防孔壁坍塌。砂滤层的填灌质量是保证轻型井点顺利工作的关键，一般应采用洁净的粗砂，填灌要均匀，填灌到滤管顶上1.0~1.5m，以保证水流畅通。井点填砂后，井点管上口距地面1.0m范围内须用黏土封口，以防漏气。

2）井点管系统运行。井点管系统运行中，应保证连续抽水，并准备双电源，正常出水规律为“先大后小，先浑后清”。如不上水，或水一直较深，或出现清水后又浑浊等情况。应立即检查纠正。真空度是判断井点系统良好与否的尺度，应经常观察，一般真空度应不低于55.3~66.7kPa，如真空度不够，通常是因为管路漏气，应及时修好。对于井点管的淤塞，可通过听管内水流声，手扶管壁感到振动等简便方法进行检查，如井点管淤塞太多、严重影响降水效果时，应逐个用高压水反冲洗井点管或拔除重新埋设。

3）井点管拆除。地下建（构）筑物完工并进行土方回填后，方可拆除井点管系统。井点管拆除一般多借助于起重葫芦、起重机等，所形成孔洞用土或砂填塞。对地基有防渗要求时，地面以下2m应用黏土填实。

4）施工质量控制要点。集水总管、滤管和泵的位置及标高应正确；井点系统各部件均应安装严密，防止漏气；隔膜泵底应平整稳固，出水的接管应平接，不得上弯；皮碗应安装准确、对称，确保在工作时受力平衡；在降水过程中，应定时观测水流量、真空度和井内的水位；另外应对水位降低区域内的建筑物进行沉降观测，发现沉陷或水平位移过大时，应及时采取防护技术措施。

2. 喷射井点法

当基坑（槽）开挖较深而地下水位较高、降水深度超过 6m 时，采用一级轻型井点已不能满足要求，则必须采用二级或多级轻型井点才能收到预期效果，但这会增加设备数量和基坑（槽）的开挖土方量，延长工期，往往不够经济。此时宜采用喷射井点，该方法降水深度可达 8~20m，在 $K=3\sim50\text{m/d}$ 的砂土中最有效，在 $K=0.1\sim3\text{m/d}$ 的粉砂、淤泥质土中效果也很显著。

喷射井点根据工作时使用液体或气体的不同，分为喷水井点和喷气井点两种。其设备主要由喷射井点、高压水泵（或空气压缩机）和管路组成（图 1-29）。

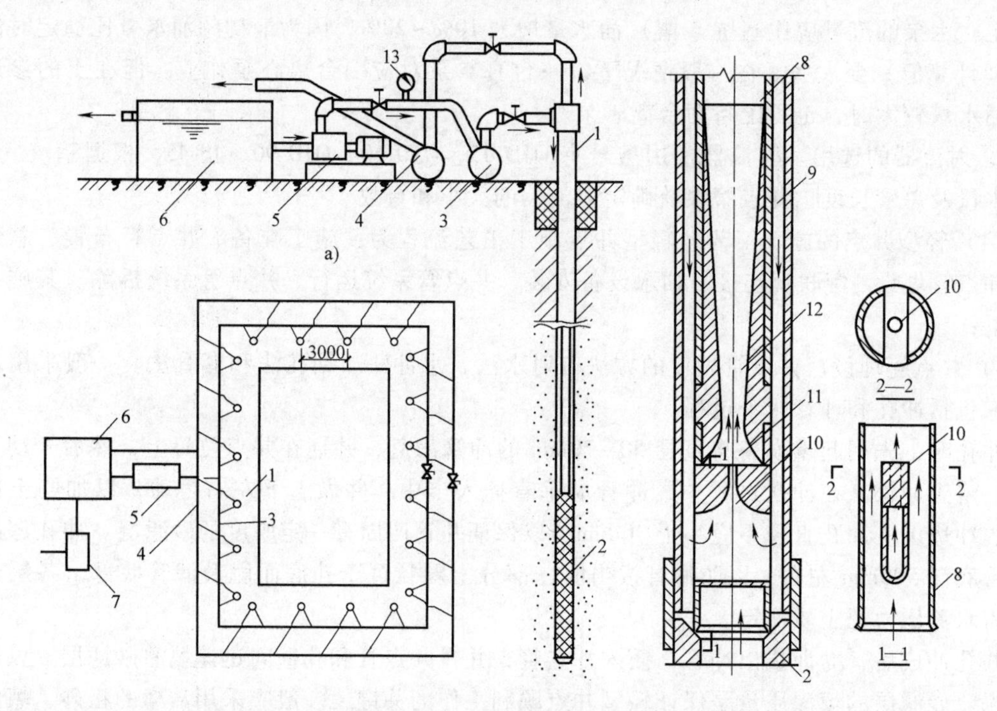

图 1-29 喷射井点设备及平面布置

1—喷射井管 2—滤管 3—进水总管 4—排水总管 5—高压水泵 6—集水池 7—水泵 8—内管 9—外管 10—喷嘴 11—混合室 12—扩散管 13—压力表

喷射井点的平面布置有单排布置（基坑宽小于 10 m）、双侧布置（基坑宽大于 10m）及环形布置。每套喷射井点系统的井点管数量宜控制在 30 根左右，井点间距采用 2~3m，其涌水量计算和埋设方法与轻型井点相似。喷射井点设计出水量见表 1-4。

表 1-4 喷射井点设计出水量

型号	外管直径/mm	喷射管		工作水压力/MPa	工作水流量/(m^3/d)	设计单井出水量/(m^3/d)	适用含水层渗透系数/(m/d)
		喷嘴直径/mm	混合室/mm				
1.5 型并列式	38	7	14	0.6~0.8	112.8~163.2	100.8~138.2	0.1~5.0
2.5 型圆心式	68	7	14	0.6~0.8	110.4~148.8	103.2~138.2	0.1~5.0
4.0 型圆心式	100	10	20	0.6~0.8	230.4	259.2~388.8	5.0~10.0
6.0 型圆心式	162	19	40	0.6~0.8	720	600~720	10.0~20.0

3. 电渗井点法

当土的渗透系数很小（$K<0.1$m/d），采用轻型井点、喷射井点进行基坑（槽）降水效果很差时，宜改用电渗井点降水。

电渗井点是以原有的井点管（轻型井点或喷射井点）本身作为阴极，沿基坑（槽）外围布置，并采用套管冲枪成孔埋设；以钢管（直径50~75mm）或钢筋（直径25mm以上）作阳极，埋在井点管内侧（图1-30）。阳极埋设应垂直，严禁与相邻阴极相碰，阳极外露出地面200~400mm，其入土深度应比井点管深500 mm，以保证能将水降到所要求的深度。阴阳极的间距一般为0.8~1.0m（轻型井点）或1.2~1.5m（喷射井点），并按平行交错排列。阴阳电极的数量宜相等，必要时阳极数量可多于阴极数量。

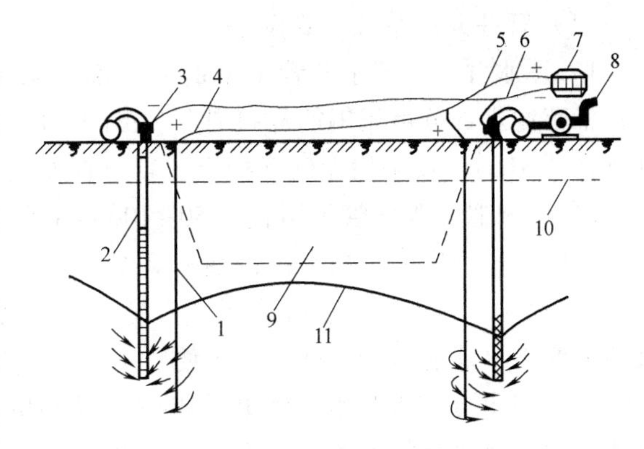

图1-30 电渗井点布置示意图

1—阳极 2—阴极 3—用扁钢、螺栓或电线将阴极连通 4—用钢筋或电线将阳极连通 5—阳极与发电机连接电线 6—阴极与发电机连接电线 7—直流发电机（或直流电焊机） 8—水泵 9—基坑 10—原有水位线 11—降水后的水位线

电渗井点适用于黏土、粉质黏土、淤泥等土质中的降水，它是轻型井点或喷射井点的辅助方法。

4. 管井井点法

当土的渗透系数大（$K>10$m/d）、地下水丰富时，可用管井井点（图1-31）。由于管井井点排水量大、降水深，较轻型井点的降水效果好，故可代替多组轻型井点。

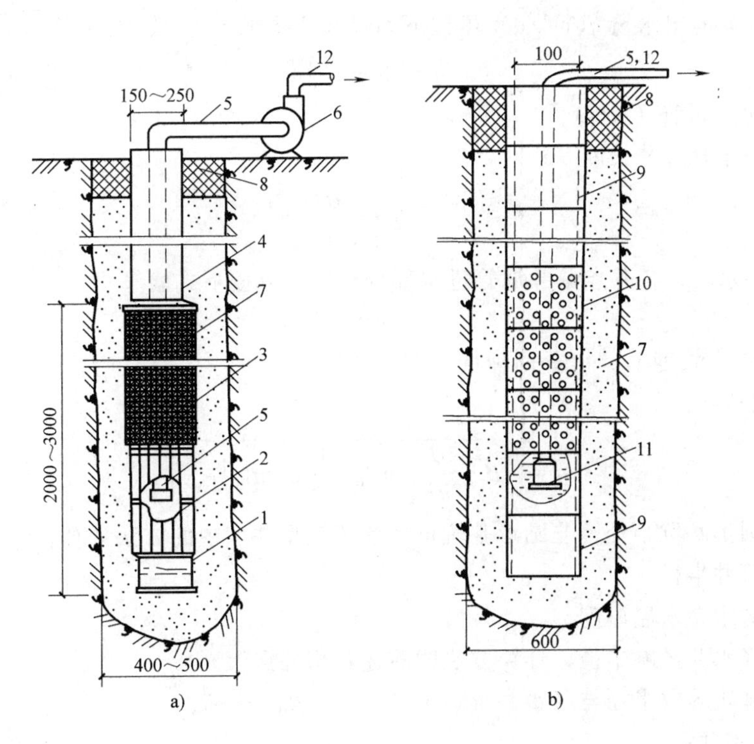

图1-31 管井井点

a）钢管管井 b）混凝土管管井

1—沉砂管 2—钢筋焊接骨架 3—滤网 4—管身 5—吸水管 6—离心泵 7—小砾石过滤层 8—黏土封口 9—混凝土井管 10—混凝土过滤网 11—潜水泵 12—出水管

（1）管井井点系统主要设备

1）滤水井管。滤水井管上部的井管部分采用直径 200mm 以上的钢管、塑料管或混凝土管；下部滤水部分可用钢筋焊接骨架（图 1-31a），或采用与上部井管相同直径和材料的带孔管（图 1-31b），或采用无砂混凝土滤管，管外包孔眼为 1~2mm 的滤网，滤管长 2~3m。

2）吸水管。吸水管采用直径 50~100 mm 的胶管或钢管，其底部装有止回阀。吸水管插入滤水井管，长度应大于抽水机械抽吸高度，同时应沉入管井内抽水时的最低水位以下。

3）水泵。一般每个管井装置一台潜水泵，也可采用离心泵。离心泵抽水深度小于6m，开泵前需灌满水才能运行，施工不方便。

（2）管井布置及埋设　管井井点一般沿基坑外围每隔 10~50m 距离设置一口井。井中心距地下构筑物边缘的距离，依据所用钻机的钻孔方法而定：当采用泥浆护壁套管法时不小于3m；当采用泥浆护壁冲击式钻机成孔时为 0.5~1.0m。钻孔直径应比滤管外径大 200mm 以上。管井下沉前应清洗，并保持滤网的通畅，滤水井管放于孔中心，下端用木塞堵塞管口。井壁与孔壁之间用 3~15mm 砾石填充作为过滤层、地面下 0.5m 内用黏土填充压实。井管埋设深度和距离应根据降水面积和深度及含水层的渗透系数确定，其最大深度可达 10m。

（3）井管的拔出　井管使用完毕后，滤水井管可拔出重复使用。拔出方法是在井口周围挖深 0.3m，用钢丝绳将管口套紧，然后用起重机械将井管徐徐拔出。所形成孔洞用砂砾填实，上部 0.5m 用黏土填充夯实。将滤水井壁洗去泥砂后储存备用。

（4）管井井点涌水量的计算　管井井点涌水量的计算与轻型井点基本相同。根据井底是否达到不透水层，亦分为完整井和非完整井。

1）管井井点系统基坑总涌水量计算所用公式同轻型井点涌水量计算公式。

2）单根管井的出水量 $q(m^3/d)$ 可按下列经验公式确定

$$q=120\pi r_s l\sqrt[3]{K} \tag{1-51}$$

式中　K——含义同前（m/s）；

l——滤水管部分长度（m）。

$$\sum L=\frac{Q}{q} \tag{1-52}$$

3）群井抽水时，各井点单井滤管进水部分长度，可按下式验算

$$y_0>l \tag{1-53}$$

单井井管进水长度 y_0，可分两种情况按下列规定计算。

① 潜水完整井：

$$y_0=\sqrt{H^2-\frac{Q}{\pi K}\left[\ln R_0-\frac{1}{n}\ln\left(nr_0^{n-1}r_w\right)\right]} \tag{1-54}$$

式中　r_0——圆形基坑半径，非圆形基坑可按前述轻型井点中的方法计算；

r_w——管井半径；

H——潜水含水层厚度；

R——降水井影响半径，计算方法同前述轻型井点；

R_0——基坑等效半径与降水井影响半径之和，$R_0=r_0+R_o$

② 承压完整井：

$$y_0=H'-\frac{Q}{2\pi KM}\left[\ln R_0-\frac{1}{n}\ln\left(nr_0^{n-1}r_w\right)\right] \tag{1-55}$$

式中　H'——承压水位至该承压水层底板的距离；

M——承压含水层厚度。

当过滤管工作部分长度小于2/3含水层厚度时，应采用非完整井公式计算。若不满足上式条件，应调整井点数量和井点间距，再进行验算。当井距足够小仍不能满足要求时应考虑在基坑内布井。管井过滤管长度宜与含水层厚度一致，即成为大口井。

4）群井涌水量复核。多个相互之间距离在降水影响半径范围内的管井井点同时抽水时的总涌水量，根据管井布置情况，可按下式进行复核

$$Q=\pi K\frac{(2H-S)S}{\ln R_0-\frac{1}{n}[(\ln(x_1x_2\cdot\cdots\cdot x_n))]}\geqslant Q \tag{1-56}$$

式中 S——井点群重心处水位降低数值；

x_1，x_2，…，x_n——各井点至井点群重心的距离。

5. 无砂混凝土管井井点法

无砂混凝土管井井点是近年来在软土、高水位地区常使用的基坑（槽）的降水方法。它是由管井井点和深井井点发展而来的。

无砂混凝土管井施工工序为：布井→制管→成孔→接管→下管→校正→管井就位→灌过滤层→洗井→抽水→回填。

无砂混凝土管井的布置方案多以理论计算为主（仿轻型井点或管井井点），辅以实践经验。目前使用的井深为8～30m，井径（内径）为300～720mm，成孔直径通常为500～900mm，井距为8～25m。无砂混凝土管井工作适用性强，例如，在使用中可以调整井内水位变化、影响半径R和涌水量Q，甚至可采用停抽水、封井和减少抽吸频率的方法控制降水，因此无砂混凝土管井降水成功率相当高。

无砂混凝土管井的钻孔、埋设方法同管井井点一致，其井点系统适用于各种土层。

6. 砂（砾）渗井

砂（砾）渗井法是一种辅助管井的降水方法。在深大基坑降水时除按设计布设降水井外，宜视情况在基坑内布设一定数量的渗水井（或抽水井），含水层渗透性较小时宜在周边抽水井之间布设一定数量的渗水井。渗水井施工时，先钻孔至透水性好的土层而后填砂，将上层水渗至渗水井底，利用抽水井在渗水井底土层抽水。

1.3.3 土方边坡与土壁支护

土方开挖之前，在编制土方工程施工组织设计时，应确定小基坑（槽）及管沟的边坡形式及开挖方法，确保土方开挖过程中和基础施工阶段土体的稳定。可选择的边坡类型如图1-32所示。

1.3.3.1 放坡开挖

1. 放坡的形式

放坡的形式由场地土类别、开挖深度、周围环境、技术经济的合理性等因素决定，常用的放坡形式有直线形、折线形、阶梯形和分级形（图1-33）。

当场地为一般黏性土或粉土，基坑（槽）及管沟周围具有堆放土料和机具的条件，地下水位较低，或降水、放坡开挖不会对相邻建筑物产生不利影响，具有放坡开挖条件时，可采用局部或全深度的放坡开挖方法。如果开挖土质均匀可放坡成直线形；如果开挖土质为多层不均且差异较大，可按各层土的土质放坡成折线形或阶梯形。

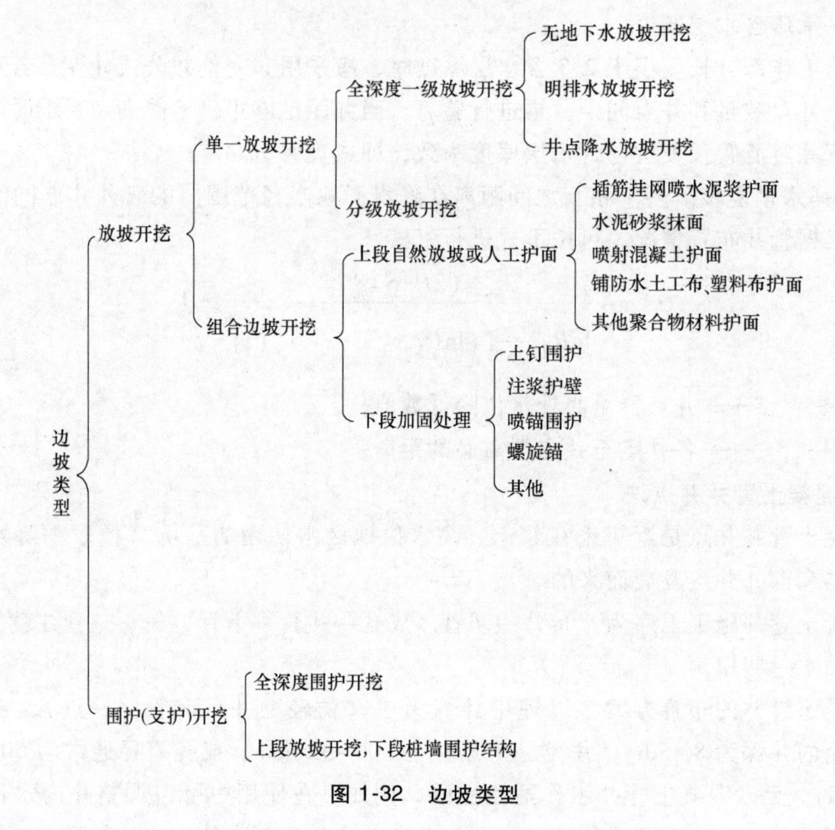

图 1-32 边坡类型

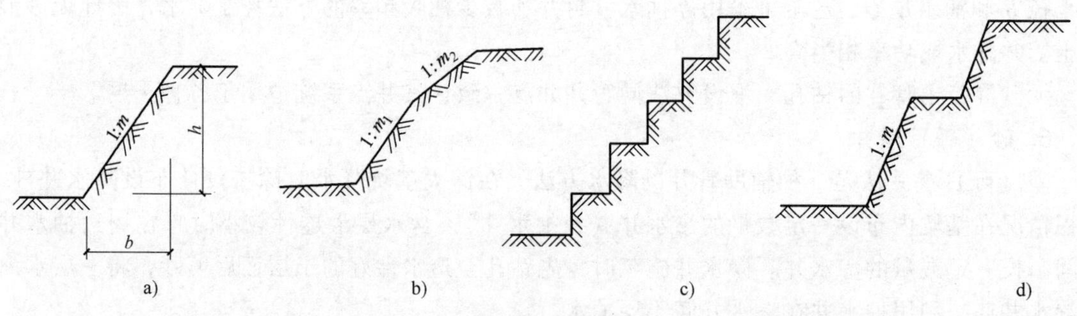

图 1-33 放坡形式

a）直线形 b）折线形 c）阶梯形 d）分级形

2. 影响土方边坡稳定的因素

土方边坡处于稳定状态主要是由于土体内土颗粒间存在的摩擦力和黏结力，使土体具有一定的抗剪强度。黏性土既有摩擦力，又有黏结力，抗剪强度较高，土体不易失稳，土体若失稳，则是沿着滑动面整体滑动（滑坡）；砂性土只有摩擦力，无黏结力，抗剪强度较差。所以黏性土的放坡可陡些，砂性土的放坡应缓些，使土体下滑力小于土颗粒之间的摩擦力和黏结力，从而保证边坡稳定。

当外界因素发生变化，土体的抗剪强度降低或土体所受剪应力增加时，就破坏了土体的自然平衡状态，会导致边坡失去稳定而塌方。造成土体内抗剪强度降低的主要原因是雨水或施工用水使土的含水量增加，水的润滑作用使土颗粒之间摩擦力和黏结力降低；而造成土体所受剪应力增加的原因主要是坡顶上部的荷载增加和土体自重的增大（含水量增加），以及地下水渗流中的动水压力的作用；此外，地面水浸入土体的裂缝之中所产生的静水压力也会使土体内的剪应力增加。所以，在确定土方边坡的形式及放坡大小时，既要考虑上述各方面因素，又要注意周围环境条件，以保证土方和基础施工的顺利进行。

3. 边坡坡度及保证边坡稳定的措施

（1）直壁开挖不加支撑　当土质湿度正常、结构均匀、水文地质条件良好（即不发生坍塌、移动、松散或不均匀下沉），且无地下水时，开挖基坑可采取不放坡、也不加支护的立壁开挖方式，但挖方深度应按下列规定予以控制：

1）密实、中密的砂土和碎石土（充填物为砂土）　1.0m

2）硬塑、可塑的粉质黏土和粉土　1.25m

3）硬塑、可塑的黏土和碎石类土（充填物为黏性土）　1.50m

4）坚硬的黏土　2.0m

（2）边坡坡度的大小　基坑（槽）、管沟土方开挖的边坡应根据使用时间（临时或永久）、土的种类、土的物理力学性质、开挖深度、开挖方法、坡顶荷载状况、降排水情况及气候条件等确定。对于永久性场地，挖方边坡坡度应按设计要求放坡；当设计无规定时，可按表1-5所列采用。

表1-5　永久性土工构筑物挖方的边坡坡度

项次	挖 土 性 质	边 坡 坡 度
1	在天然湿度、层理均匀、不易膨胀的黏土、粉质黏土和砂土（不包括细砂、粉砂）内挖方深度不超过3m	1∶1.00~1∶1.25
2	土质同上，深度为3~12m	1∶1.25~1∶1.50
3	干燥地区内土质结构未经破坏的干燥黄土及黄土，深度不超过12m	1∶0.1~1∶1.25
4	在碎石土和泥灰岩土的地方，深度不超过12m，根据土的性质、层理特性和挖方深度确定	1∶0.50~1∶1.50
5	在风化岩内的挖方，根据岩石性质、风化程度、层理特性和挖方深度确定	1∶0.20~1∶1.50
6	在微风化岩石内的挖方，岩石无裂缝且无倾向挖方坡脚的岩层	1∶0.10
7	在未风化的完整岩石内挖方	直立的

对于使用时间较长的临时性挖方边坡坡度，应根据工程地质和边坡高度，结合当地实践经验和施工具体情况进行放坡，其临时性挖方的边坡坡度允值可按表1-6、表1-7选用。

表1-6　使用时间较长的临时性挖方边坡坡度

土的类别	密实度或状态	坡度允许值（高度比）	
		坡高在5m以内	坡高5~10m
碎石土	密实 中密 稍密	1∶0.35~1∶0.50 1∶0.50~1∶0.75 1∶0.75~1∶1.00	1∶0.50~1∶0.75 1∶0.75~1∶1.00 1∶1.00~1∶1.25
粉质黏土	坚硬 硬塑 可塑	1∶0.75 1∶1.00~1∶1.25 1∶1.25~1∶1.50	—
黏性土	坚硬 硬塑	1∶0.75~1∶1.00 1∶1.00~1∶1.25	1∶1.00~1∶1.25 1∶1.25~1∶1.50
花岗岩残积黏性土	硬塑 可塑	1∶0.75~1∶1.00 1∶0.85~1∶1.25	—
杂填土	中密或密实的建筑垃圾	1∶0.75~1∶1.00	—
砂土	—	1∶1.00（或自然休止角）	—

注：1. 坡度大小视坡顶荷载情况取值；无荷载时取陡值，有荷载时取中等的，有动荷载时取缓值。
2. 对非黏性土坡顶不得有振动荷载，因为在振动荷载作用下，无黏性土在暴露边坡的情况下，土质很易松动，甚至引起局部或大部分坡面滑塌。

表 1-7 岩石边坡坡度

岩石类型	风化程度	坡度允许值(高度比)	
		坡高在 8m 以内	坡高 8~15m
硬质岩石	微风化 中等风化 强风化	1 : 0.10~1 : 0.20 1 : 0.20~1 : 0.35 1 : 0.35~1 : 0.50	1 : 0.20~1 : 0.35 1 : 0.35~1 : 0.50 1 : 0.50~1 : 0.75
软质岩石	微风化 中等风化 强风化	1 : 0.35~1 : 0.50 1 : 0.50~1 : 0.75 1 : 0.75~1 : 1.00	1 : 0.50~1 : 0.75 1 : 0.75~1 : 1.00 1 : 1.00~1 : 1.25

对于在地质条件良好、土质较均匀的高地中修筑 18m 以内的路堑，由于路堑所受荷载和使用功能与基坑（槽）、沟不同，且路堑的边坡为永久性，其边坡坡度可按表 1-8 采用。

表 1-8 路堑边坡坡度

项目	土或岩石种类	边坡最大高度/m	路堑边坡坡度(高宽比)
1	一般土	18	1 : 0.5~1 : 1.5
2	黄土或类似黄土	18	1 : 0.1~1 : 1.25
3	砾碎岩石	18	1 : 0.5~1 : 1.5
4	风化岩石	18	1 : 0.5~1 : 1.5
5	一般岩石	—	1 : 0.1~1 : 0.5
6	坚石	—	直立~1 : 0.1

分级放坡开挖时，应设置分级过渡平台。对深度大于 5m 的土质边坡，各级过渡平台的宽度为 1.0~1.5m，必要时可选 0.6~1.0 m；小于 5m 的土质边坡可不设过渡平台；岩石边坡过渡平台的宽度不小于 0.5m。施工时应按上陡下缓原则开挖。

（3）保证边坡稳定的措施　土质边坡放坡开挖如遇边坡高度大于 5m，具有与边坡开挖方向一致的斜向界面时，有可能发生土体滑移的软弱淤泥或含水量丰富的夹层时，坡顶堆料、堆物有可能超载时，以及各种易使边坡失稳的不利情况时，应对边坡整体稳定性进行验算，必要时进行有效加固及支护处理，以保证边坡的稳定。具体措施如下：

1）对于土质边坡或易于软化的岩质边坡，在开挖时应采取相应的排水和对坡脚、坡面的保护措施；基坑（槽）及管沟周围地面采用水泥砂浆抹面、设排水沟等防止雨水渗入的措施，保证在边坡稳定范围内无积水。

2）对坡面进行保护处理，以防止渗水风化碎石土的剥落。保护处理的方法有水泥砂浆抹面（3~5cm 厚），也可先在坡面挂钢丝网再喷抹水泥砂浆。

3）对各种土质或岩石边坡，可用浆砌片石护坡或护坡脚，但护坡脚的砌筑高度要满足挡土的强度、刚度的要求。

4）对已发生或将要发生滑坍失稳或变形较大的边坡，用砂土袋堆置于坡脚或坡面，阻挡失稳。

5）土质坡面加固方法有螺旋锚预压坡面和砖石砌体护面等。螺旋锚由螺旋形的锚杆及锚杆头部的垫板和锁紧螺母构成，将螺旋锚旋入土坡中，拧紧锚杆头的螺母即可；砖石砌体护面根据砌体受力情况和砌体高度，按砖石砌体设计施工，以保证安全。

6）当边坡坡度不能满足要求时（场地受限），可采用土钉和水泥砂浆抚坡面的加固方法，但要保证土钉的锚固力，对于砂性土、淤泥土禁止使用。

1.3.3.2 土壁支护

在基坑（槽）或管沟开挖时，为了缩小工作面，减少土方开挖量，或因土质不良且受场地限制不能放坡时，或基坑（槽）深度较大时，应设置支护体系，即土壁支撑体系。

1. 支护体系的类型

支护体系主要由围护结构和撑锚结构两部分组成。围护结构为垂直受力部分，主要承担侧向土压力、水压力和边坡上的荷载，并将这些荷载传递到撑锚结构。撑锚结构为水平受力部分，除承受围护结构传递来的水平荷载外，还要承受竖向的施工荷载（加施工机具、堆放的材料、堆土等）和自重。所以说支护体系是一种空间受力结构体系。

（1）围护结构（挡土结构）的类型　围护结构的类型按使用材料分有木挡墙、钢板桩、钢筋混凝土板桩、H型钢支柱（或钢筋混凝土桩支柱）木挡板墙、钻孔灌注桩挡墙、水泥土墙、地下连续墙等。

围护结构一般为临时结构，待建筑物或构筑物的基础施工完毕，或管道埋设完毕即失去作用，所以常采用可回收再利用的材料，如木桩、钢板桩等；也可使用永久埋在地下的材料但费用要尽量低，如钢筋混凝土板桩、灌注桩、水泥土墙和地下连续墙。在较深的基坑中，如果采用地下连续墙或灌注桩，由于其所受土压力、水压力较大，配筋较多，因而费用较高，为了充分发挥地下连续墙的强度、刚度和整体性及抗渗性，可将其作为地下结构的一部分按永久受力结构复核计算；而灌注桩也可作为基础工程桩使用，这样可降低基础工程造价。各种围护结构的性能比较和适用条件见表1-9。

表1-9　各种围护结构性能比较和适用条件

支挡结构形式		截面抗弯刚度	墙的整体性	防渗性能	施工速度	造价	适用条件
木板桩		差	差	差	快	省	沟槽开挖深度小于5m，墙后地下无水
钢板桩	槽钢	差	差	差	快	省	开挖深度小于4m，基坑面积不大，墙后无地下水
	锁口钢板	较好	好	好	快	较贵	开挖深度可达8~10m，可适用多层支撑，适用性强，板桩可回收
钢筋混凝土板桩		较差	较差	较差	较快	省	开挖深度3~6m，土质不宜太硬，配合井点降水使用
H型钢桩支柱（或钢筋混凝土桩支柱）木挡板墙		较差	差	差	较快	较省	适用于地下水渗流小（或井点降水疏干）、较坚硬的土层
钻孔灌注桩挡墙		较好	较差	较差	较慢	较省	开挖深度6~8m，可根据计算确定桩径（墙厚）的间距，适应性强
旋喷桩水泥土墙		较好	较好	较好	较慢	较省	适用于地下水渗流较大的场合，按计算确定桩径，并可加筋
深层搅拌水泥土挡墙		较好	较好	较好	较慢	较省	适用于软黏土，淤泥质土层，按计算确定墙厚，墙内可加筋
地下连续墙		好	好	好	慢	贵	按计算确定墙厚，适应性强

围护结构按支撑点数可分为悬管式挡土结构、单支点挡土结构和多支点挡土结构。

(2) 支护体系类型　支护体系根据基坑（槽）和管沟的挖深、宽度、施工方法和场地条件及有无支撑可分为下列支护形式。

1）悬臂式支护结构。当基坑（槽）或管沟的开挖深度不大（一般不大于4m），或邻近基坑（槽）边无建筑物及地下管线时，可选用此结构。支护结构采用的类型有人工挖孔桩、灌注桩、钢筋混凝土板桩、锁口钢板桩、水泥土墙和地下连续墙。悬臂式支护结构易产生侧向变形、发生强度或稳定性破坏，所以板墙（桩）的入土深度既要满足悬臂结构的强度、抗滑移和抗倾覆的要求。又要满足构造深度和抗渗要求。为了增加其整体强度和稳定性，可在围护结构（挡墙）顶部增设一道冠梁，则可将悬臂长度增加1~2m。

2）锚式支护体系。为了减小围护墙（桩）的侧向位移，增加其刚度和稳定性，可采用拉锚式挡筋。即：当土方挖至一定深度（锚杆标高）时，用锚杆钻机在要求位置钻孔，放入锚杆，进行灌浆，待达到设计强度、装上锚具后继续挖土。拉锚有单层和多层之分，这种支护方法可使基坑（槽）或管沟的挖土深度达6m以上。但锚杆宜在黏性土层中使用，如果在砂土、淤泥质土层中使用，其锚固力（抗拔力）不易得到保证，会发生围护结构倾斜破坏。

3）内撑式支护体系。当围护结构为木板桩、钢板桩、钢筋混凝土板桩、钻孔灌注桩、地下连续墙等各种形式时，均可通过增加内支撑来增加挖深，浅则3~7m（板桩），深可达15m以上（地下连续墙）。内支撑有钢结构的对撑、角撑，钢筋混凝土的对撑、角撑。内支撑多数为平面组合式，根据开挖深度可设计成单层或多层，形成整体空间刚度。这种有内撑的支护体系，土方开挖难度较大，特别是多层支撑时，机械挖土、运土都很困难。

目前，为了解决内撑式支护体系挖土难、耗用材料多等问题，并且节约支护体系费用，在许多深基坑工程中采用环梁体系作内支撑，而地下结构的施工多采用“逆施法”或“逆支正施法”。逆施法是指先做围护结构，再浇筑地下室顶板，然后地上、地下部分同时进行施工，地下部分采用从上向下挖一层土，做一层结构的施工方法。逆支正施法是指支撑体系从上向下做，而后从底板开始从下向上逐层进行地下结构施工。这两种方法所用的围护结构多采用地下连续墙，在土方开挖时，基坑顶面位移均较小。

4）简易式支撑。对于较浅的基坑（槽）或管沟，可采用先挖土后支撑的方法，对不稳定土体（易滑动部分）进行支护，可大大减少支护费用，但土方开挖量有所增加。

2. 支护结构体系的计算

支护结构的计算主要分两部分：即围护结构计算和撑锚结构计算。围护结构计算主要是确定挡墙（桩）的入土深度、截面尺寸、间距和配筋；撑锚结构计算主要是确定撑锚结构的受力状况、截面尺寸、配筋和构造措施。需验算的内容有：边坡的整体抗滑移稳定性；基坑（槽）底部土体隆起、回弹和抗管涌稳定性。

支护结构的计算方法有平面计算法和空间计算法，无论哪种方法均需利用电子计算机和专用程序进行，目前我国的计算已发展为空间计算法。

1.3.4 土方开挖机械和方法

在土方开挖之前应根据工程结构形式、开挖深度、地质条件、气候条件、周围环境、施工工期和地面荷载等有关资料，确定土方开挖和地下水控制施工方案。

基坑（槽）及管沟开挖方案的内容主要包括：确定支护结构的龄期，选择挖土机械，确定开挖时间、分层开挖深度及开挖顺序、坡道位置和车辆进出场道路，制订降排水措施，安排施工进度和劳动组织，制订监测方案、质量和安全措施，以及制订土方开挖对周围建筑物和构筑物需采取的保护措施等。土方开挖常采用的挖土机械有推土机、铲运机、单斗挖掘机、多斗挖掘机、装载机等。

1.3.4.1 主要挖土机械及其施工

1. 推土机施工

推土机由动力机械和工作部件两部分组成，其动力机械是拖拉机，工作部件是安装在动力机械前面的推土铲。推土机的行走方式有轮胎式和履带式两种，铲刀的操纵机构也有索式和液压式两种。索式推土机的铲刀借助本身自重切入土中，在硬土中切土深度较小；液压式推土机采用油压操纵，能使铲刀强制切入土中，其切入深度较大。

推土机的特点是操纵灵活、运转方便、所需工作面小、行驶速度快、易于转移、能爬30°左右的缓坡。它主要适用于平整挖土深度不大的场地，铲除腐殖土并推到附近的弃土区，开挖深度不大于1.5m的基坑（槽），回填基坑（槽）、管沟，推筑高度1.5m内的堤坝、路基、平整其他机械卸置的土堆，推送松散的硬土、岩石和冻土，配合铲运机、挖掘机工作等，其推运距离宜在100m以内，以40~60m效率最高。

推土机的生产效率主要取决于推土铲刀推移土壤的体积及切土、推土、回程等工作循环时间。为此可采用顺地面坡度下坡推土，2~3台推土机并列推土（两台并列可增加推土量15%~30%），分批集中一次推送（多刀送土），槽形推土（可增加10%~30%的推土量）等方法来提高生产效率。如推运较松的土壤且运距较大时，还可以在铲刀两侧加挡土板。

2. 铲运机施工

铲运机由牵引机械和铲斗组成。按行走方式分为牵引式铲运机和自行式铲运机；按铲斗操纵系统分为液压操纵和机械操纵两种。

铲运机的特点是能综合完成挖土、运土、平土或填土等全部土方施工工序，对行驶道路要求较低，操纵简单灵活、运转方便，生产效率高。在土方工程中铲运机常应用于大面积场地平整，开挖大型基坑、沟槽以及填筑路基、堤坝等；最宜于铲运场地地形起伏不大、坡度在20°以内的大面积场地，土的含水量不超过27%的松土和普通土，平均运距在1km以内，特别在600m以内的挖运土方；不适于在砾石层和冻土地带及沼泽区工作。

铲运机的开行路线对提高生产效率影响很大，应根据挖填区的分布情况、具体条件，选择合理的开行路线。工程实践中，铲运机的开行路线常采用以下几种：

1）环行路线。对于施工地段较短，地形起伏不大的挖、填工程，适宜采用环形路线。当挖方和填方交替，而挖填之间距离又较短时，则可采用大环形路线。大环形路线的优点是一次循环能完成多次铲土和卸土，从而减少了铲运机的转弯次数，提高了工作效率。

2）“8”字形路线。在地形起伏较大、施工地段狭长的情况下，宜采用“8”字形路线，它适用于填筑路基、场地平整工程。

铲运机在坡地行走或工作时，上下纵坡不宜超过25°，横坡不宜超过6°，不能在陡坡上急转弯，工作时应避免转弯铲土，以免铲刀受力不均引起翻车事故。

3. 单斗挖掘机施工

单斗挖掘机是大型基坑（槽）、管沟开挖中最常用的一种土方机械。根据其工作装置的不同，分为正铲、反铲、抓铲和拉铲四种。常用铲斗容量为0.5~2.0m^3。根据操纵方式，分为液压传动和机械传动两种。在土石方工程中，单斗挖掘机更换装置后可以进行装卸、起重、打桩等作业，是土方工程施工中不可缺少的机械设备。

（1）正铲挖掘机

1）正铲挖掘机的工作特点、性能及适用范围。正铲挖掘机挖掘能力大，生产效率高。它的工作特点是“前进向上，强制切土”，宜用于开挖停机平面以上一类至四类土。正铲挖掘机需与汽车配合完成挖运任务。在开挖基坑（槽）及管沟时，要通过坡道进入地面以下挖土（坡道坡度为1∶8左右），并要求停机面干燥，因此挖土前必须做好排水工作。其机身能回转360°，动臂可升降，斗柄可以伸缩，铲斗可以转动，图1-34所示为正铲液压挖掘机的简图及工作状态。

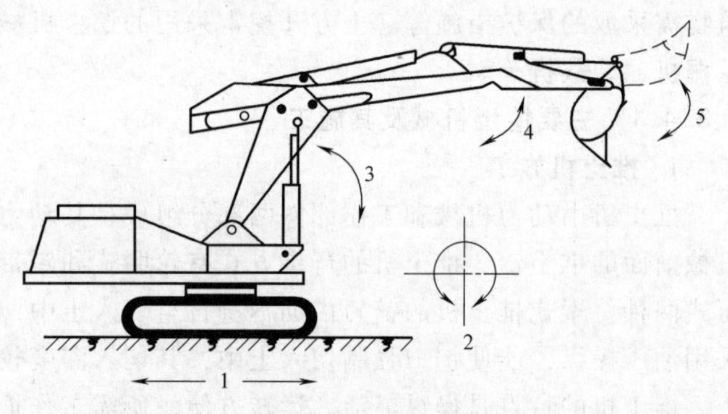

图 1-34 正铲液压挖掘机的主要工作状态

1—行走 2—回转 3—动臂升降 4—斗柄伸缩 5—铲斗转动

2）正铲挖掘机挖卸土方式。根据挖掘机与运输工具的相对位置不同，正铲挖掘机挖土和卸土的方式有以下两种：

① 正向挖土、侧向卸土。挖掘机向前进方向挖土，运输工具在挖掘机一侧开行、装土（图1-35a），二者可不在同一工作面上，即运输工具可停在挖掘机平面上或高于停机平面。这种开挖方式，卸土时挖掘机旋转角度小于90°，提高了挖土效率，可避免汽车倒开和转弯多的缺点，因而在施工中常采用此法。

② 正向挖土、后方卸土。挖掘机向前进方向挖土，运输工具停在挖掘机的后面装土（图1-35b），二者在同一工作面上，即在挖掘机的工作平面内。这种开挖方式挖土高度较大，但由于卸土时必须旋转较大角度，且运输车辆要倒车开入，影响挖掘机生产率，故只宜用于基坑（槽）宽度较小，而开挖深度较大的情况。

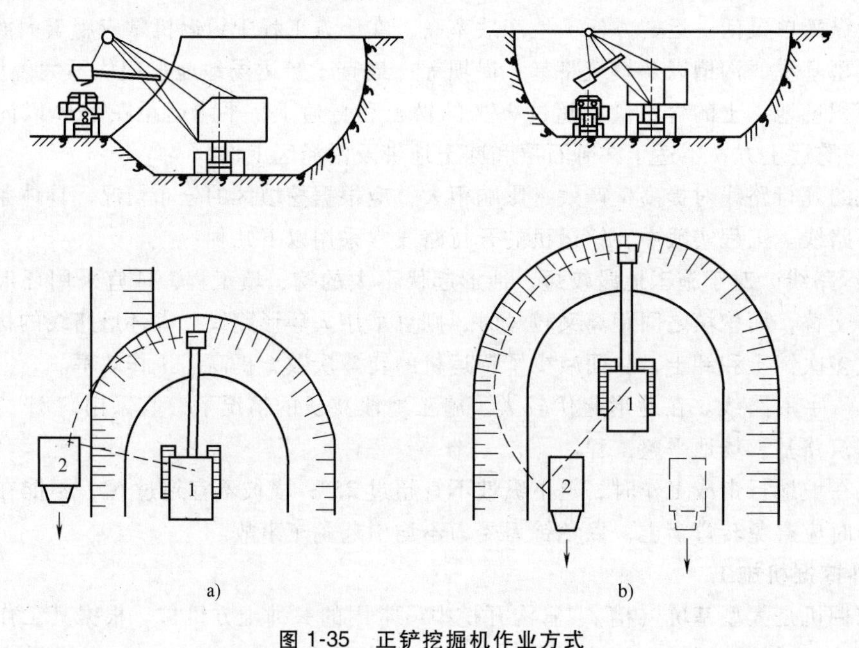

图 1-35 正铲挖掘机作业方式

a）正向挖土、侧向卸土 b）正向挖土、后方卸土

1—正铲挖掘机 2—自卸汽车

（2）反铲挖掘机

1）反铲挖掘机的工作特点、性能及适用范围。反铲挖掘机的工作特点是“后退向下，强

制切土”，用于开挖停机平面以下的一类至三类土，不需设置进出口通道。它适用于开挖基坑、基槽和管沟，有地下水的土或泥泞土。一次开挖深度取决于挖掘机的最大挖掘深度等技术参数。

表1-10和图1-36为液压反铲挖掘机的主要性能及工作尺寸。

表1-10 液压反铲挖掘机的主要功能

技术参数	符号	单位	W2-40	W2-60
铲斗容量	Q	m^3	0.4	0.6
最大挖土半径	R	m	7.03	7.3
最大挖土高度	h	m	3.74	3.7
最大挖土深度	H	m	5.98	6.4
最大卸土高度	H_1	m	4.52	4.7

2）反铲挖掘机的开行方式。

① 沟端开行（图1-37a）。挖掘机在基坑（槽）或管沟的一端，向后倒退挖土，开行方向与开挖方向一致，汽车停在两侧装土。其优点是挖土方便，挖土宽度和深度较大，单面装土时宽度为1.3R，两面装土时为1.7R。深度可达最大挖土深度H。当基坑（槽）宽度超过1.7R时，可分次开行或“之”字形路线开挖；当开挖大面积的基坑时，可分段开挖或多机同挖；当开挖深槽时，可采用分段分层开挖。

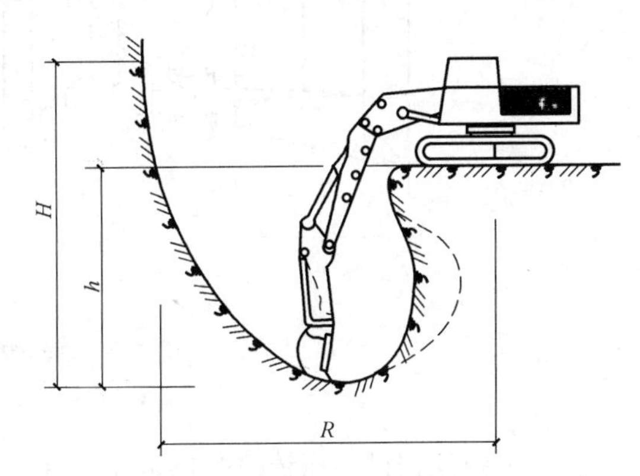

图1-36 液压反铲挖掘机工作尺寸

② 沟侧开行（图1-37b）。挖掘机在基坑（槽）一侧挖土、开行。由于挖掘机移动方向与挖土方向垂直，所以其稳定性较差，挖土宽度和深度也较小，且不能很好地控制边坡。但当土方需要就近堆放在坑（沟）旁时，此法可将土弃于距坑（沟）较远的地方。

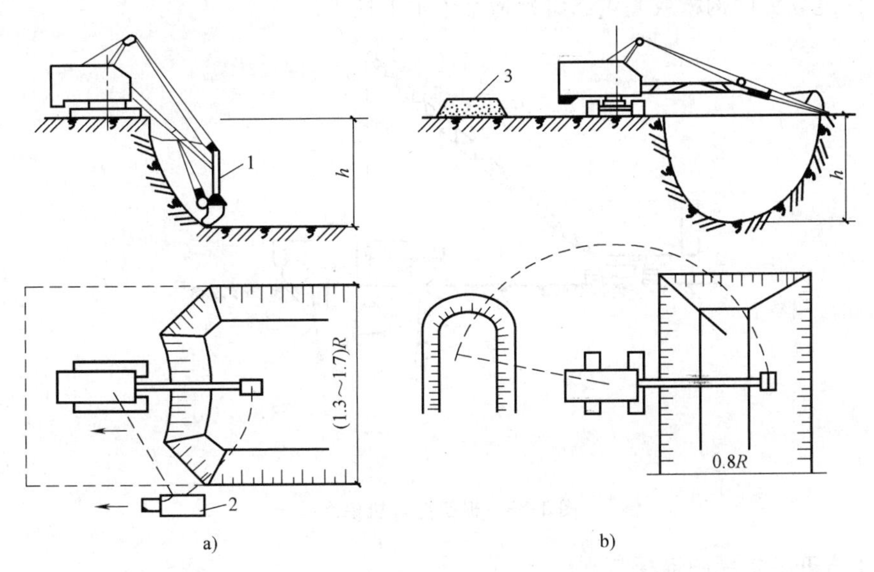

图1-37 反铲挖掘机开行方式与工作面

a）沟端开行 b）沟侧开行

1—反铲挖掘机 2—自卸汽车 3—弃土堆

（3）拉铲挖掘机　拉铲挖掘机的工作特点是“后退向下，自重切土”，用于开挖停机面以下的一、二类土。它工作装置简单，可直接由起重机改装，铲斗悬挂在钢丝绳下而不需刚性斗柄，土斗借自重使斗齿切入土中。其开挖深度和宽度均较大，常用于开挖大型基坑、沟槽和水下挖土等。与反铲挖掘机相比，拉铲挖掘机的挖土深度、挖土半径和卸土半径均较大，但开挖的精确性差，且大多将土弃于土堆，如需卸在运输工具上，则操作技术要求高，效率降低。

拉铲挖掘机的开行路线与反铲挖掘机开行路线相同，如图 1-38 所示。

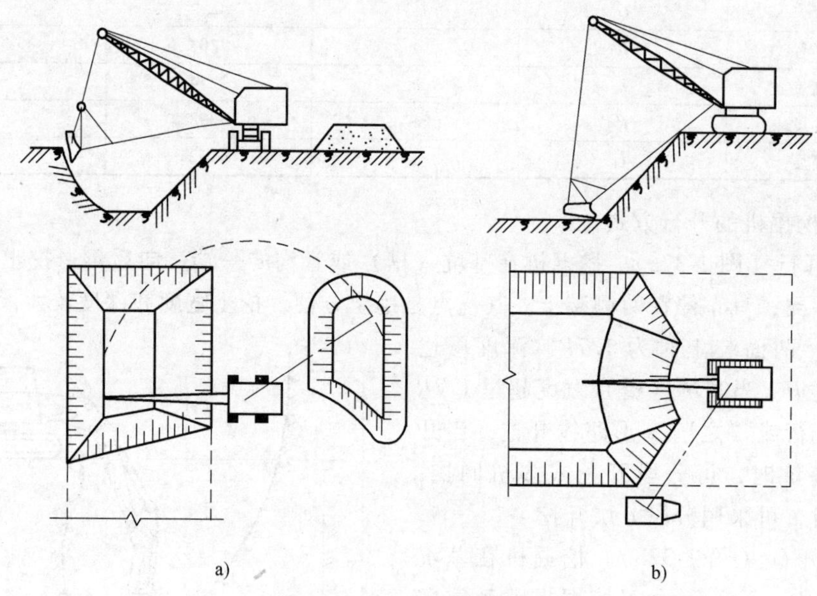

图 1-38　拉铲挖掘机开行方式

a）沟侧开行　b）沟端开行

（4）抓铲挖掘机　抓铲挖掘机是在挖掘机臂端用钢索或吊杆安装一抓斗，也可由履带式起重机改装。它可用以挖掘一、二类土，宜用于挖掘独立柱基的基坑（图 1-39）、沉井及开挖面积较小、深度较大的沟槽或基坑，特别适宜于水下挖土。

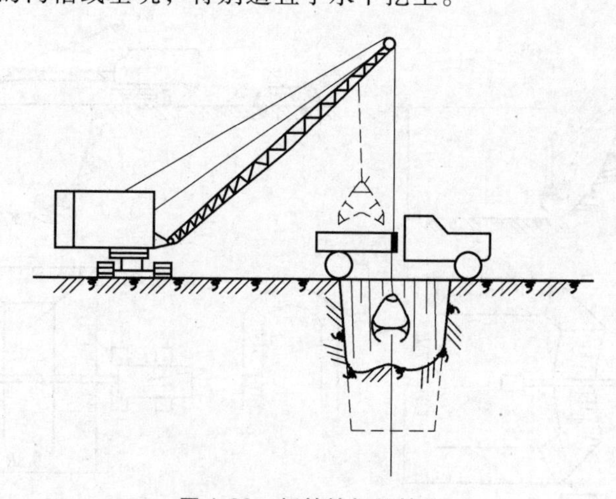

图 1-39　抓铲挖掘机挖土

1.3.4.2　土方开挖机械的选择

土方开挖机械的选择主要是确定其类型、型号、台数。挖土机械的类型是根据土方开挖类型、工程量、地质条件及挖掘机的适用范围而确定的，再根据开挖场地条件、周围环境及工期等确定其型号、台数和配套汽车数量。

1.3.4.3　土方开挖的一般要求

1）土方工程施工前，应对原有地下管线情况进行调查，并事先进行妥善处理，以防止出现触电、煤气泄漏等安全事故或造成停水、停电等事故。

2）土方开挖之前，应检查在基坑或沟槽外所设置的龙门板、轴线控制点有无位移现象，并根据设计图纸校核基础轴线的位置、尺寸及龙门板标高等。

3）土方开挖应连续进行，并尽快完成。施工时在基坑周围的地面上应进行防水、排水处理，严防雨水等地面水浸入基坑周边土体，亦应防止地面水流入基坑引起塌方或地基土遭到破坏。

4）开挖基坑（槽）时，若土方量不大，应有计划地堆置在现场，满足基坑（槽）回填土及室内填土的需要。若有余土则应考虑好弃土地点，并及时将土运走，避免二次倒运。开挖出的土方堆置，应距离坑（槽）边在0.8m以外，且不应超过设计荷载，以免影响施工或造成坑（槽）土壁坍塌、边坡滑移。

5）在开挖过程中，应对土质情况、边坡坡度、地下水位和标高等的变化做定时测量，做好记录，以便随时分析与处理。挖土时不得碰撞或损伤支护结构及降水设施。

6）土方开挖时应防止附近已有建筑物、构筑物、道路、管线等发生下沉和变形。必要时应与设计单位或建设单位协商采取防护措施（如支护），并在施工中进行沉降和位移等监测，即采用“信息化施工”方法。

7）在开挖基坑（槽）和管沟时，不得扰动地基土而破坏土体结构，降低其承载力。使用推土机、铲运机施工时，可在规定标高以上保留150~200mm土层不挖，使用正铲、反铲及拉铲挖掘机施工时，可保留200~300mm原土层不挖。所保留土层将在基础施工前由人工铲除，如果基坑（槽）和管沟的深度较大，人工运土困难时，可在机械挖土时铲除，但施工人员必须注意安全。基础垫层应马上施工，避免地基土暴露时间过长，影响地基土的性能。如果人工挖土后不能立即进行基础施工或铺设管道时，可保留150~300mm的土暂不挖，待下道工序开始前挖除。

8）在土方开挖过程中，若发现古墓及文物等，要保护好现场，并立即通知文物管理部门，经查看处理后方可继续施工。

9）在滑坡地段挖土时，不宜在雨期施工，应尽量遵循先整治后开挖的施工程序，做好地面上、下的排水工作，严禁在滑坡体上部弃土或堆放材料。为了安全尽量在旱季开挖，并加强支撑。

1.3.5　基坑验槽

基坑（槽）挖至设计标高并清理好后，施工单位必须会同勘察单位、设计单位和建设单位（或监理单位）共同进行验槽，合格后才能进行基础工程施工。

验槽方法主要以施工经验观察法为主，而对于基底以下的土层不可见部位，要先辅以钎探法配合共同完成。

1. 钎探法

钎探法是用锤将钢钎打入坑底以下的土层内一定深度，根据锤击次数和入土难易程度来判断土的软硬情况及有无墓穴、枯井、土洞、软弱下卧土层等。对钎探出的问题应进行地基处理（详见1.5节所述），以免造成建筑物或构筑物的不均匀沉降。钢钎的打入分为人工和机械两种。钎探应按下列要求进行：

1）钎探前应根据基坑（槽）平面图，绘制钎探点平面布置图并依次编号。

2）按钎探点顺序号进行钎探施工。

3）打钎时，同一工程应钎径一致、锤重一致、用力（落距）一致。每贯入30cm（通常称为一步），记录一次锤击数，打钎深度为2.1m。每打完一个孔，填入钎探记录表内。最后整理成钎探记录。

4）打钎完成后，要从上而下逐“步”分析钎探记录情况，再横向分析各钎点相互之间的锤击次数，将锤击次数过多或过少的钎点，在钎探点平面图上加以圈注，以备到现场重点检查。

5）钎探后的孔要用砂灌实。

2. 观察法

观察法是根据施工经验对基槽进行现场实际观察，观察的主要内容如下：

1）根据设计图纸检查基坑（槽）开挖的平面位置、尺寸、槽底标高是否符合设计要求。

2）仔细观察槽壁、槽底的土质类别、均匀程度，是否存在异常土质情况；验证基槽底部土质是否与勘察报告相符；观察土的含水量情况，是否过干或过湿；观察槽底土质结构是否被人为破坏。

3）检查基槽内是否有旧建筑物基础、古墓、洞穴、枯井、地下掩埋物及地下人防设施等。如存在上述情况，应沿其走向进行追踪，查明其在基槽内的范围、延伸方向、长度、深度及宽度。

4）检查、核实、分析钎探资料，对存在的异常点位进行复核检查。

5）验槽的重点应选择在柱基、墙角、承重墙下或其他受力较大的部位。

验槽中若发现有与设计不相符的地质情况，应会同勘察、设计等有关单位制订处理方案。

1.4 土方填筑与压实

1.4.1 填方土料的选择

土壤是由矿物颗粒、水、气体组成的三相体系。其特点是分散性较大，颗粒之间没有坚强的连接，水容易浸入，在外力作用下或自然条件下遭受浸水或冻融都会发生变形。因此，为了保证填土的强度和稳定性，必须正确选择土料和填筑方法。填方土料应符合设计要求，如设计无要求时，应符合下列规定：

1）碎石类土、砂土和爆破石碴（粒径不大于每层铺土厚的2/3），可用于表层下的填料。

2）含水量符合压实要求的黏性土，可用做各层填料。

3）碎块草皮和有机质含量大于8%的土，仅用于无压实要求的填方。

4）泥和淤泥质土一般不能用做填料，但在软土地区，经过处理含水量符合压实要求的，可用于填方中的次要部位。

5）水溶性硫酸盐含量大于5%的土，不能用做填料，因为在地下水作用下，硫酸盐会逐渐溶解流失，形成孔洞，影响土的密实性。

6）冻土、膨胀性土等不应作为填方土料。

1.4.2 填土压实方法

填土的压实方法一般有碾压法、夯实法和振动压实法（图1-40）。

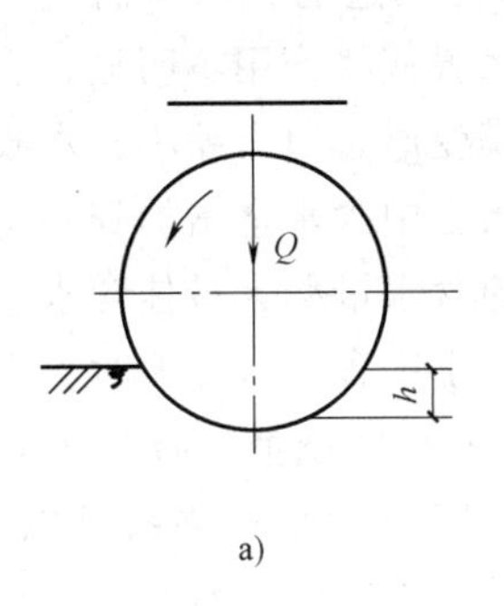

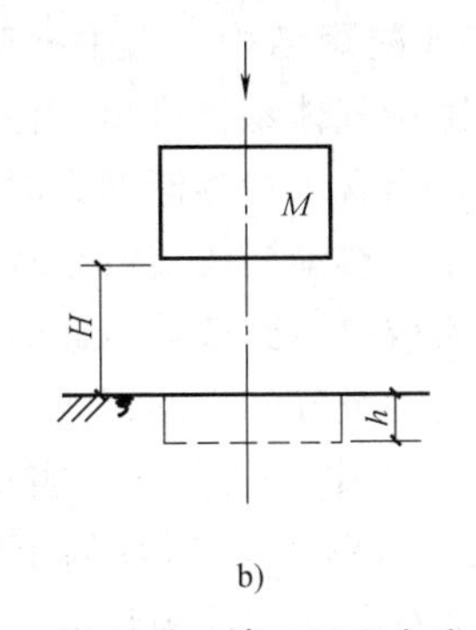

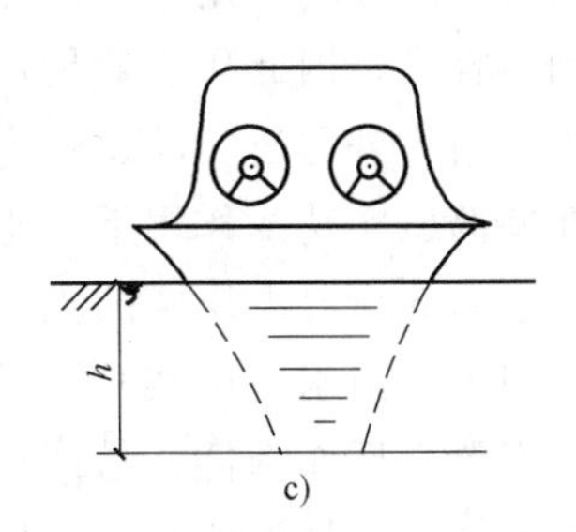

图1-40 填土压实方法

a）碾压法 b）夯实法 c）振动压实法

1. 碾压法

碾压法是通过碾压机的自重压力，使一定深度范围内的土克服颗粒之间的黏结力和摩擦力作用而产生相对运动，并排出土空隙中的空气和水分而使填土密实。这种方法适用于大面积填土工程。碾压机械有平碾压路机、羊足碾等。平碾压路机又称光碾压路机，按重量等级分为轻型（3~5t）、中型（6~10t）和重型（12~15t）三种，按其装置形式不同又分为单轮压路机、双轮压路机及三轮压路机等几种，它适用于压实砂类土和黏性土。羊足碾一般无动力，需拖拉机牵引，有单筒、双筒两种，由于它与土的接触面积小，故单位面积的压力较大，压实效果好，适用于压实黏性土。

采用碾压法施工时，在碾压机械碾压之前，宜先用轻型推土机推平，并低速预压4~5遍，使表面平实。碾压机压实时，应控制行驶速度，一般不超过2km/h，并控制压实遍数。压实机械应与基础或管道保持一定的距离，防止将基础或管道压坏或产生位移。用平碾压路机压实一层后，应用人工或推土机将表面拉毛，土层表面太干时，应洒水湿润后再继续填土，以保证上、下层结合密实。

2. 夯实法

夯实法是利用夯锤自由下落的冲击力来夯实土壤。常用的夯实机械有蛙式打夯机、柴油打夯机等。这两种机械由于体积小、重量轻、操纵机动灵活、夯击能量大、夯实工效较高，在工程中广泛用于建（构）筑物的基坑（槽）和管沟的回填，以及各种零星分散、边角部位的小面积填土夯实。夯实法可用于夯实黏性土或非黏性土，对土质适应性较强。

3. 振动压实法

振动压实法是通过振动压实机械来振动土颗粒，使土颗粒发生相对位移而达到紧密状态，用于振实非黏性土效果较好。常用的机械有平板振动器和振动压路机。平板振动器体形小、轻便、操作简单，但振实深度有限，适宜薄层回填土的振实以及薄层砂卵石、碎石垫层的振实。振动压路机是一种振动和碾压同时作用的高效能压实机械，适用于填料为爆破石碴、碎石类土、杂填土或粉土的大型填方工程。

1.4.3 影响填土压实效果的主要因素

影响填土压实效果的因素有内因和外因两方面。内因指土质和湿度；外因指压实功及压实时的外界自然和人为的其他因素等。归纳起来主要有以下几个方面。

1. 含水量的影响

土中含水量对压实效果的影响比较显著。当含水量较小时，由于颗粒间引力（包括毛细管压力）使土保持着比较疏松的状态或凝聚结构，土中孔隙大都互相连通，水少而气多，在一定的外部压实功作用下，虽然土孔隙中气体易被排出，但由于水膜润滑作用不明显，土粒相对移动不容易，因此压实效果比较差。当含水量逐渐增大时，水膜变厚，引力缩小，水膜又起着润滑作用，外部压实功比较容易使土粒移动，压实效果较佳。当土中含水量增加到一定程度后，在外部压实功的作用下，土的压实效果达到最佳，此时土中的含水量称为最佳含水量。在最佳含水量的情况下压实的土，水稳定性最好，土的密实度最大。土中含水量过大时，土体孔隙中出现了自由水，压实功不能使气体排出，且部分压实功被自由水所抵消，减小了有效压力，压实效果反而降低，易成橡皮土。由图 1-41 所示的土的干密度与含水量关系可以看出，对应于最佳含水量处曲线有一峰值，此处的干密度为最大，称为最大干密度。然而当含水量较小时土粒间引力较大，虽然干密度较小，但其强度可能比最佳含水量时还要高。此时因其密实度较低，孔隙多，一经泡水，其强度会急剧下降。因此，工程中用干密度作为填方密实程度的技术指标，且取干密度最大时的含水量为最佳含水量，而不取强度最大时的含水量为最佳含水量。

土在最佳含水量时的最大干密度，可由击实试验取得，也可查表 1-11 确定（仅供参考）。

表 1-11 土的最佳含水量和最大干密度（供参考）

项次	土的种类	最佳含水量(%)	最大干密度/(t/m^3)
1	砂土	8~12	1.80~1.88
2	粉土	16~22	1.61~1.80
3	粉质黏土	12~15	1.85~1.95
4	黏土	19~23	1.85~1.70

2. 压实功的影响

压实功指压实机具的作用力、碾压遍数或锤落高度、作用时间等对压实效果的影响，它是除含水量以外的另一重要因素。当土偏干时，增加压实功对提高土的干密度影响较大，偏湿时则收效甚微。故对偏湿的土企图用加大压实功的办法来提高土的密实度是不经济的。若土的含水量过大，此时增大压实功就会出现“弹簧”现象。从图 1-42 可以看出，在土的含水量最佳的条件下，土方开始压实时，土的密度急剧增加，待到接近土的最大密度时，压实功虽然增加许多，但土的密度则不发生变化。如果压实功继续增加，将引起土体剪切破坏。所以，在实际施工时，应根据不同的土以及压实密度要求和不同的压实机械来决定压实的遍数（表 1-12）。此外，松土不宜用重型碾压机直接滚压，否则土层会有强烈的起伏现象，效率不高；而先用轻碾压实，再用重碾则能取得较好效果。

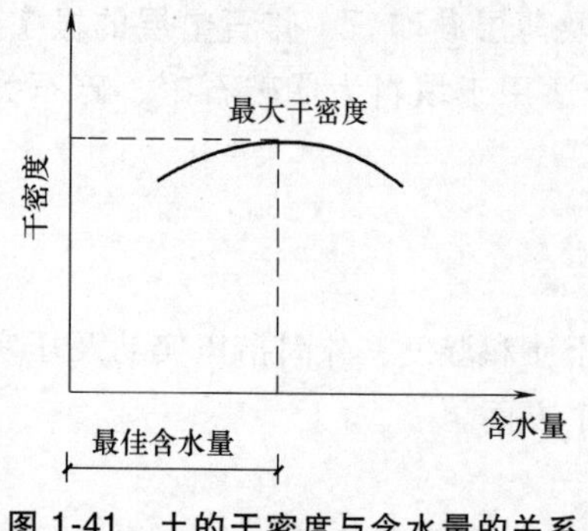

图 1-41 土的干密度与含水量的关系

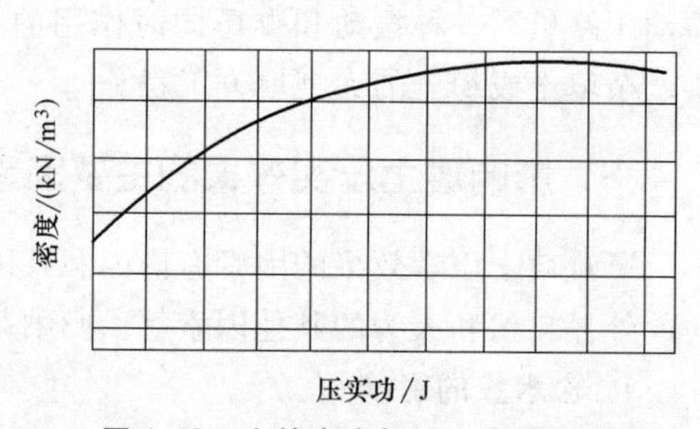

图 1-42 土的密度与压实功的关系

表1-12　不同压实机械分层填土虚铺厚度及压实遍数

压实方法或压实机械	黏性土		砂土	
	虚铺厚度/cm	压实遍数	虚铺厚度/cm	压实遍数
重型平碾(12t)	25~30	4~6	30~40	4~6
中型平碾(8~12t)	20~25	8~10	20~30	4~6
轻型平碾(<8t)	15	8~12	20	6~10
蛙夯(200kg)	25	3~4	30~40	8~10
人工夯(50~60kg)	18~20	4~5		

3. 铺土厚度的影响

铺土厚度对压实效果有明显的影响。相同压实条件下（土质、湿度与功能不变），由实测不同深度土层的密实度得知，密实度随深度递减，表层50mm最高，如图1-43所示。如果铺土过厚，下部土体所受压实作用力小于土体本身的黏结力和摩擦力，土颗粒不能相互移动，无论压多少遍，填方也不能被压实；如果铺土过薄，下层土体则会因压实次数过多而受剪切破坏。最优的铺土厚度应是能使填方压实而机械的功耗费又最小。不同压实机械的有效压实深度有所差异，根据压实机械类型、土质及填方压实的基本要求，每层铺筑的厚度有具体规定数值（表1-12）。

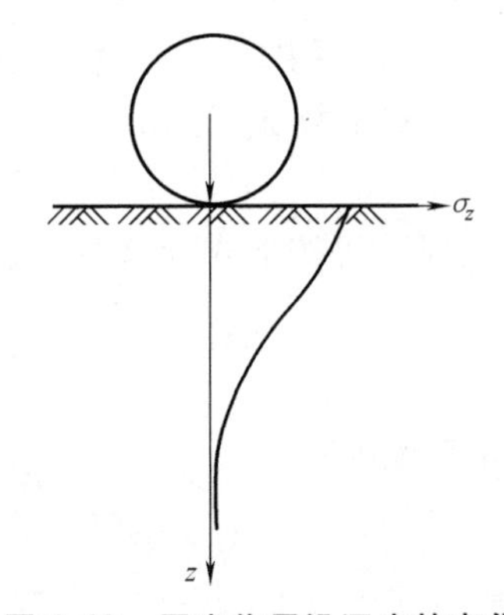

图1-43　压实作用沿深度的变化

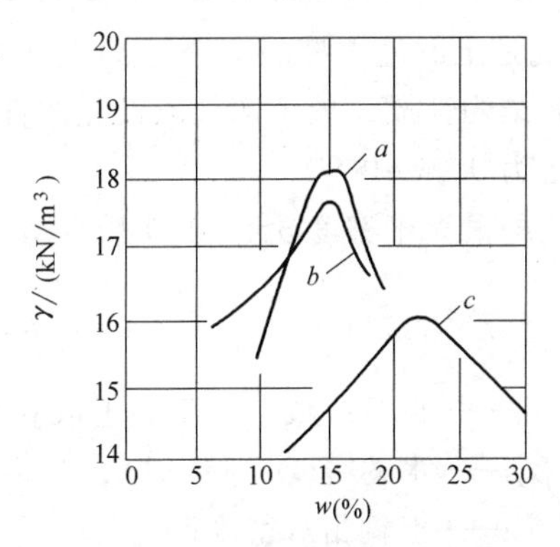

图1-44　几种土质的压实曲线

a—粉质砂土　b—粉质黏土　c—黏土

4. 土质的影响

在一定压实功作用下，含粗粒越多的土，其最大干密度越大，即随着粗粒土的增多，其击实曲线的峰点越向左上方移动（图1-44）。施工时应根据不同土质，分别确定其最大干密度和最佳含水量。

1.4.4　填土压实的一般要求

1）填土应从最低处开始分层进行，每层铺填厚度和压实遍数应根据所采用的压实机具及土的种类而定。

2）同一填方工程应尽量采用同类土填筑，并宜控制土的含水量在最优含水量范围内。如采用不同类土填筑时，必须按类分层铺筑，应将渗透系数大的土层置于渗透系数较小的土层之下。若已将渗透系数较小的土填筑在下层，则在填筑上层渗透系数较大的土层之前，应将两层结合面做成中央高、四周低的弧面排水坡度或设置盲沟，以免填土内形成水囊。因此，绝不能将各种土混杂一起填筑。

3）在地形起伏处，应做好接槎，修筑1∶2阶梯形边坡，每台阶可取高50cm、宽100 cm。分段填筑时每层接缝处应做成大于1∶1.5的斜坡，碾迹重叠0.5~1.0m，上下层错缝距离不应小于1m。接缝部位不得在基础墙角、柱墩等重要部位。

4）填土层如有地下水或滞水时，应在四周设置排水沟和集水井，将水位降低；已填好的土如遭水浸，应把稀泥铲除后，再进行下一道工序；填土区应保持一定横坡，或中间稍高两边稍低，以利排水。

5）在基坑（槽）回填土方时，应在基础的相对两侧或四周同时进行填筑与夯实，以免挤压基础引起开裂。在回填管沟时，应用人工先在管子周围填土夯实，并从管道两边同时进行，直至管顶0.5m以上，在不损坏管道的情况下，方可采用机械填土夯实。

6）填方应预留一定的下沉高度，以备在行车、堆重或干湿交替等自然因素作用下，土体逐渐沉落密实。预留沉降量应根据工程性质、填方高度、填料种类、压实系数和地基情况等因素确定。当土方用机械分层夯实时，其预留下沉高度，以填方高度的百分数计，对砂土为1.5%，对粉质黏土为3%~3.5%。

7）当天填土应在当天压实，避免填土干燥或被雨水、施工用水浸泡。

1.4.5 填土压实的质量要求

填土压实的质量要求主要是压实后的密实度要求，密实度要求以压实系数λ_c表示。压实系数λ_c是土的施工控制干密度ρ_d与土的最大干密度$\rho_{d\,max}$的比值。压实系数一般由设计人员根据工程结构性质、填土部位以及土的性质确定，如一般场地平整压实系数λ_c为0.9左右，地基填土为0.91~0.97。

土的最大干密度$\rho_{d\,max}$由实验室击实试验确定，当无试验资料时，可按下式计算

$$\rho_{d\,max}=\eta\frac{\rho_w d_s}{1+0.01\omega_{op}d_s} \tag{1-57}$$

式中 η——经验系数，对于黏土取0.95，粉质黏土取0.96，粉土取0.97；

ρ_w——水的密度（g/cm^3）；

d_s——土粒相对密度；

ω_{op}——土的最佳含水量（%），可按当地经验或取ω_p+2（ω_p为土的塑限），或参考表1-11取值。

$$\rho_0=\frac{\rho}{1+0.01\omega} \tag{1-58}$$

式中 ρ——土的湿密度（g/cm^3）；

ω——土的含水量（%）。

如果按上式计算得土的实际干密度$\rho_0 \geqslant \rho_d$（施工控制干密度），则表明压实合格；若$\rho_0 < \rho_d$，则压实不够。工程中所检查的实际干密度ρ_0，应有90%以上符合要求，其余10%的最低值与施工控制干密度ρ_d之差不得大于0.08g/cm³，且其取样位置应分散，不得集中。否则应采取补救措施，提高填土的密实度，以保证填方的质量。

1.5 地基处理

当结构物的天然地基可能发生下述情况之一或几个时，都必须对地基土采用适当的加固或改良措施，提高地基土的承载力，保证地基稳定，减少结构物的沉降或不均匀沉降。

1）强度和稳定性问题。即当地基的抗剪强度不能承担上部结构的自重及外荷载时，地基将会产生局部或整体剪切破坏。

2）压缩及不均匀沉降问题。当地基在上部结构的自重及外荷载作用下产生过大的变形时，会影响其上部结构的正常使用。沉降量较大时，不均匀沉降也比较大；当超过结构所能容许的不均匀沉降时，结构可能开裂破坏。

3）地下水流失及潜蚀和管涌问题。

4）动力荷载作用下土的液化、失稳和震陷问题。

地基处理的方法很多，按其处理原理分类和各方法适用范围见表1-13。

表1-13　地基处理方法及其原理和适用范围

<table>
<tr><th>序号</th><th>地基处理方法</th><th>地基处理原理</th><th colspan="2">施工方法</th><th>适用范围</th></tr>
<tr><td rowspan="8">1</td><td rowspan="8">排水固结法</td><td rowspan="8">软黏性土地基在荷载作用下，土中空隙水排出，孔隙比减少，地基固结变形，超静水压力消散，土的有效应力增大，地基土强度提高</td><td colspan="2">堆载预压法</td><td>软黏土地基</td></tr>
<tr><td rowspan="3">砂井法</td><td>袋装砂井</td><td rowspan="4">透水性低的软弱黏性土地基</td></tr>
<tr><td>塑料排水板</td></tr>
<tr><td>塑料管</td></tr>
<tr><td colspan="2">砂井堆载预压法</td></tr>
<tr><td colspan="2">降低地下水位法</td><td>饱和粉细砂地基</td></tr>
<tr><td colspan="2">真空预压法</td><td>软黏土地基</td></tr>
<tr><td colspan="2">电渗法</td><td>饱和软黏土地基</td></tr>
<tr><td rowspan="7">2</td><td rowspan="7">振动挤密法</td><td rowspan="7">采用一定的手段，通过振动、挤压使地基土体孔隙比减小，强度提高</td><td colspan="2">表面压实法</td><td>浅层疏松黏性土、松散砂性土、湿陷性黄土及杂填土地基</td></tr>
<tr><td colspan="2">重锤夯实法</td><td>高于地下水位0.8m以上稍湿的黏性土、砂土、湿陷性黄土、杂填土和分层填土地基</td></tr>
<tr><td colspan="2">强夯法</td><td>碎石土、砂土、低饱和度的黏性土、粉土、湿陷性黄土及填土地基的深层加固</td></tr>
<tr><td colspan="2">振冲、挤压法</td><td>松散的砂土、小于0.005mm的黏粒含量<10%</td></tr>
<tr><td colspan="2">灰土挤密桩</td><td>地下水位以上、天然含水量12%~25%、厚度5~15m的素填土、杂填土、湿陷性黄土以及含水率较大的软弱地基</td></tr>
<tr><td colspan="2">砂石桩</td><td>松散砂石、素填土和杂填土地基</td></tr>
<tr><td colspan="2">水泥粉煤灰碎石桩（CFG桩）</td><td>黏性土、粉土、砂土和已自重固结的素填土；对淤泥质土应按地区经验或通过现场试验确定其适用性</td></tr>
<tr><td rowspan="5">3</td><td rowspan="5">置换及拌入法</td><td rowspan="5">以砂、碎石等材料置换软弱地基，或在部分土体内掺入水泥、石灰等形成复合地基，从而提高地基承载力，减小压缩量</td><td colspan="2">换土垫层法</td><td>软弱的浅层地基处理</td></tr>
<tr><td colspan="2">高压旋喷注浆法</td><td>淤泥、淤泥质土、流塑、软塑或可塑黏性土、粉土、砂土、黄土、素填土和碎石土地基</td></tr>
<tr><td colspan="2">深层搅拌桩</td><td>加固较深较厚的淤泥、淤泥质土、粉土和承载力不大于0.12MPa的饱和黏土及软黏土，沼泽地带的泥炭土的地基</td></tr>
<tr><td colspan="2">振冲置换法（碎石桩）</td><td rowspan="2">软弱黏性土地基</td></tr>
<tr><td colspan="2">石灰桩</td></tr>
</table>

（续）

序号	地基处理方法	地基处理原理	施工方法	适用范围
4	灌注法	用气压、液压或电化学原理把某些能固化的浆液注入各种介质的裂缝或空隙，以改善地基物理力学性质	渗入灌浆法	砂及砂砾、湿陷性黄土、黏性土地基
			劈裂灌浆法	
			压密灌浆法	
			电动化学灌浆法	
5	加筋法	通过在土层中埋设强度较大的土工聚合物、拉筋、受力杆件等，达到提高地基承载力、减少沉降的目的	土工合成材料法	软弱地基或用做反滤层、排水和隔离材料
			土钉墙	地下水位以上或经人工降低地下水位后的人工填土、黏性土和弱胶结砂土地基
			加筋土	人工填筑的砂性土地基
6	冷热处理法	通过人工冷却，使地基冻结；或在软弱黏性土地基的钻孔中加热，通过焙烧使周围地基减少含水量，提高强度，减少压缩性	冻结法	饱和的砂土或软黏性土层中的临时性措施
			烧结法	

1.5.1 换土垫层法

当建筑物基础下的持力层比较软弱，不能满足上部荷载对地基的要求时，常采用换土垫层法来处理软弱地基。换土垫层法是先将基础底面以下一定范围内的软弱土层挖去，然后回填强度较高、压缩性较低、并且没有侵蚀性的材料，如中粗砂、碎石或卵石、灰土、素土、石屑、矿渣等，再分层夯实后作为地基的持力层。换土垫层按其回填的材料可分为灰土垫层、砂垫层以及碎（砂）石垫层等。

1. 灰土垫层

灰土垫层是将基础底面下一定范围的软弱土层挖去，用按一定体积比配合的石灰和黏性土拌合均匀后在最优含水量情况下分层回填夯实或压实而成。它适用于地下水位较低，基槽经常处于较干燥状态下的一般黏性土地基的加固。

2. 砂垫层和砂石垫层

砂垫层和砂石垫层是将基础下面一定厚度软弱土层挖除，然后用强度较高的砂或碎石等回填，并经分层夯实至密实，作为地基的持力层，以起到提高地基承载力、减少沉降、加速软弱土层排水固结、防止冻胀和消除膨胀土的胀缩等作用。

施工前应将坑（槽）底浮土清除，且保证边坡稳定，防止塌方。槽底和两侧如有孔洞、沟、井和墓穴等，应在未做垫层前加以处理。施工中应按回填要求进行。

1.5.2 夯实地基法

1. 重锤夯实法

重锤夯实法是用起重机械将夯锤提升到一定高度，利用自由下落的冲击能重复夯打击实基土表面，使其形成一层比较密实的硬壳层，从而使地基得到加固。

（1）重锤夯实设备　重锤夯实使用的起重设备采用带有摩擦式卷扬机的起重机。夯锤形状为一截头圆锥体（图 1-45），可用 C20 钢筋混凝土制作，其底部可采用 20mm 厚钢板，以使重心降低。锤底直径一般为0.7~1.5m，锤重不小于1.5t。锤重与底面积的关系应符合锤重在底面上的单位静压力为150~200kPa的要求。

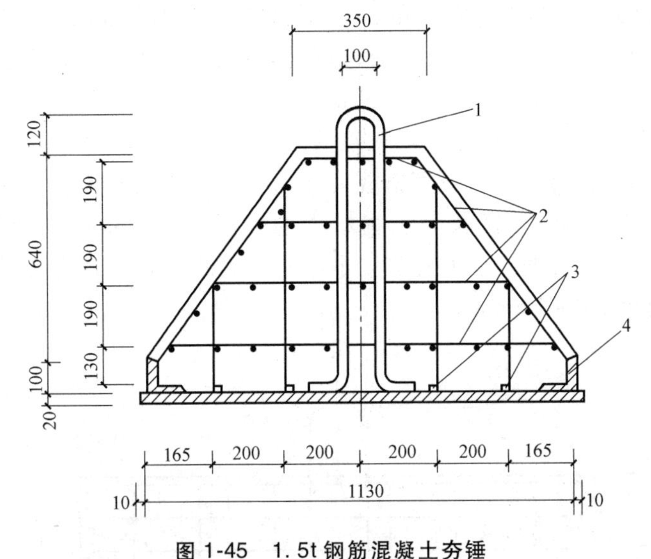

图1-45 1.5t钢筋混凝土夯锤

1—吊环，ϕ30mm 2—钢筋网，ϕ8mm网格100mm×100mm 3—锚钉，ϕ10mm
4—角钢100mm×100mm×10mm

（2）重锤夯实技术要求 重锤夯实的效果与锤重、锤底直径、落距、夯实遍数和土的含水量有关。重锤夯实的影响深度大致相当于锤底直径。落距一般取2.5~4.5m。夯打遍数一般取6~8遍。随着夯实遍数的增加，夯沉量逐渐减少。所以，任何工程在正式夯打前，应先进行试夯，确定夯实参数。

在试夯及地基夯实时，必须使土处在最优含水量范围，才能得到最好的夯实效果。基坑（槽）的夯实范围应大于基础底面，每边应比基础设计宽度加宽0.3m以上，以便于底面边角夯打密实。基坑（槽）边坡应适当放缓。夯实前，坑（槽）底面应高出设计标高，预留土层的厚度可为试夯时的总夯沉量在加50~100mm。在大面积基坑或条形基槽内夯打时，应按一夯挨一夯的顺序进行。在一次循环中，同一夯位应连夯两击，下一循环的夯位应与前一循环错开1/2锤底直径（图1-46），落锤应平稳，夯位应准确。在独立柱基基坑内夯打时，一般采用先周边后中间或先外后里的跳夯法（图1-47）。夯实完后应将基坑（槽）表面修整至设计标高。

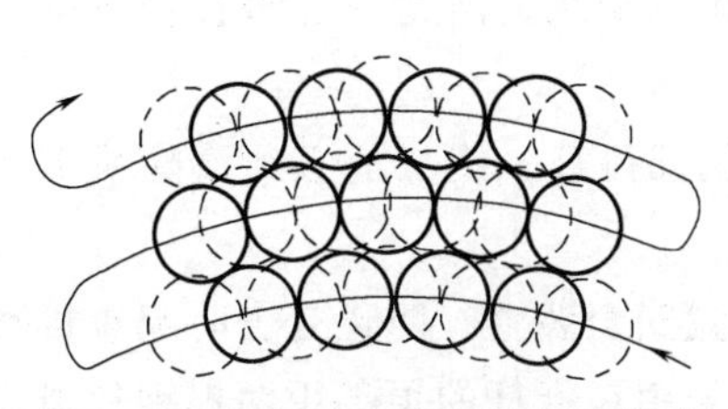

图1-46 相邻两层夯位搭接示意图

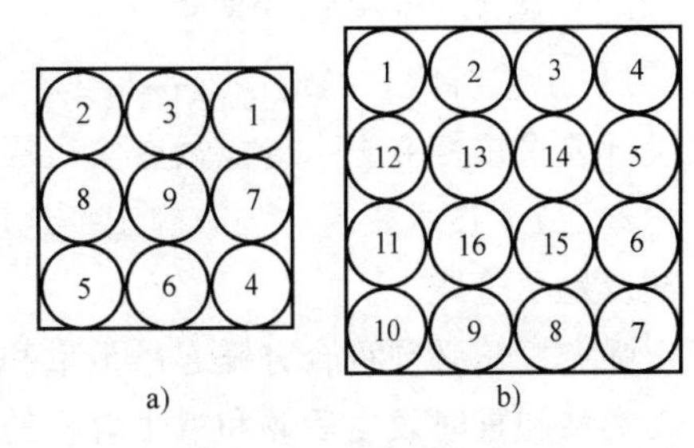

图1-47 独立柱基基坑内夯打

a）先外后里跳打法 b）先周边后中间打法

重锤夯实后应检查施工记录，除应符合试夯最后两遍的平均夯沉量的规定外，并应检查基坑（槽）表面的总夯沉量，以不小于试夯总夯沉量的90%为合格。

2. 强夯法

强夯法是用起重机械将重锤（一般 10~40t）吊起从高处（一般 6~30m）自由落下，对地基反复进行强力夯实的地基处理方法。强夯所产生的振动和噪声很大，对周围建筑物和其他设施有影响，在城市中心不宜采用，必要时应采取挖防振沟（沟深要超过建筑物基础深）等防振、隔振措施。

（1）强夯机具设备　强夯法的主要设备包括夯锤、起重设备、脱钩装置等。

1）夯锤。夯锤可用钢材制作，或用钢板为外壳、内部焊接骨架后灌注混凝土制成。夯锤底面为方形或圆形（图 1-48）。锤底面积宜按土的性质确定，锤底接地静压力值可取 25~40kPa，对于细颗粒土锤底接地静压力宜取较小值。夯锤的底面宜对称设置若干个与其顶面贯通的排气孔，孔径可取 250~300mm。

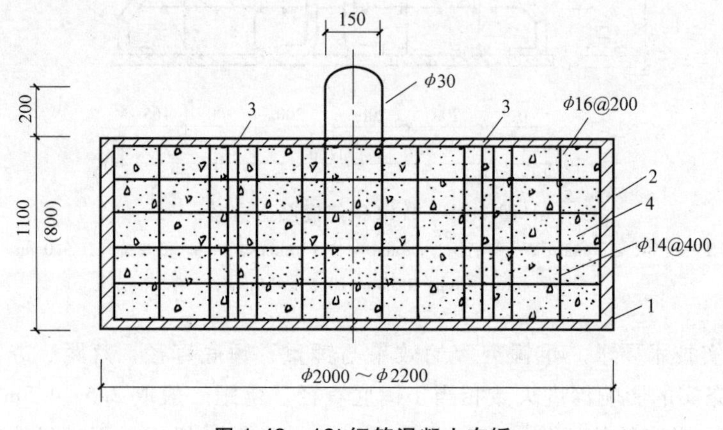

图 1-48　12t 钢筋混凝土夯锤

1—钢底板，厚 30mm　2—钢外壳，厚 18mm

3—φ159×5 钢管 6 个　4—C30 钢筋混凝土，钢筋用 Q235

2）起重机械。起重机械宜选用起重能力 15t 以上的履带式起重机或其他专用起重设备，但必须满足夯锤起吊重量和提升高度的要求，并均需设安全装置，防止夯击时臂杆后仰。

3）自动脱钩装置。自动脱钩装置要求有足够强度，起吊时不产生滑钩；脱钩灵活，能保持夯锤平稳下落；挂钩方便、迅速。

4）检测设备。检测设备包括标准贯入度、静力触探或轻便触探等设备以及土工常规试验仪器。

（2）施工工艺和技术要求

1）工艺流程。场地平整→布置夯位→机械就位→夯锤起吊至预定高度→夯锤自由下落→按设计要求重复夯击→低能量夯实表层松土。

2）施工技术要求。强夯施工场地应平整并能承受夯击机械荷载，施工前必须清除所有障碍物及地下管线。

强夯机械必须符合夯锤起吊重量和提升高度要求，并设置安全装置，防止夯击时起重机臂杆在突然卸重时发生后倾和减小臂杆的振动。安全装置一般采用在臂杆的顶部用两根钢丝绳锚系到起重机前方的推土机上。不进行强夯施工时，推土机可作平整场地用。

强夯施工必须严格按照试验确定的技术参数进行控制。强夯时，首先应检验夯锤是否处于中心，若有偏心应采取在锤边焊钢板或增减混凝土等方法使其平衡，防止夯坑倾斜。夯击时，落锤应保持平稳，夯位要正确，如有错位或坑底倾斜度过大，应及时用砂土将夯坑整平，予以补夯后方可进行下一道工序。夯击深度应用水准仪测量控制，每夯击一遍后，应测量场地下沉量，然后用土将夯坑填平，再进行下一遍夯实施工。平均下沉量必须符合设计要求。

对于淤泥及淤泥质土地基的强夯，通常采用开挖排水盲沟（盲沟的开挖深度、间距、方向等技术参数应根据现场水文、地质条件确定），或在夯坑内回填粗骨料进行置换强夯。

强夯时会对地基及周围建筑物产生一定的振动，夯击点宜距现有建筑物 15m 以上，如间距不足，可在夯点与建筑物之间开挖隔振沟带，其沟深要超过建筑物的基础深度，并有足够的长度，或把强夯场地包围起来。

施工完毕后应按《建筑地基基础工程施工质量验收规范》（GB 50202—2002）规定的项目和标准进行验收，验收合格后方可进行下一道工序的施工。

1.5.3 挤密桩施工法

1. 灰土挤密桩

灰土挤密桩是利用锤击将钢管打入土中，侧向挤密土体形成桩孔，将钢管拔出后，在桩孔中分层回填 2∶8 或 3∶7 灰土并夯实而成，它与桩间土共同组成复合地基承受上部荷载。

2. 砂石桩

砂桩和砂石桩统称砂石桩，是利用振动、冲击或水冲等方式在软弱地基中成孔后，再将砂或砂卵石（或砾石、碎石）挤压入土孔中，形成大直径的由砂或砂卵（碎）石所构成的密实桩体，以起到挤密周围土层、增加地基承载力的作用。

3. 水泥粉煤灰碎石桩

水泥粉煤灰碎石桩（Cement Fly-ash Graval Pile）简称 CFG 桩，是近年发展起来的处理软弱地基的一种新方法。它是在碎石极的基础上掺入适量石屑、粉煤灰和少量水泥，加水拌和后制成的具有一定强度的桩体。

（1）主要施工机具设备　CFG 桩施工主要使用的机具设备有长螺旋钻机、振动沉拔桩机或泥浆护壁成孔桩所采用的钻机和混合料输送泵。

（2）材料和质量要求

1）水泥。根据工程特点、所处环境以及设计、施工的要求，可选用强度等级 42.5 以上的普通硅酸盐水泥。施工前，对所用水泥应检验其初终凝时间、安定性和强度，作为生产控制和进行配合比设计的依据，必要时应检验水泥的其他性能。

2）褥垫层材料。褥垫层材料宜用中砂、粗砂、碎石或级配砂石等，最大粒径不宜大于 30mm；不宜选用卵石，因为卵石咬合力差，施工扰动容易使褥垫层厚度不均匀。

3）碎石、石屑、粉煤灰。碎石粒径为 20～50mm，松散密度 1.39t/m^3，杂质含量小于 5%；石屑粒径为 2.5～1.0mm，松散密度 1.47t/m^3，杂质含量小于 5%；粉煤灰应选用Ⅲ级或Ⅲ级以上等级粉煤灰。

（3）施工工艺流程　CFG 桩复合地基技术采用的施工方法有长螺旋钻孔灌注成桩，振动沉管灌注成桩，长螺旋钻孔、管内泵压混合料灌注成桩等。

1）长螺旋钻孔灌注成桩工艺流程（图 1-49）。此方法适用于地下水位以上的黏性土、粉土、素填土、中等密实以上的砂土；长螺旋钻孔、管内泵压混合料灌注成桩适用于黏性土、粉土、砂土以及对噪声或泥浆污染要求严格的场地。其工艺流程同长螺旋钻孔灌注成桩工艺流程。

2）振动沉管灌注成桩工艺流程（图 1-49 中有括号部分）。此种方法适用于粉土、黏性土及素填土地基。

(4) 施工技术要求

1) 施工前应按设计要求由实验室进行配合比试验，施工时按配合比配制混合料。长螺旋钻孔、管内泵压混合料成桩施工的坍落度宜为160~200mm，振动沉管灌注成桩施工的坍落度宜为30~50mm，振动沉管灌注成桩后桩顶浮浆厚度应小于200mm。

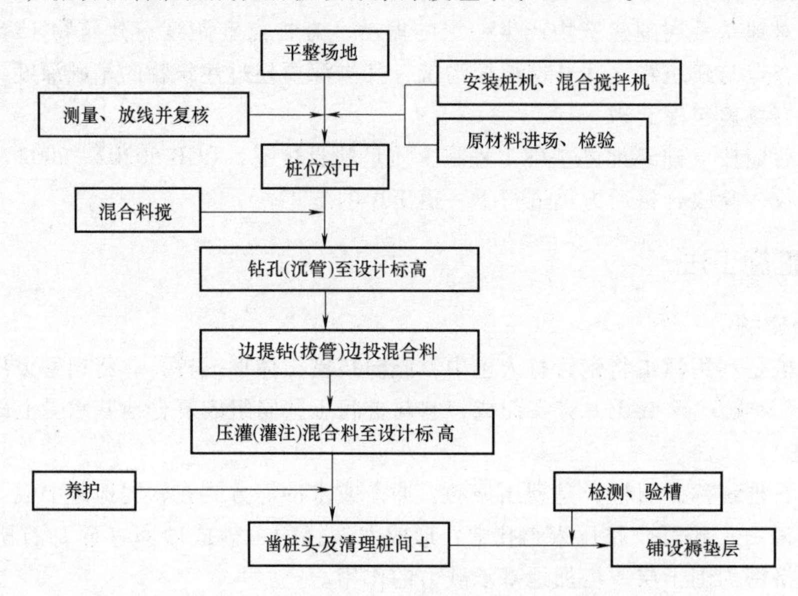

图1-49 长螺旋钻孔灌注成桩（振动沉管灌注成桩）施工流程

2) 桩机就位后，应调整沉管与地面垂直，确保垂直度偏差不大于1%；对满堂布桩基础，桩位偏差不应大于0.4倍桩径；对条形布桩，桩位偏差不应大于0.25倍桩径；对单排布桩，桩位偏差不应大于60mm。

3) 应控制钻孔或沉管入土深度，确保桩长偏差在±100mm范围内。

4) 长螺旋钻孔、管内泵压混合料成桩施工在钻至设计深度后，应准确掌握提拔钻杆时间，混合料泵送量应与拔管速度相配合，遇到饱和砂土层或饱和粉土层时，不得停泵待料；沉管灌注成桩施工拔管速度应均匀，宜控制在1.2~1.5m/min，如遇淤泥土或淤泥质土，拔管速度可适当放慢。

5) 施工时，桩顶标高应高出设计标高，高出长度应根据桩距、布桩形式、现场地质条件和施打顺序等综合确定，一般不应小于0.5m。

6) 成桩过程中，抽样做混合料试块，每台机械一天应做一组（3块）试块（边长150mm立方体），标准养护，测定其立方体28d的抗压强度。

7) 冬期施工时混合料入孔温度不得低于5℃，对桩头和桩间土应采取保温措施。

8) 施工完毕待桩体达到一定强度后（一般为3~7d），方可进行土方开挖。挖至设计标高后，应清除桩间土，剔除多余的桩头。在清土和截桩时，不得造成桩顶标高以下桩身断裂和扰动桩间土。

9) 褥垫层厚度宜为150~300mm，由设计确定。施工时虚铺厚度 $h=\Delta H/\lambda$，其中 λ 为夯填度，一般取0.87~0.90。虚铺完成后宜采用静力压实至设计厚度；当基础底面下桩间土的含水量较小时，也可采用动力夯实法。对较干的砂石材料，虚铺后可适当洒水再进行碾压或夯实。

1.5.4 深层搅拌法

深层搅拌法是利用水泥浆作固化剂，采用深层搅拌机在地基深部就地将软土和固化剂充分拌和，利用固化剂和软土发生一系列物理、化学反应，使之凝结成具有整体性、水稳性好和较高强度的水泥加固体。它可与天然地基形成竖向承载的复合地基，也可作为基坑工程中的围护挡墙、被动区加固、防渗帷幕以及大体积水泥稳定土等。加固体形状可分为柱状、壁状、格栅状或块状等。

1. 主要施工机具

深层搅拌法所用的施工机具主要有深层搅拌机、起重机、灰浆搅拌机、灰浆泵、冷却泵、机动翻斗车等。

2. 对材料的要求

深层搅拌桩加固软土的固化剂可选用水泥，掺入量一般为加固土重的7%~15%，每加固1m^3土体掺入水泥约110~160kg。SJB-1型深层搅拌机还可用水泥砂浆作固化剂，其配合比为1∶1~1∶2（水泥∶砂）。为增强流动性，可掺入水泥重量0.20%~0.25%的木质素磺酸钙减水剂，另加1%的硫酸钠和2%的石膏以促进速凝、早强。水胶比为0.43~0.50，水泥砂浆稠度为11~14cm。

3. 施工工艺与施工方法

（1）工艺流程　水泥土搅拌桩的施工程序为：地上（下）清障→深层搅拌机定位、调平→预搅下沉至设计加固深度、配制水泥浆（粉）→边喷浆（粉）边搅拌提升至预定的停浆（灰）面→重复搅拌下沉至设计加固深度→重复喷浆（粉）或仅搅拌、提升至预定的停浆（灰）面→关闭搅拌机、清洗→移至下一根桩。

（2）施工要点

1）施工时，先将深层搅拌机用钢丝绳吊挂在起重机上，用输浆胶管将储料罐、灰浆泵与深层搅拌机接通，起动电动机，借设备自重，以0.38~0.75m/min的速度沉至要求的加固深度；再以0.3~0.5m/min的均匀速度提起搅拌机，与此同时开动灰浆泵，将水泥浆从深层搅拌机中心管不断压入土中，由搅拌叶片将水泥浆与深层处的软土搅拌，边搅拌边喷浆直到提至设计标高停浆，即完成一次搅拌过程。用同样方法再一次重复搅拌下沉和重复搅拌喷浆上升，即完成一根柱状加固体。其外形呈8字形（轮廓尺寸：纵向最大为1.3m，横向最大为0.8m），一根接一根搭接，搭接宽度根据设计要求确定，一般宜大于200mm，以增强其整体性，即形成壁状加固体。几个壁状加固体连成一片，即形成块状体。

2）搅拌桩的桩身垂直偏差不得超过1.5%，桩位的偏差不得大于50mm，成桩直径和桩长不得小于设计值，当桩身强度及尺寸达不到设计要求时，可采用复喷的方法。搅拌次数以一次喷浆、二次搅拌或二次喷浆、二次搅拌为宜，且最后一次提升搅拌宜采用慢速提升。

3）施工时设计停浆面一般应高出基础底面标高0.5m，在基坑开挖时，应将高出的部分挖去。

4）施工时若因故停止喷浆，宜将搅拌机下沉至停浆点以下0.5m，待恢复供浆时再喷浆提升。若停机时间超过3h，应清洗管路。

5）壁状加固时，桩与桩的搭接时间不应大于24h，如间歇时间过长，应采取钻孔留出榫头或局部补桩、注浆等措施。

6）搅拌桩施工完毕应养护14d以上才可开挖基坑。基底标高以上300mm应采用人工开挖。

第 2 章　桩基础工程

在土木工程建设中，近年来各种大型建筑物、构筑物日益增多，规模越来越大，对基础工程的要求越来越高。为了有效地把结构的上部荷载传递到周围土层的土壤深处承载能力较大的土层上，桩基础被广泛应用到土木工程中。

桩基础是由若干个沉入土中的单桩在其顶部用承台连接起来的一种深基础。具有承载能力大，抗震性能好，沉降量小等特点。根据其在土壤中受力情况不同，可分为端承桩和摩擦桩（图 2-1）。端承桩是穿过软弱土层而达到深层坚实土的一种桩，上部结构荷载主要由桩尖阻力来承担；摩擦桩是深厚软土层中的桩或插穿过软弱土层而支撑于下部稍密土层中的桩，上部结构荷载要由桩尖阻力和桩身侧面与土之间的摩擦阻力共同来承担。

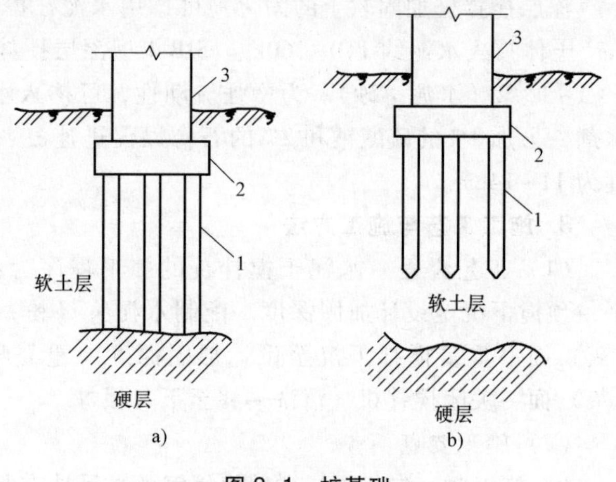

图 2-1　桩基础

a）端承桩　b）摩擦桩

1—桩　2—承台　3—上部结构

按照施工方法的不同，桩可分为预制桩和灌注桩。预制桩是在工厂或施工现场制成的各种材料和形式的桩，如钢筋混凝土桩、钢桩、木桩等，然后用沉桩设备将桩打入、压入、振入、高压水冲入或旋入土中。灌注桩是在施工现场的桩位上先成孔，然后在孔内灌注混凝土，或者加入钢筋后再灌注混凝土而形成。根据成孔方法的不同可分为钻、挖、冲孔灌注桩，套管成孔灌注桩和爆扩桩等。桩基础的使用可以在施工中省去大量土方支撑和排水降水设施，施工方便，且一般均能获得良好的技术经济效果。

2.1　预制桩施工

预制桩包括钢筋混凝土方桩、管桩、钢管桩和锥形桩，其中以钢筋混凝土方桩和钢管桩应用较多。其沉桩方法有锤击沉桩、振动沉桩和静力沉桩等，其中又以锤击沉桩应用较为普遍。本节以钢筋混凝土方桩为例介绍沉桩的施工工艺，其他桩形施工方法类似，不再重复。

2.1.1　预制桩的制作

钢筋混凝土预制桩一般在预制厂制作，较长的桩在施工现场附近露天预制。桩的制作长度主要取决于运输条件及桩架高度，一般不超过 30m。如桩长超过 30m，可将桩分成几段预制，在打桩过程中接桩。混凝土预制方桩的截面边长为 25～55cm。

钢筋混凝土预制桩所用混凝土强度等级不宜低于 30MPa。混凝土浇筑工作应由桩顶向桩尖连续进行，严禁中断。桩顶和桩尖处不得有蜂窝、麻面、裂缝和掉角。桩的制作偏差应符合规范的规定。

钢筋混凝土预制桩（图 2-2）主筋应根据桩截面大小确定，一般为 4~8 根，直径为 12~25mm；主筋连接宜采用对焊；主筋接头配置在同一截面内的数量，当采用闪光对焊和电弧焊时，不超过 50%；同一根钢筋两个接头的间距应大于 30 倍钢筋直径，并不小于 500mm。预制桩箍筋直径为 6~8mm，间距不大于 20cm。预制桩骨架的允许偏差应符合规范的规定。桩顶和桩尖处的配筋应加强。

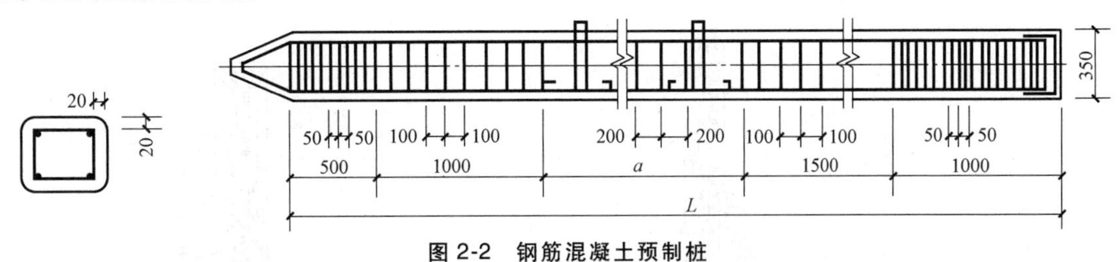

图 2-2　钢筋混凝土预制桩

2.1.2　预制桩的起吊、运输和堆放

钢筋混凝土预制桩应在混凝土达到设计强度的 70%方可起吊；达到设计强度的 100%才能运输和打桩。如提前吊运，应采取措施并经验算合格后方可进行。

桩在起吊和搬运时，吊点应符合设计规定。如无吊环，吊点位置的选择随桩长而异，并应符合起吊弯矩最小的原则，如图 2-3 所示。

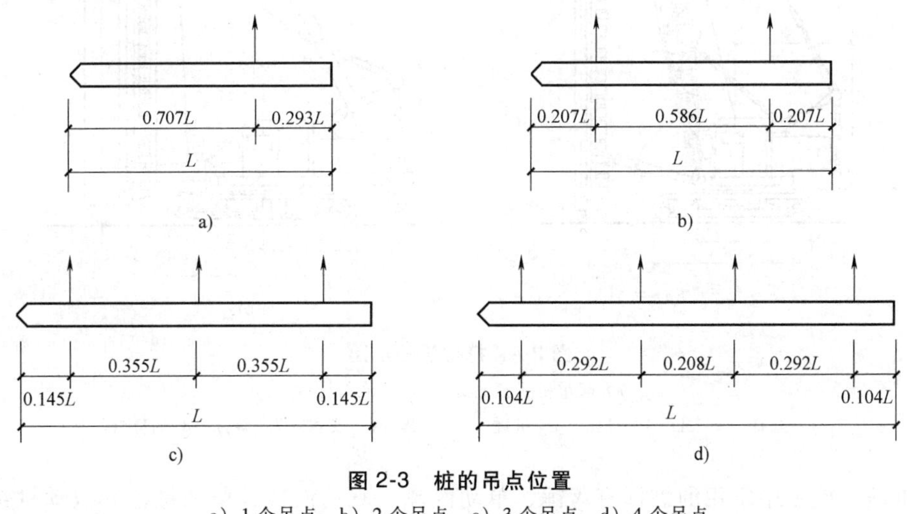

图 2-3　桩的吊点位置

a）1 个吊点　b）2 个吊点　c）3 个吊点　d）4 个吊点

当运距不大时，可采用滚筒、卷扬机等拖动桩身运输；当运距较大时可采用小平台车运输。运输过程中支点应与吊点位置一致。

桩在施工现场的堆放场地应平整、坚实，并不得产生不均匀沉陷。堆放时应设垫木，垫木的位置与吊点位置相同，各层垫木应上、下对齐，堆放层数不宜超过 4 层。

2.2　锤击沉桩的施工方法

2.2.1　打桩机械

打桩机主要包括：桩架、桩锤和动力装置三个部分。桩锤是对桩施加冲击力，将桩打入土中的机具；桩架的作用是将桩吊到打桩位置，并在打桩过程中引导桩的方向，保证桩锤能沿要求的方向冲击；动力装置包括驱动桩锤及卷扬机用的动力设备。

在选择打桩机具时，应根据地基土壤的性质、工程的大小、桩的种类、施工期限、动力供应条件和现场情况确定。打桩机外形如图 2-4 所示。

1）桩架。桩架主要由底盘、导向杆、斜撑、滑轮组等组成。桩架应能前后左右灵活移动，以便于对准桩位。

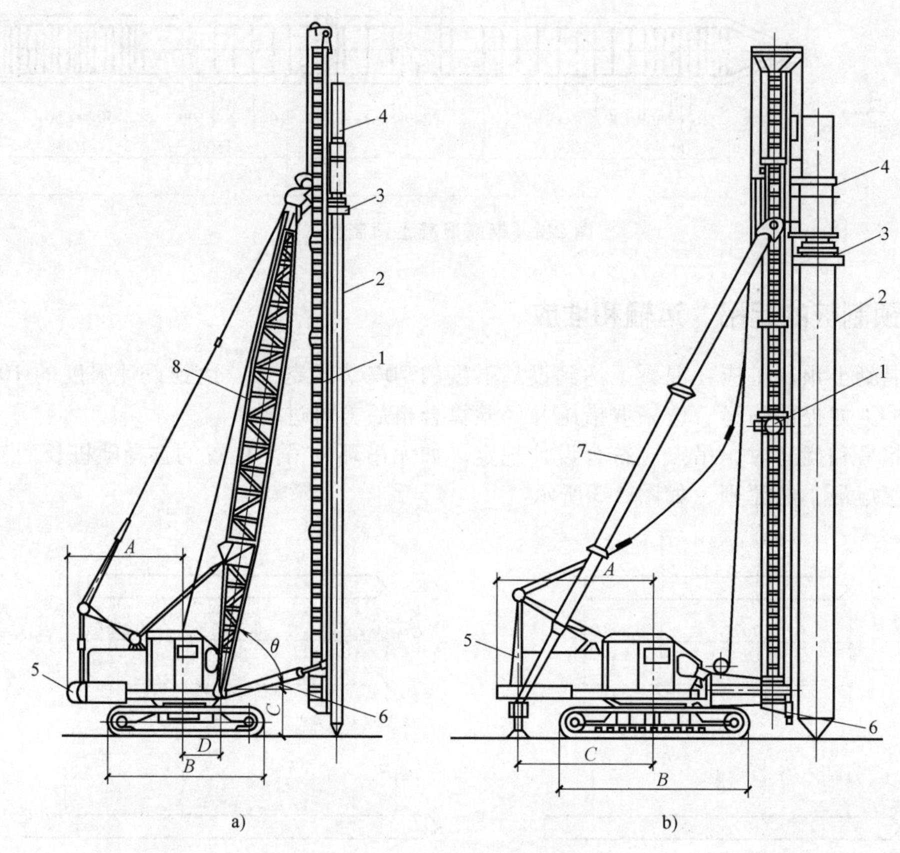

图 2-4 打桩机外形图

a）起重机式打桩机 b）柴油打桩机

1—立柱 2—桩 3—桩帽 4—桩锤 5—机体 6—支撑 7—斜撑 8—起重杆

2）桩锤。施工中常用的桩锤有落锤、单动汽锤、双动汽锤、柴油桩锤和振动桩锤。桩锤的适用范围及优缺点，见表 2-1。

表 2-1 桩锤适用范围

桩锤种类	适用范围	优缺点	附注
落锤	1. 适宜打各种桩 2. 黏土、含砾石的土和一般土层均可使用	构造简单、使用方便、冲击力大，能随意调整落距，但捶打速度慢，效率较低	落锤是指桩锤用人力或机械控制上升，然后自由落下，利用自重夯击桩顶
单动汽锤	适用于各种桩	构造简单、落距短，对设备和桩头不易损坏，打桩速度及冲击力较落锤大，效率较高	利用蒸汽或压缩空气的压力将锤头上举，然后由锤头的自重向下冲击沉桩

（续）

桩锤种类	适用范围	优缺点	附注
双动汽锤	1. 适宜打各种桩，便于打斜桩 2. 使用压缩空气时可在水下打桩 3. 可用于拔桩	附有桩架，动力等设备，机架轻。移动便利、打桩快、燃料消耗少，有重量轻和不需要外部能源等优点	利用蒸汽或压缩空气的压力将锤头上举及下冲，增加夯击能量
柴油锤	1. 最宜于打木桩、钢板桩 2. 不适于在过硬或过软的土中打桩	沉桩速度快，适应性大，施工操作简易安全，能打各种桩并帮助卷扬机拔桩	利用燃油爆炸，推动活塞，引起锤头跳动
振动桩锤	1. 适宜于打钢板桩、钢管桩、钢筋混凝土桩 2. 宜用于砂土，塑性黏土及松软黏土 3. 在卵石夹砂及紧密黏土中效果较差	沉桩速度快，适应性大，施工操作简易安全。能打各种桩并帮助卷扬机拔桩	利用偏心轮引起激振，通过刚性连接的桩帽传到桩上

选择桩锤应根据地质条件、桩的类型、桩身结构强度、桩的长度、桩群密集程度以及施工条件等因素来确定，其中尤以地质条件影响最大。土的密实程度不同所需桩锤的冲击能量可能相差很大。实践证明：当桩锤重大于桩重的1.5~2倍时，能取得较好的效果。

2.2.2　锤击沉桩施工

1. 打桩前的准备工作

打桩前应处理地上、地下障碍物，对场地进行平整压实；放出桩基线并定出桩位，并在不受打桩影响的适当位置设置水准点，以便控制桩的入土标高；接通现场的水、电管线，准备好施工机具；做好对桩的质量检验。

正式打桩前，还应进行打桩试验，以便检验设备和工艺是否符合要求。按照规范的规定，试桩不得少于2根。

2. 打桩顺序

打桩顺序是否合理，直接影响打桩进度和施工质量。在确定打桩顺序时，应考虑桩对土体的挤压位移对施工本身及附近建筑物的影响。一般情况下，桩的中心距小于4倍桩的直径时，就要拟定打桩顺序，桩距大于4倍桩的直径时打桩顺序与土壤挤压情况关系不大。

打桩顺序一般分为自一边向另一边逐排打、自中央向边缘打、自边缘向中央打和分段打四种（图2-5）。自一边向另一边逐排打桩，桩架系单向移动，桩的就位与起吊均很方便，故打桩效率较高，但它会使土壤向一个方向挤压，导致土壤挤压不均匀，后面桩的打入深度因而逐渐减小，最终会引起建筑物的不均匀沉降。自边缘向中央打，中间部分土壤挤压较密实，不仅使桩难以打入，而且在打中间桩时，还有可能使外侧各桩被挤压而浮起。因此上述两种打法均适用于桩距较大（4倍桩距）即桩不太密集时施工。自中央向边缘打、分段打是比较合理的施工方法，一般情况下均可采用。

3. 打桩施工

打桩过程包括桩架移动和定位、吊桩和定桩、打桩、截桩和接桩等。

桩机就位时桩架应垂直，导杆中心线与打桩方向一致，校核无误后将其固定，然后，将桩锤和桩帽吊升起来，其高度超过桩顶，再吊起桩身，送至导杆内，对准桩位调整垂直偏差，合

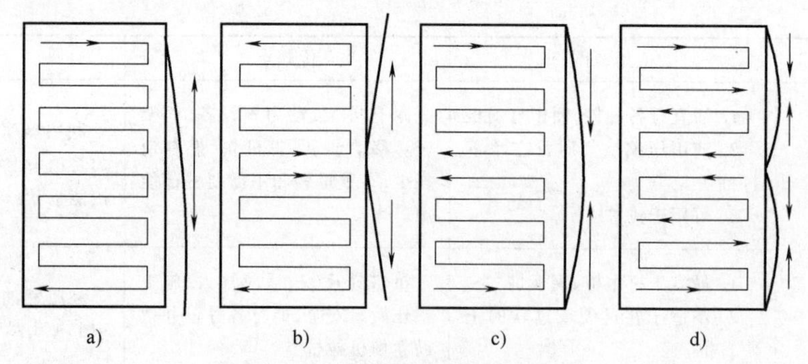

图 2-5 打桩顺序和土壤挤压情况

a）自一边向另一边逐排打 b）自中央向边缘打 c）自边缘向中央打 d）分段打

格后，将桩帽或桩箍在桩顶固定，并将桩锤缓落到桩顶上，在桩锤的重量作用下，桩沉入土中一定深度达到稳定位置，再校正桩位及垂直度，此谓定桩。然后才能进行打桩。打桩开始时，用短落距轻击数锤至桩入土一定深度后，观察桩身与桩架、桩锤是否在同一垂直线上，然后再以全落距施打，这样可以保证桩位准确、桩身垂直。桩的施打原则是“重锤低击”，这样可使桩锤对桩头的冲击小，回弹也小，桩头不易损坏，大部分能量都能用于沉桩。打桩是隐蔽工程，应做好打桩记录。开始打桩时需统计桩身每沉落 1m 所需锤击的次数。当桩下沉接近设计标高时，则应实测其最后贯入度。最后贯入度值，为每 10 击桩入土深度的平均值。设计和施工中所控制的贯入度是以合格的试桩数据为准，如无试桩资料，可按类似桩沉入类似土的贯入度作为参考。承受轴向荷载的摩擦桩，其控制入土深度应以标高为主，而以贯入度作为参考；端承桩的控制入土深度，则以贯入度为主，而以标高作为参考。合格的桩除应满足贯入度和标高的要求，没有断裂外，还应保证桩的垂直偏差不大于 1%，水平位置偏差不大于 100~150mm。

各种预制桩打桩完毕后，为使桩顶符合设计标高，应将桩头或无法打入的桩身截去。

4. 打桩过程中常遇到的问题

由于桩要穿过构造复杂的土层，所以在打桩过程中要随时注意观察，凡发生贯入度突变、桩身突然倾斜、移位或有严重回弹、桩顶或桩身出现严重裂缝或破碎等情况时，应暂停施工，及时与有关单位研究处理。

施工中常遇到的问题是：

1）桩顶、桩身被打坏。这与桩头钢筋设置不合理、桩顶与桩轴线不垂直、混凝土强度不足、桩尖通过过硬土层、锤的落距过大、桩锤过轻等有关。

2）桩位偏斜。桩顶不平、桩尖偏心、接桩不正、土中有障碍物时都容易发生桩位偏斜，因此施工时应严格检查桩的质量并按施工规范的要求采取适当措施，保证施工质量。

3）桩打不下。施工时，桩锤严重回弹，贯入度突然变小，则可能与土层中夹有较厚砂层或其他硬土层以及钢渣、孤石等障碍物有关。当桩顶或桩身已被打坏，锤的冲击能不能有效传给桩时，也会发生桩打不下的现象。有时因特殊原因，停歇一段时间后再打，由于土的固结作用，桩也往往不能顺利地被打入土中。所以打桩施工中，必须在各方面做好准备，保证施打的连续进行。

4）一桩打下邻桩上升。桩贯入土中，使土体受到急剧挤压和扰动，其靠近地面的部分将在地表隆起和水平移动。当桩较密，打桩顺序又欠合理时，土体被压缩到极限，就会发生一桩打下，周围土体带动邻桩上升的现象。

2.3　静力压桩

静力压桩（图 2-6）是在均匀软弱土中利用压桩架（型钢制作）的自重和配重，通过卷扬机的牵引传到桩顶，将桩逐节压入土中的一种沉桩方法。这种沉桩方法无振动、无噪声，对周围环境影响小，适合在城市中施工。

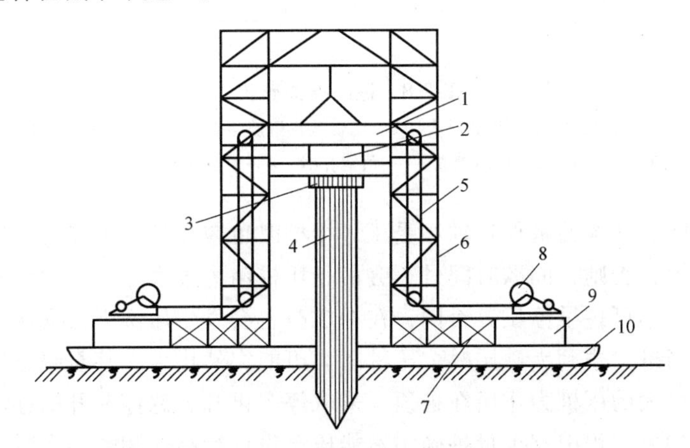

图 2-6　压桩机工作原理

1—活动压梁　2—油压表　3—桩帽　4—桩　5—加压钢丝滑轮组　6—桩架　7—加重物仓　8—卷扬机　9—底盘　10—轨道

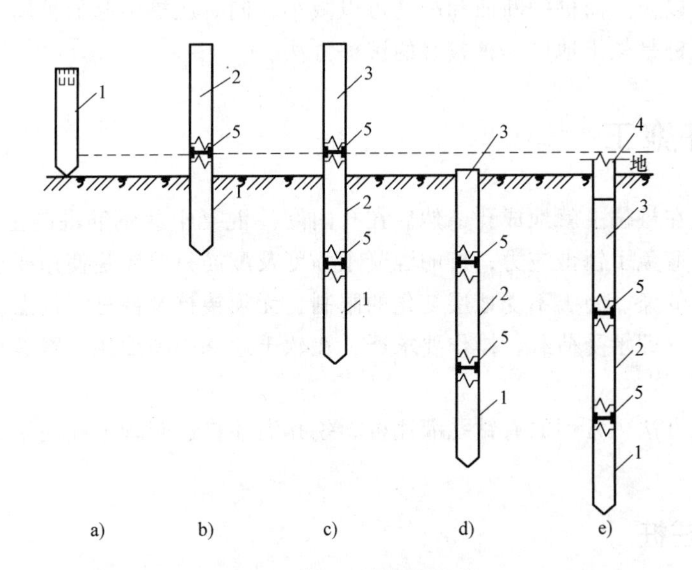

图 2-7　静力压桩工作程序

a）准备压第一段　b）接第二段桩　c）接第三段桩　d）整根桩压平至地面　e）采用送桩压桩完毕

1—第一段桩　2—第二段桩　3—第三段桩　4—送桩　5—接桩处

压桩施工，一般情况下都采用分段压入、逐节接长的方法，其程序如图 2-7 所示。施工时，先将第一节桩压入土中，当其上端与压桩机操作平台齐平时，进行接桩。接桩的方法有焊接结合、管式结合、硫磺砂浆钢筋结合、管桩螺栓结合（图 2-8）等，接桩后。将第二节桩继续压入土中。每节桩的长度根据压桩架的高度而定，一般高为 16~20m。

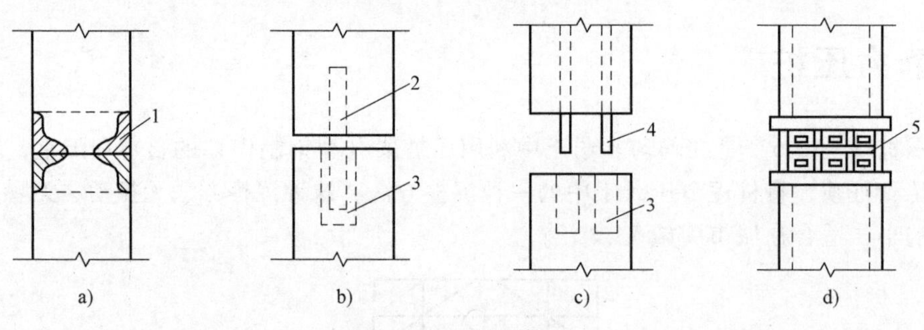

图 2-8 桩的接头形式

a）焊接结合 b）管式结合 c）硫磺砂浆钢筋结合 d）管桩螺栓结合

1—L50×100×10 2—预埋钢管 3—预留孔洞 4—预留钢筋 5—法兰螺栓连接

压桩施工时应随时注意使桩保持轴心受压，接桩时也应保证上下接桩的轴线一致，并使接桩时间尽可能地缩短，否则，间歇时间过长会由于压桩阻力过大导致发生压不下去的事故。当桩接近设计标高时，不可过早停压，否则，在补压时也会发生压不下去或压入过少的现象。

压桩过程中，当桩尖碰到夹砂层时，压桩阻力可能突然增大，甚至超过压桩机能力而使桩机上抬。这时可以最大的压桩力作用在桩顶，采取停车再开、忽停忽开的办法，使桩有可能缓慢下沉穿过砂层。如果工程中有少量桩确实不能压至设计标高而相差不多时，可以采取截去桩顶的办法。

压桩与打桩相比，由于避免了锤击应力，桩的混凝土强度及其配筋只要满足吊装弯矩和使用期受力要求就可以，因而桩的断面和配筋可以减小，同时压桩引起的桩周围土体和水平挤动也小得多，因此压桩是软土地区一种较好的沉桩方法。

2.4 灌注桩施工

灌注桩是直接在桩位上就地成孔，然后在孔内灌注混凝土或钢筋混凝土的一种成桩方法。与预制桩相比由于避免了锤击应力，桩的混凝土强度及配筋只要满足使用要求就可以，因而具有节约材料、成本低廉、施工不受地层变化的限制、无须接桩及截桩等优点。但也存在着技术间隔时间长，不能立即承受荷载，操作要求严，在软土地基中易缩颈、断裂，在冬期施工较困难等缺点。

灌注桩的施工方法，常用的有钻孔灌注桩、挖孔灌注桩、套管成孔灌注桩和爆扩成孔灌注桩等多种。

2.4.1 钻孔灌注桩

钻孔灌注桩是利用钻孔机在桩位成孔，然后在桩孔内放入钢筋骨架再灌注混凝土而成的就地灌注桩。它能在各种土质条件下施工，具有无振动、对土体无挤压等优点。常用的施工方法根据地质条件的不同可分为干作业成孔灌注桩和湿作业成孔灌注桩。

1. 干作业成孔灌注桩

干作业成孔灌注桩适用于成孔深度内没有地下水的情况，成孔时不必采取护壁措施而直接取土成孔。

干式成孔一般采用螺旋钻机（图 2-9），它由主机、滑轮组、螺旋钻杆、钻头、滑动支架、出土装置等组成。成孔时，螺旋钻头切削土体，切下的土随钻头旋转并沿螺旋叶片上升而排出孔外。

当螺旋钻机钻至设计标高时，在原位空转清土，停钻后提出钻杆弃土，钻出的土应及时清除，不可堆在孔口。钢筋骨架绑好后，一次整体吊入孔内。如过长亦可分段吊，两段焊接后再徐徐沉放孔内。钢筋笼吊放完毕，应及时灌注混凝土。灌注时应分层捣实。

螺旋钻机成孔效率高、无振动、无噪声，宜用于匀质黏土层，亦能穿透砂层，成孔直径一般为 400~600mm，成孔深度在 12m 以内。目前，螺旋钻孔灌注桩在国内外发展很快，除上述施工方法以外，还有若干种新的施工工艺，与之相应的成孔桩径和桩深也都有提高。我国技术人员近年发展的钻孔压浆成孔法较好地解决了不同地质土层中螺旋钻机成孔的诸多技术难题，是一种先进的施工工艺。

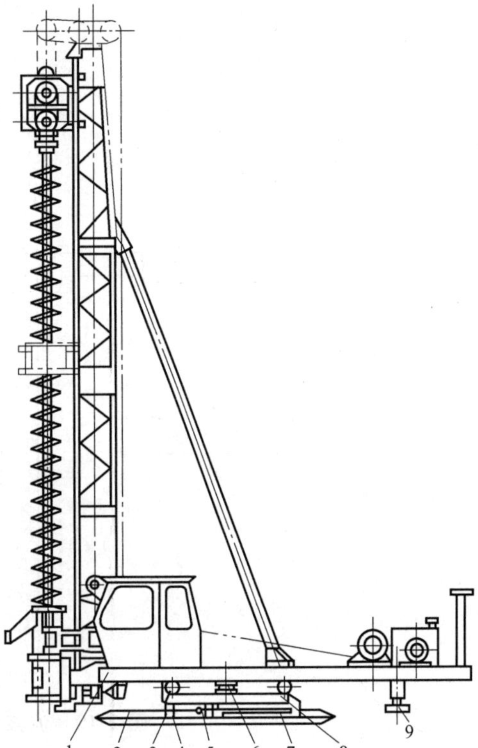

图 2-9　步履式螺旋钻机

1—上盘　2—下盘　3—回转滚轮　4、5—行车滚轮　6—回转中心轴　7—行车液压缸　8—中盘　9—支盘

这种施工工艺的原理是：先用螺旋钻机钻孔至预定深度，通过钻杆芯管利用钻头处的喷嘴向孔内自下而上高压喷注制备好的以水泥为主剂的浆液，使液面升至地下水位或无塌孔危险的位置处，提出全部钻杆后，向孔内沉放钢筋笼和骨料至孔口，最后再由孔底向上高压补浆，直至浆液达到孔口为止。

该法连续一次成孔，多次由下而上高压注浆成桩，具有无振动、无噪声、无护壁泥浆排污的优点，又能在流砂、卵石、地下水位高、易塌孔等复杂地质条件下顺利成孔成桩，而且由于高压注浆时水泥浆的渗透扩散，解决了断桩、缩颈、桩间虚土等问题，还有局部膨胀扩径现象，因此单桩承载力由摩擦力、支承力和端承力复合而成，比普通灌注桩的承载力大大提高；该法成桩的桩径为 300~1000mm，深度可达 50m。

2. 湿作业成孔灌注桩

软土地基的深层钻进，会遇到地下水问题。采用泥浆护壁湿作业成孔能够解决施工中地下水带来的孔壁塌落，钻具磨损发热及沉渣问题。常用的湿作业成孔机械有冲抓锥成孔机、斗式钻头成孔机、冲击式钻孔机、潜水电钻、大直径旋入全套管护壁成孔钻机和工程水文地质回转钻机等，其中回转钻机是目前灌注桩施工用得最多的施工机械，该钻机配有移动装置，设备性能可靠，噪声和振动小，效率高，质量好。适用于松散土层、黏土层、砂砾层、软岩层等地质条件。其施工程序，如图 2-10 所示。

回转钻机钻孔前，应先在孔口处埋设护筒，护筒的作用是固定桩孔位置、保护孔口、防止塌孔、增加桩孔内水压。护筒由 3~5mm 钢板制成，其内径比钻头直径大 100mm，埋在桩位处，其顶面应高出地面或水面 400~600mm，周围用黏土填实。

钻孔过程中应向桩孔内注入泥浆，泥浆的作用是将土中空隙渗填密实，避免孔内漏水，同时泥浆比水重，也加大了护筒内水压，对孔壁起到支撑作用，因而可以防止塌孔。另外，泥浆还能起到携渣、冷却机具和切土润滑等作用。泥浆的制备通常在挖孔前搅拌好，钻孔时输入孔

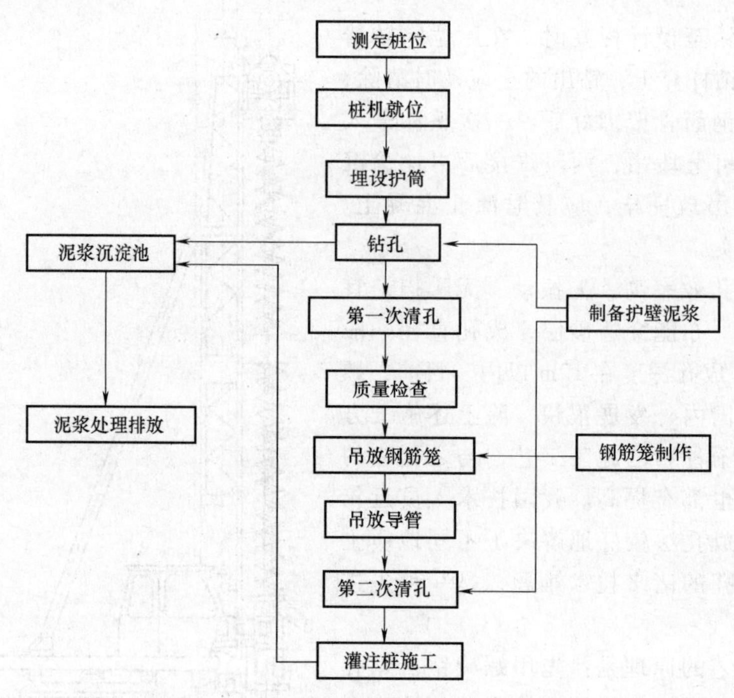

图 2-10 泥浆护壁成孔灌注桩施工程序

内；有时也采用向孔内输入清水，一边钻孔，一边使清水与钻削下来的泥土拌和形成泥浆。泥浆的性能指标如相对密度、黏度、含砂量、pH 值、稳定性等要符合规定的要求。泥浆的选料既要考虑护壁效果，又要考虑经济性，尽可能使用当地材料。

根据泥浆入孔的方向不同，可将湿作业成孔工艺分为正循环回转钻机成孔和反循环回转钻机成孔两种施工方法。

正循环成孔（图 2-11）设备简单，操作方便，工艺成熟．当孔深不太深，孔径小于 800cm 时钻进效率高。当桩径较大时，钻杆与孔壁间的环形断面较大，泥浆循环时返流速度低，排渣能力弱。如使泥浆返流速度增大到 0.20~0.35m/s，则泥浆泵的排量需很大，有时难以达到，

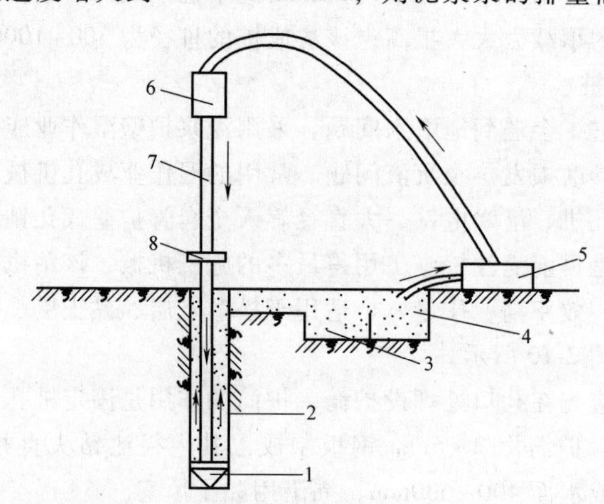

图 2-11 正循环回转钻机成孔工艺原理图

1—钻头 2—泥浆循环方向 3—沉淀池 4—泥浆池 5—泥浆泵

6—水龙头 7—钻杆 8—钻机回转装置

此时不得不提高泥浆的相对密度和黏度。但如果泥浆相对密度过大，稠度大，难以排出钻渣，孔壁泥皮厚度大，影响成桩和清孔。

反循环成孔（图2-12）是泥浆从钻杆与孔壁间的环状间隙流入钻孔，来冷却钻头并携带沉渣由钻杆内腔返回地面的一种钻进工艺。由于钻杆内腔断面面积比钻杆与孔壁间的环状断面面积小得多，因此，泥浆的上返速度大，一般可达2~3m/s多，是正循环工艺泥浆上返速度的数十倍，因而可以提高排渣能力，保持孔内清洁，减少钻渣在孔底重复破碎的机会，能大大提高成孔效率。这种成孔工艺是目前大直径成孔施工的一种有效的先进的成孔工艺，因而应用较多。

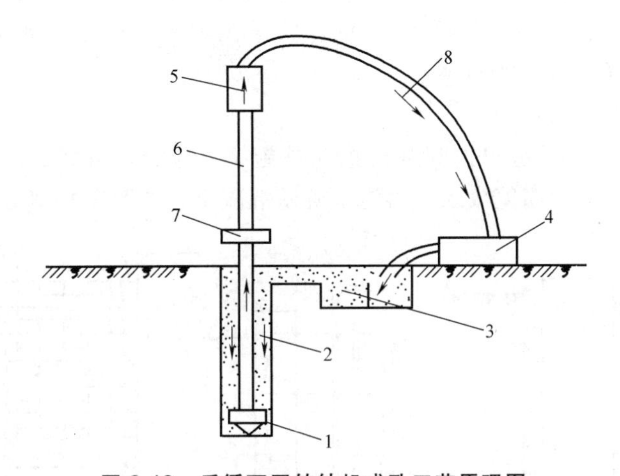

图2-12　反循环回转钻机成孔工艺原理图

1—钻头　2—新泥浆流向　3—沉淀池　4—砂石泵　5—水龙头　6—钻杆
7—钻机回转装置　8—混合液流向

钻孔达到要求的深度后为防止灌注桩沉降加大、承载力降低，要清除孔底沉淀物（沉渣等），这个过程称为清孔。当孔壁土质较好，不易塌孔时，可用空气吸泥机清孔，同时注入清水，清孔后泥浆相对密度应控制在1.1左右；孔壁土质较差时，宜用泥浆循环清孔，清孔后的泥浆相对密度控制在1.15~1.25之间。施工及清孔过程中应经常测定泥浆的相对密度。

湿作业成孔灌注桩施工中容易发生的质量问题及处理方法是：

1）塌孔。在成孔过程中或成孔后，有时在排出的泥浆中不断出现气泡，有时护筒内的水位突然下降，这是塌孔的迹象。其形成原因主要是土质松散、泥浆护壁不好、护筒水位不高等所致。如发生塌孔，应探明塌孔位置，将砂和黏土（或砂砾和黄土）混合物回填到塌孔位置1~2m。如塌孔严重，应全部回填，等回填物沉积密实再重新钻孔。

2）缩孔。是指孔径小于设计孔径的现象。是由于塑性土膨胀造成的，处理时可反复扫孔，以扩大孔径。

3）斜孔。桩孔成孔后发现较大垂直偏差，是由于护筒倾斜和位移、钻杆不垂直、钻头导向部分太短、导向性差、土质软硬不一或遇上孤石等原因造成。斜孔会影响桩基质量，并会造成施工上的困难。处理时可在偏斜处吊住钻头，上下反复扫孔，直至把孔位校直；或在偏斜处回填砂黏土，待沉积密实后再钻。

根据不同的成孔工艺，湿作业成孔钻孔直径约500~2000mm，钻孔深度可达60m。

钻孔灌注桩混凝土强度等级一般不低于C15，骨料最大粒径不宜大于30mm。混凝土的坍落度，当水下灌注时，以18~20cm为宜，在干土层桩孔中灌注时，以8~10cm为宜。为了改善混凝土的和易性，可在其中掺入减水剂和粉煤灰等掺合料。所用水泥强度等级不宜低于

4.25，每立方米混凝土的水泥用量不小于350kg。

2.4.2 挖孔灌注桩

在土木工程中，有些高层建筑、大型桥梁、重要的水利工程由于自重大，底面积小，对地基的单位压力很高，需要大直径的桩来承受，但却往往受到钻孔设备的限制而难以完成。在这种情况下，人们较多地采用了挖孔灌注桩。挖孔灌注桩的施工，是测量定位后开挖工人下到桩孔中去，在井壁护圈的保护下，直接进行开挖，待挖到设计标高，桩底扩孔后，对基底进行验收，验收合格后下放钢筋笼，浇筑混凝土成桩。挖孔时如遇地下水，可使用潜水泵随时将水排除。挖孔桩的桩径一般为1~3m、桩深20~40m，最深可达60~80m。每根桩的承载力为10000~40000kN，甚至可高达60000~70000kN。

常用的井壁护圈有下列几种。

（1）混凝土护圈　采用这种护圈进行挖孔桩施工，应分段开挖，分段浇筑混凝土护圈，到达井底设计标高后，将钢筋笼放入，再浇筑桩基混凝土，如图2-13所示。

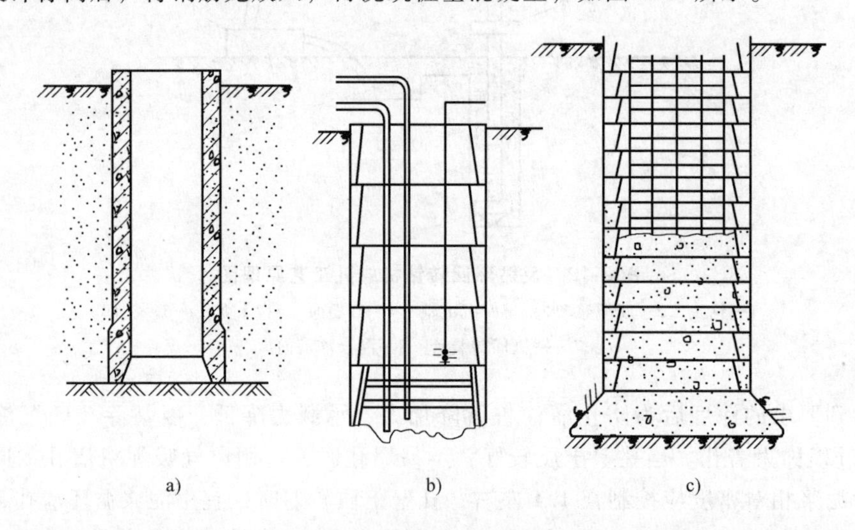

图2-13　混凝土护圈

a）在护圈保护下开挖土方　b）支模板浇筑混凝土护圈　c）浇筑桩身混凝土

护圈的结构形式为斜阶型，每阶高为1m，上端口护圈厚约170mm，下端口厚约100mm，用C15混凝土浇筑，采用拼装式弧形模板。在土质较差地段应加设少量钢筋，环筋直径可选用10~12mm、间距200mm；竖筋直径为10~12mm、间距400mm。有时也可在架立钢筋网后直接锚喷砂浆形成护圈来代替现浇混凝土护圈，这样可以节省模板。

（2）沉井护圈　沉井护圈挖孔桩（图2-14），是先在桩位上制作钢筋混凝土井筒，然后在筒内挖土，井筒靠自重或附加荷载来克服筒壁与土壤之间的摩擦阻力，使其下沉至设计标高，再在筒内浇筑混凝土。

（3）钢套管护圈　钢套管护圈挖孔桩（图2-15），是在桩位处先用桩锤将钢套管强行打入土层中，再在钢套管的保护下，将管内土挖出，吊放钢筋笼，浇筑桩基混凝土。待浇筑混凝土完毕，用振动锤和人字拔杆将钢套管立即强行拔出移至下一桩位使用。这种方法适用于流砂地层，地下水丰富的强透水地层或承压水地层，可

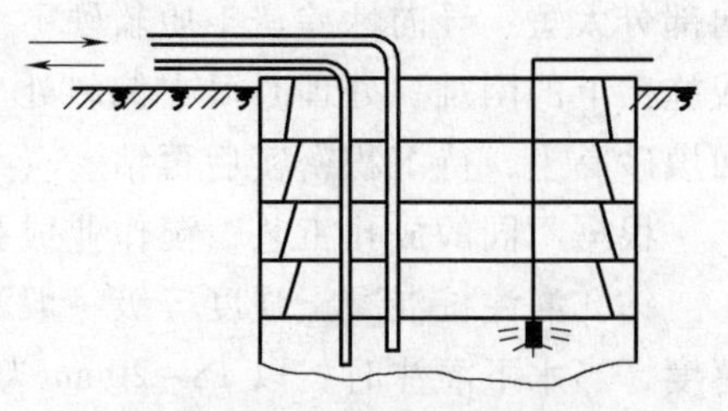

图2-14　沉井护圈挖孔桩

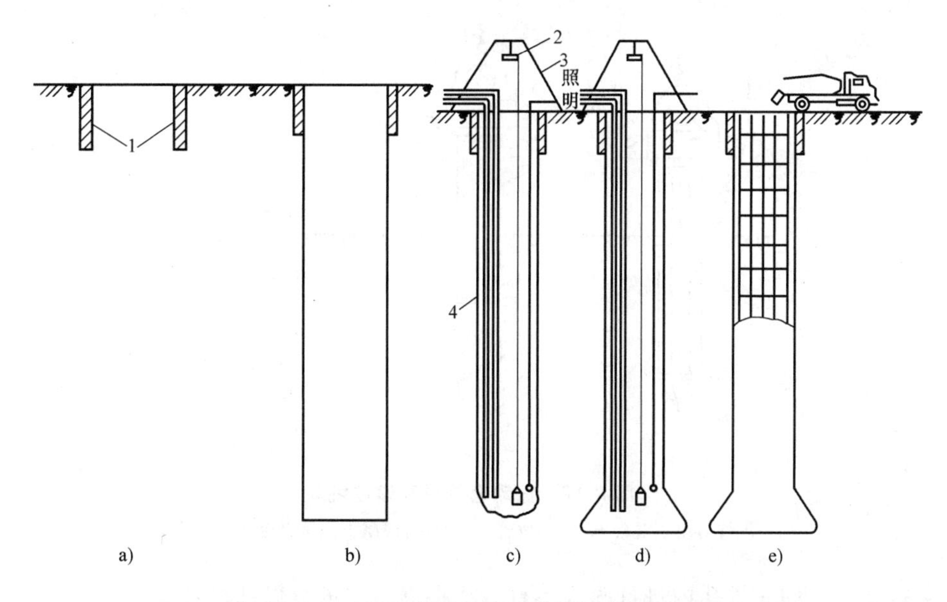

图 2-15　在钢套管护孔下进行挖孔桩施工

a）构筑井　b）打入钢管　c）在钢管护圈下开挖土方　d）桩底扩孔

e）浇筑混凝土、拔出钢管

1—井圈　2—链式电动葫芦　3—小型机架　4—钢管

避免产生流砂和管涌现象，能确保施工安全。

2.4.3　套管成孔灌注桩

套管成孔灌注桩又称为打拔管灌注桩，是利用一根与桩的设计尺寸相适应的钢管，其下端带有桩尖，采用锤击或振动的方法将其沉入土中，然后将钢筋笼放入钢管内，再灌注混凝土、并随灌随将钢管拔出，利用拔管时的振动将混凝土捣实。

锤击沉管时采用落锤或蒸汽锤将钢管打入土中，如图 2-16 所示。振动沉管时是将钢管上端与振动沉桩机刚性连接，利用振动力将钢管打入土中，如图 2-17 所示。

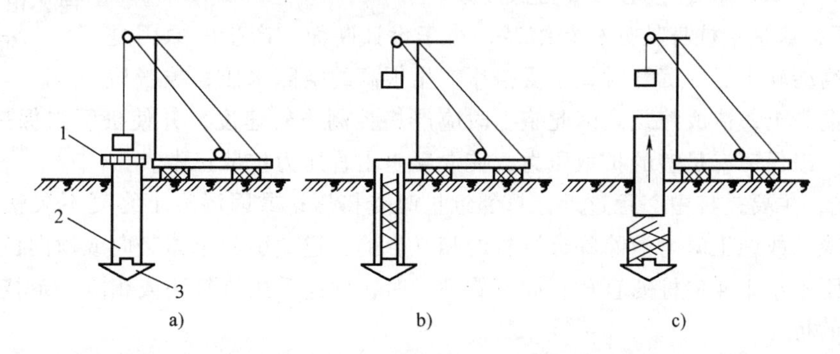

图 2-16　锤击套管成孔灌注桩

a）钢管打入土中　b）放入钢筋骨架　c）随浇混凝土随拔出钢管

1—桩帽　2—钢管　3—桩靴

拔管的方法，根据承载力的要求不同，可分别采用单打法，复打法和翻插法。

1）单打法。即一次拔管法，拔管时每提升 0.5～1.0m，振动 5～10s 后，再拔管 0.5～1.0m，如此反复进行，直到全部拔出为止。

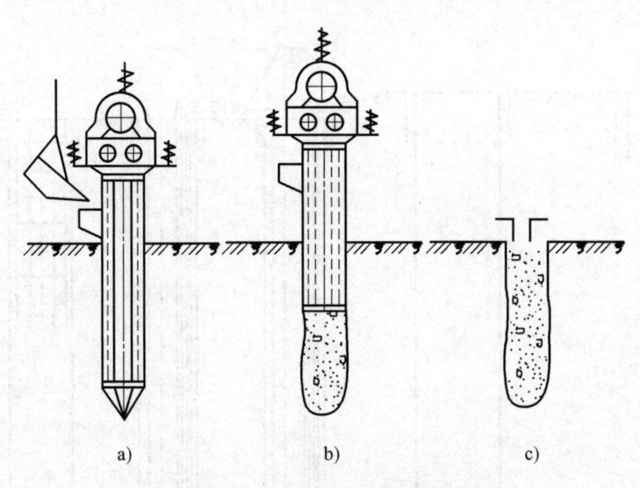

图 2-17 振动套管成孔灌注桩

a）沉管后浇筑混凝土 b）拔管 c）桩身混凝土浇筑完后插入钢筋

2）复打法。在同一桩孔内进行两次单打，或根据要求进行局部复打。

3）翻插法。将钢管每提升 0.5m，再下沉 0.3m（或每提升 1m，下沉 0.5m），如此反复进行，直至拔离地面。此种方法，在淤泥层中可消除缩颈现象，但在坚硬土层中易损坏桩尖，不宜采用。

钢管下端有两种构造，一种是开口，在沉管时套以钢筋混凝土预制桩尖，拔管时，桩尖留在桩底土中；另一种是管端带有活瓣桩尖，其构造如图 2-18 所示，沉管时，桩尖活瓣合拢，灌注混凝土及拔管时活瓣打开。

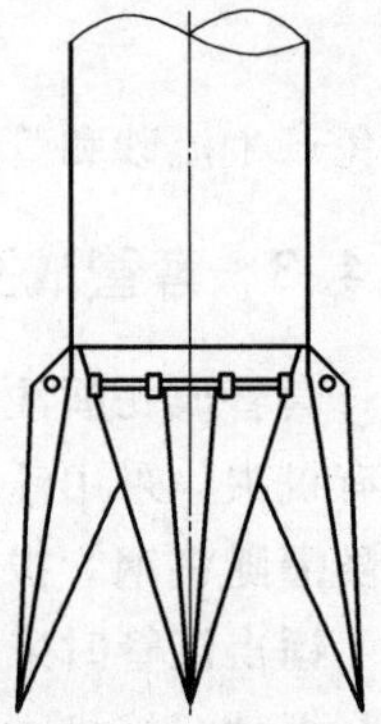

图 2-18 活瓣桩尖示意图

套管成孔灌注桩施工中常会出现一些质量问题，要及时分析原因，采取措施处理。

1）灌注桩混凝土中部有空隔层或泥水层、桩身不连续，这是由于钢管的管径较小，混凝土骨料粒径过大，和易性差，拔管速度过快造成。预防措施是严格控制混凝土的坍落度不小于 5~7cm，骨料粒径不超过 3cm，拔管速度不大于 2m/min，拔管时应密振慢拔。

2）缩颈，这是指桩身某处桩径缩减，小于设计断面。产生的原因是在含水率很高的软土层中沉管时，土受挤压产生很高的空隙水压，拔管后挤向新灌的混凝土，造成缩颈。因此施工时应严格控制拔管速度，并使桩管内保持不少于 2m 高的混凝土，以保证有足够的扩散压力，使混凝土出管压力扩散正常。

3）断桩，主要是桩中心距过近，打邻近桩时受挤压；或因混凝土终凝不久就受振动和外力作用所造成。故施工时为消除临近沉桩的相互影响，避免引起土体竖向或横向位移，最好控制桩的中心距不小于 4 倍桩的直径。如不能满足时，则应采用跳打法或相隔一定技术间歇时间后再打邻近的桩。

4）吊脚桩是指桩底部混凝土隔空或混进泥砂而形成松软层。其形成的原因是预制桩尖质量差，沉管时被破坏，泥砂、水挤入桩管。

第3章 砌筑工程

砌体结构是由块体和砂浆砌筑而成的墙、柱作为建筑物主要受力构件的结构，是砖砌体、砌块砌体和石砌体结构的统称，砌筑工程则是指砌体结构的施工。

砖石建筑在我国有悠久的历史，很早就有“秦砖汉瓦”之说。砖石目前在土木工程中仍占有相当的比重。这种结构虽然取材方便、施工简单、成本低廉，但它的施工仍以手工操作为主，劳动强度大、生产率低，而且烧制黏土砖占用大量农田，因而采用新型墙体材料、改善砌体施工工艺是砌筑工程改革的重点。

3.1 砌体材料

砌筑工程所用材料主要是砖、砌块或石以及砌筑砂浆。砌筑工程所用的材料在施工中应有产品的合格证书、产品性能检测报告，块材、水泥、钢筋、外加剂等尚应有材料主要性能的进场复验报告。严禁使用国家明令淘汰的材料。

3.1.1 块材

砌筑工程所用砖有烧结普通砖、烧结多孔砖、蒸压灰砂砖、蒸压粉煤灰砖等；砌块则有混凝土中小型砌块、加气混凝土砌块及其他材料制成的各种砌块；石材有毛石与料石。

砖、砌块以及石材的强度等级必须符合设计要求。

常温下砌砖，对普通黏土砖、空心砖的含水率宜在10%~15%，一般应提前0.5~1d浇水润湿，避免砖吸收砂浆中过多的水分而影响粘结力，并可除去砖面上的粉末。但浇水过多会产生砌体走样或滑动。气候干燥时，小砌块、石料亦应先稍加喷水润湿。但轻骨料混凝土砌块、灰砂砖、粉煤灰砖不宜浇水过多，其含水率控制在5%~8%为宜。砌块表面有浮水时，不得施工。

施工所用的小砌块的产品龄期不应小于28d。工地上应保持砌块表面干净，避免粘结黏土、脏物。密实砌块的切割可采用切割机。

石砌体采用的石材应质地坚实，无风化剥落和裂纹。用于清水墙、柱表面的石材，尚应色泽均匀。石材表面的泥垢、水锈等杂质，砌筑前应清除干净。

3.1.2 砂浆

砌筑砂浆有水泥砂浆、石灰砂浆和混合砂浆。砂浆种类选择及其等级的确定，应根据设计要求。砂浆的组成材料为水泥、砂、石灰膏、搅拌用水及外加剂等，施工时对它们的质量应予以控制。

水泥进场使用前，应分批对其强度、安定性进行复验。检验批应以同一生产厂家、同一编号为一批。当在使用中对水泥质量有怀疑或水泥出厂超过三个月（快硬硅酸盐水泥超过一个月）时，应复查试验，并按其结果使用。不同品种的水泥，不得混合使用。水泥砂浆的最少水泥用量不宜小于200kg/m^3。

砂浆用砂不得含有有害杂物。砂浆用砂的含泥量，对水泥砂浆和强度等级不小于 M5 的水泥混合砂浆，不应超过 5%；对强度等级小于 M5 的水泥混合砂浆，不应超过 10%；人工砂、山砂及特细砂，应经试配，要求满足砌筑砂浆技术条件。

块状生石灰熟化成石灰膏时，应进行过滤，生石灰熟化时间不得少于 7d；对于磨细生石灰粉，其熟化时间不得小于 2d。不得采用脱水硬化的石灰膏。消石灰粉不得直接使用于砌筑砂浆中。

拌制砂浆用水的水质应符合混凝土拌合用水标准。

凡在砂浆中掺有外加剂等，对外加剂应经检验和试配，符合要求后方可使用。有机塑化剂应有砌体强度的型式检验报告。

砂浆的拌制一般用砂浆搅拌机，要求拌和均匀。自投料完算起，搅拌时间对水泥砂浆和水泥混合砂浆不得少于 2min；对水泥粉煤灰砂浆和掺用外加剂的砂浆不得少于 3min；掺用有机塑化剂的砂浆，应为 3~5min。

为改善砂浆的保水性可掺入黏土、电石膏、粉煤灰等塑化剂。砂浆应随拌随用，水泥砂浆和水泥混合砂浆应分别在拌成后 3h 和 4h 内使用完毕；当施工期间最高气温超过 30℃，应分别在拌成后 2h 和 3h 内使用完毕。对掺用缓凝剂的砂浆，其使用时间可根据具体情况延长。

砂浆强度应以标准养护，龄期为 28d 的试块抗压试验结果为准。砂浆强度等级必须符合设计要求。

3.2 砌砖施工

3.2.1 砖墙的砌筑工艺

砌砖施工通常包括抄平、放线、摆砖样、立皮数杆、挂准线、铺灰、砌砖等工序。如是清水墙，则还要进行勾缝。下面以房屋建筑砖墙砌筑为例，说明各工序的具体做法。

1. 抄平

砌砖墙前，先在基础面或楼面上按标准水准点定出各层标高，并用水泥砂浆或 C10 细石混凝土找平。

2. 放线

建筑物底层墙身可以龙门板上轴线定位钉为准拉麻线，沿麻线挂下线锤，将墙身中心轴线放到基础面上，据此墙身中心轴线为准弹出纵横墙身边线，并定出门窗洞口位置。为保证各楼层墙身轴线的重合，且与基础定位轴线一致，可利用预先引测在外墙面上的墙身中心轴线，借助经纬仪把墙身中心轴线引测到楼层上去；或用线锤挂，对准外墙面上的墙身中心轴线，从而向上引测。轴线的引测是放线的关键，必须按图纸要求尺寸用钢卷尺进行校核。然后，按楼层墙身中心线，弹出各墙边线，画出门窗洞口位置。

砌筑基础前，应校核放线尺寸，允许偏差应符合表 3-1 的规定。

表 3-1 放线尺寸的允许偏差

长度 L(或宽度 B)/m	允许偏差/mm
L(或 B) ≤30	±5
30<L(或 B) ≤60	±10
60<L(或 B) ≤90	±15
L(或 B)>90	±20

3. 摆砖样

按选定的组砌方法，在墙基顶面放线位置试摆砖样（生摆，即不铺灰），尽量使门窗垛符合砖的模数，偏差小时可通过竖缝调整，以减小斩砖数量，并保证砖及砖缝排列整齐、均匀，以提高砌砖效率。摆砖样在清水墙砌筑中尤为重要。

4. 立皮数杆

立皮数杆（图3-1）可以控制每皮砖砌筑的竖向尺寸，并使铺灰、砌砖的厚度均匀，保证砖皮水平。皮数杆上划有每皮砖和灰缝的厚度，以及门窗洞、过梁、楼板等的标高。它立于墙的转角处，其基准标高用水准仪校正。如墙的长度很大，可每隔10~20m再立一根。

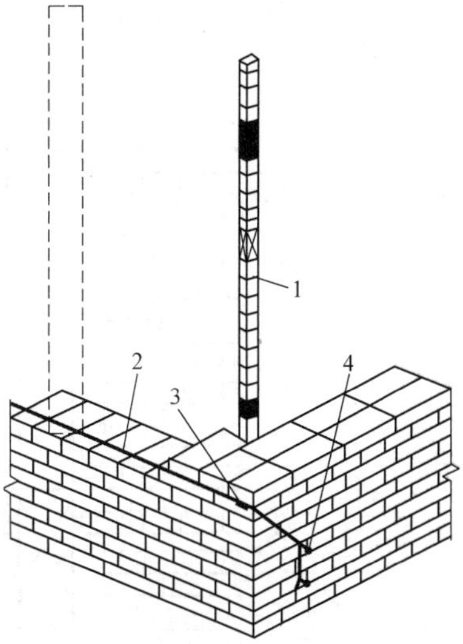

图3-1　皮数杆

1—皮数杆　2—准线　3—竹片　4—圆铁钉

5. 铺灰砌砖

铺灰砌砖的操作方法很多，与各地区的操作习惯、使用工具有关。常用的有满刀灰砌筑法（也称提刀灰），夹灰器、大铲铺灰及单手挤浆法，铺灰器、灰瓢铺灰及双手挤浆法。砌砖宜采用“三一砌筑法”，即一铲灰、一块砖、一揉浆的砌筑方法。当采用铺浆法砌筑时，铺浆长度不得超过750mm；施工期间气温超过30℃时，铺浆长度不得超过500mm。实心砖砌体大都采用一顺一丁、三顺一丁和梅花丁的组砌方法（图3-2）。

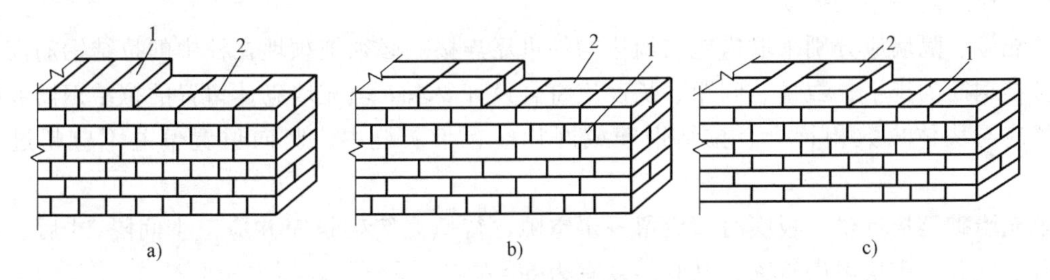

图3-2　组砌方法

a）一顺一丁　b）三顺一丁　c）梅花丁

1—丁砌砖块　2—顺砌砖块

砖砌体组砌方法应正确。上、下错缝，内外搭砌，砖柱不得采用包心砌法。240mm厚承重墙的每层墙最上一皮砖或梁、梁垫下面，或砖砌体的台阶水平面上及挑出层，应整砖丁砌。多孔砖的孔洞应垂直于受压面砌筑。

砖砌通常先在墙角以皮数杆进行盘角，然后将准线挂在墙堵，作为墙身砌筑的依据，每砌一皮或两皮，准线向上移动一次。

设置钢筋混凝土构造柱的砌体，应按先砌墙后浇柱的施工程序进行。构造柱与墙体的连接处应砌成马牙槎，从每层柱脚开始，先退后进，每一马牙槎沿高度方向的尺寸不宜超过300mm。沿墙高每500mm设2ϕ6拉结钢筋，每边伸入墙内不宜小于1 m。预留伸出的拉结钢筋，不得在施工中任意反复弯折，如有歪斜、弯曲，在浇筑混凝土之前，应校正到准确位置并绑扎牢固（图3-3）。

在浇筑砖砌体构造柱混凝土前，必须将砌体和模板浇水润湿，并将模板内的落地灰、砖渣和其他杂物清除干净。构造柱混凝土可分段浇筑，每段高度不宜大于2m。在施工条件较好并

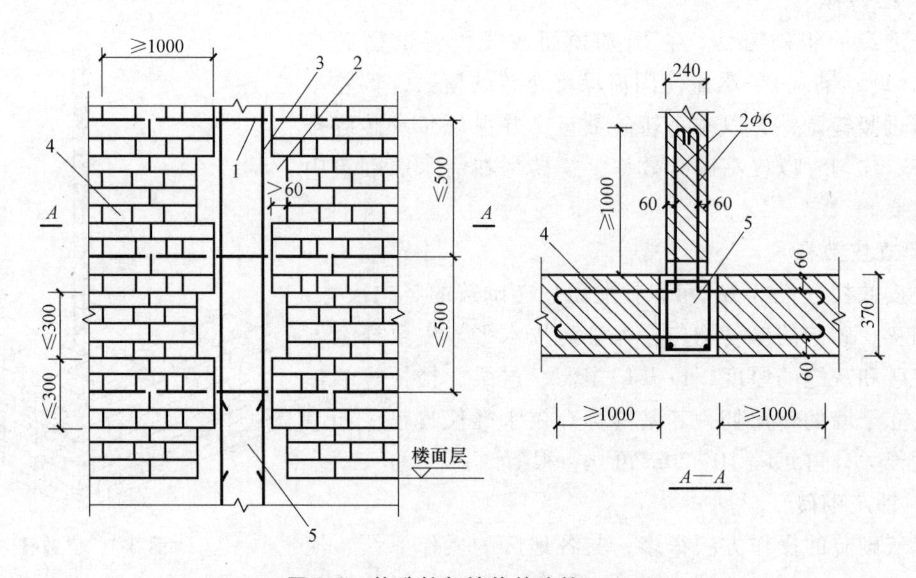

图 3-3 构造柱与墙体的连接

1—拉结钢筋 2—马牙槎 3—构造柱钢筋 4—墙 5—构造柱

能确保浇筑密实时，亦可每层浇筑一次。浇筑混凝土前，在结合面处先注入适量水泥砂浆（构造柱混凝土配比相同的去石子水泥砂浆），再浇筑混凝土。振捣时，振捣器应避免触碰砖墙，严禁通过砖墙传递振动。

填充墙、隔墙应分别采取措施与周边构件可靠连接。必须把预埋在柱中的拉结钢筋砌入墙内。拉结钢筋的规格、数量、间距、长度应符合设计要求。填充墙砌体留置的拉结钢筋或网片的位置应与块体皮数相符合。拉结钢筋或网片应置于灰缝中，竖向位置偏差不应超过一皮高度。

填充墙砌至接近梁、板底时，应留一定空隙，待填充墙砌筑完并应至少间隔 7d 后，再采用侧砖、立砖、砌块斜砌挤紧，其倾斜度宜为 60°左右。

土木工程中其他砖砌体的施工工艺与房屋建筑砌筑工艺基本一致。

3.2.2 砌筑质量要求

砌筑工程质量的基本要求是：横平竖直、砂浆饱满、灰缝均匀、上下错缝、内外搭砌、接槎牢固。

对砌砖工程，要求每一皮砖的灰缝横平竖直、厚薄均匀。由于砌体的重量主要通过砌体之间的水平灰缝传递到下面，水平灰缝不饱满往往会使砖块折断。为此，规定实心砖砌体水平灰缝的砂浆饱满度不得低于 80%。竖向灰缝的饱满程度，影响砌体抗透风和抗渗水的性能，因此竖向灰缝不得出现透明缝、瞎缝和假缝。水平缝厚度和竖缝宽度规定为 10mm±2mm，过厚的水平灰缝容易使砖块浮滑，墙身侧倾，过薄的水平灰缝会影响砌体之间的粘结能力。

砖砌体的位置及垂直度允许偏差应符合表 3-2 的要求。

上下错缝是指砖砌体上下两皮砖的竖缝应当错开，以避免上下通缝。所谓通缝，是指砌体中，上下皮块材搭接长度小于规定数值的竖向灰缝。在垂直荷载作用下，砌体会由于“通缝”丧失整体性而影响砌体强度。同时，内外搭砌使同皮的里外砌体通过相邻上下皮的砖块搭砌而组砌得牢固。

表 3-2 砖砌体的位置及垂直度允许偏差

项次	项目			允许偏差/mm	检验方法
1	轴线位置偏移			10	用经纬仪和尺检查或其他测量仪器检查
2	垂直度	每层		5	用 2m 托线板检查
		全高	≤10m	10	用经纬仪、吊线和尺检查，或用其他仪器检查
			≥10m	20	

“接槎”是指相邻砌体不能同时砌筑而设置的临时间断，它可便于先砌砌体与后砌砌体之间的接合。为使接槎牢固，后面墙体施工前，必须将留设的接槎处表面清理干净，浇水湿润，并填实砂浆，保持灰缝平直。

砖砌体的转角处和交接处应同时砌筑，严禁无可靠措施的内外墙分砌施工。对不能同时砌筑而又必须留置的临时间断处应砌成斜槎，斜槎水平投影长度不应小于高度 2/3。

非抗震设防及抗震设防烈度为 6 度、7 度地区的临时间断处，当不能留斜槎时，除转角处外，可留直槎，但直槎必须做成凸槎。留直槎处应加设拉结钢筋，拉结钢筋的数量为每 120mm 墙厚放置 1ϕ6 拉结钢筋（120mm 厚墙放置 2ϕ6 拉结钢筋），间距沿墙高不应超过 500mm；埋入长度从留槎处算起每边均不应小于 500mm，对抗震设防烈度 6 度、7 度的地区，不应小于 1000mm；末端应有 90°弯钩（图 3-4）。

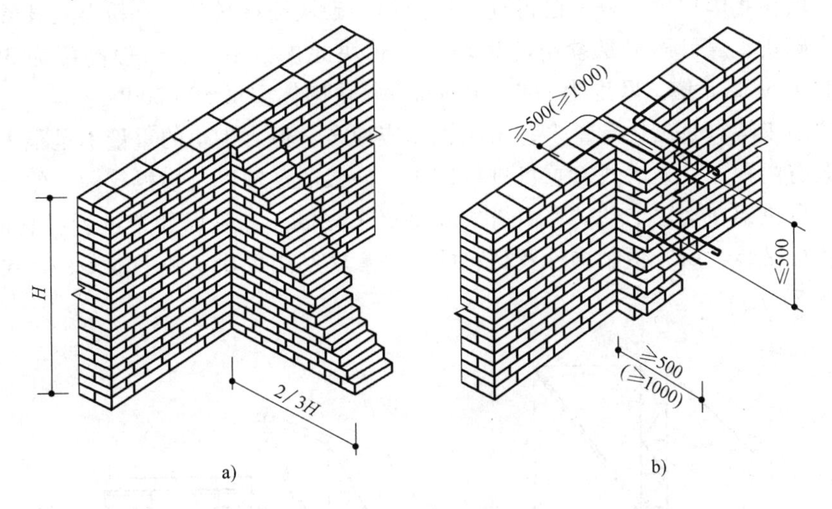

图 3-4 墙的接槎

a）斜槎砌筑 b）直槎砌筑

砖墙或砖柱顶面尚未安装楼板或屋面板时，如有可能遇到大风，其允许自由高度不得超过表 3-3 的规定，否则应采取可靠的临时加固措施。

表 3-3 墙和柱的允许自由高度

墙（柱）厚/mm	墙和柱的允许自由高度/m					
	砌体密度>1600kg/m³			砌体密度>1300~1600kg/m³		
	风载/(kN/m²)			风载/(kN/m²)		
	0.30（约 7 级风）	0.40（约 8 级风）	0.50（约 9 级风）	0.30（约 7 级风）	0.40（约 8 级风）	0.50（约 9 级风）
190	—	—	—	1.4	1.1	0.7
240	2.8	2.1	1.4	2.2	1.7	1.1

（续）

墙(柱)厚/mm	墙和柱的允许自由高度/m					
	砌体密度>1600kg/m³			砌体密度>1300～1600kg/m³		
	风载/(kN/m²)			风载/(kN/m²)		
	0.30（约7级风）	0.40（约8级风）	0.50（约9级风）	0.30（约7级风）	0.40（约8级风）	0.50（约9级风）
370	5.2	3.9	2.6	4.2	3.2	2.1
490	8.6	6.5	4.3	7.0	5.2	3.5
620	14.0	10.5	7.0	11.4	8.6	5.7

注：1. 本表适用于施工处标高（H）在10m范围内的情况，当$10\text{m}<H\leq 15\text{m}$，$15\text{m}<H\leq 20\text{m}$时，允许自由高度值应分别乘以0.9、0.8的系数；当$H>20\text{m}$时，应通过抗倾覆验算确定其允许自由高度。

2. 当所砌筑墙有横墙或其他结构与其连接，而且间距小于表列限制的2倍时，砌筑高度不受本表规定的限制。

3.3 砌块施工

3.3.1 砌块的施工机械

中小型砌块在我国房屋工程中已得到广泛应用，砌块按材料分，有粉煤灰硅酸盐砌块、普通混凝土空心砌块、煤矸石硅酸盐空心砌块等。砌块的规格不一，一般高度为380～940mm，长度为高度的1.5～2.5倍，厚度为180～300mm，每块砌体重量50～200kg。

砌块墙的施工特点是砌块数量多，吊次也相应地多，但当砌块的重量不是很大时，通常采用的吊装方案有两种：一是塔式起重机进行砌块、砂浆的运输以及楼板等构件的吊装，由台灵架吊装砌块，台灵架在楼层上的转移由塔式起重机来完成。二是以井架进行材料的垂直运输、杠杆车进行楼板吊装，所有预制构件及材料的水平运输则用砌块车和手推车，台灵架负责砌块的吊装（图3-5）。

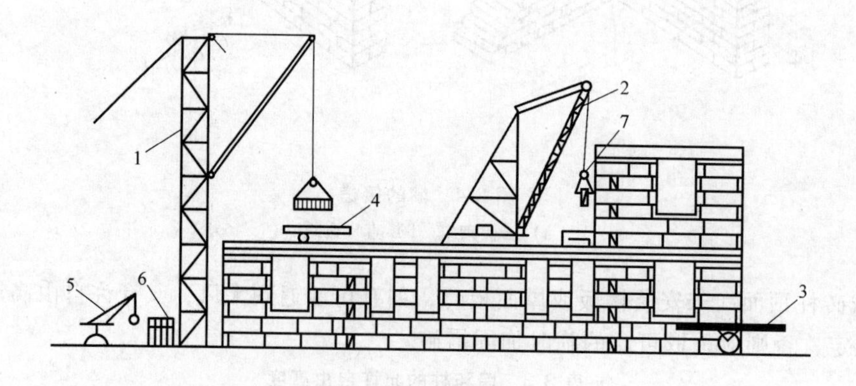

图3-5　砌块吊装示意图

1—井架　2—台灵架　3—杠杆车　4—砌块车　5—少先吊　6—砌块　7—砌块夹

3.3.2 砌块排列图

由于中小型砌块体积较大、较重，不如砖块可以随意搬动，因此在砌块砌筑前，应在基础平面和楼层平面按每片纵、横墙分别绘制（图3-6）砌块排列图，放出第一皮砌块的轴线、边线和洞口线，对于空心砌块还应放出分块线。砌块排列应按下列原则：尽量采用主规格砌块；砌块应错缝搭砌，搭砌长度不得小于块高的1/3，也不应小于15cm：纵横墙交接处，应交错搭砌；必须镶砖时，砖应分散布置。

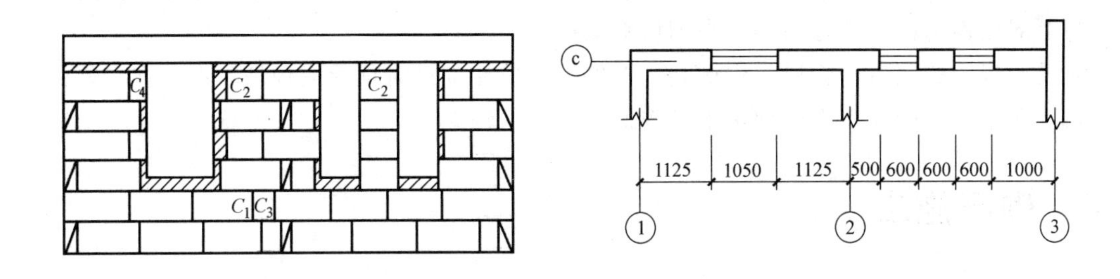

图3-6　砌块排列图

3.3.3　砌块施工工艺与质量要求

砌筑前应清除砌块表面的污物及黏土，并对砌块做外观检查。砌筑砌块从转角处或定位砌块处开始，内外墙应同时砌筑，纵横墙交接处应交错搭砌，每个楼层砌筑完成后应复核标高，如有误差需找平校正。

砌块应底面朝上反砌于墙上。小砌块砌体应分皮错缝搭砌，上下皮搭砌长度不得小于90mm。当搭砌长度不满足上述要求时，应在水平灰缝内设置钢筋网片。但竖向通缝仍不得超过2皮砌块。中型砌块搭砌长度不得小于块高的1/3。也不得小于150mm。

砌块墙与后砌隔墙交接处，沿墙高每400mm在水平灰缝内设置不少于2ϕ4、横筋间距不大于200mm的焊接钢筋网片（图3-7）。

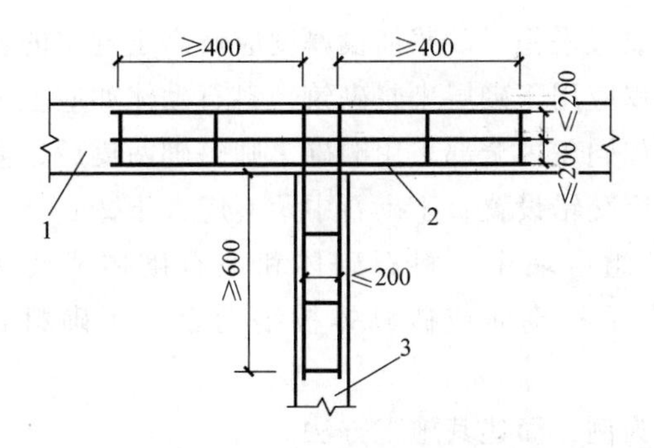

图3-7　砌块墙与后砌隔墙交接处钢筋网片

1—砌块墙　2—钢筋网片　3—后砌隔墙

砌块建筑在相邻施工段之间或临间断处的高度差不应超过一个楼层，斜槎水平投影长度不应小于高度的2/3。附墙垛应与墙体同时交错搭砌。

砌块砌筑应做到横平竖直，砌体表面平整清洁，砂浆饱满。砌块水平灰缝的砂浆饱满度不得低于90%；竖缝的砂浆饱满度不得低于80%；砌筑中不得出现瞎缝、透明缝。小型砌块水平灰缝厚度和竖向灰缝的宽度控制在8～12mm；中型砌块水平与垂直灰缝一般为15～20mm（包括灌浆缝），偏差分别为±10mm和－5mm。对于超过30mm的垂直缝应用细石混凝土灌实，其强度等级不低于C20。

砌块就位并经校正平直、灌垂直缝后，随即进行水平和垂直缝的勒缝（原浆勾缝），勒缝深度一般为3~5mm。灌垂直缝后的砌块不得碰撞或撬动，如发生移动，应重新铺砌。预制板、梁、圈梁安装时必须坐浆。

小砌块用于框架填充墙时，应与框架中预埋的拉结钢筋连接。当填充墙砌至顶面最后一皮，与上部结构的接触处宜用实心小砌块斜砌楔紧。

对设计规定的洞口、管道、沟槽和预埋件等，应在砌筑时预留或预埋，严禁在砌好的墙体上钉凿。在小砌块墙体中不得预留水平沟槽。

3.4 砌石施工

石砌体包括毛石砌体和料石砌体两种。在建筑基础、挡土墙、桥梁墩台中应用较多。

3.4.1 毛石砌体

毛石砌体宜分层卧砌，并应上下错缝、内外搭砌，不能采用外面侧立石块中间填心的砌筑方法。毛石基础的第一皮石块应坐浆，并将大面向下；砌筑料石基础的第一皮石块应用丁砌层坐浆砌筑。毛石砌体的第一皮及转角处、交接处和洞口处，应用较大的平毛石砌筑。每个楼层（包括基础）砌体的最上一皮，宜选用较大的毛石砌筑。

毛石墙必须设置拉结石，拉结石应均匀分布，相互错开，一般每0.7m^2墙面至少应设置一块，且同皮内的中距不应大于2m。

毛石砌体每日的砌筑高度不应超过1.2m，毛石墙和砖墙相接的转角处和交接处应同时砌筑。

3.4.2 料石砌体

料石砌体砌筑时，应放置平稳。砂浆铺设厚度应略高于规定的灰缝厚度。

料石基础砌体的第一皮应用丁砌层坐浆砌筑，料石砌体亦应上下错缝搭砌。砌体厚度大于或等于两块料石宽度时，如同皮内全部采用顺砌，则每砌两皮后，应砌一皮丁砌层；如同皮内采用丁顺组砌，则丁砌石应交错设置，丁砌石中距不应大于2m。

用料石和毛石或砖的组合墙中，料石砌体和毛石砌体或砖砌体应同时砌筑，并每隔2~3皮料石层用丁砌层与毛石砌体或砖砌体拉结砌合。丁砌料石的长度宜与组合墙厚度相同。

下面以桥梁石砌墩台为例，简述其施工方法。

在砌筑前应按设计图放出实样，挂线砌筑。砌筑基础的第一层砌块时，如基底为土质，不需坐浆；如基底为石质，应先坐浆再砌石。砌筑斜圆墩台时，斜面应逐层放坡，以保证规定的坡度。砌块间用砂浆粘结并保持一定缝厚，所有砌缝要求砂浆饱满。形状比较复杂的工程，应先作出配料设计图（图3-8），注明石料尺寸；形状比较简单的，也要根据砌体高度、尺寸、错缝等，先放样配好料石再砌。

砌筑方法：同一层石料及水平灰缝的厚度要均匀一致，每层按水平砌筑，丁顺相间，砌石灰缝相互垂直；石砌体的灰缝厚度对毛料石和粗料石砌体不宜大于20mm，细料石砌体不宜大于5mm；砌石顺序为先角石，后镶面，再填腹；填腹石的分层高度应与镶面相同；圆端、尖端及转角形砌体的砌石顺序，应自顶点开始，按丁顺排列接砌镶面石。

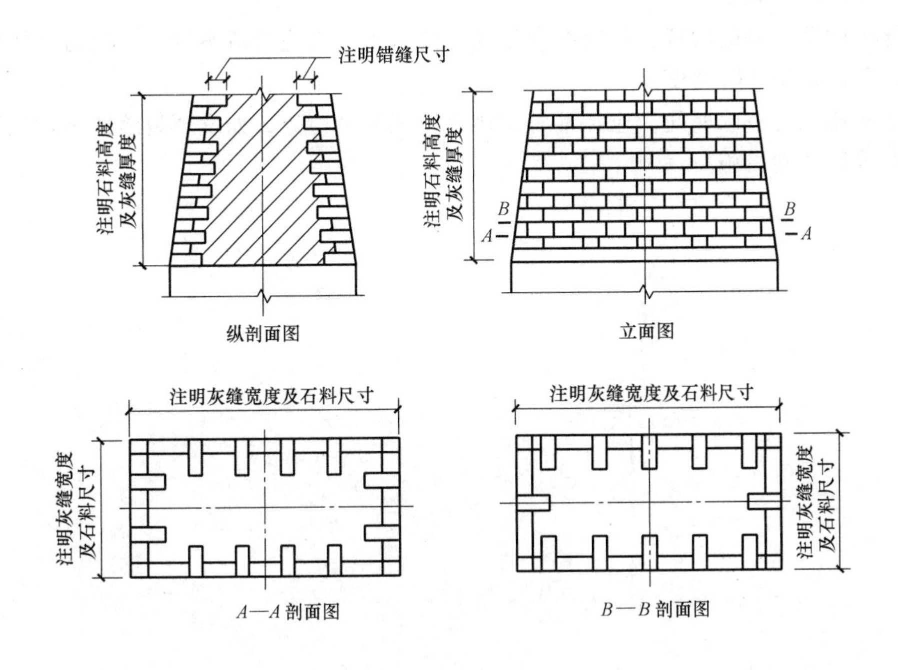

图 3-8 桥墩配料大样图

3.5 砌体的冬期施工

根据当地气象资料确定，当室外日平均气温连续 5d 稳定低于 5℃时，砌体工程应采取冬期施工措施。在冬期施工期限以外，如果当日最低气温低于 0℃时，也应按冬期施工执行。

冬期施工所用的材料应符合如下规定：

1）砖和石材在砌筑前，应清除冰霜。

2）砂浆宜采用普通硅酸盐水泥拌制。

3）石灰膏、黏土膏和电石膏等应防止受冻，如遭冻应融化后使用。

4）拌制砂浆所用的砂，不得含有冰块和直径大于 10cm 的冰结块。

5）拌和砂浆时，水的温度不得超过 80℃，砂的温度不得超过 40℃。

基土无冻胀性时，基础可在冻结的地基上砌筑；基土有冻胀性时，应在未冻的地基上砌筑。在施工期间和回填土前，均应防止地基遭受冻结。普通砖、多孔砖和空心砖在气温高于 0℃条件下砌筑时，应浇水湿润。在气温低于或等于 0℃条件下砌筑时，可不浇水，但必须增大砂浆稠度。抗震设防烈度为 9 度的建筑物，普通砖、多孔砖和空心砖无法浇水湿润时，如无特殊措施，不得砌筑。

冬期进行砌体施工时，拌和砂浆宜采用两步投料法。水的温度不得超过 80℃、砂的温度不得超过 40℃。砂浆使用温度当采用掺外加剂法时，不应低于 5℃；当采用氯盐砂浆法时，不应低于 5℃；当采用暖棚法时，不应低于 5℃；当采用冻结法且室外空气温度分别为 0~-10℃，-11~-25℃，-25℃以下时，砂浆使用最低温度分别为 10℃，15℃，20℃。

当采用掺盐砂浆法施工时，宜将砂浆强度等级按常温施工的强度等级提高一级。配筋砌体不得采用掺盐砂浆法施工。

冬期施工砂浆试块的留置，除应按常温规定要求外，尚应增留不少于1组与砌体同条件养护的试块，测试检验28d强度。

在冻结法施工的解冻期间，应经常对砌体进行观测和检查，如发现裂缝或不均匀下沉等情况，应立即采取加固措施。

第4章　脚手架工程

脚手架是土木工程施工的重要设施，是为保证高处作业安全、顺利进行施工而搭设的工作平台或作业通道。在结构施工、装修施工和设备管道的安装施工中，都需要按照操作要求搭设脚手架。

我国脚手架工程的发展大致经历了三个阶段。第一阶段是新中国成立初期到20世纪60年代，脚手架主要利用竹、木材料。第二阶段是20世纪60年代末到20世纪70年代，该阶段钢管部件式脚手架、各种钢制工具式里脚手架与竹木脚手架并存。第三阶段是20世纪80年代以后至今，该阶段随着土木工程的发展，国内一些研究、设计、施工单位在从国外引入的新型脚手架基础上，经多年研究、应用，开发出一系列新型工具式脚手架，出现了多种脚手架并存的盛况。

脚手架的种类很多，按其搭设位置分为外脚手架和里脚手架两大类；按其构造形式分为多立杆式、框式、桥式、吊式、挂式、升降式以及用于层间操作的工具式脚手架。脚手架所用材料有木、竹与金属，目前的发展趋势是采用金属制作的、具有多种功用的组合式脚手架，以适用不同情况作业的要求。

对脚手架的基本要求是：其宽度应满足工人操作、材料堆置和运输的需要；坚固稳定；装拆简便；能多次周转使用。

4.1　扣件式钢管脚手架

扣件式钢管脚手架由扣件、立杆、水平杆、剪刀撑、抛撑、扫地杆、连墙件以及脚手板等组成。其特点是可根据施工需要灵活布置；构配件品种少、利于施工操作；装卸方便，坚固耐用（图4-1）。

4.1.1　构配件

1. 钢管

脚手架钢管宜采用外径48mm、壁厚3.5mm的焊接钢管，也可采用外径51mm，壁厚3.1mm的焊接钢管。用于横向水平杆的钢管最大长度不应大于2m；其他杆不应大于6.5m，每根钢管最大质量不应超过25kg，以便适合人工搬运。

2. 扣件

扣件式钢管脚手架应采用可锻铸铁铸造的扣件，其基本形式有三种（图4-2）：用于垂直交叉杆件间连接的直角扣件，用于平行或斜交杆件间连接的旋转扣件，以及用于杆件对接连接的对接扣件。此外，根据抗滑要求增设的非连接用途的防滑扣件。

扣件质量应符合有关的规定，当扣件螺栓拧紧力矩达65N·m时扣件不得发生破坏。

3. 脚手板

脚手板可用钢、木、竹等材料制作，每块质量不宜大于30kg。冲压钢脚手板是常用的一种脚手板，一般用厚2mm的钢板压制而成，长度2~4m，宽度250mm，表面应有防滑措施。

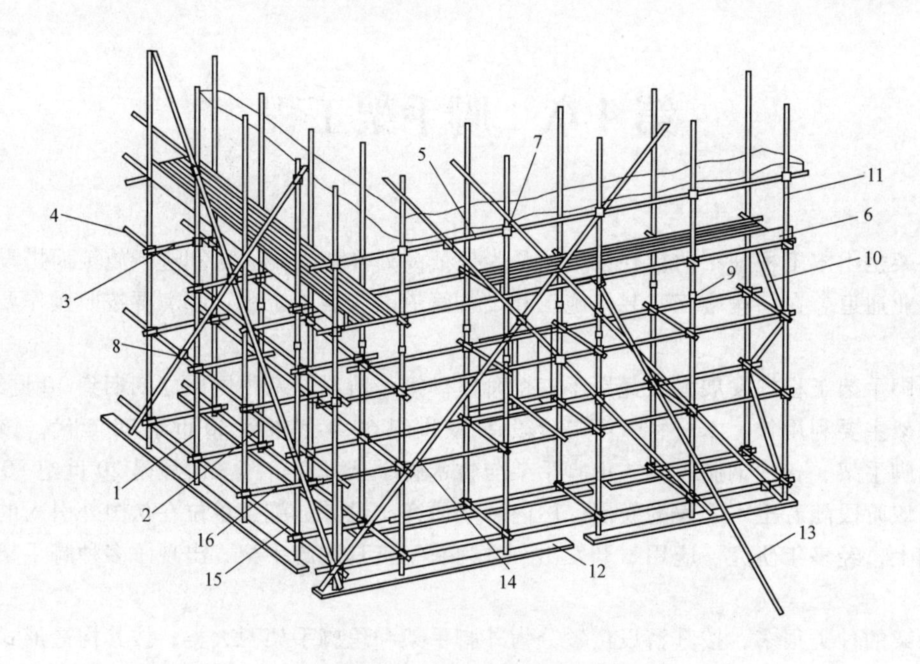

图 4-1 扣件式钢管脚手架

1—外立杆 2—内立杆 3—横向水平杆 4—纵向水平杆 5—栏杆 6—挡脚板
7—直角扣件 8—旋转扣件 9—对接扣件 10—横向斜撑 11—主立杆
12—垫板 13—抛撑 14—剪刀撑 15—纵向扫地杆 16—横向扫地杆

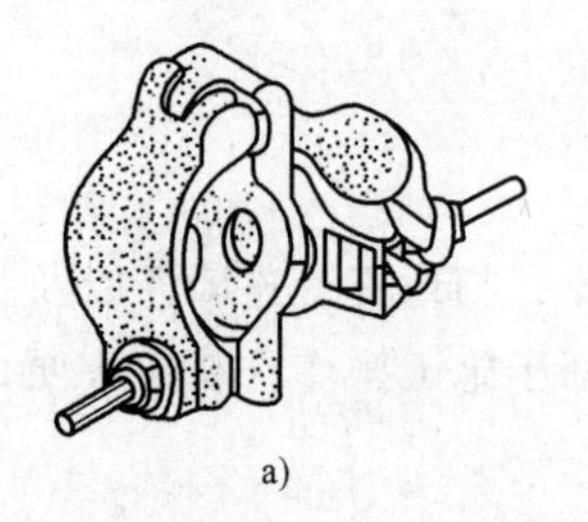

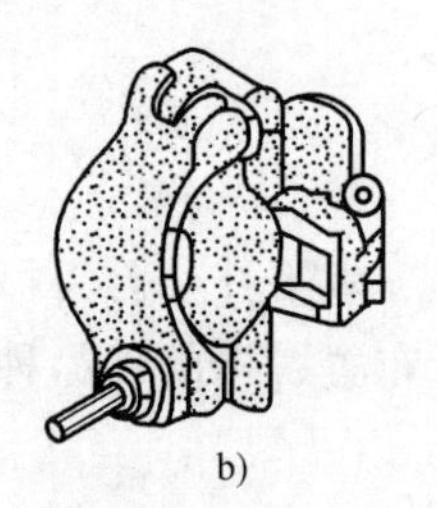

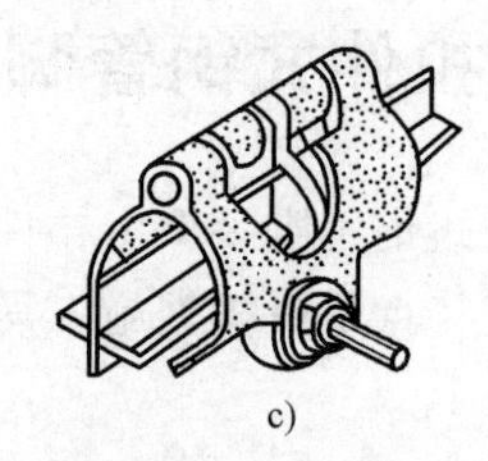

图 4-2 扣件形式

a）直角扣件 b）旋转扣件 c）对接扣件

木脚手板可采用厚度不小于50mm的杉木板或松木板制作，长度3~4m，宽度200~250mm，两端均应设镀锌钢丝箍两道，以防止木脚手板端部破坏。竹脚手板，则应用毛竹或楠竹制成竹串片板及竹笆板。

4. 连墙件

连墙件将立杆与主体结构连接在一起，可用钢管、扣件或预埋件组成刚性连墙件，也可采用钢筋作拉接筋的柔性连墙件。连墙件其间距见表4-1。

5. 底座

底座一般采用厚8mm，边长150~200mm的钢板作底板，上焊150mm高的钢管。底座形式有内插式和外套式两种（图4-3），内插式的外径 D_1 比立杆内径小2mm，外套式的内径 D_2 比立杆外径大2mm。

表 4-1　连墙件布置的最大间距

脚手架高度/m		竖向间距	水平间距	每根连墙件覆盖面积/m^2
双排	≤50	$3h$	$3l_a$	≤40
	>50	$2h$	$3l_a$	≤27
单排	≤24	$3h$	$3l_a$	≤40

注：h—步距；l_a—纵距。

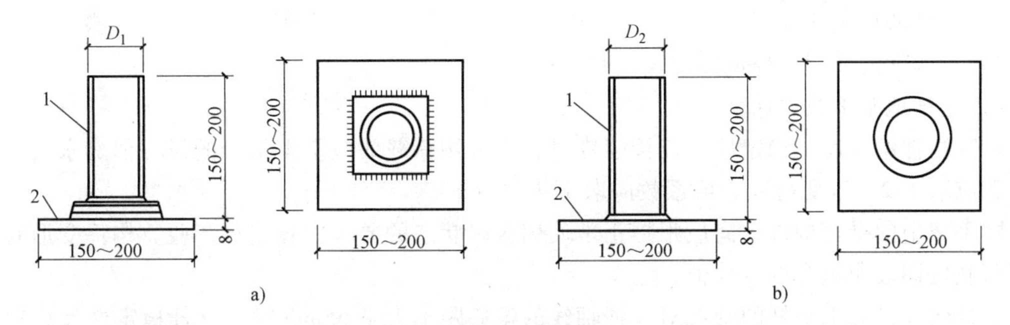

图 4-3　扣件钢管架底座

a）内插式底座　b）外套式底座

1—承插钢管　2—钢板底座

4.1.2　扣件式脚手架的设计

1. 设计荷载

（1）荷载分类　作用于脚手架的荷载可分为永久荷载（恒荷载）与可变荷载（活荷载）。永久荷载（恒荷载）包括脚手架结构自重（立杆、纵向水平杆、横向水平杆、剪刀撑、横向斜撑和扣件等）和构、配件自重（脚手板、栏杆、挡脚板、安全网等）。可变荷载（活荷载）包括施工荷载（作业层上的人员、器具和材料的自重）以及风荷载。

装修与结构脚手架作业层上的施工均布活荷载标准值，应按表 4-2 采用；其他用途脚手架的施工均布活荷载标准值，应根据实际情况确定。

表 4-2　施工均布活荷载标准值

类　别	标准值/(kN/m^2)
装修脚手架	2
结构脚手架	3

注：斜道均布活荷载标准值不应低于 $2kN/m^2$。

（2）荷载效应组合　设计脚手架的承重构件时，应根据使用过程中可能出现的荷载取其最不利组合进行计算，荷载效应组合宜按表 4-3 采用。

表 4-3　荷载效应组合

计算项目	荷载效应组合
纵向、横向水平杆强度与变形	永久荷载+施工均布活荷载
脚手架立杆稳定	永久荷载+施工均布活荷载
	永久荷载+0.85(施工均布活荷载+风荷载)
连墙杆承载力	单排架:风荷载+3.0kN 双排架:风荷载+5.0kN

在基本风压等于或小于0.35kN/m^{2}的地区，对于仅有栏杆和挡脚板的敞开式脚手架，当每个连墙点覆盖的面积不大于30m^2，构造符合规定时，验算脚手架立杆的稳定性，可不考虑风荷载作用。

2. 基本设计规定

脚手架的承载能力应按概率极限状态设计法的要求，采用分项系数设计表达式进行设计。一般应进行下列设计计算：

1）纵向、横向水平杆等受弯构件的强度和连接扣件的抗滑承载力计算。

2）立杆的稳定性计算。

3）连墙件的强度、稳定性和连接强度的计算。

4）立杆地基承载力计算。

计算构件的强度、稳定性与连接强度时，应采用荷载效应基本组合的设计值。永久荷载分项系数应取1.2，可变荷载分项系数应取1.4。

脚手架中的受弯构件，尚应根据正常使用极限状态的要求验算变形。验算构件变形时，应采用荷载短期效应组合的设计值。

当纵向或横向水平杆的轴线对立杆轴线的偏心距不大于55mm时，立杆稳定性计算中可不考虑此偏心距的影响。

50m以下的常用敞开式单、双排脚手架，当采用规范规定的构造尺寸且符合构造规定时，其相应杆件可不再进行设计计算，但连墙件、立杆地基承载力等仍应根据实际荷载进行设计计算。

4.1.3 搭设要求

钢管扣件脚手架搭设中应注意地基平整坚实，设置底座和垫板，并有可靠的排水措施，防止积水浸泡地基。

根据连墙件设置情况及荷载大小，常用敞开式双排脚手架立杆横距一般为1.05~1.55m，砌筑脚手架步距一般为1.20~1.35m，装饰或砌筑、装饰两用的脚手架步距一般为1.80m，立杆纵距1.2~2.0m，允许搭设高度为34~50m。当为单排设置时，立杆横距1.2~1.4m，立杆纵距1.5~2.0m，允许搭设高度为24m。

纵向水平杆宜设置在立杆的内侧，其长度不宜小于3跨，纵向水平杆可采用对接扣件，也可采用搭接。如采用对接扣件方法，则对接扣件应交错布置；如采用搭接连接，搭接长度不应小于1m，并应等间距设置3个旋转扣件固定。

脚手架主节点（即立杆、纵向水平杆、横向水平杆三杆紧靠的扣接点）处必须设置一根横向水平杆，用直角扣件扣接且严禁拆除。主节点处两个直角扣件的中心距不应大于150mm。在双排脚手架中，横向水平杆靠墙一端的外伸长度不应大于立杆横距的0.4倍，且不应大于500mm。作业层上非主节点处的横向水平杆，宜根据支承脚手板的需要等间距设置，最大间距不应大于纵距的1/2。

作业层脚手板应铺满、铺稳，离开墙面120~150mm。狭长形脚手板，如冲压钢脚手板、木脚手板、竹串片脚手板等，应设置在三根横向水平杆上。当脚手板长度小于2m时，可采用两根横向水平杆支承，但应将脚手板两端与其可靠固定，严防倾翻。宽型的竹笆脚手板应按其主竹筋垂直于纵向水平杆方向铺设，且采用对接平铺，四个角应用镀锌钢丝固定在纵向水平杆上。

每根立杆底部应设置底座或垫板。脚手架必须设置纵、横向扫地杆。纵向扫地杆应采用直角扣件固定在距底座上方不大于200mm处的立杆上。横向扫地杆亦应采用直角扣件固定在紧靠纵向扫地杆下方的立杆上。当立杆基础不在同一高度上时，必须将高处的纵向扫地杆向低处延长两跨与立杆固定，高低差不应大于 1m。靠边坡上方的立杆轴线到边坡的距离不应小于 500mm（图 4-4）。

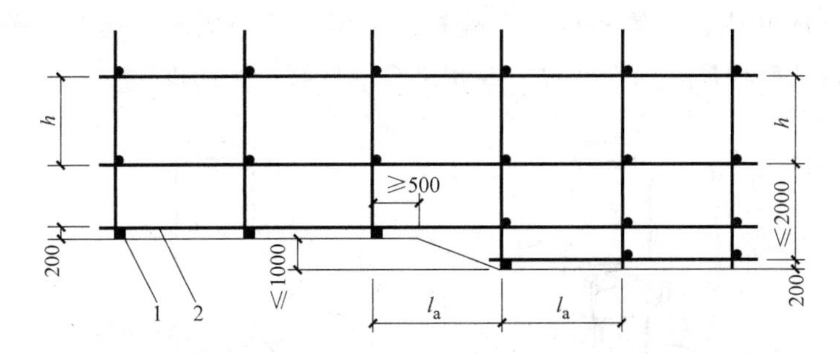

图 4-4 纵、横向扫地杆构造

1—横向扫地杆 2—纵向扫地杆

脚手架底层步距不应大于 2m。立杆必须用连墙件与建筑物可靠连接。立杆接长除顶层顶步外，其余各层接头必须采用对接扣件连接。如采用对接方式，则对接扣件应交错布置；当采用搭接方式，则搭接长度不应小于 1m，且应采用不少于 2 个旋转扣件固定，端部扣件盖板的边缘至杆端距离不应小于 100mm。

连墙件的布置宜靠近主节点设置，偏离主节点的距离不应大于 300mm，且应从底层第一步纵向水平杆处开始设置。一字型、开口型脚手架的两端必须设置连墙件，这种脚手架连墙件的垂直间距不应大于建筑物的层高，并不应大于 4m（2 步）。对高度 24m 以上的双排脚手架，必须采用刚性连墙件与建筑物可靠连接。

双排脚手架应设剪刀撑与横向斜撑，单排脚手架应设剪刀撑。每道剪刀撑跨越立杆的根数；当剪刀撑斜杆与地面的倾角为 45°时，不应超过 7 根；当剪刀撑斜杆与地面的倾角为 50°时，不应超过 6 根；当剪刀撑斜杆与地面的倾角为 60°时，不应越过 5 根。每道剪刀撑宽度不应小于 4 跨，且不应小于 6m，斜杆与地面的倾角宜在 45°~60°之间。高度在 24m 以下的单、双排脚手架，均必须在外侧立面的两端各设置一道剪刀撑，并应由底至顶连续设置，中间各道剪刀撑之间的净距不应大于 15m；高度在 24m 以上的双排脚手架应在外侧立面整个长度和高度上连续设置剪刀撑。

横向斜撑应在同一节间，由底至顶层呈之字形连续布置。斜撑的固定应符合有关规定。一字型、开口型双排脚手架的两端均必须设置横向斜撑，中间宜每隔 6 跨设置一道。

4.2 碗扣式钢管脚手架

碗扣式钢管脚手架是我国参考国外经验自行研制的一种多功能脚手架，其杆件节点处采用碗扣连接。由于碗扣是固定在钢管上的，构件全部轴向连接，力学性能好，其连接可靠，组成的脚手架整体性好，不存在扣件丢失问题，因此，碗扣式钢管脚手架在我国近年来发展较快，现已广泛用于房屋、桥梁、涵洞、隧道、烟囱、水塔、大坝、大跨度棚架等多种工程施工中，取得了显著的经济效益。

4.2.1 基本构造

碗扣式钢管脚手架由钢管立杆、横杆、碗扣接头等组成。其基本构造和搭设要求与扣件式钢管脚手架类似，不同之处主要在于碗扣接头。

碗扣接头（图4-5）是由上碗扣、下碗扣、横杆接头和上碗扣的限位销等组成。在立杆上焊接下碗扣和上碗扣的限位销，将上碗扣套入立杆内。在横杆和斜杆上焊接插头。组装时，将横杆和斜杆插入下碗扣内，压紧和旋转上碗扣，利用限位销固定上碗扣。碗扣间距600mm，碗扣处可同时连接9根横杆，横杆间可以互相垂直或偏转一定角度。

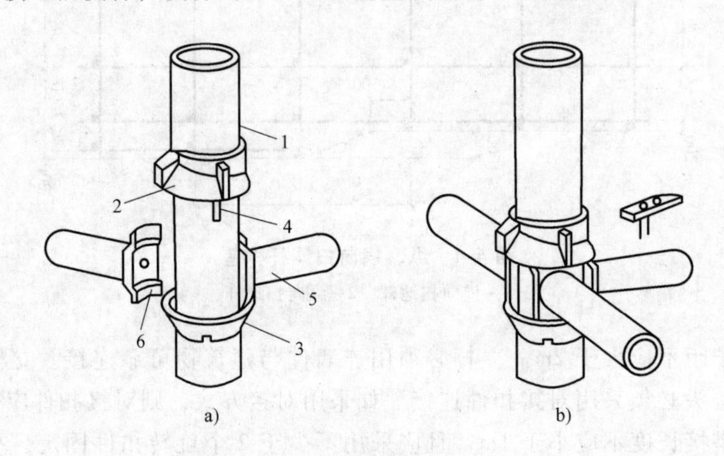

图4-5 碗口接头

a）连接前 b）连接后

1—立杆 2—上碗扣 3—下碗口 4—限位销 5—横杆 6—横杆接头

碗扣式钢管脚手架的基本构配件有立杆、水平杆、底座等，辅助构件有脚手板、斜道板、挑梁架梯、托撑等，此外它还有一些专用构件，包括支撑柱的各种垫座（图4-6）、提升滑轮、爬升挑梁（图4-7）等。通过各种组合以适应工程需要，如利用支撑柱的垫座，组合重荷载的支架；在脚手架上装上提升滑轮可以在脚手架上提升零星小材料、小工具等；利用爬升跳梁可使碗扣式脚手架沿结构墙体进行爬升，组成爬升式脚手架等。

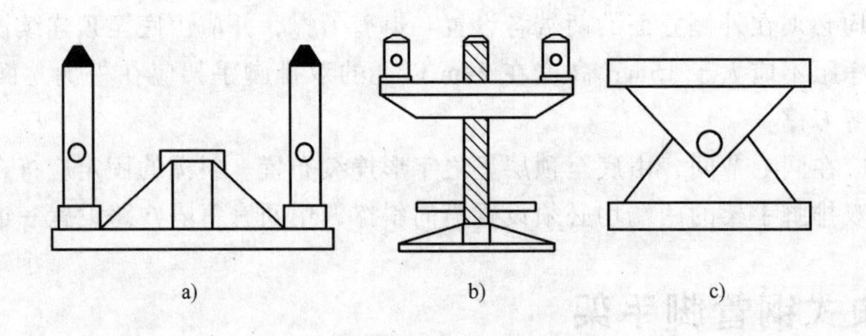

图4-6 支撑柱的各种垫座

a）普通垫座 b）可调垫座 c）转角垫座

4.2.2 搭设要求

碗扣式钢管脚手架立柱横距为1.2m，纵距根据脚手架荷载可为1.2m、1.5m、1.8m、2.4m，步距为1.8m、2.4m。搭设时立杆的接长缝应错开，第一层立杆应用长1.8m和3.0m的立杆错开布置，往上均用3.0m长杆，至顶层再用1.8m和3.0m两种长度找平。高30m以下脚手架垂直度偏差应控制在1/200以内，高30m以上脚手架垂直度偏差应控制在1/400~1/600，总高垂直度偏差应不大于100mm。

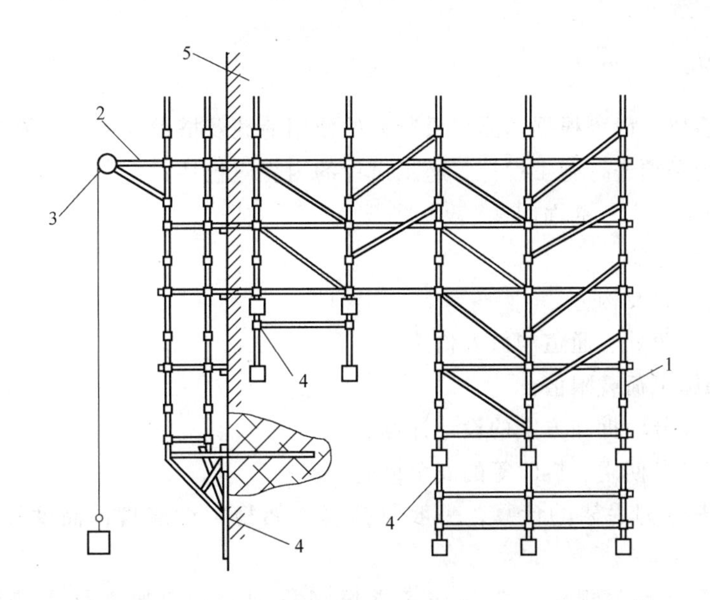

图 4-7　提升滑轮和爬升挑梁的布置

1—脚手架立杆　2—挑梁　3—提升滑轮　4—爬升挑梁　5—结构墙体

4.3　门式钢管脚手架

门式钢管脚手架是一种工厂生产、现场搭设的脚手架，是当今国际上应用最普遍的脚手架之一。它是以门架、交叉支撑、连接棒、挂扣式脚手板或水平架、锁臂等组成基本结构，再设置水平加固杆、剪刀撑、扫地杆、封口杆、托座与底座，并采用连墙件与建筑物主体结构相连的一种标准化钢管脚手架。门式钢管脚手架不仅可作为外脚手架，也可作为内脚手架或满堂脚手架，因其几何尺寸标准化、结构合理、受力性能好、施工中装拆容易、安全可靠、经济实用等特点，广泛应用于建筑、桥梁、隧道、地铁等工程施工。若在门架下部安放轮子，也可以作为机电安装、油漆粉刷、设备维修、广告制作的活动工作平台。

门式钢管脚手架搭设高度：当施工荷载标准值为 3.0~5.0kN/m^2 时，限制在 45m 以内；当施工荷载标准值小于 3.0kN/m^2 时，限制在 60m 以内。

4.3.1　基本构造

门式钢管脚手架是用普通钢管材料制成工具式标准件，在施工现场组合而成。其基本单元是由一副门式框架、二副剪刀撑、一副水平梁架和四个连接棒组合而成。若干基本单元通过连接器在竖向叠加，扣上劈扣，组成一个多层框架。在水平方向，用加固杆和水平梁架使相邻单元连成整体，加上斜梯、栏杆柱和横杆组成上下步相通的外脚手架（图 4-8、图 4-9）。

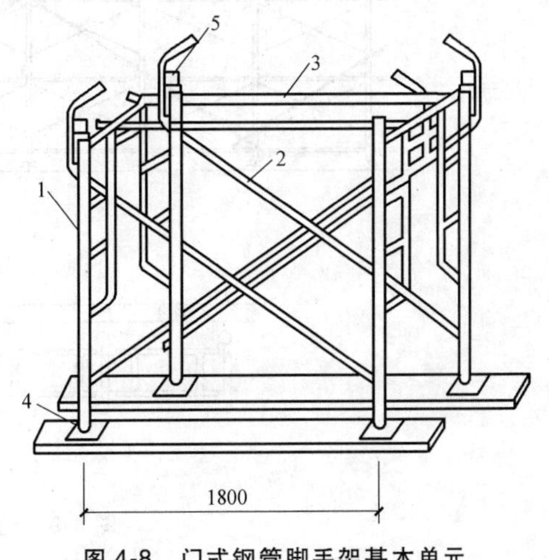

图 4-8　门式钢管脚手架基本单元

1—门架　2—交叉撑　3—水平架

4—螺旋基脚　5—锁臂

4.3.2 搭设要求

门式钢管脚手架一般可根据产品目录所列的使用荷载及搭设规定进行施工，不必进行结构验算，但施工前仍必须进行施工设计。施工设计的内容应包括：

1）脚手架的平、立、剖面图。

2）脚手架基础作法。

3）连墙件的布置及构造。

4）脚手架的转角处、通道洞口处构造。

5）脚手架的施工荷载限值。

6）分段搭设或分段拆卸方案的设计计算。

7）脚手架搭设、使用、拆除等的安全措施。

必要时还应进行脚手架的计算，一般包括脚手架稳定性或搭设高度计算以及连墙件的计算。

门架跨距应符合有关规定，并与交叉支撑规格配合；门架立杆离墙面净距不宜大于150mm，大于150mm时应采取内挑架板或其他离口防护的安全措施。

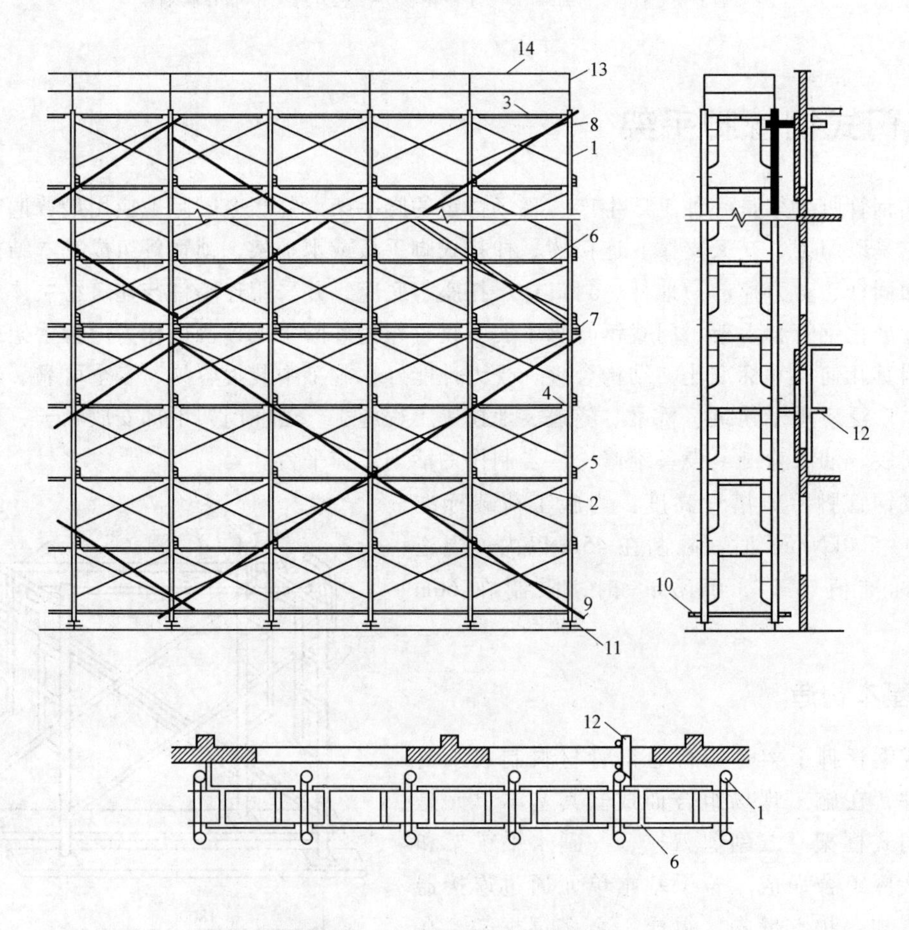

图4-9 门式钢管脚手架的组成

1—门架 2—交叉支撑 3—脚手板 4—连接棒 5—锁臂 6—水平架 7—水平加固杆 8—剪刀撑 9—扫地杆 10—封口杆 11—底座 12—连墙件 13—栏杆 14—扶手

门架的内外两侧均应设置交叉支撑并应与门架立杆上的锁销锁牢；上、下榀门架的组装必须设置连接棒及锁臂，连接棒直径应小于立杆内径 1~2mm。在脚手架的操作层上应连续满铺与门架配套的挂扣式脚手板，并扣紧挡板，防止脚手板脱落和松动。

当脚手架搭设高度 $H\leqslant 45$m 时，沿脚手架高度，水平架应至少两步一设；当脚手架搭设高度 $H>45$m 时，水平架应每步一设；不论脚手架多高，水平架均应在脚手架的转角处、端部及间断处的一个跨距范围内每步一设；水平架在其设置层面内应连续设置。当脚手架高度超过 20 m 时，应在脚手架外侧每隔 4 步设置一道水平加固杆，并宜在有连墙件的水平层设置；设置纵向水平加固杆应连续，并形成水平闭合圈。在脚手架的底步门架下端应加封口杆，门架的内、外两侧应设通长扫地杆。水平加固杆应采用扣件与门架立杆扣牢。

施工中应注意不配套的门架与配件不得混合使用于同一脚手架。门架安装时应自一端向另一端延伸，并逐层改变搭设方向，不得相对进行。搭完一步架后，应检查并调整其水平度与垂直度。脚手架应沿建筑物周围连续、同步搭设升高，在建筑物周围形成封闭结构；如不能封闭时，在脚手架两端应增设连墙件。

4.4　升降式脚手架

扣件式钢管脚手架、碗扣式钢管脚手架及门式钢管脚手架一般都是沿结构外表面满搭的脚手架，在结构和装修工程施工中应用较为方便，但费料耗工一次性投资大，工期也长。因此，近年来在高层建筑及筒仓、竖井、桥墩等施工中发展了多种形式的外挂脚手架，其中应用较为广泛的是升降式脚手架，包括自升降式、互升降式、整体升降式三种类型。

升降式脚手架主要特点是：脚手架不需满搭，只搭设满足施工操作及安全各项要求的高度；地面不需做支承脚手架的坚实地基，也不占施工场地；脚手架及其上承担的荷载传给与之相连的结构，对这部分结构的强度有一定要求；随施工进程，脚手架可随之沿外墙升降，结构施工时由下往上逐层提升，装修施工时由上往下逐层下降。

4.4.1　自升降式脚手架

自升降式脚手架的升降运动是通过手动或电动葫芦交替对活动架和固定架进行升降来实现的。从升降架的构造来看，活动架和固定架之间能够进行上下相对运动。当脚手架工作时，活动架和固定架均用附墙螺栓与墙体锚固，两架之间无相对运动；当脚手架需要升降时，活动架与固定架中的一个架子仍然锚固在墙体上，使用起重葫芦对另一个架子进行升降，两架之间便产生相对运动。通过活动架和固定架交替附墙，互相升降，脚手架即可沿着墙体上的预留孔逐层升降（图 4-10）。

施工前按照脚手架的平面布置图和升降架附墙支座的位置，在混凝土墙体上设置预留孔。为使升降顺利进行，预留孔中心必须在一直线上，并检查墙上预留孔位置是否正确，如有偏差，应预先修正。

脚手架的安装一般在起重机配合下按脚手架平面图进行。

爬升可分段进行，视设备、劳动力和施工进度而定，每个爬升过程提升 1.5~2m，每个爬升过程分 2 步进行。即爬升活动架和爬升固定架，脚手架完成了一个爬升过程，重新设置上部连接杆，脚手架进入上面一个工作状态，以后按此循环操作，脚手架即可不断爬升，直至结构到顶。

在结构施工完成后，脚手架顺着墙体预留孔倒行，其操作顺序与爬升时相反，逐层下降，

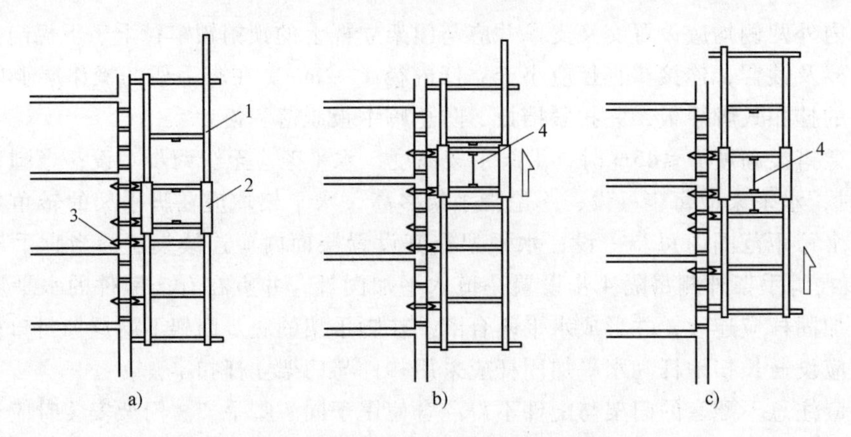

图 4-10 自升降式脚手架爬升过程

a）爬升前的位置 b）活动架爬升（半个层高） c）固定架爬升（半个层高）

1—活动架 2—固定架 3—附墙螺栓 4—起重葫芦

最后返回地面进行拆除。

4.4.2 互升降式脚手架

互升降式脚手架将脚手架分为甲、乙两种单元，通过起重葫芦交替对甲、乙两单元进行升降。当脚手架需要工作时，甲单元与乙单元均用附墙螺栓与墙体锚固，两架之间无相对运动；当脚手架需要升降时，一个单元仍然锚固在墙体上，使用起重葫芦对相邻一个架子进行升降，两架之间便产生相对运动（图 4-11）。通过甲、乙两单元交替附墙，相互升降，脚手架即可沿着墙体上的预留孔逐层升降。互升降式脚手架的性能特点是：结构简单，易于操作控制；架子搭设高度低，用料省；操作人员不在被升降的架体上，增加了操作人员的安全性；脚手架结构刚度较大，附墙的跨度大。它适用于框架剪力墙结构的高层建筑、水坝、筒体等施工。

互升降式脚手架施工前的准备与自升降式脚手架类似。其组装可有两种方式：在地面组装好单元脚手架，再用塔式起重机吊装就位；或是在设计爬升位置搭设操作平台，在平台上逐层安装。

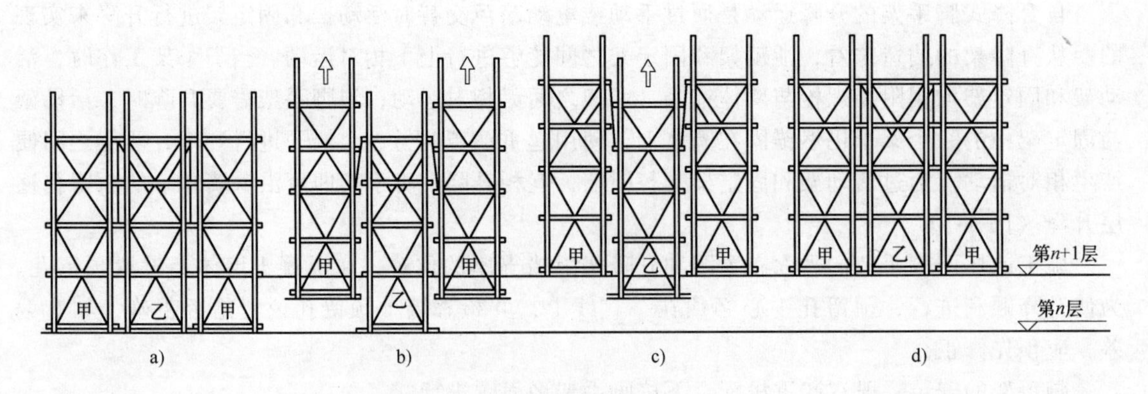

图 4-11 互升降式脚手架爬升过程

a）第 n 层作业 b）提升甲单元 c）提升乙单元 d）第 n+1 层作业

脚手架爬升前应进行全面检查，当确认组装工序都符合要求后方可进行爬升，提升到位后，应及时将架子同结构固定；然后，用同样的方法对与之相邻的单元脚手架进行爬升操作，待相邻的单元脚手架升至预定位置后，将两单元脚手架连接起来，并在两单元操作层之间铺设脚手板。

与爬升操作顺序相反，下降时，利用固定在墙体上的架子对相邻的单元脚手架进行下降操作，最后脚手架返回地面。

4.4.3　整体升降式脚手架

在超高层建筑的主体施工中，整体升降式脚手架有明显的优越性，它结构整体好、升降快捷方便、机械化程度高、经济效益显著，是一种很有推广使用价值的超高建（构）筑外脚手架，被原建设部列入重点推广的十项新技术之一。

整体升降式外脚手架以电动葫芦为提升机，使整个外脚手架沿建筑物外墙或柱整体向上爬升（图 4-12）。搭设高度依建筑物施工层的层高而定，一般取建筑物标准层 4 个层高加 1 步安全栏的高度为架体的总高度。脚手架为双排，宽以 0.8～1m 为宜，里排杆离建筑物净距 0.4～0.6m。脚手架的横杆和立杆间距都不宜超过 1.8m，可将 1 个标准层高分为 2 步架，以此步距为基数确定架体横、立杆的间距。

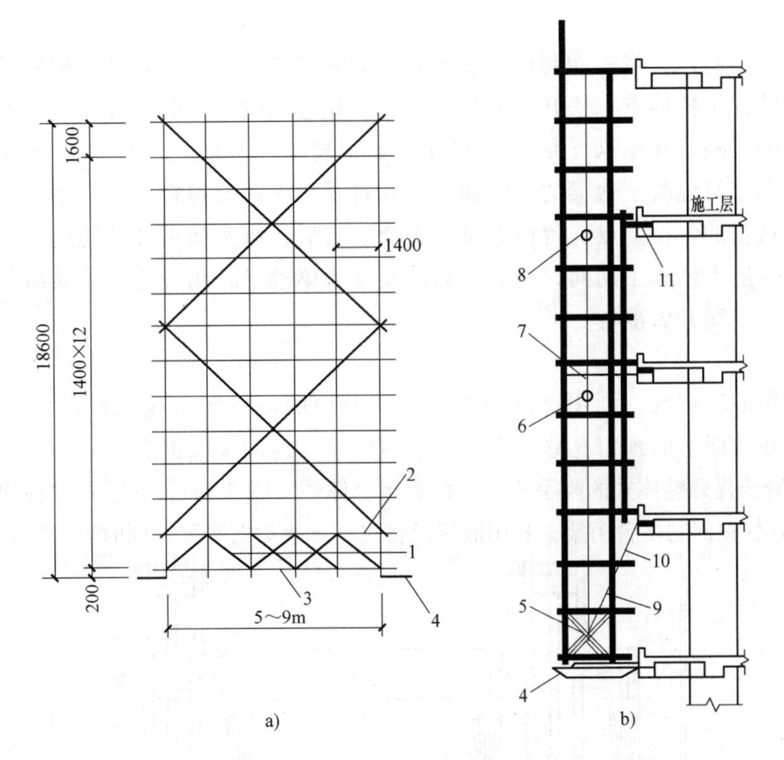

图 4-12　整体升降式脚手架

a）立面图　b）侧面图

1—承力桁架　2—上弦杆　3—下弦杆　4—承力架　5—斜撑

6—电动葫芦　7—挑梁　8—起重葫芦　9—花篮螺栓　10—拉杆　11—螺栓

架体设计时可将架子沿建筑物外围分成若干单元，每个单元的宽度参考建筑物的开间而定，一般在 5～9m 之间。

具体操作如下：

1. 开工前的准备

按平面图先确定承力架及电动葫芦挑梁安装的位置和个数，在相应位置上的混凝土墙或梁内预埋螺栓或预留螺栓孔。各层的预留螺栓或预留螺栓孔位置要求上下相一致，误差不超过 10mm。

加工制作型钢承力架、挑梁、斜拉杆。准备电动葫芦、钢丝绳、脚手管、扣件、安全网、木板等材料。

因整体升降式脚手架的高度一般为 4 个施工层层高，在建筑物施工时，由于建筑物的最下几层层高往往与标准层不一致，且平面形状也往往与标准层不同，所以一般在建筑物主体施工到 3~5 层时开始安装整体脚手梁。下面几层施工时往往要先搭设落地外脚手架。

2. 安装

先安装承力架，承力架内侧用 M25~M30 的螺柱与混凝土边梁固定，承力架外侧用斜拉杆与上层边梁拉结固定，用斜拉杆中部的花篮螺栓将承力架调平；再在承力架上面搭设架子，安装承力架上的立杆；然后搭设下面的承力桁架，再逐步搭设整个架体，随搭随设置拉结点，并设斜撑。在比承力架高 2 层的位置安装工字钢挑梁，挑梁与混凝土边梁的连接方法与承力架相同。电动葫芦挂在挑梁下，并将电动葫芦的吊钩挂在承力架的花篮挑梁上。在架体上每个层高满铺厚木板，架体外面挂安全网。

3. 爬升

短暂开动电动葫芦，将电动葫芦与承力架之间的吊链拉紧，使其处在初始受力状态。松开架体与建筑物的固定拉结点。松开承力架与建筑物相连的螺栓和斜拉杆，开动电动葫芦开始爬升，爬升过程中应随时观察架子的同步情况，如发现不同步应及时停机进行调整。爬升到位后，先安装承力架与混凝土边梁的紧固螺栓，并将承力架的斜拉杆与上层边梁固定，然后安装架体上部与建筑物的各拉结点。待检查符合安全要求后，脚手架可开始使用，进行上一层的主体施工。在新一层主体施工期间，将电动葫芦及其挑梁摘下，用滑轮或手动葫芦转至上一层重新安装，为下一层爬升做准备。

4. 下降

与爬升操作顺序相反，利用电动葫芦顺着爬升用的墙体预留孔倒行，脚手架即可逐层下降，同时把留在墙面上的预留孔修补完毕，最后脚手架返回地面拆除。

另有一种液压提升整体式的脚手架——模板组合体系（图 4-13），它通过设在建（构）筑内部的支撑立柱及立柱顶部的平台桁架，利用液压设备进行脚手架的升降，同时也可升降建筑的模板。

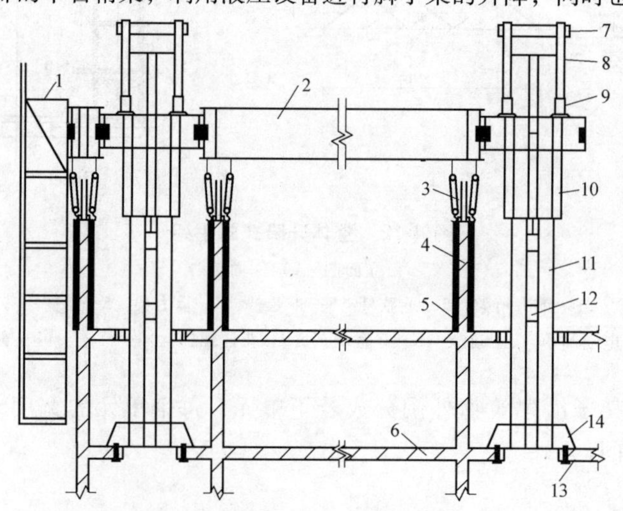

图 4-13 液压整体升降大模板

1—吊脚手架 2—平台桁架 3—手拉葫芦 4—墙板 5—大模板 6—楼板 7—支撑挑梁 8—提升支撑杆 9—千斤顶 10—提升导向架 11—支撑立柱 12—连接板 13—螺栓 14—底座

4.5　里脚手架

里脚手架搭设于建筑物内部，每砌完一层墙后，即将其转移到上一层楼面，进行新的一层墙体砌筑。里脚手架也用于室内装饰施工。

里脚手架装拆较频繁，要求轻便灵活，装拆方便；通常将其做成工具式的，结构形式有折叠式、支柱式和门架式。

图 4-14 所示为角钢折叠式里脚手架，其架设间距，砌墙时不超过 2m，粉刷时不超过 2.5m。根据施工层高，沿高度可以搭设两步脚手架，第一步高约 1m，第二步高约 1.60m。

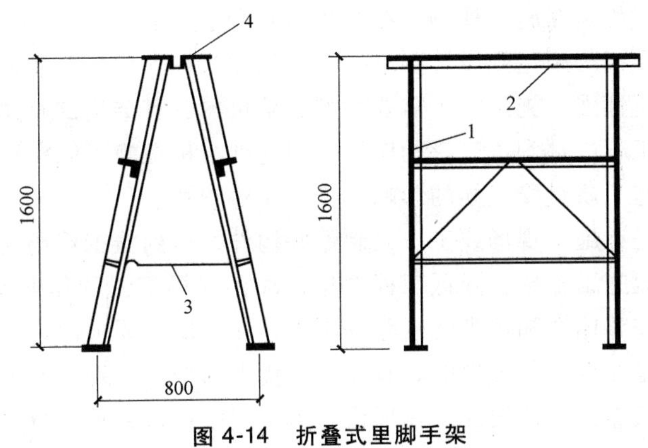

图 4-14　折叠式里脚手架

1—立柱　2—横楞　3—挂钩　4—铰链

图 4-15 所示为套管式支柱，它是支柱式里脚手架的一种，将插管插入立管中，以销孔间距调节高度，在插管顶端的凹形支托内搁置方木横杆，横杆上铺设脚手板，架设高度为1.5~2.1m。

门架式里脚手架由两片 A 形支架与门架组成（图 4-16）。其架设高度为 1.5~2.4m，两片 A 形支架间距 2.2~2.5m。

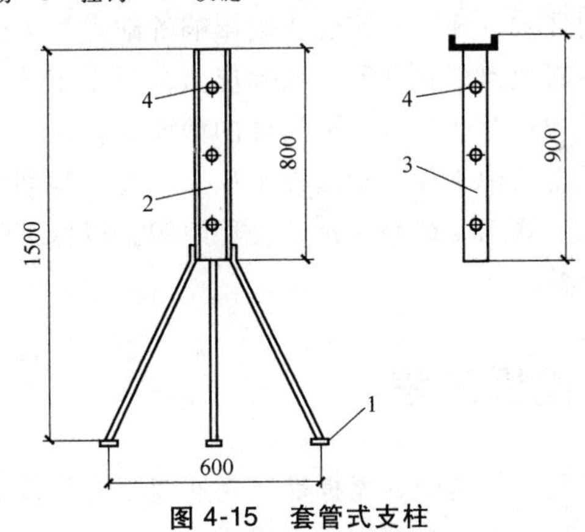

图 4-15　套管式支柱

1—支脚　2—立管　3—插管　4—销孔

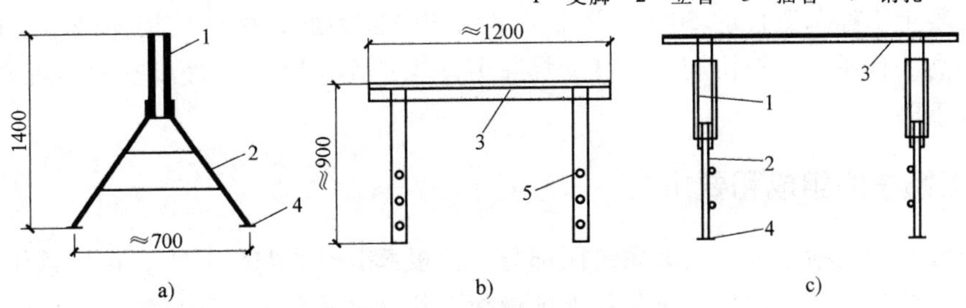

图 4-16　门架式里脚手架

a）A 形支架　b）门架　c）安装示意图

1—立管　2—支架　3—门架　4—垫板　5—销孔

第5章　混凝土结构工程

混凝土结构工程是将钢筋和混凝土两种材料，按设计要求浇筑成各种形状的构件和结构。在土木工程施工中，混凝土结构工程不仅在项目的工程造价中占有绝对的比重，而且对工期有很大的影响。钢筋混凝土工程按施工方法分为现浇整体式、预制装配式和装配整体式等三类。

现浇整体式结构工程是在施工现场，在结构设计位置支设模板，绑扎钢筋，浇筑混凝土，并经过振捣、养护，在混凝土达到设计要求的拆模强度时拆除模板，制成结构构件。该结构具有构件布置灵活、适应性强，施工时不需要大型起重机械，且结构的整体性和抗震性能好，因而在工业与民用建筑工程中得到了广泛的应用。但这种结构在施工时模板消耗多，现场工人劳动强度大，且结构的施工质量受气候的影响，工期相对较长。

预制装配式结构是在施工现场或工厂先制作好构件，运到施工现场通过施工机械安装到设计位置。该结构可缩短施工工期，降低工程费用，改善现场工人的作业条件，提高劳动效率，构件质量较好，但存在整体性和抗震性较差等不足，在有抗震要求的地区不宜使用。

装配整体式结构是在近几年出现的具有前两者优点的结构工程，既节省模板，降低工程费用，又可提高结构的整体性和抗震性，在现代土木工程中正得到越来越多的应用。

钢筋混凝土工程具有耐久性、耐火性、整体性和可塑性好，节约钢材等优点，但存在自重大、抗裂性差，现场浇筑受气候影响等缺点。为改善混凝土结构的性能，新材料、新技术和新工艺在不断地出现和发展，如预应力混凝土工艺技术，有效地提高了混凝土构件的刚度，提高了抗裂性和耐久性，减轻了构件的截面和自重，节约了材料。

混凝土结构工程包括模板工程、钢筋工程和混凝土工程三个主要工种工程，在施工过程中要加强施工管理、统筹安排、合理组织，以保证工程质量，加快施工进度，降低工程造价，提高经济效益。

5.1　模板工程

在混凝土结构中，模板是使钢筋混凝土构件成型的模型，已浇筑的混凝土需要在此模型内养护、硬化、增长强度，形成所要求的结构构件。据统计，现浇混凝土结构用模板工程的造价约占钢筋混凝土工程总造价的30%，总用工量的50%。因此，推广应用先进、适用的模板技术，对于提高工程质量、加快施工速度、提高劳动生产率、降低工程成本和实现文明施工等，都具有十分重要的意义。

5.1.1　模板系统的组成和要求

整个模板系统包括模板和支架系统两部分。模板部分是指与混凝土直接接触使混凝土具有构件所要求形状的部分；支架系统是指保证模板形状、尺寸及其空间位置的支撑体系，该体系既要保证模板形状、尺寸和空间位置正确，又要承受模板、混凝土及施工荷载。

模板及其支架系统应符合下列基本要求：

1）保证工程结构和构件各部分形状以及相互位置的准确性。

2）应具有足够的承载能力、刚度和稳定性，能可靠地承受浇筑混凝土的重量、侧压力以及施工荷载。

3）为提高模板工程的工效和经济性，要求模板系统构造简单，装拆方便。

4）模板的接缝不应漏浆。

5）模板与混凝土的接触面应清理干净并涂刷隔离剂，但不得采用影响结构性能或妨碍装饰工程施工的隔离剂。

6）对清水混凝土工程及装饰混凝土工程，应使用能达到设计效果的模板。

5.1.2 模板分类

5.1.2.1 按材料分类

模板按所用材料可分为木模板、钢模板、胶合板模板、钢框木（竹）胶合板模板、塑料模板、玻璃钢模板、铝合金模板、钢丝网水泥模板和钢筋混凝土模板等。

5.1.2.2 按施工方法分类

根据施工方法模板可分为现场装拆式模板、固定式模板、移动式模板和永久性模板四类。

现场装拆式模板是按照设计要求的结构形状、尺寸及空间位置在施工现场组装的模板，当混凝土达到拆模强度后拆除模板。该模板多用定型模板和工具式支撑，主要包括组合钢模板、工具式模板等。

固定式模板一般用来制作预制构件，按照构件的形状、尺寸在现场或预制厂制作模板。如各种胎模（土胎模、砖胎模、混凝土胎模等）即属固定式模板。

移动式模板是指随着混凝土的浇筑，模板可沿水平或垂直方向移动，如烟囱、水塔、墙柱混凝土浇筑用的滑升模板、提升模板、爬升模板、大模板，高层建筑楼板施工采用的飞模，筒形混凝土浇筑时采用的水平移动式模板等。

永久性模板，又称一次性消耗模板，即在现浇混凝土结构浇筑后模板不再拆除，其中有的模板与现浇结构叠合后组合成共同受力构件。目前国内外常用的有异型金属薄板、预应力混凝土薄板、玻璃纤维水泥模板、钢桁架型混凝土板、钢丝网水泥模板等。这类模板多用于现浇钢筋混凝土楼（顶）板工程，亦有的用于竖向现浇结构。

永久性模板的最大优点是：简化了现浇钢筋混凝土结构的模板支拆工艺，使模板的支拆工作量大大减少，从而改善了劳动条件，节约了模板支拆用工，加快了施工进度。

以下详细介绍现场装拆式模板。

1. 组合钢模板

组合钢模板又称组合式定型小钢模，是目前使用较广泛的一种通用性组合模板，主要由钢模板、连接件和支承件三部分组成。

组合钢模板的优点是通用性强、组装灵活、节省用工，浇筑的构件尺寸准确、棱角整齐、表面光滑，模板周转次数多，节约大量木材。缺点是一次投资大，浇筑成型的混凝土表面过于光滑，不利于表面装修等。

（1）钢模板 钢模板主要包括平面模板、阴角模板、阳角模板和连接角模四种，如图5-1所示，分别用字母P、E、Y、J表示。钢模板面板厚度分别为2.3mm、2.5mm。钢模板采用模数制设计，宽度以100mm为基础，以50mm为模数进级；长度以450mm为基础，以150mm为模数进级，当长度超过900mm时，以300mm为模数进级，肋高55mm。

在现场拼接过程中，对某些特殊部位当定型钢模板不能满足要求时，需用少量木模填补。

（2）连接件 连接件主要包括U形卡、L形插销、钩头螺栓、紧固螺栓和对拉螺栓等，

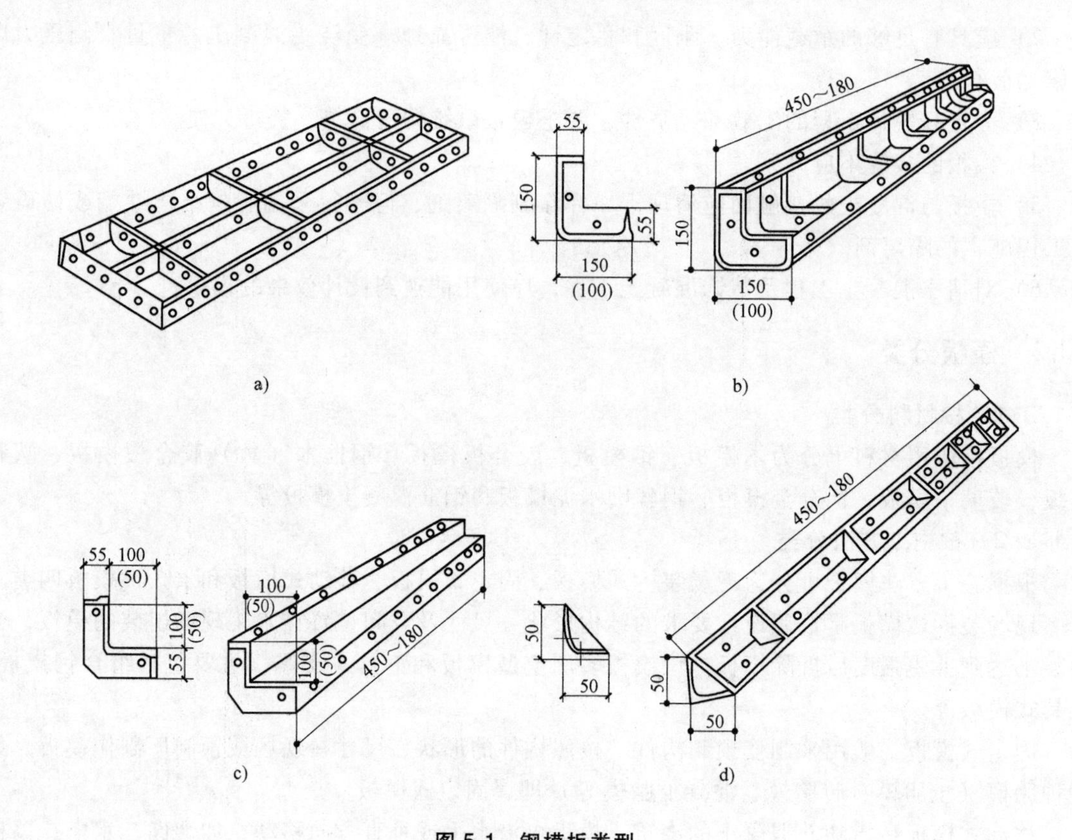

图 5-1 钢模板类型

a）平面模板 b）阴角模板 c）阳角模板 d）连接角模

如图 5-2 所示。

U 形卡主要用于模板纵横向的拼接；L 形插销用于增加钢模的纵向拼接刚度，以保证接头处板面的平整；钩头螺栓用于钢模板与内、外钢楞间的连接固定；紧固螺栓用于紧固内、外钢楞，增加模板拼装后的整体刚度；对拉螺栓用于连接两侧模板，保持两侧模板的设计间距，并承受混凝土侧压力及其他荷载，确保模板的强度和刚度。

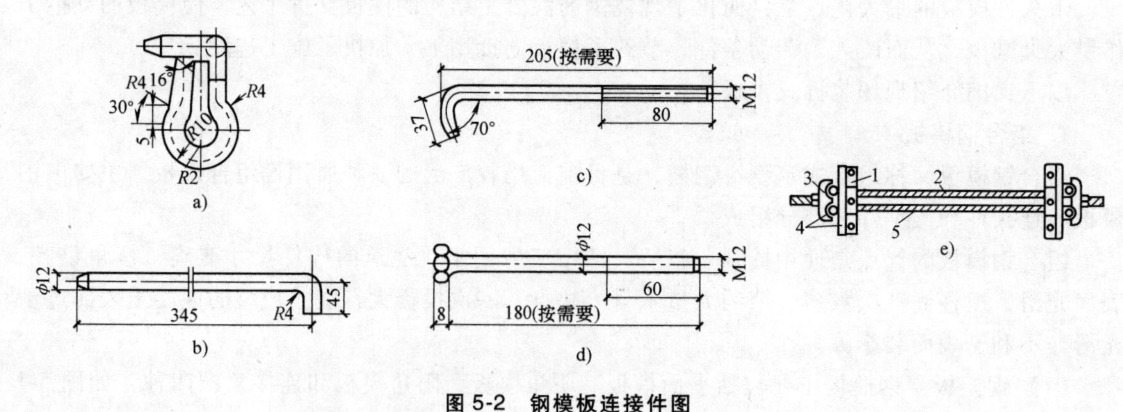

图 5-2 钢模板连接件图

a）U 形卡 b）L 形插销 c）钩头螺栓 d）紧固螺栓 e）对拉螺栓

1—钢模板 2—对拉螺栓 3—扣件 4—钢楞 5—套管

（3）支承件 组合钢模板的支承件包括钢楞、柱箍、梁卡具、钢管架、钢管脚手架、平面可调桁架等。

钢楞又称龙骨，常用于支承钢模板并加强其整体刚度，可采用圆钢管、矩形钢管、内卷边槽钢、轻型槽钢、轧制槽钢等制成。

柱箍用于直接支承和夹紧各类柱模的支承件，使用时根据柱模的外形尺寸和侧压力大小等选用。

梁卡具用于夹紧固定矩形梁模板，并承受混凝土侧压力，可用角钢、槽钢和钢管制作。较为常用的钢管型梁卡具，适用于断面尺寸为 700mm×500mm 以内的梁，卡具的高度和宽度均可调节。

钢管架又称为钢支承，用于承受水平模板传来的竖向荷载，一般由内外两节钢管组成，可以伸缩调节支柱高度。

钢桁架用于楼板、梁等水平模板的支架，用它作支承，可以节省模板支承并扩大楼层的施工空间。钢桁架的类型较多，常用的有轻型桁架和组合桁架两种。轻型桁架由两榀桁架组合而成，其跨度可调整到 2100~3500mm。

2. 工具式模板

工具式模板，是指专门针对某一种现浇混凝土结构体系施工的需要研究开发的一种专用模板。

（1）大模板　是大型模板或大块模板的简称。它的单块模板面积较大，通常是以一面现浇混凝土墙体为一块模板。大模板是采用定型化的设计和工业化加工制作而成的一种工具式模板，施工时配以相应的吊装和运输机械，用于现浇钢筋混凝土墙体。大模板具有安装和拆除简便、尺寸准确和板面平整等特点。

采用大模板进行建筑施工的工艺特点是：利用建筑施工的原理，以建筑物的开间、进深、层高的标准化为基础，以采用大模板为主要施工手段，以现浇钢筋混凝土墙体为主导工序，组织有节奏的均衡施工。这种施工方法工艺简单，施工速度快，工程质量好，结构整体性和抗震性能好，混凝土表面平整光滑，并可以减少装修抹灰湿作业。由于该工艺的工业化、机械化施工程度高，综合经济技术效益好，因而受到普遍欢迎。

大模板主要用于剪力墙结构或框架-剪力墙结构中的剪力墙施工。

（2）滑升模板　简称“滑模”施工，是现浇混凝土工程的一种机械化程度较高的连续成型施工工艺。

滑升模板施工的特点是在建筑物的底部，沿墙、柱、梁等构件周边一次组装 1.2m 左右高的模板，随后在模板内不断分层绑扎钢筋和浇筑混凝土，利用液压提升设备不断向上滑升模板，连续完成混凝土的浇筑工作。利用该施工工艺，不但施工速度快、结构整体性强、施工占地少、节约模板和劳动力、改善劳动条件，而且有利于安全施工，提高工程质量。这种施工工艺不仅被广泛应用于贮仓、水塔、烟囱、桥墩、竖井壁、框架等工业构筑物，而且逐步向高层和超高层民用建筑发展。

（3）爬升模板　即爬模，是一种适用于现浇钢筋混凝土竖直或倾斜结构施工的模板工艺，该工艺将大模板工艺和滑模工艺相结合，既保持大模板施工墙面平整的优点，又具有滑模利用自身设备使模板向上提升的优点，可用于高层建筑的墙体、桥梁、塔柱等的施工。

（4）飞模　飞模又称桌模或台模。该工艺可以借助起重机械从已浇筑完混凝土的楼板下吊运飞出转移到上层重复使用。适用于大开间、大柱网、大进深的现浇钢筋混凝土楼盖施工，尤其适用于现浇板柱结构（无柱帽）楼盖的施工。

飞模按其支架类型分为立柱式台模、格架式台模、悬架式台模等。其中立柱式台模是飞模中最基本的一种类型，主要由平台板、支架系统（包括梁、立柱、支撑、支腿等）和其他配件（如升降和行走机构等）组成，飞模的规格尺寸，主要根据建筑物结构的开间（柱网）和进深尺寸以及起重机械的吊运能力来确定，一般按开间（柱网）乘以进深尺寸设置一台或多台。

（5）隧道模板　隧道模板是一种用于在现场同时浇筑墙体和楼板混凝土的工具式定型模板，因为其外形像隧道，故称其为隧道模板。

隧道模板分全隧道模板和半隧道模板两种。全隧道模板的基本单元是一个完整的隧道模板，半隧道模板则是由若干个单元角模组成，然后用两个半隧道模板对拼而成为一个完整的隧道模板。在使用上全隧道模板不如半隧道模板灵活，对起重设备的要求也较高，故其逐渐被半隧道模板所取代。

5.1.2.3 按结构类型分类

由于各种现浇钢筋混凝土结构构件的形状、尺寸、构造不同，模板的构造及组装方法也不同，形成各自的特点。按结构的类型模板分为：基础模板、柱模板、梁模板、楼板模板、楼梯模板、墙模板、壳模板、烟囱模板等多种。

1. 基础模板

基础模板根据基础的形式可分为独立基础模板、杯形基础模板、条形基础模板等。阶梯形独立基础模板，如图 5-3 所示。若是杯形基础，则在其中放入杯芯模板。施工时，要求制作模板的地坪、胎模等应平整光洁，不得产生影响构件质量的下沉、裂缝、起砂或起鼓。安装时，要保证上、下模板不发生相对位移。

2. 柱模板

短形柱的模板由四面拼板、柱箍、连接角模等组成，如图 5-4 所示。柱子的特点是断面尺寸不大而高度较高，因此柱模板主要是解决垂直度及抵抗侧压力问题。为了防止在混凝土浇筑时模板产生鼓胀变形，模板外应设置柱箍，柱箍间距应根据柱模板断面大小经计算确定，一般不超过 100mm，柱模板下部间距应小些，开有与梁模板连接的缺口，底部开有清渣口以便于清理垃圾。当柱较高时，可根据需要在柱中设置混凝土浇筑口。

安装柱模板时，应先在基础面（或楼面）上弹柱轴线及边线，同一柱列应先弹两端柱轴线及边线，然后拉通线弹出中间部分柱的轴线及边线。按照边线先把底部方盘固定好，然后再对准边线安装柱模板。为了保证柱模板的稳定，柱模板之间要用水平撑、剪刀撑等互相拉结固定。同一柱列的模板可采取先校正两端的柱模板，然后在往模板顶中心拉通线，按通线校正中间部分的柱模板。

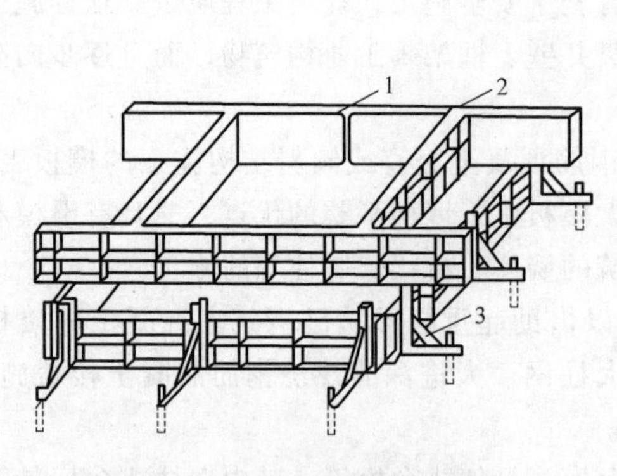

图 5-3　阶梯形独立基础模板

1—扁钢连接杆　2—T 形连接杆　3—角钢三角撑

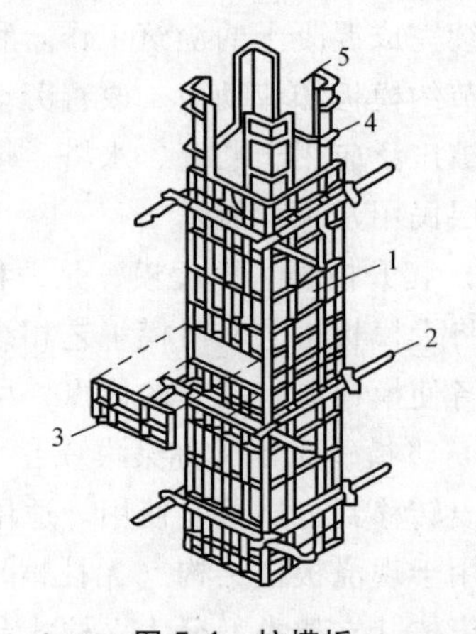

图 5-4　柱模板

1—拼板　2—柱箍　3—盖板　4—连接角模　5—梁缺口

3. 梁及楼板模板

梁模板主要由底模板、侧模板及支撑等组成，如图 5-5 所示。为了确保梁模板支设的坚实，应在夯实的地面上立柱底垫厚度不小于 40mm、宽度不小于 200mm 的通长垫板，用木楔调整标高。在多层房屋施工中，应使上、下层支柱对准在同一条竖直线上。当层高大于 5m 时，宜选用桁架支模或多层支架支模。梁侧模板承受混凝土侧压力，底部用钉在支撑顶部的夹条夹住，顶部可由支撑楼板模板的搁栅顶住，或用斜撑顶住。

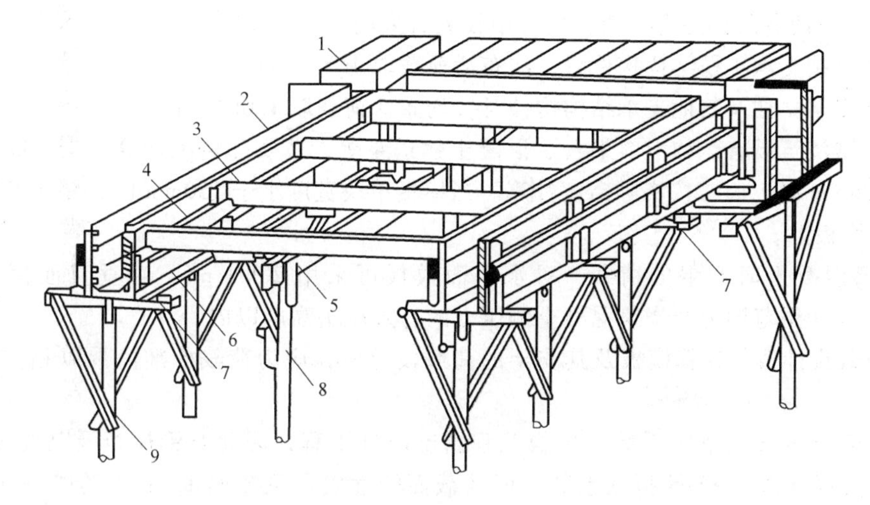

图 5-5　梁及楼板模板

1—楼板模板　2—梁侧模板　3—搁栅　4—横档　5—牵杠　6—夹条　7—短撑木　8—牵杠撑　9—支撑

楼板模板多用定型模板或胶合板，该模板支撑在搁栅上，搁栅支撑在梁侧模板外的横档上。现多用工具式的组合钢模板，其由边框、面板和纵横肋组成。

5.1.3　模板结构设计

常用的木拼模板和定型组合钢模板，在其经验适用范围内一般不需要进行设计和验算。而对一些特殊结构的模板、重要结构的模板或超出经验范围的一般模板，应进行设计和验算，以确保工程质量和施工安全，防止浪费。

模板结构设计，包括模板结构形式及模板材料的选择、模板及支架系各部件规格尺寸的确定以及节点设计等。模板设计应根据工程结构形式、施工组织设计、施工单位现有的技术物质条件、相关的设计、施工规范等条件进行。

1. 荷载

荷载分为荷载标准值和荷载设计值。荷载设计值等于荷载标准值乘以相应的荷载分项系数。

（1）荷载标准值

1）模板及支架自重：应根据设计图纸或实物计算确定，对肋形楼板及无梁楼板模板的自重，可参考表 5-1 确定。

表 5-1　模板及支架自重　（单位：kN/m^3）

模板构件的名称	组合钢模板	木模板
平板的模板及小楞	0.5	0.3
楼板模板(其中包括梁的模板)	0.75	0.5
楼板模板及其支架(楼层高度为 4m 以下)	1.1	0.75

2）新浇混凝土自重：对普通混凝土，可采用 24.0kN/m^3；对其他混凝土，可根据实际重力密度确定。

3）钢筋自重：按设计图纸计算确定。一般梁板结构钢筋混凝土的钢筋自重标准值可按：框架梁为 1.5kN/m^3、楼板为 1.1kN/m^3 采用。

4）施工人员及设备荷载：

① 计算模板及直接支承模板的小楞时，对均布荷载取 2.5kN/m^3，应以集中荷载 25kN 再进行验算，比较两者所得的弯矩值，按其中较大者采用。

② 计算直接支承小楞结构构件时，均布活荷载取 1.5kN/m^2。

③ 计算支架立柱及其他支承结构构件时，均布活荷载取 1.0kN/m^2。

④ 对大型浇筑设备，如上料平台、混凝土输送泵等，按实际情况计算。当混凝土堆集料高度超过 100mm 以上时，按实际高度计算。当模板单块宽度小于 150mm 时，集中荷载可分布在相邻的两块板上。

5）振捣混凝土时产生的荷载，对水平面模板可采用 20kN/m^2，对垂直面模板可采用 4.0kN/m^2，其作用范围为新浇筑混凝土侧压力的有效压头高度以内。

（2）荷载设计值　计算模板及其支架的荷载设计值，应为荷载标准值乘以相应的荷载分项系数。

（3）荷载折减（调整）系数　模板工程属临时性工程，因此对钢模板及其支架的设计，其荷载设计值可乘以 0.85 的折减系数，但其截面塑性发展系数取 1.0；对冷弯薄壁型钢材，其荷载设计值乘以 1.0 的折减系数；对木模板及其支架的设计，当木材含水率小于 25%时，其荷载设计值乘以 0.9 的折减系数；在风荷载作用下，验算模板及其支架的稳定性时，其基本风压值可乘以 0.8 的折减系数。

2. 荷载组合

按极限状态设计时，其荷载组合应符合下列规定。

1）对于承载能力极限状态，应按荷载效应的基本组合采用，并应采用下列设计表达式进行模板设计：

$$\gamma_0 S \leqslant R \tag{5-1}$$

式中　γ_0——结构的重要性系数，对作为临时时结构的支撑系统一取 0.9；

R——结构构件抗力的设计值，应按照各有关建筑结构设计规范的规定确定；

S——结构作用效应组合的设计值，当计算支撑的强度、稳定性时应采用荷载效应基本组合的设计值；对于基本组合，荷载效应组合的设计值 S 应从以下组合值中取最不利值确定：

① 由可变荷载效应控制的组合：

$$S = \gamma_G \sum_{i=1}^{n} S_{Gik} + \gamma_{Q1} S_{Q1k} \tag{5-2}$$

$$S = \gamma_G \sum_{i=1}^{n} S_{Gik} + 0.9 \sum_{i=1}^{n} \gamma_{Q1} S_{Q1k} \tag{5-3}$$

式中　γ_G——永久荷载分项系数；

γ_{Qi}——第 i 各可变荷载的分项系数，其中 γ_{Q1} 为可变荷载的 Q_1 的分项系数；

$\sum_{i=1}^{n} S_{Gik}$——按永久荷载标准值计算的荷载效应值；

S_{Q1k}——按可变荷载标准值。

② 由永久荷载效应控制的组合：

$$S = \gamma_G \sum_{i=1}^{n} S_{Gik} + \sum_{i=1}^{n} \gamma_{Q1}\varphi_{ci}S_{Q1k} \tag{5-4}$$

式中　φ_{ci}——可变荷载 Q_i 的组合系数，应按现行国家标准《建筑结构荷载规范》（GB 50009—2012）中各章的规定采用：模板中规定的各可变荷载组合值系数为 0.7。

2）对于正常使用极限状态，应根据不同的设计要求，采用荷载的标准组合、频遇组合或准永久组合，并应按下列设计表达式采用：

$$S \leqslant C \tag{5-5}$$

式中　S——正常使用极限状态荷载效应组合设计值；

$$S = \sum_{i=1}^{n} S_{Gik} \tag{5-6}$$

C——结构或结构构件达到正常使用要求的规定限值。

参与设计模板及其支架荷载效应组合的各项荷载的标准值包括：模板及其支架自重标准值（G_{1k}）；新浇混凝土自重标准值（G_{2k}）；钢筋自重标准值（G_{3k}）；当采用内部振捣器时，新浇筑的混凝土作用于模板的最大侧压力标准值（G_{4k}）；施工人员及施工设备荷载（Q_{1k}）；振捣混凝土时产生的荷载（Q_{2k}）；倾倒混凝土时产生的荷载（Q_{3k}）。其荷载组合及对应的分项系数应符合表 5-2 的规定。

表 5-2　参与设计模板及其支架荷载效应组合需考虑的各项荷载及相应的分项系数

项次	项目	荷载组合		分项系数
		计算承载能力	验算挠度	
1	平板及薄壳的模板及支架	$G_{1k}+G_{2k}+G_{3k}+Q_{1k}$	$G_{1k}+G_{2k}+G_{3k}$	1. 永久荷载的分项系数： （1）当其效应对结构不利时：对由可变荷载效应控制的组合，应取 1.2；对由永久荷载效应控制的组合，应取 1.35 （2）当其效应对结构有利时：一般应取 1 （3）对结构的倾覆、滑移验算，应取 0.9 2. 可变荷载的分项系数一般情况下取 1.4；对标准值大于 4kN/m² 的活荷载应取 1.3
2	梁和拱模板的底板及支架	$G_{1k}+G_{2k}+G_{3k}+Q_{2k}$	$G_{1k}+G_{2k}+G_{3k}$	
3	梁、拱、柱（边长≤300mm）、墙（厚≤100mm）的侧面模板	$G_{2k}+Q_{2k}$	G_{4k}	
4	大体积结构、柱（边长>300mm）、墙（厚>100mm）的侧面模板	$G_{4k}+Q_{3k}$	G_{4k}	

注：验算挠度应采用荷载标准值；计算承载能力应采用荷载设计值。

5.1.4　模板结构的挠度要求

模板结构除必须保证足够的承载能力外，还应保证有足够的刚度。因此，应验算模板及其支架的挠度，其最大变形值不得超过下列允许值：

1）对结构表面外露（不做装修）的模板，为模板构件计算跨度的 1/400。

2）对结构表面隐蔽（做装修）的模板，为模板构件计算跨度的 1/250。

3）支架的压缩变形值或弹性挠度，为相应的结构计算跨度的 1/1000。

4）当梁板跨度不小于 4m 时，模板应按设计要求起拱；若无设计要求，起拱高度宜为全长跨度的 1/1000~3/1000，钢模板取值为 1/1000~2/1000。

5.1.5 模板的拆除

1. 拆除模板时混凝土的强度要求

混凝土结构浇筑后，达到一定强度，方可拆模。模板拆除日期应按结构特点和混凝土所达到的强度来确定。

1）对不承重的侧面模板，应在混凝土强度能保证其表面及棱角不因拆模板而受损坏的条件下拆除。

2）底模及其支架拆除时的混凝土强度应符合设计要求。

3）对后张法预应力混凝土结构构件，侧模宜在预应力张拉前拆除；底模支架的拆除应按施工技术方案执行，若无具体要求，不应在结构构件建立预应力前拆除。

4）模板拆除时，不应对楼层形成冲击荷载，拆除的模板和支架宜分散堆放并及时清运。

2. 模板拆除的顺序和方法

模板的拆除顺序一般是先拆非承重模板，后拆承重模板；先拆侧板，后拆底板。框架结构模板的拆模顺序一般是：柱→楼板→梁侧板→梁底板。大型结构的模板，拆除时必须事前制定详细方案。

5.2 钢筋工程

5.2.1 钢筋的种类与验收

1. 钢筋的种类

钢筋品种很多，在混凝土结构中所用的钢筋按其轧制外形、化学成分、生产工艺和钢材强度等分为下列若干种类。

1）按其轧制外形分：光圆钢筋和变形钢筋。变形钢筋又分为螺纹钢筋和人字纹钢筋。

2）按化学成分分：碳素钢筋和普通低合金钢筋。碳素钢筋按含碳量的多少又分为低碳钢筋（碳的质量分数在 0.25%以下）、中碳钢筋（碳的质量分数在 0.25%~0.7%之间）、高碳钢筋（碳的质量分数在 0.7%以上）。普通低合金钢筋是在低碳钢和中碳钢中加入某些合金元素（如钛、钒，锰等，其含量一般不超过总量的 3%）冶炼而成，可提高钢筋的强度，改善其塑性、韧性和焊接性。

3）按生产工艺分：热轧钢筋和冷加工钢筋。冷加工钢筋分为冷轧带肋钢筋、冷轧扭钢筋、冷拔螺旋钢筋、冷拉钢筋和冷拔低碳钢丝等。热轧钢筋分为热轧带肋钢筋（HRB）、热轧光圆钢筋（HPB）和余热处理钢筋（RRB）。

4）热轧钢筋的强度等级按屈服强度分为 300 级、400 级、500 级。普通钢筋一般采用 HPB300 级、HRB400 级、HRB500 级热轧钢筋。

2. 钢筋的验收

（1）主控项目

1）钢筋进场时，应按现行国家标准《钢筋混凝土用钢　第 2 部分：热轧带肋钢筋》（GB 1499.2—2007）等的规定抽取试件作力学性能检验，其质量必须符合相关标准的规定。

检查数量：按进场的批次和产品的抽样检验方案确定。

检验方法：检查产品合格证、出厂检验报告和进场复验报告。

2）对有抗震设防要求的框架结构，其纵向受力钢筋的强度应满足设计要求；当设计无具体要求时，对一、二级抗震等级，检验所得的强度实测值应符合下列规定：

① 钢筋的抗拉强度实测值与屈服强度实测值的比值不应小于 1.25。

② 钢筋的屈取强度实测值与强度标准值的比值不应大于 1.30。

检查数量与方法同第 1）项。

3）当发现钢筋脆断、焊接性能不良或力学性能显著不正常等现象时，应对该批钢筋进行化学成分检验或其他专项检验。

（2）一般项目　钢筋应平整、无损伤，表面不得有裂纹、油污、颗粒状或片状锈蚀。

检查数量：进场时和使用前全数检查。

检查方法：观察。

（3）隐蔽工程验收　在浇筑混凝土之前，应进行钢筋隐蔽工程验收，其内容包括：

1）纵向受力钢筋的品种、规格、数量、位置等。

2）钢筋的连接方式、接头位置、接头数量、接头面积百分率等。

3）箍筋、横向钢筋的品种、规格、数量、间距等。

4）预埋件的规格、数量、位置等。

5.2.2　钢筋的加工

钢筋的加工包括除锈、调直、剪切和弯曲成型等几种方法。

1. 钢筋除锈

钢筋的除锈，除采用手工除锈（用钢丝刷、砂盘）、喷砂和酸洗除锈外，还有两种方法。

1）在钢筋冷拉或钢丝调直过程中除锈，对大量钢筋的除锈较为经济省力。

2）采用机械方法除锈，如采用电动除锈机除锈，对钢筋的局部除锈较为方便。

在除锈过程中若发现钢筋表面的氧化铁皮鳞落现象严重并已损伤钢筋截面，或在除锈后钢筋表面有严重的麻坑、斑点伤蚀截面时，应降级使用或剔除不用。

2. 钢筋调直

钢筋调直一般采用钢筋调直机、数控钢筋调直切断机或卷扬机拉直设备等进行。

（1）钢筋调直机　采用钢筋调直机调直冷拔钢丝和细钢筋时，要根据钢筋的直径选用调直模和传送压辊并要正确掌握调直模的偏移量和压辊的压紧程度。

调直模的偏移量（图 5-6），根据其磨耗程度及钢筋品种通过试验确定；调直筒两端的调直模一定要在调直前后导孔的轴心线上，这是钢筋能否调直的一个关键。

冷拔钢丝和冷轧带肋钢筋经调直机调直后，其抗拉强度一般要降低 10%～15%。使用前应加强检验，按调直后的抗拉强度选用。如果钢丝抗拉强度降低过大，则可适当降低调直筒的转速和调直块的压紧程度。

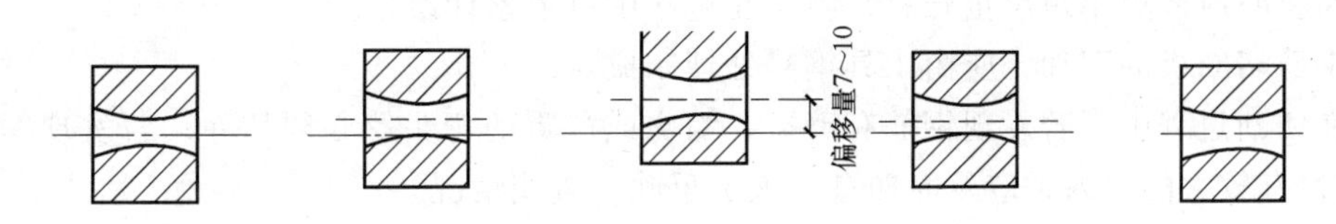

图 5-6　调直模的安装

（2）数控钢筋调直切断机　数控钢筋调直切断机是在原有调直机的基础上应用电子控制仪，准确控制钢丝断料长度，并自动计数。该机的工作原理如图 5-7 所示。

数控钢筋调直切断机断料精度高（偏差仅约 1~2mm），并实现了钢丝调直切断自动化。采用此机时，要求钢丝表面光洁，截面均匀，以免钢丝移动时速度不匀，影响切断长度的精确性。

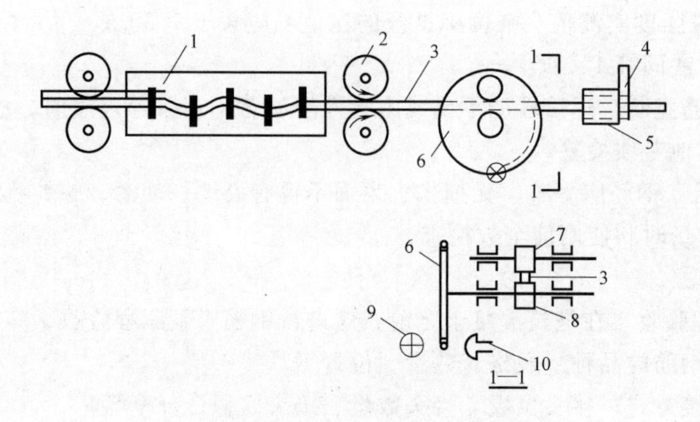

图 5-7 数控钢筋调直切断机工作简图

1—调直装置 2—牵引轮 3—钢筋 4—上刀口 5—下刀口 6—光电盘
7—压轮 8—摩擦轮 9—灯泡 10—光电管

（3）卷扬机拉直设备 卷扬机拉直设备如图 5-8 所示。该设备简单，宜用于施工现场或小型构件厂。

采用该方法调直钢筋时，HPB300 级钢筋的冷拉率不宜大于 4%，HRB400 级和 RRB400 级冷拉率不宜大于 1%。

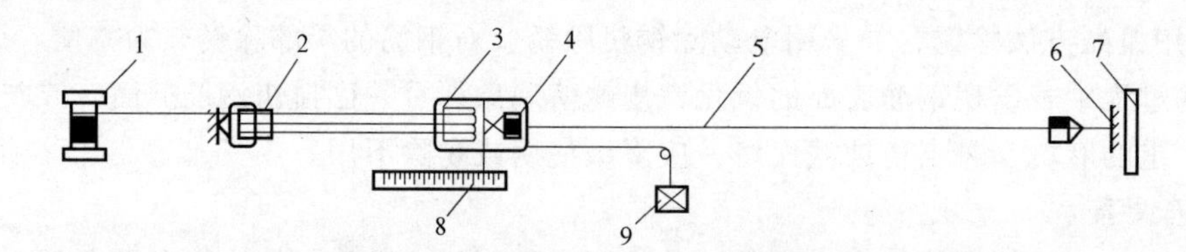

图 5-8 卷扬机拉直设备布置图

1—卷扬机 2—滑轮组 3—冷拉小车 4—钢筋夹具 5—钢筋
6—地锚 7—防护壁 8—标尺 9—荷重架

3. 钢筋切断

钢筋切断时采用的机具设备有钢筋切断机、手动液压切断器。其切断工艺如下：

1）将同规格钢筋根据不同长度长短搭配，统筹排料，一般应先断长料，后断短料，减少短头、减少损耗。

2）断料时应避免用短尺量长料，防止在量料中产生累计误差。

3）钢筋切断机的刀片，应由工具钢热处理制成。

4）在切断过程中，若发现钢筋有劈裂、缩头或严重的弯头等必须切除；若发现钢筋的硬度与该钢种有较大的出入，应及时向有关人员反映，查明情况。

5）钢筋的断口，不得有马蹄形或起弯等现象。

5.2.3 钢筋的连接

钢筋连接有三种常用的连接方法：焊接连接、机械连接和绑扎连接。除个别情况（如不准出现明火）外，应尽量采用焊接连接，以保证质量、提高效率和节约钢材。

5.2.3.1　钢筋焊接

钢筋的焊接质量与钢材的焊接性、焊接工艺有关。焊接性与钢材的含碳量、合金元素的含量有关。含碳、锰数量增加，则焊接性差；而含适量的钛，可改善焊接性。焊接工艺（焊接参数与操作水平）亦影响焊接质量，即使焊接性差的钢材，若焊接工艺合宜，也可获得良好的焊接质量。

钢筋焊接有压焊和熔焊两种形式。压焊包括闪光对焊、电阻点焊和气压焊；熔焊包括电弧焊和电渣压力焊。此外，钢筋与预埋件 T 形接头的焊接应采用埋弧压力焊，也可用电弧焊或穿孔塞焊，但焊接电流不宜过大，以防烧伤钢筋。

1. 闪光对焊

钢筋闪光对焊是将钢筋安放成对接形式，利用电阻热使接触点金属融化，产生强烈飞溅，形成闪光，迅速施加顶锻力完成的一种压焊方法。

闪光对焊是钢筋接头焊接中操作工艺简单、效率高、施工速度快、质量好、成本低的一种焊接方法。闪光对焊广泛用于钢筋的纵向连接及预应力筋与螺丝端杆的焊接。热轧钢筋的焊接宜优先选用闪光对焊，不可能时才用电弧焊。

（1）对焊工艺　钢筋闪光对焊工艺常用的有连续闪光焊、预热闪光焊和闪光-预热-闪光焊等三种工艺（图 5-9)，根据钢筋品种、直径和所用焊机功率大小等选用。对焊接性差的钢筋(如 45SiMnV 钢筋)，焊后尚应通电热处理，以消除热影响区内的淬硬组织。钢筋闪光对焊工艺过程及适用范围见表 5-3。

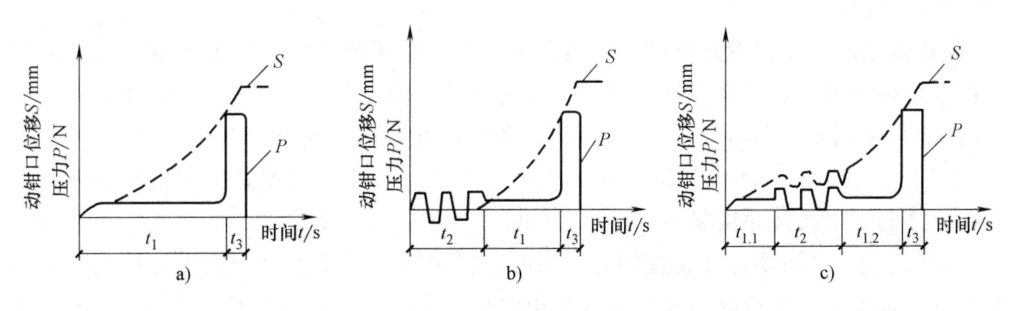

图 5-9　钢筋闪光对焊工艺过程图解

a）连续闪光焊　b）预热闪光焊　c）闪光-预热-闪光焊

t_1—闪光时间　$t_{1.1}$—一次闪光时间　$t_{1.2}$—二次闪光时间　t_2—预热时间　t_3—顶锻时间

表 5-3　钢筋闪光对焊工艺过程及适用范围

工艺名称	工艺过程	适用范围	操作方法
连续闪光焊	闪光、顶锻	适于焊接直径 25mm 以内的 HPB300 级、HRB400 级和 RRB400 级钢筋，焊接直径较小的钢筋最适宜	1. 先闭合一次电路，使两钢筋端面轻微接触。由于钢筋端面不平，接触点很快熔化并产生金属蒸汽飞溅，形成闪光现象。徐徐移动钢筋，便形成连续闪光过程 2. 当闪光达到预定程度（接头烧平、闪去杂质和氧化膜、白热熔化）时，随即施加轴向压力迅速进行顶锻，使两根钢筋焊牢
预热闪光焊	预热、连续闪光、顶锻	钢筋直径超过 25mm 且端面较平整的 HPB300、HRB400 级和 RRB400 级钢筋	1. 在连续闪光焊前增加一次预热过程，以扩大焊接热影响区 2. 施焊时，先闭合电源，然后使钢筋端面交替地接触和分开，这时钢筋端面的间隙即发出断续的闪光，形成预热过程 3. 当钢筋达到预热温度后，随后顶锻而成

（续）

工艺名称	工艺过程	适用范围	操作方法
闪光-预热-闪光焊	一次闪光、预热、二次闪光、顶锻	适用于端面不平整且直径 20mm 以上的 HPB300 级、HRB400 级、RRB400 级和 RRB500 级钢筋	1. 一次闪光：将不平整的钢筋端面烧化平整，使预热均匀 2. 施焊时，使钢筋端面闪平，然后同预热闪光焊
通电热处理	闪光-预热-闪光，通电热处理	适用于 RRB500 级钢筋	1. 焊毕稍冷却后松开电极，将电极钳口调至最大距离，重新夹住钢筋 2. 待接头冷至暗黑色（焊后约 20~30s），进行脉冲式通电热处理（频率约 2 次/s，通电 5~7s） 3. 待钢筋表面呈橘红色并有微小氧化斑点出现时即可

（2）对焊参数　为获得良好的对焊接头，应选择恰当的焊接参数。连续闪光焊的焊接参数包括：调伸长度、烧化留量、闪光速度、顶锻留量、顶锻速度、顶锻压力与变压器级数等。而当采用预热闪光焊时，除上述参数外，应包括一次烧化留量、二次烧化留量、预热留量与预热频率等参数。

1）调伸长度。调伸长度是指焊接前，两钢筋端面从电极钳口伸出的长度。调伸长度的选择与钢筋品种和直径有关，应使接头能均匀加热，并使钢筋顶锻时不致发生旁弯。调伸长度的选择：HPB300 级钢筋为 $0.75d \sim 1.25d$，HRB400 级钢筋为 $1.0d \sim 1.45d$（d 为钢筋直径）；直径小的钢筋取大值。

2）烧化留量。烧化留量是指在闪光过程中，闪出金属所消耗的钢筋长度。烧化留量的选择，应使闪光结束时钢筋端面能均匀加热，并达到足够的温度。烧化留量的取值：连续闪光焊为两钢筋切断时严重压伤部分之和再加 8mm；预热闪光焊时的烧化留量不应小于 1mm；闪光-预热-闪光焊时，应区分一次烧化留量和二次烧化留量。一次烧化留量为两钢筋切断时刀口严重压伤部分之和，二次烧化留量应不小于 10mm。

3）顶锻留量。顶锻留量是指在闪光结束时，将钢筋顶锻压紧时因接头处挤出金属而缩短的钢筋长度。顶锻留量的选择，应使顶锻结束时，接头整个截面获得紧密接触，并有适当的塑性变形，一般宜取 4~10mm，级别高或直径大的钢筋取大值。

4）预热留量与预热频率。预热程度应根据钢筋的级别和直径由预热留量与预热频率来控制。预热留量的选择，应使接头充分加热。预热留量取值：对预热闪光焊为 4~7mm，对闪光-预热-闪光焊为 2~7mm（直径大的钢筋取大值）。

预热频率取值：对 HPB300 级钢筋宜高些；对 HRB400 级钢筋宜适中，以扩大接头处加热范围，减少温度梯度。

5）变压器级数。变压器级数是用以调节焊接电流大小的，应根据钢筋级别、直径、焊机容量以及焊接工艺方法等具体情况选择。钢筋级别高或直径大的，其级次要高。焊接时若火花过大并有强烈声响，应降低变压器级次。

2. 电阻点焊

钢筋点焊是将两钢筋安放成交叉叠接形式，压紧于两电极之间，利用电阻热熔化母材金属，加压形成焊点的一种压焊方法。

电阻点焊主要用于钢筋的交叉连接，如用来焊接钢筋网片、钢筋骨架等，特别适于预制厂大量使用。该方法生产效率高、节约材料，应用广泛。

(1) 电阻点焊设备 常用的点焊机有单点电焊机、多点电焊机、悬挂式电焊机、手提式电焊机。其中多点电焊机一次可焊数点，用于焊接宽大的钢筋网；悬挂式电焊机可焊接各种形状的大型钢筋网和钢筋骨架；手提式电焊机主要用于施工现场。

(2) 电阻点焊工艺 点焊过程可分为预压、通电、锻压三个阶段。

通电阶段包括两个过程：在通电开始一段时间内，接触点扩大，固态金属因加热膨胀，在焊接压力作用下，焊接处金属产生塑性变形，并挤向钢筋间缝隙中；继续加热后，开始出现熔化点，并逐渐扩大成所要求的核心尺寸时切断电流。

焊点应有一定的压入深度。点焊热轧钢筋时，压入深度为较小钢筋直径的25%~45%；点焊冷拔低碳钢丝或冷轧带肋钢筋时，压入深度为较小钢（筋）丝直径的25%~40%。

(3) 电阻点焊参数 电阻点焊的工艺参数包括：变压器级数、通电时间和电极压力等。通电时间根据钢筋直径和变压器级数而定，电极压力则根据钢筋级别和直径选择。

3. 气压焊

气压焊是利用氧乙炔火焰或其他火焰对两钢筋对接处加热，使其达到塑性状态或熔化状态后，加压完成的一种压焊方法。其焊接机理是在还原性气体的保护下，发生塑性变形后，相互紧密地接触，促使端面金属晶体相互扩散渗透，使其再结晶、再排列，形成牢固的连接。焊接过程中，加热温度只为钢材熔点的0.8~0.9倍，钢材未呈熔化状态，且加热时间短，所以不会出现钢材劣化倾向。其具有设备简单轻便、使用灵活、效率高、节省电能、焊接成本低，可进行全方位焊接等优点，但对焊工要求较严，焊前对钢筋端面处理要求高。

气压焊适于高层框架结构和烟囱等高耸结构物的竖向钢筋的垂直位置、水平位置或倾斜位置的现场焊接连接，直径可达16~40mm。当两钢筋直径不同时，其直径之差不得大于7mm。

(1) 气压焊工艺 气压焊分两个阶段进行，首先对钢筋适当预压（10~20MPa），用强碳化火焰对焊面加热约30~40s，当焊口呈橘黄色（有油性亮光，温度1000~1100℃）时，立即再加压（30~40MPa）到使缝隙闭合，然后改用中性焰对焊口往复摆动进行宽幅（范围约$2d$）加热。当表面出现黄白色珠光体（温度达到1050℃）时，再次顶锻加压（30~40MPa），使接缝处膨鼓的直径达到$1.4d$，变形长度为（1.3~1.5）d时停止加热。待焊头冷至暗红色，拆除卡头，焊接即告完成，整个时间约100~120 s。

(2) 气压焊参数 气压焊焊接参数包括加热温度、挤压力、火焰功率等。

1) 加热温度。加热温度对气压焊起极为重要的作用。当加热温度过高，接近熔点时，气压焊的接缝将会发生金属过烧、晶粒破碎的现象。当加热温度不够时，钢筋接头处的晶体难以获得充分的共生。因此，加热温度宜在熔点以下100~200℃。对低碳钢，加热温度可取1300~1350℃。

2) 挤压力。挤压力的大小应使加热至高温的金属产生塑性变形，使两个压接面的空隙完全消失，并为晶体结合创造有利条件。对于钢筋，单位挤压力宜取30MPa以上。一般只要加热温度合适，在一定的挤压力下接点的凸起会自然形成，无须增加挤压力。在操作过程中挤压力过大往往是由于加热温度不够或机械故障而造成的。

3) 火焰功率。火焰功率对焊接时间有较大影响。只要在钢筋接头不过烧、表面不熔化、火焰也稳定的情况下，就可采用大功率火焰进行焊接。氧气的工作压力不大于0.7MPB，乙炔工作压力为0.05~0.1MPa。

4. 电弧焊

电弧焊是利用弧焊机使焊条与焊件之间产生电弧高温，集中热源熔化钢筋端面和焊条末端，使焊条金属熔化在接头焊缝内，冷凝后形成焊缝，将金属结合在一起。

电弧焊焊接设备简单，价格低廉，维护方便，操作技术要求不高，可广泛用于钢筋接头与钢筋骨架焊接、装配式骨架接头的焊接、钢筋与钢板的焊接以及各种钢结构的焊接等。

（1）电弧焊设备　电弧焊的主要设备为弧焊机，分交流、直流两类。交流弧焊机结构简单，价格低廉，保养维修方便；直流弧焊机焊接电流稳定，焊接质量高，但价格高。当有的焊件要求采用直流焊条焊接时，或网络电源容量很小，要求三相用电均衡时，应选用直流焊机。弧焊机容量的选择可按照需要的焊接电流选择。

（2）电弧焊工艺　电弧焊焊接接头形式分为帮条焊、搭接焊和坡口焊，后者又分为平焊和立焊。

1）帮条焊。采用帮条焊时，两主筋端面之间的间隙应为2~5mm，帮条与主筋之间应先用四点定位焊固定，定位焊缝应距帮条端部20mm以上。施焊引弧应从帮条内侧开始，将弧坑填满。多层施焊时，第一层焊接电流宜稍大，以增加熔化深度。主焊缝与定位焊缝，特别是定位焊缝的始端与终端，应熔合良好。

帮条焊应用四条焊缝的双面焊，有困难时才采用单面焊。帮条总截面面积不应小于被焊钢筋截面面积的1.2倍（HPB300级钢筋）和1.5倍（HRB400级、RRB400级钢筋）。帮条宜采用与被焊钢筋同钢种、直径的钢筋，并使两帮条的轴线与被焊钢筋的中心处于同一平面内，倘若和被焊钢筋级别不同时，应按钢筋设计强度进行换算。

2）搭接焊。采用搭接焊时，应先将钢筋预弯，使两钢筋的轴线位于同一直线上，用两点定位焊固定，施焊要求同帮条焊。搭接焊亦应采用双面焊，在操作位置受阻时才采用单面焊。

3）坡口焊。采用坡口焊时，焊前应将接头处清除干净，保证坡口面平顺、切口边缘不得有裂纹、钝边和缺棱。钢筋坡口加工宜采用氧乙炔焰切割或锯割，不得采用电弧切割。坡口平焊时，V形坡口角度宜为55°~65°，如图5-10所示。坡口立焊时，坡口角度宜为40°~55°，其中下钢筋宜为0°~10°，上钢筋宜为35°~45°。钢垫板厚度宜为4~6mm，长度为40~60mm。坡口平焊时，垫板宽度应为钢筋直径加10m；立焊时，垫板宽度宜等于钢筋直径。钢筋根部间隙，坡口平焊时宜为4~6mm，立焊时宜为3~5mm，其最大间隙均不宜超过10mm。

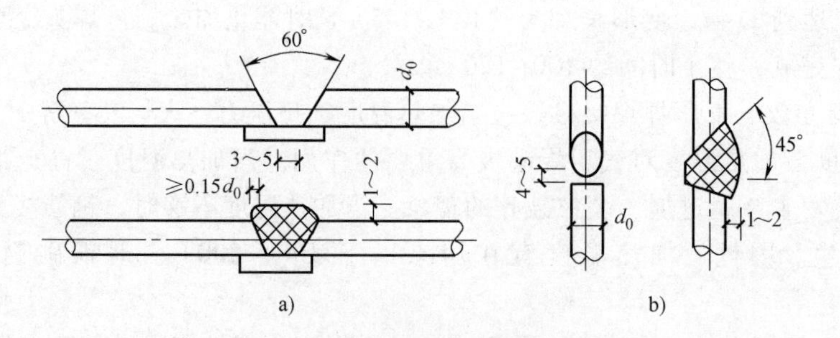

图5-10　钢筋坡口焊接头

a）平焊　b）立焊

施焊时，先进行定位焊，由坡口根部引弧，分层施焊做“之”字形运弧，逐层堆焊，直至略高出钢筋表面。焊缝根部、坡口端面以及钢筋与钢垫板之间均应熔合良好，咬边应予补焊。为防止接头过热，采用几个接头轮流焊接。焊缝的宽度应大于V形坡口的边缘2~3mm，焊缝余高不得大于3mm，并宜平缓过渡至钢筋表面。

钢筋坡口焊应采取对称、等速施焊和分层轮流施焊等措施，以减少变形。当发现接头中有弧坑、气孔及咬边等缺陷时，应立即补焊。HRB400级和RRB400级钢筋接头冷却后补焊时，采用氧乙炔焰预热。

5. 电渣压力焊

电渣压力焊是将钢筋安放成竖向对接形式，利用焊接电流通过两钢筋端面间隙，在焊剂层下形成电弧和电渣，产生电弧热和电阻热，熔化钢筋，加压完成的一种压焊方法。这种方法比电弧焊易于掌握、工效高、节省钢材、成本低、质量可靠，适用于现浇钢筋混凝土结构中竖向或斜向（倾斜度在 4∶1 的范围内）钢筋的接长连接，但不宜用于热轧后余热处理的钢筋。

（1）焊接设备　电渣压力焊的主要设备是竖向钢筋电渣压力焊机，按控制方式分为手动式钢筋电渣压力焊机、半自动式钢筋电渣压力焊机和全自动式钢筋电渣压力焊机。钢筋电渣压力焊机主要由焊接电源、控制箱、焊接夹具、焊剂盒等几部分组成。

（2）焊接工艺　竖向钢筋电渣压力焊的工艺过程包括引弧、稳弧和顶锻过程，整个工艺过程应符合下列要求：

1）接夹具的上、下钳口应夹紧于上、下钢筋上，钢筋一经夹紧，不得晃动。

2）引弧宜采用铁丝圈或焊条头引弧法，亦可采用直接引弧法。

3）引燃电弧后，应先进行稳弧过程，然后，加快上钢筋下送速度，使钢筋端面与液态渣池接触，转变为电渣过程，最后在断电的同时，迅速下压上钢筋，挤出熔化金属和熔渣。

4）接头焊毕，应停歇后方可回收焊剂和卸下焊接夹具，并敲去渣壳；四周焊包应均匀，凸出钢筋表面的高度应不小于 4mm。

（3）焊接参数　电渣压力焊的工艺参数为焊接电流、焊接电压、通电时间、钢筋熔化量等，根据钢筋直径按表 5-4 选择。钢筋直径不同时，根据较小直径的钢筋选择参数。

表 5-4　电渣压力焊工艺参数

钢筋直径/mm	焊接电流/A	焊接电压/V		焊接时间/s		钢筋熔化量/mm
		U_1	U_2	t_1	t_2	
16	200~250	40~45	22~27	14	4	20~25
18	250~300			15	5	20~25
20	300~350			17	5	20~25
22	350~400			18	6	20~25
25	400~450			21	6	20~25
28	450~500			24	6	20~25
32	600~650			27	7	25~30
36	700~750			30	8	25~30
40	800~850			33	9	25~30

注：1. U_1 为引弧过程的电压，U_2 为稳弧过程的电压。
2. t_1 为引弧过程的时间，t_2 为稳弧过程的时间。

5.2.3.2　钢筋的机械连接

1. 钢筋挤压连接

钢筋挤压连接又称带肋钢筋套筒冷压连接。它是将需连接的变形钢筋插入特制的钢套筒内，利用液压驱动的挤压机进行径向或轴向挤压，使钢套筒产生塑性变形，依靠变形后的钢套筒与被连接钢筋纵、横肋产生的机械咬合成为整体的钢筋连接方法，如图 5-11 所示。与焊接相比，这种连接方法具有节省电能、不受钢筋焊接性好坏的影响、不受气候影响、无明火、施工简便和接头可靠度高等优点。适用于竖向、横向及其他方向的直径为 16~40mm 的 HRB400 级、RRB400 级钢筋的连接。

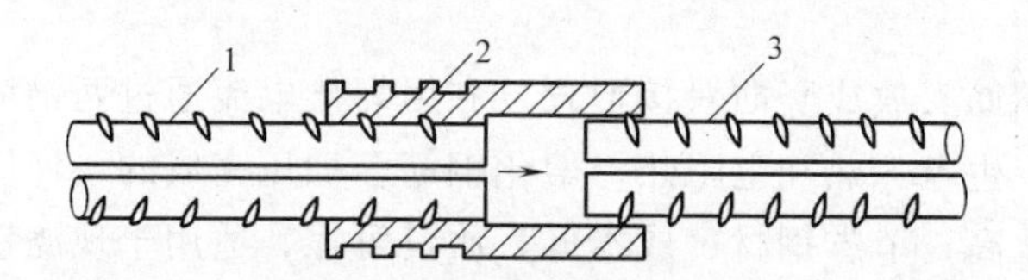

图 5-11 钢筋套筒挤压连接

1—已挤压的钢筋 2—钢套筒 3—未挤压的钢筋

2. 钢筋锥螺纹套管连接

把钢筋的连接端加工成锥形螺纹（简称丝头），通过锥螺纹连接套把两根带丝头的钢筋，按规定的力矩值连接成一体的钢筋接头。连接时，经对螺纹检查无油污和损伤后，先用手旋入钢筋，然后用扭矩扳手紧固至规定的扭矩即完成连接。该种连接方法施工速度快，不受气候影响，质量稳定，对中性好，可连接各种钢筋，不受钢筋种类和含碳量的限制，但所连钢筋直径之差不宜大于 9mm。

连接钢筋前，将下层钢筋上端的塑料保护帽拧下来露出螺扣，并将螺扣上的水泥浆等污物清理干净。连接钢筋时，将已拧套筒的上层钢筋拧到被连接的钢筋上，并用扭力扳手按规定的力矩值把钢筋接头拧紧，直至扭力扳手达到在调定的力矩值时发生响声，并随手画上油漆标记，以防有的钢筋接头漏拧。力矩扳手每半年应标定一次。

5.2.4 钢筋的配料与代换

在钢筋混凝土结构构件中要配多少钢筋，其种类、形状怎样，配在什么位置上等，都要通过设计及详细的计算，有些新结构、新构件还要通过大量的试验总结后才能确定。为了确保钢筋混凝土结构的质量，国家还制定了专门规范，对结构构件配筋要求做了具体的规定。

1. 钢筋配料

钢筋配料是根据构件配筋详图、将构件中各个编号的钢筋，分别计算出钢筋切断时的直线长度（简称为下料长度），统计出每个构件中每一种规格的钢筋数量，以及该项目中各种规格的钢筋总计数量，填写配料单，以便进行钢筋的备料和加工。

在进行钢筋的配料计算中，关键是计算钢筋下料长度。由于结构受力上的要求，大多数钢筋需在中间弯曲和两端做成弯钩。钢筋的弯曲或弯钩会使其长度变化，即外壁伸长，内壁缩短，而中心线长度不改变。但是构件配筋图中注明的尺寸一般是外包尺寸，且不包括端头弯钩长度。显然外包尺寸大于中心线长度，它们之间存在一个差值，称为“量度差值”。为此，各种钢筋下料长度计算如下：

钢筋下料长度=外包尺寸+弯钩增加长度-量度差值

箍筋下料长度=箍筋周长+箍筋调整值

2. 钢筋代换

当施工中遇有钢筋的品种或规格与设计要求不符时，应经设计单位同意，并办理技术核定手续后方能进行钢筋代换。钢筋代换时要充分了解设计意图和代换材料的性能，按设计规范和各项技术规定，经计算后提出，不同种类钢筋的代换，应按钢筋受拉承载力设计值相等的原则进行。钢筋代换后，应满足混凝土结构设计规范中所规定的钢筋间距、锚固长度、最小钢筋直径、根数等要求，并且其用量不宜大于原设计的 5%，不低于原设计的 2%。

当不同等级品种的钢筋进行代换，构件受强度控制时，钢筋可按强度相等原则进行代换，即只要代换钢筋的承载能力值和原设计钢筋的承载能力值相等，就可以代换。

5.3　混凝土工程

混凝土工程在混凝土结构工程中占有很大比重，其质量的好坏直接影响到混凝土结构的承载力、耐久性和整体性。混凝土工程包括混凝土制备、运输、浇筑、振捣和养护等施工过程，各个施工过程相互联系和影响，其中任一施工过程处理不当都会影响混凝土工程的最终质量。近年来随着混凝土外加剂和商品混凝土的发展和广泛应用，极大地影响了混凝土的性能和施工工艺。自动化、机械化的发展和新的施工机械与施工工艺的应用，也大大地改变了混凝土工程施工的落后面貌。

5.3.1　混凝土配合比的确定

混凝土配合比的确定，应保证结构设计所规定的强度等级及施工对和易性的要求，并应符合合理使用材料，节约水泥的原则。在特殊条件下，还应符合防水、抗冻、抗渗等要求。

混凝土应按国家现行标准《普通混凝土配合比设计规程》（JGJ 55—2011）的相关规定，根据混凝土强度等级、耐久性和工作性能等要求进行配合比设计。对有特殊要求的混凝土，其配合比的设计尚应符合国家现行相关标准的专门规定。

一般混凝土的配合比是实验室配合比（理论配合比），即假定砂、石等材料处于完全干燥状态下。但在现场施工中，砂、石一般都露天堆放，因此不可避免地含有一些水分，并且含水量随气候而变化。配料时必须把材料的含水率加以考虑，以确保混凝土配合比的准确，从而保证混凝土的质量。根据施工现场砂、石含水率调整以后的配合比称为施工配合比。

若混凝土的实验室配合比为水泥：砂：石 = 1：s：g，水胶比为 W/B，施工现场测出的砂的含水率为 w_s，石的含水率为 w_g，则换算后的施工配合比为：水泥：砂：石 = 1：$s(1+w_s)$：$g(1+w_g)$，水胶比 W/B 保持不变，即用水量要减去砂石中的含水量。

5.3.2　混凝土的拌制

混凝土拌制是指将各种组成材料（水、水泥和粗、细骨料）搅拌成质地均匀、颜色一致、具备一定流动性的混凝土拌合物。由于混凝土配合比是按照细骨料恰好填满粗骨料的间隙，而水泥浆又均匀地分布于粗、细骨料表面的原理设计的。混凝土制备得不均匀就不能获得密实的混凝土，影响硬化后混凝土的质量，所以混凝土拌制是混凝土施工工艺过程中很重要的一道工序。

5.3.2.1　混凝土搅拌机

混凝土制备的方法，除工程量很小且分散而用人工拌制外，皆应采用机械搅拌。混凝土搅拌机按其搅拌原理分为自落式和强制式两类。

1. 自落式搅拌机

自落式搅拌机主要是按重力机理设计的，其搅拌机理为交流掺和机理。自落式搅拌机的搅拌筒内壁焊有弧形叶片，当搅拌筒绕水平轴旋转时，弧形叶片不断将物料提高，然后自由落下而互相混合。由于下落时间、落点和滚动距离不同，物料颗粒相互穿插、翻拌、混合而达到均匀。

自落式搅拌机适宜于搅拌塑性混凝土和低流动性混凝土。筒体和叶片磨损较小，易于清理，但动力消耗大，效率低。搅拌时间一般为 90~120s/盘。根据鼓筒的形状与卸料方式的不同分为鼓筒式、锥形反转出料式和锥形倾翻出料式三种类型。

2. 强制式搅拌机

强制式搅拌机是按剪切搅拌机理进行设计的，其搅拌机理为剪切掺和。强制式搅拌机一般筒身固定，水平放置，物料的运动主要以水平位移为主。搅拌机搅拌时叶片旋转，通过叶片转动时对物料施加剪切、挤压、翻滚和抛出等的组合作用进行拌和。

强制式搅拌机的搅拌作用比自落式搅拌机强烈，适宜于搅拌干硬性混凝土和轻骨科混凝土，也可搅拌低流动性混凝土。但强制式搅拌机的转速比自落式搅拌机高，动力消耗大，叶片、衬板等磨损也大，一般需用高强合金钢或其他耐磨材料做内衬，多用于集中搅拌站或预制厂。

选择搅拌机时，要根据工程量大小、混凝土的坍落度、骨料尺寸等而定，既要满足技术上的要求，亦要考虑经济效益和节约能源。

5.3.2.2 混凝土搅拌站

混凝土搅拌站是将混凝土拌合物在搅拌站集中搅拌，然后用混凝土运输车分别输送到一个或若干个施工现场进行浇筑使用。混凝土搅拌站能提高混凝土质量和取得较好的经济效益。

混凝土搅拌站根据其组成部分在竖向布置方式的不同分为单阶式和双阶式。在单阶式混凝土搅拌站中，原材料经带式输送机、螺旋输送机等运输设备一次提升后经过储料斗，然后靠自重下落进入称量和搅拌工序。在双阶式混凝土搅拌站中，原材料第一次提升后，依靠自重进入储料斗，下落经称量配料后，再经第二次提升进入搅拌机。

5.3.2.3 混凝土的搅拌制度

为了获得质量优良的混凝土拌合物，除正确选择搅拌机外，还必须正确确定搅拌制度即搅拌时间、投料顺序和进料容量等。

1. 混凝土搅拌时间

混凝土搅拌时间是指从原材料全部投入搅拌筒时起，到开始卸料时为止所经历的时间。该时间与搅拌质量密切相关，随搅拌机类型、容量、混凝土材料和混凝土的和易性的不同而变化。在一定范围内随搅拌时间的延长混凝土强度有所提高，但过长时间的搅拌既不经济也不合理。因为搅拌时间过长，不坚硬的粗骨科在大容量搅拌机中会因脱角、破碎等而影响混凝土的质量。混凝土的搅拌时间应根据混凝土拌合料要求的均匀性、混凝土强度增长的效果以及生产效率等几种因素确定。

2. 投料顺序

投料顺序应从提高搅拌质量，减少叶片和衬板的磨损，减少拌合物与搅拌筒的黏结，减少水泥飞扬和改善工作环境等方面综合考虑确定。按原材料投料不同，混凝土的投料方法可分为一次投料法、两次投料法和水泥裹砂法等。

一次投料法是将原材料（砂、水泥、石子）一起同时投入搅拌机内进行搅拌。为了减少水泥飞扬和黏壁现象，对自落式搅拌机要在搅拌筒内先加部分水，投料时砂压住水泥，水泥不致飞扬，且水泥和砂先进入搅拌筒形成水泥砂浆，可缩短包裹石子的时间。对立轴强制式搅拌机，因出料口在下部，不能先加水，应在投入原料的同时，缓慢均匀分散地加水。

两次投料法分两次加水，两次搅拌。这种方法是先将全部水泥进行造壳搅拌 30s 左右，然后加入 30% 的拌合水再进行糊化搅拌 60s 左右即完成。与普通搅拌工艺相比，用裹砂石法搅拌工艺可使混凝土强度提高 10%~20%，或节约水泥 5%~10%。在我国推广这种新工艺，有巨大的经济效益。

水泥裹砂法的拌制是先加一定量水，将砂表面含水量调节到某一规定数值，将石子倒入，与湿砂拌匀，然后倒入全部水泥与湿润的砂、石拌和，则水泥在砂、石表面形成低水胶比的水泥浆壳，最后将剩余的水和外加剂倒入，拌制成混凝土。

3. 进料容量

施工配合比换算是以每立方米混凝土为计算单位的，搅拌时要根据搅拌机的出料容量（即一次可搅拌出的混凝土量）来确定进料容量。

5.3.3　混凝土的运输

1. 混凝土运输的基本要求

混凝土运输方案的选择，应根据建筑结构特点、混凝土工程量、运输距离、地形、道路、气候条件以及现有设备情况等进行考虑。无论采用何种运输方案，均应满足以下要求：

1）保证混凝土的浇筑量，尤其是在滑模施工和不允许留施工缝的情况下，混凝土运输必须保证其浇筑工作能够连续进行。

2）混凝土在运输中，应保持其均匀性，做到不分层、不离析、不漏浆。运到浇筑地点时，应具有要求的坍落度；当有离析现象时，应进行二次搅拌之后方可入模。

3）混凝土的运输工具要求不吸水、不漏浆、内壁平整光洁，且能满足运输时间的要求。普通混凝土从搅拌机中卸出后到浇筑完毕的延续时间不宜超过表 5-5 中的规定。若需进行长距离运输可选用混凝土搅拌运输车。

4）尽可能使运输线路短直、道路平坦、车辆行驶平稳，防止造成混凝土分层离析。同时还应考虑布置环形回路，以免车辆阻塞。

5）采用泵送混凝土应保证混凝土泵连续工作，输送管线宜直，转弯宜缓，接头应严密，少用锥形管，若管道向下倾斜，应防止混入空气，产生堵塞。泵送前应先用适量的与混凝土内成分相同的水泥浆或水砂浆润滑输送管内壁。混凝土从卸料、运输到泵送完毕时间不得超过 1.5h，夏季还应缩短。用混凝土搅拌运输车的运输时间应在 1h 以内，泵送应在 45min 以内。若泵送间歇延续时间超过 45min 或当混凝土出现离析现象时，应立即用压力水或其他方法冲洗管内残留的混凝土，保持正常输送。在泵送过程中受料斗内应具有足够的混凝土，以防止吸入空气，产生堵塞。

表 5-5　混凝土从搅拌机中卸出到浇筑完毕的延续时间限值　（单位：min）

混凝土强度等级	气温/℃	
	低于或等于 25	高于 25
C30 及 C30 以下	120	90
C30 以下	90	60

2. 混凝土运输工具

混凝土运输分为水平运输、垂直运输两种情况，水平运输又分为地面运输和楼面运输两种情况。

（1）混凝土水平运输工具　有手推车、机动翻斗车、混凝土搅拌运输车等。

1）手推车。手推车是施工工地上普遍使用的水平运输工具，其种类有独轮、双轮和三轮手拉车等多种。手推车具有小巧、轻便等特点，不但适用于一般的地面水平运输，还能在脚手架、施工栈道上使用，也可与塔式起重机、井架等配合使用，解决垂直运输混凝土、砂浆等材料的需要。

2）机动翻斗车。机功翻斗车系用柴油机装配而成的翻斗车，功率为 7355W，最大行驶速度达 35km/h。车前装有容量为 400L、载重 1000kg 的翻斗。机动翻斗车具有轻便灵活、结构简单、操纵简便、转弯半径小、速度快、能自动卸料等特点。适用于短距离水平运输。

3）混凝土搅拌运输车。混凝土搅拌运输车是运送混凝土的专用设备。其特点是在运量大、运距远的情况下，能保证混凝土的质量均匀，一般在混凝土制备点（商品混凝土站）与浇筑点距离较远时采用。运送方式有两种：一是在10km范围内短距离运送时，只作运输工具使用，即将拌合好的混凝土运送至浇筑点，在运输途中为防止混凝土分离，搅拌筒只做低速搅动，避免混凝土拌合物分离或凝固；二是在运距较长时，搅拌运输两者兼用，即先在混凝土搅拌站将干料（砂、石、水泥）按配比装入搅拌筒内，并将水注入配水箱，开始只做干料运送，然后在到达距使用点10~15min路程时，起动搅拌筒回转，并向搅拌筒注入定量的水，这样在运输途中边运输边搅拌成混凝土拌合物，送至浇筑点卸出。

（2）混凝土垂直运输工具　有塔式起重机、混凝土提升机、井架、桅杆式起重机等。

1）塔式起重机。塔式起重机主要用于大型建筑和高层建筑的垂直运输。塔式起重机可通过料灌（又称料斗）将混凝土直接送到浇筑地点。料灌上部开口，下部有门；装料时平卧地上由搅拌机或汽车将混凝土自上口装入，吊起后料灌直立，在浇筑地点通过下口将混凝土浇入模板内。

2）混凝土提升机。混凝土提升机是供快速输送大量混凝土的垂直提升设备。它是由钢井架、混凝土提升斗、高速卷扬机等组成，其提升速度可达50~100m/min。当混凝土提升到施工楼层后，卸入楼面受料斗，再采用其他楼面水平运输工具（如手推车等）运送到施工部位浇筑。一般每台容量为$0.5m^3\times2$的双斗提升机，当提升速度为75m/min，最高高度达120m时，混凝土输送能力可达$20m^3/h$。因此对于混凝土浇筑量较大的工程，特别是高层建筑，在缺乏其他高效能机具的情况下，是较为经济适用的混凝土垂直运输机具。

3）井式升降机。井式升降机一般由井架、台灵拔杆、卷扬机、吊盘、自动倾卸吊斗及钢丝缆风绳等组成，具有一机多用、构造简单、装拆方便等优点。使用井式升降机时一般有两种方式：

① 将混凝土用小车推到井式升降机的升降平台上，提升到楼层后再运到浇筑地点。

② 将搅拌机直接安装在井式升降机旁，混凝土卸入升降机的料斗内，得升到楼层后再卸入小车内并运到浇筑地点。用小车运送混凝土时，楼层上要架设行车跳板，以免压坏已扎好的钢筋。

4）桅杆式起重机。桅杆式起重机具有制作简单、拆装方便，起重量大（可达200t以上）及受地形限制小等特点，能安装其他起重机所不能安装的一些特殊构件和设备。如在山区的建筑施工中，大型起重机不能运入时，桅杆式起重机的作用就显得尤为显著。但其灵活性差、工作半径小、移动较困难，并且需拉设较多的缆风绳。

5.3.4 混凝土的浇筑

混凝土浇筑的一般要求

1）浇筑前，应根据工程对象、结构特点，结合具体条件，制定具体的浇筑方案；进行机具准备及检查，检查模板、支架、钢筋和预埋件的正确性，并进行验收；浇筑用脚手架、走道的搭设和安全检查；根据实验室下达的混凝土配合比通知单准备和检查材料。浇筑过程中，要充分保证水电及原材料的供应。

2）混凝土浇筑应分层、分段进行。

3）混凝土应连续浇筑，以保证结构的整体性。

4）混凝土施工阶段应注意天气的变化情况，以保证混凝土连续浇筑的顺利进行。在降雨雪时，不宜露天浇筑混凝土，若必须浇筑，应采取有效措施，确保混凝土质量。

5）混凝土浇筑要保证混凝土的均匀性和密实性，要保证结构的整体性、尺寸准确和钢筋、预埋件的位置正确，拆模后混凝土表面要平整、光洁。

6）由于混凝土工程属于隐蔽工程，因而对混凝土量大的工程、重要工程或重点部位的浇筑，以及其他施工中的重大问题，均应随时填写施工记录。

5.3.5　混凝土的养护

混凝土浇捣后，之所以能逐渐凝结硬化，主要是水泥水化作用的结果，而水化作用则需要适当的温度和湿度条件。因此，为了保证混凝土有适宜的硬化条件，使其强度不断增长，必须对混凝土进行养护。对于一般塑性混凝土应在浇筑后 6～18h 内（炎夏时 2～3h）进行养护，对于干硬性混凝土应在浇筑后 1～2h 内进行养护。混凝土必须养护至其强度达到 1.2N/mm^2 以上时，才能允许在其上行人或安装模板和支架。

养护条件对于混凝土强度的增长有重要影响。在施工过程中，应根据原材料、配合比、浇筑部位和季节等具体情况，制定合理的施工技术方案，采取有效的养护措施，保证混凝土强度的正常增长。混凝土的养护方法分为自然养护和加热养护两种。

5.3.6　混凝土的冬期施工

混凝土之所以能凝结、硬化并获得强度，是由于水泥和水进行水化作用的结果。水化作用的速度在一定湿度条件下主要取决于温度，温度越高，强度增长越快。当温度降至 0℃ 以下时，水化作用基本停止。温度再继续下降，混凝土内的水开始结冰。水结冰后体积膨胀 8%～9%，在混凝土内部产生冰晶应力，使强度很低的水泥石结构内部产生微裂纹，同时减弱了水泥与砂石和钢筋之间的粘结力，从而使混凝土强度降低。

根据当地多年气温资料，凡连续 5d 室外日平均气温低于 5℃ 时，应采取冬期施工技术措施进行混凝土施工。

第6章　结构吊装工程

在现场或工厂预制的结构构件或构件组合，用起重机械在施工现场把它们吊起并安装在设计位置上，这样形成的结构称为装配式结构。结构吊装工程就是有效地完成装配式结构构件的吊装任务。

结构吊装工程是装配结构工程施工的主导工种工程，其施工特点如下：

1）受预制构件的类型和质量影响大。预制构件的外形尺寸、预埋件位置是否正确、强度是否达到要求以及预制构件类型的多少，都直接影响吊装进度和工程质量。

2）正确选用起重机具是完成吊装任务的主导因素。构件的吊装方法，取决于所采用的起重机械。

3）构件的应力状态变化多。构件在运输和吊装时，因吊点或支承点使用不同，其应力状态也会不一致，甚至完全相反，必要时应对构件进行吊装验算，并采取相应措施。

4）高处作业多，容易发生事故，必须加强安全教育，并采取可靠措施。

6.1　起重机具

6.1.1　卷扬机

卷扬机又称绞车。按驱动方式可分手动卷扬机和电动卷扬机。卷扬机是结构吊装最常用的工具。

用于结构吊装的卷扬机多为电动卷扬机。电动卷扬机主要由电动机、卷筒、电磁制动器和减速机构等组成（图6-1）。卷扬机分快速和慢速两种。快速电动卷扬机主要用于垂直运输和打桩作业；慢速电动卷扬机主要用于结构吊装、钢筋冷拉、预应力筋张拉等作业。

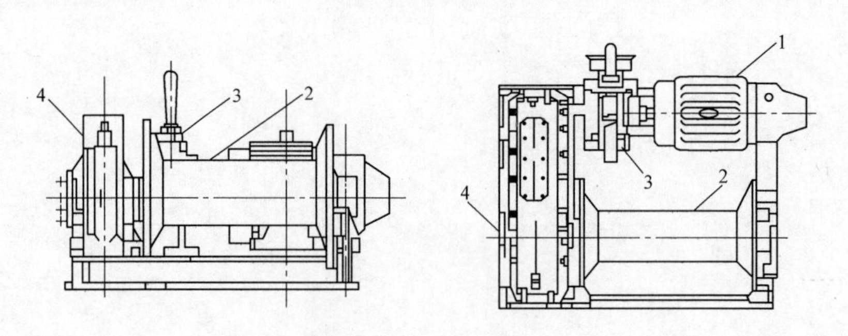

图6-1　电动卷扬机

1—电动机　2—卷筒　3—电磁制动器　4—减速机构

选用卷扬机的主要技术参数是卷筒牵引力、钢丝绳的速度和卷筒容绳量。

使用卷扬机应当注意：

1）为使钢丝绳能自动在卷筒上往复缠绕，卷扬机的安装位置应使距第一个导向滑轮的距离 l 为卷筒长度 a 的15倍，即当钢丝绳在卷筒边时，与卷筒中垂线的夹角不大于2°（图6-2）。

2）钢丝绳引入卷筒时应接近水平，并应从卷筒的下面引入，以减少卷扬机的倾覆力矩。

3）卷扬机在使用时必须有可靠的固定，如基础固定、压重物固定、设锚碇固定或利用树木、构筑物等做固定。

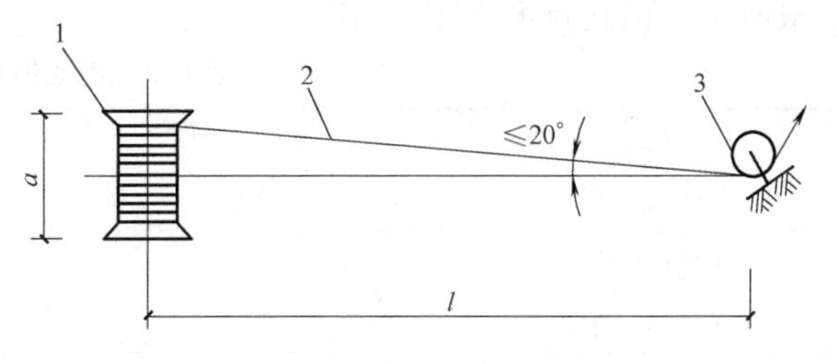

图 6-2 卷扬机与第一个导向滑轮的布置

1—卷筒 2—钢丝绳 3—第一个导向滑轮

6.1.2 钢丝绳

钢丝绳是起重机械中用于悬吊、牵引或拘缚重物的挠性件。它是由许多根直径为 0.4~2mm，抗拉强度为 1200~2200MPa 的钢丝按一定规则捻制而成。按照捻制方法不同，分为单绕、双绕和三绕。土木工程施工中常用的是双绕钢丝绳，它是由钢丝捻成股，再由多股围绕绳芯绕成绳。双绕钢丝绳按照捻制方向分为同向绕、交叉绕和混合绕三种（图 6-3）。同向绕是指钢丝捻成股的方向与股捻成绳的方向相同，这种绳的挠性好、表面光滑磨损小，但易松散和扭转，不宜用来悬吊重物。交叉绕是指钢丝捻成股的方向与股捻成绳的方向相反，这种绳不易松散和扭转，宜作起吊绳，但挠性差。混合绕是指相邻的两股的钢丝绕向相反，性能介于同向绕和交叉绕之间，制造复杂，用得较少。

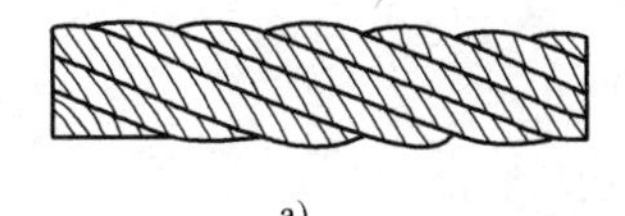

a)

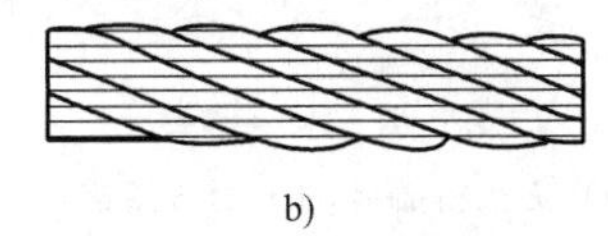

b)

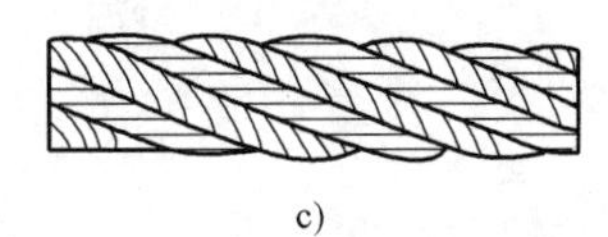

c)

图 6-3 双绕钢丝绳的绕向

a）同向绕 b）交叉绕 c）混合绕

钢丝绳按每股钢丝数量的不同又可分为 6×19、6×37 和 6×61 三种。6×19 钢丝绳在绳的直径相同的情况下，钢丝粗，比较耐磨，但较硬，不易弯曲，一般用作缆风绳；6×37 钢丝绳比较柔软可用作穿滑轮组和吊索；6×61 钢丝绳质地软，主要用于重型起重机械中。

钢丝绳在选用时应考虑多根钢丝的受力不均匀性及其用途，钢丝绳的允许拉力 $[F_g]$ 按下式计算：

$$[F_g]=\frac{aF_g}{K} \tag{6-1}$$

式中 F_g——钢丝绳的钢丝破断拉力总和（kN）；

a——钢丝绳破断拉力换算系数（考虑钢丝受力不均匀性），见表 6-1；

K——钢丝绳安全系数，见表 6-2。

表 6-1 钢丝绳破断拉力换算系数

钢丝绳结构	换算系数
6×19	0.85
6×37	0.82
6×61	0.80

6.1.3 锚碇

6.1.3.1 锚碇的种类

锚碇又称地锚，是用来固定缆风绳和卷扬机的，它是保证系缆构件稳定的重要组成部分，一般有桩式锚碇和水平锚碇两种。

表 6-2 钢丝绳安全系数

用途	安全系数	用途	安全系数
作缆风绳	3.5	作吊索(无弯曲时)	6~7
用于手动起重设备	4.5	用于捆绑吊索	8~10
用于电动起重设备	5~6	用于载人升降机	14

桩式锚碇系用木桩或型钢打入土中而成。

水平锚碇可承受较大荷载，分无板栅水平锚碇和有板栅水平锚碇两种（图 6-4）。

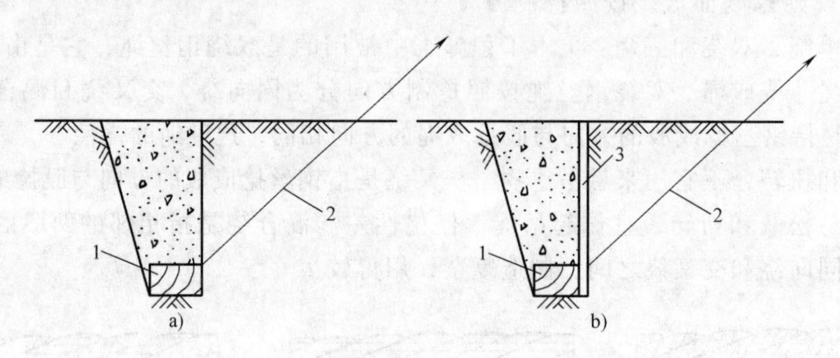

图 6-4 水平锚碇

a）无板栅锚碇 b）有板栅锚碇

1—横梁 2—钢丝绳（或拉杆） 3—板栅

6.1.3.2 锚碇的设计

水平锚碇的计算的内容：在垂直分力作用下锚碇的稳定性；在水平分力作用下侧向土壤的强度；锚碇横梁计算。

1. 锚碇的稳定性计算

锚碇的稳定性（图 6-5），按下列公式计算：

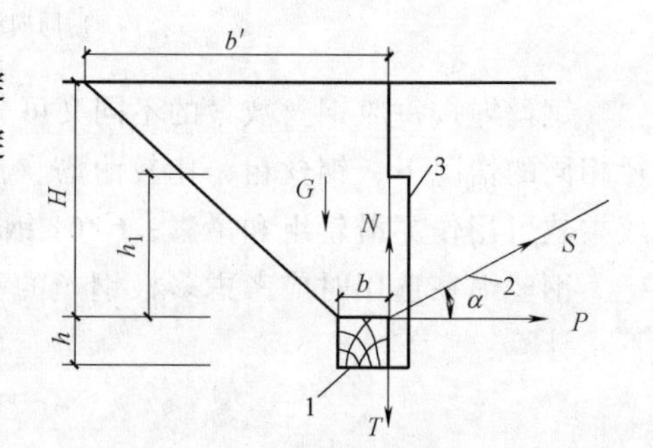

图 6-5 锚碇稳定性计算图

1—横木 2—钢丝绳 3—板栅

$$\frac{G+T}{N} \geqslant K \tag{6-2}$$

式中 K——安全系数，一般取 2；

N——锚碇所受荷载的垂直分力，计算式为

$$N = S\sin\alpha$$

S——锚碇荷重；

G——土的重量，计算式为

$$G = \frac{b+b'}{2}Hl\gamma \tag{6-3}$$

l——横梁长度；

γ——土的重度；

b——横梁宽度；

b'——有效压力区宽度，与土壤内摩擦角有关，即

$$b' = b + H\tan\varphi_0 \tag{6-4}$$

φ_0——土壤内摩擦角，松土取15°~20°，一般土取20°~30°，坚硬土取30°~40°；

H——锚碇埋置深度；

T——摩擦力，计算式为

$$T=fP \tag{6-5}$$

f——摩擦系数，对无板栅锚碇取0.5，对有板栅锚碇取0.4；

P——S的水平分力；$P=S\cos\alpha$。

2. 侧向土壤强度

（1）对无板栅锚碇

$$[\sigma]\cdot\eta\geqslant\frac{P}{hl} \tag{6-6}$$

（2）对有板栅锚碇

$$[\sigma]\cdot\eta\geqslant\frac{P}{(h+h_1)l} \tag{6-7}$$

式中　$[\sigma]$——深度H处的土的容许压应力，可取

$$[\sigma]=\gamma\cdot H\tan^2\left(45°+\frac{\varphi}{2}\right)+2C\cdot\tan\left(45°+\frac{\varphi}{2}\right) \tag{6-8}$$

η——降低系数，可取0.5~0.7。

3. 锚碇横梁计算

当使用一根吊索（图6-6a），横梁为圆形截面时，可按单向弯曲的构件计算；横梁为矩形截面时，按双向弯曲构件计算。

当使用两根吊索的横梁，按偏心双向受压构件计算（图6-6b）。

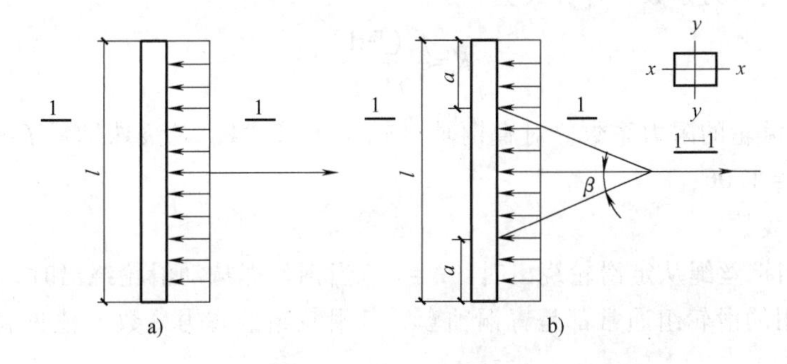

图6-6　锚碇横梁计算

a）一根吊索的横梁计算图　b）两根吊索的横梁计算图

6.1.4　其他机具

1. 滑轮组

滑轮组是由一定数量的定滑轮和动滑轮以及绕过它们的绳索组成。滑轮组具有省力和改变力的方向的功能，是起重机械的重要组成部分。滑轮组共同负担构件重量的绳索根数称为工作线数（图6-7）。通常滑轮组的名称以组成滑轮组的定滑轮和动滑轮的数目来表示，如由四个定滑轮和四个动滑轮组成的滑轮组称为四四滑轮组。

滑轮组钢丝绳跑头拉力S，可按下式计算

$$S=KQ \tag{6-9}$$

式中　S——跑头拉力；

Q——计算荷载；

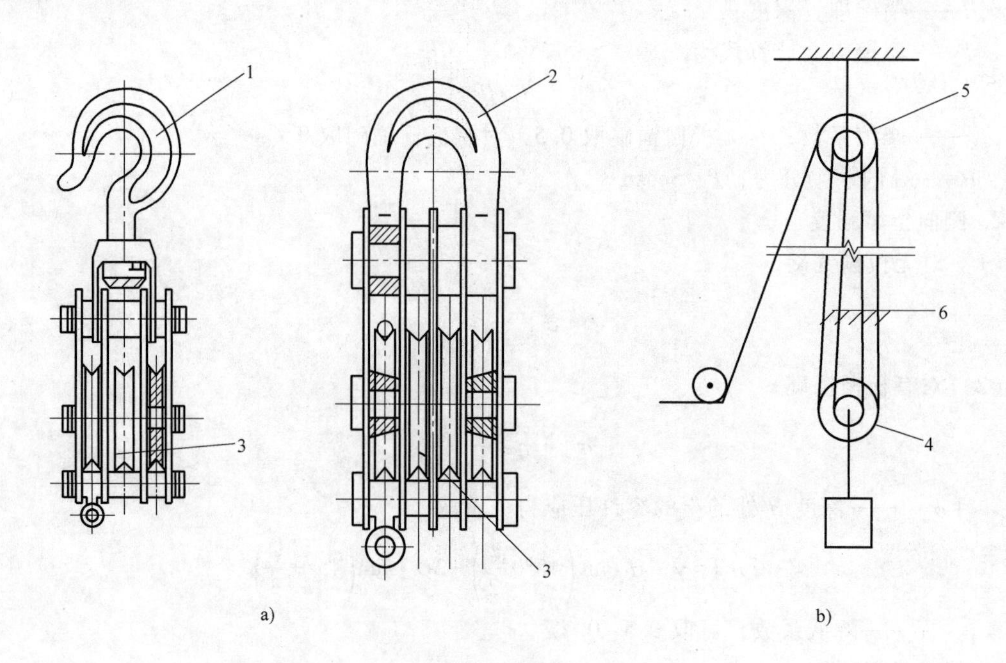

图 6-7 滑轮组

a）滑车 b）工作线数计算

1—开口吊钩 2—闭口吊环 3—滑轮 4—动滑轮 5—定滑轮 6—工作线数（本图为 $n=4$）

K——滑轮组省力系数，计算式为

$$K=\frac{f^N(f-1)}{f^n-1} \tag{6-10}$$

f——单个滑轮的阻力系数。对青铜轴套轴承 $f=1.04$；对滚珠轴承 $f=1.02$；对无轴套轴承 $=1.06$；

n——工作线数。

N 的取值：当钢丝绳从定滑轮绕出时，$N=n$；当钢丝绳从动滑轮绕出时，$N=n-1$。

起重机械所用的滑轮组通常都是青铜轴套，其滑轮组的省力系数 K 值见表 6-3。

表 6-3 青铜轴套滑轮组省力系数

工作线数 n	1	2	3	4	5	6	7	8	9	10
省力系数 K	1.04	0.529	0.360	0.275	0.224	0.190	0.166	0.148	0.134	0.123
工作线数 n	11	12	13	14	15	16	17	18	19	20
省力系数 K	0.114	0.106	0.100	0.095	0.090	0.086	0.082	0.079	0.076	0.074

2. 横吊梁

横吊梁又称铁扁担，常用于柱和屋架等构件的吊装。用横吊梁吊柱可使柱身保持垂直，便于安装；用横吊梁吊屋架则可降低起吊高度和减少吊索的水平分力对屋架的压力。

横吊梁有滑轮横吊梁、钢板横吊梁、桁架横吊梁和钢管横吊梁等形式。滑轮横吊梁由吊环、滑轮和轮轴等部分组成（图 6-8a）。一般用于吊装 8t 以内的柱。钢板横吊梁由 Q235 钢板制作而成（图 6-8b），一般用于 10t 以下柱的吊装。桁架横吊梁用于双机抬吊安装柱子（图 6-8c）。钢管横吊梁的钢管长 6~12m（图 6-8d），一般用于吊装屋架。

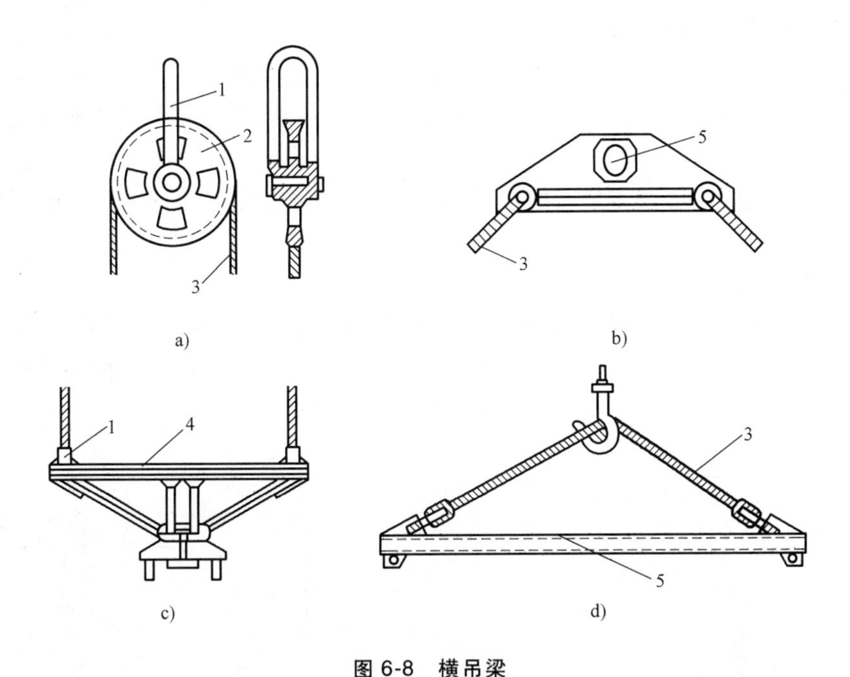

图6-8　横吊梁

a）滑轮横吊梁　b）钢板横吊梁　c）桁架横吊梁　d）钢管横吊梁

1—吊环　2—滑轮　3—吊索　4—桁架　5—钢管

6.2　起重机械

6.2.1　桅杆式起重机

桅杆式起重机具有制作简单、装拆方便、起重量大（可达1000kN以上）、受地形限制小等优点。但它的灵活性较差，工作半径小，移动较困难，并需要拉设较多的缆风绳，故一般只适用于安装工程量比较集中的工程。

桅杆式起重机可分为独脚把杆、人字把杆、悬臂把杆和牵缆式桅杆起重机。

1. 独脚把杆

独脚把杆由把杆、起重滑轮组、卷扬机、缆风绳和锚碇等组成，如图6-9a所示。使用时，把杆应保持不大于10°的倾角，以便吊装构件时不致撞击把杆。把杆底部要设置拖子以便移动。把杆的稳定主要依靠缆风绳，缆风绳的一端固定在桅杆顶端，另一端固定在锚碇上，缆风绳一般设4~8根。根据制作材料的不同，有木独脚把杆、钢管独脚把杆及金属格构式独脚把杆等。

2. 人字把杆

人字把杆是由两根圆木或两根钢管以钢丝绳绑扎或铁件铰接而成，如图6-9b所示。两杆在顶部相交呈20°~30°角，底部设有拉杆或拉绳，以平衡把杆本身的水平推力。其中一根把杆的底部装有一导向滑轮组，起重索通过它连到卷扬机，另用一钢丝绳连接到锚碇，以保证在起重时底部稳固。人字把杆是前倾的，但倾斜度不宜超过1/10，并在前、后面各用两根缆风绳拉结。

人字把杆的优点是侧向稳定性较好，缆风绳较少；缺点是起吊构件的活动范围小，故一般仅用于安装重型柱或其他重型构件。

3. 悬臂把杆

在独脚把杆的中部或2/3高度处装上一根起重臂，即成悬臂把杆。起重杆可以回转和起伏变幅，如图6-9c所示。

悬臂把杆的特点是能够获得较大的起重高度，起重杆能左右摆动120°~270°，宜于吊装高度较大的构件。

4. 牵缆式桅杆起重机

在独脚把杆的下端装上一根可以360°回转和起伏的起重杆而成，如图6-9d所示。它具有较大的起重半径，能把构件吊送到有效起重半径内的任何位置。格构式截面的桅杆起重机，起重量可达600kN，起重高度可达80m，其缺点是缆风绳较多。

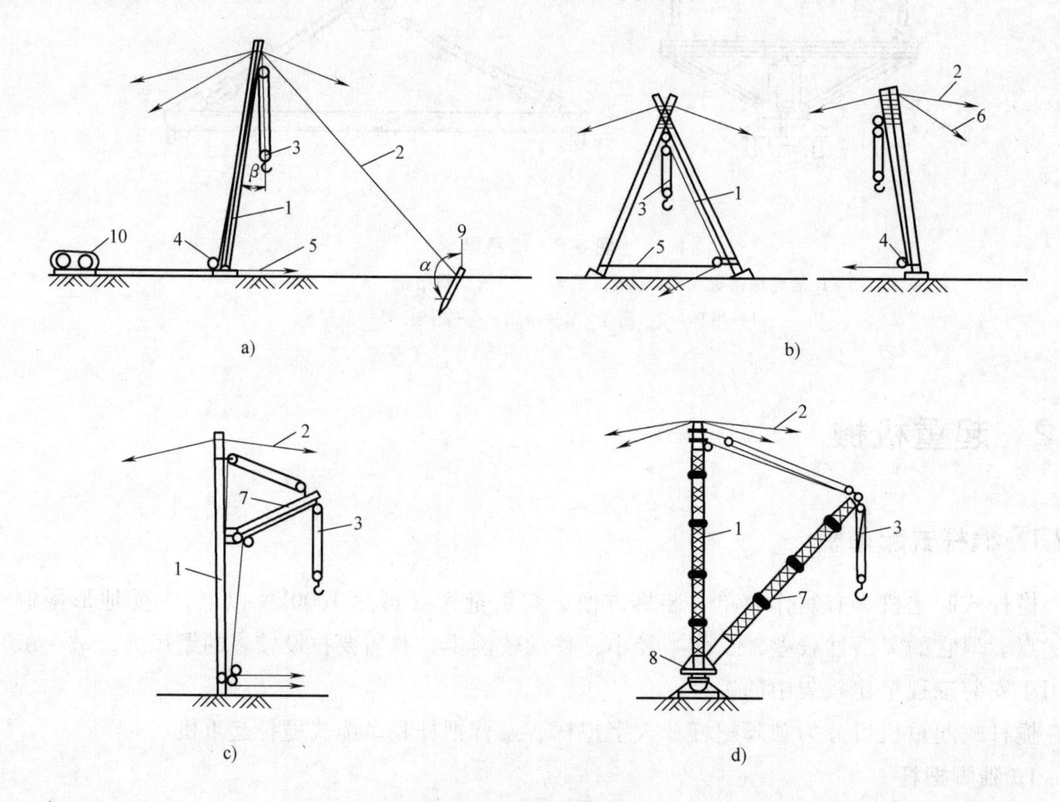

图6-9 桅杆式起重机

a）独脚把杆 b）人字把杆 c）悬臂把杆 d）牵缆式桅杆起重机

1—把杆 2—缆风绳 3—起重滑轮组 4—导向装置

5—拉索 6—主缆风绳 7—起重臂 8—回转盘 9—锚碇 10—卷扬机

6.2.2 履带式起重机

履带式起重机是一种具有履带行走装置的转臂起重机。其起重量和起重高度较大，常用的起重量为100~500kN，目前最大起重量达3000kN，最大起重高度达135m。由于履带接地面积大，起重机能在较差的地面上行驶和工作，可负载移动，并可原地回转，故多用于单层工业厂房及旱地桥梁等结构吊装。但其自重大，行走速度慢，远距离转移时需要其他车辆运载。

履带式起重机主要由底盘、机身和起重臂三部分组成（图6-10）。

木工程中常用的履带式起重机主要有W_1-50型、W_1-100型、W_1-200型等，其技术性能见

表 6-4。

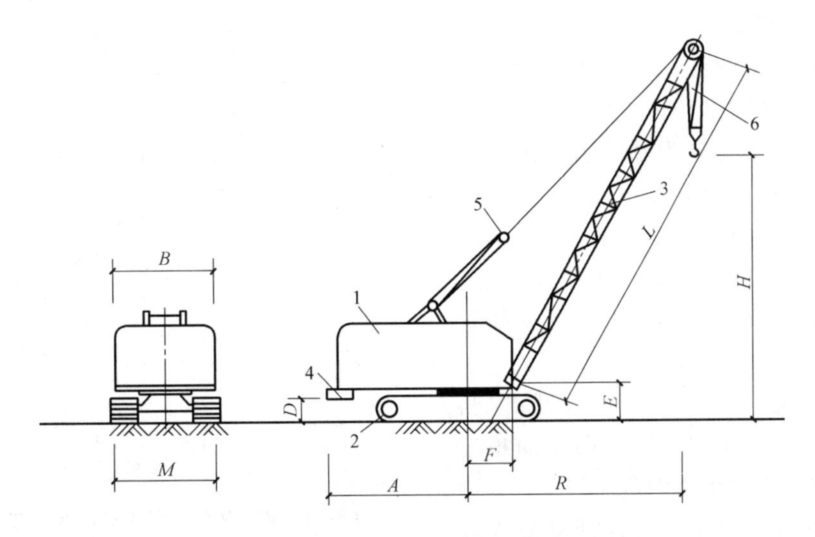

图 6-10　履带式起重机

1—机身　2—行走装置（履带）　3—起重杆　4—平衡重
5—变幅滑轮组　6—起重滑轮组　H—起重高度　R—起重半径　L—起重杆长度

表 6-4　履带式起重机的技术性能

项目		W_1-50		W_1-100		W_1-200		
最大起重量/kN		100		150		500		
整机工作质量/t		23.11		39.79		75.79		
接地平均压力/MPa		0.071		0.087		0.122		
吊臂长度/m		10	18	13	23	15	30	40
最大起升高度/m		9	17	11	19	12	26.5	36
最小幅度/m		3.7	4.5	4.5	6.5	4.5	8	10
主要外形尺寸/mm	A	2900		3300		4500		
	B	2700		3120		3200		
	D	1000		1095		1190		
	E	1555		1700		2100		
	F	1000		1300		1600		
	M	2850		3200		4050		

履带式起重机的主要技术参数有三个：起重量 Q、起重高度 H 和起重半径 R。图 6-11 所示为 W_1-100 型起重机的工作性能曲线，可见起重量、起重高度和回转半径的大小与起重臂长度均相互有关。当起重臂长度一定时，随着仰角的增大，起重量和起重高度的增加，而回转半径减小；当起重臂长度增加时，起重半径和起重高度增加而起重量减小。

6.2.3　汽车起重机

汽车起重机是一种将起重作业部分安装在汽车通用或专用底盘上、具有载重汽车行驶性能的轮式起重机。根据吊臂结构可分为定长臂、接长臂和伸缩臂三种，前两种多采用桁架结构臂，后一种采用箱形结构臂。根据动力传动，又可分为机械传动、液压传动和电力传动三种。

因其机动灵活性好，能够迅速转移场地，广泛用于土木工程。

现在普遍使用的汽车起重机多为液压伸缩臂汽车起重机，液压伸缩臂一般有 2~4 节，最下（最外）一节为基本臂，吊臂内装有液压伸缩机构控制其伸缩。

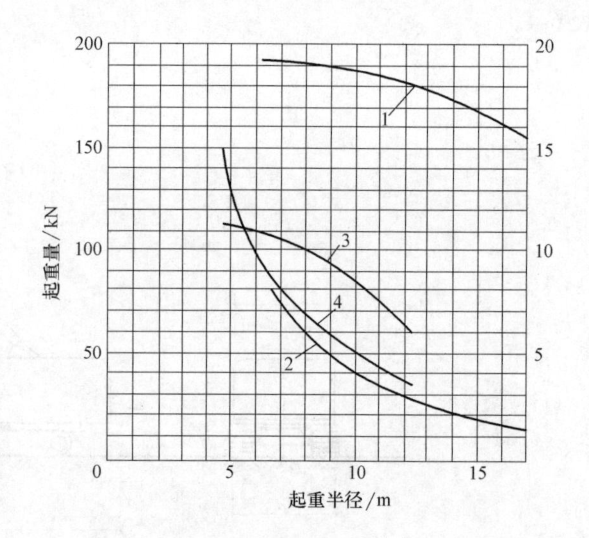

图 6-11 W_1-100 型履带式起重机工作曲线

1—起重臂长 23m 时 *H-R* 曲线　2—起重臂长 23m 时 *Q-R* 曲线
3—起重臂长 13m 时 *H-R* 曲线　4—起重臂长 13m 时 *Q-R* 曲线

图 6-12 所示为 QY-8 型汽车起重机的外形，该机采用黄河牌 JN150C 型汽车底盘，由起升、变幅、回转、吊臂伸缩和支腿机构等组成，全为液压传动。

汽车起重机作业时必须先打开支腿，以增大机械的支承面积，保证必要的稳定性。因此，汽车起重机不能负荷行驶。

汽车起重机的主要技术性能有最大起重量、整机质量、吊臂全伸长度、吊臂全缩长度、最大起升高度、最小工作半径、起升速度、最大行驶速度等。

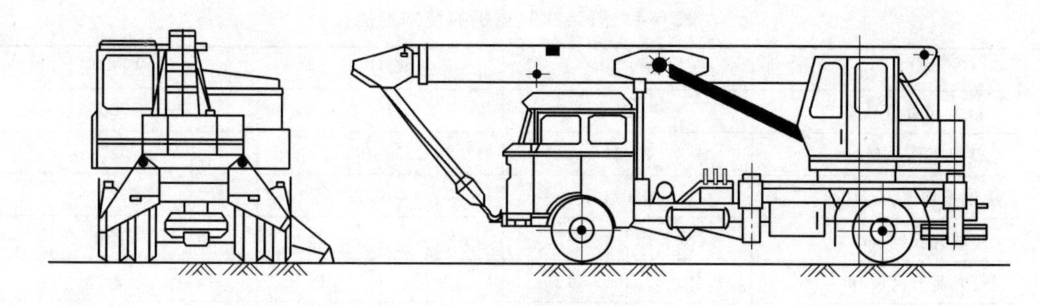

图 6-12 QY-8 型汽车起重机

6.2.4 塔式起重机

6.2.4.1 轨道式塔式起重机

轨道式塔式起重机是土木工程中使用最广泛的一种，它可带重物行走，作业范围大，非生产时间少，生产效率高。

常用的轨道式塔式起重机有 QT_1-2 型、QT_1-6 型、QT-60/80 型、QT_1-15 型、QT-25 型等多种。轨道式塔式起重机主要性能有吊臂长度、起重幅度、起重量、起升速度及行走速度等。

图 6-13 为 QT-60/80 型塔式起重机，它是一种上旋式塔式起重机，起重量 30~80kN，幅度 7.5~20m，是建筑工地上用得较多的一种塔式起重机。

QT-60/80 型塔式起重机由塔身、底架、塔顶、塔帽、吊臂、平衡臂和起升、变幅、回旋、行走机构及电气系统等组成。其特点是塔身可以按需要增减互换节而改变长度，并且可以转弯行驶。

6.2.4.2 爬升式塔式起重机

爬升式塔式起重机又称内爬式塔式起重机，通常安装在建筑物的电梯井或特设的开间内，也可安装在筒形结构内，依靠爬升机构随着结构的升高而升高。一般是每建造 3~8m，起重机

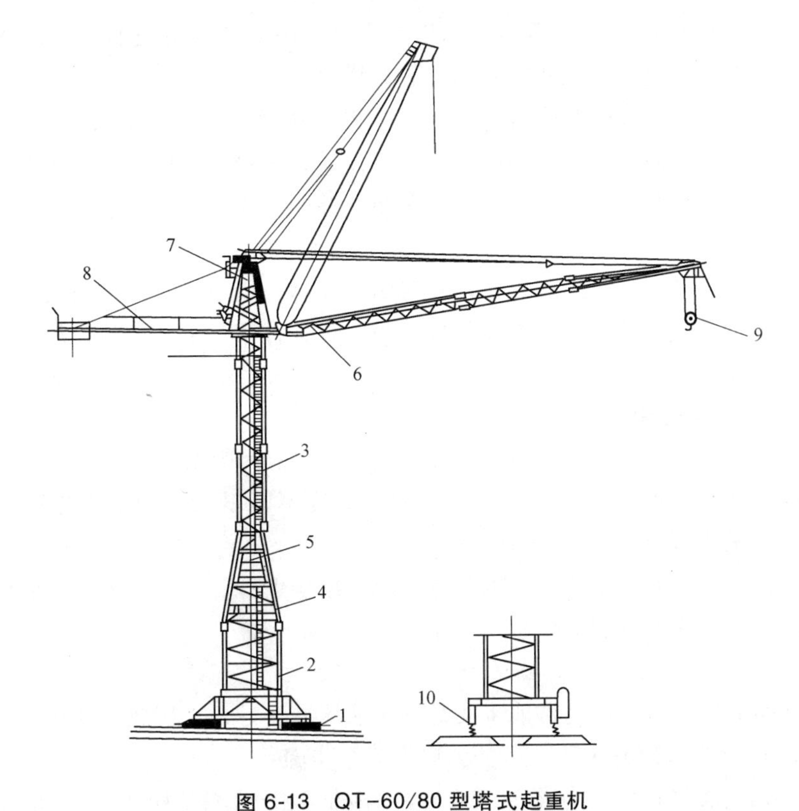

图 6-13　QT−60/80 型塔式起重机

1—从动台车　2—下节塔身　3—上节塔身　4—卷扬机构
5—操纵室　6—吊臂　7—塔顶　8—平衡臂　9—吊钩　10—驱动台车

就爬升一次，塔身自身高度只有 20m 左右，起重高度随施工高度而定。

爬升机构有液压式和机械式两种，图 6-14a 所示是液压爬升机构，由爬升梯架、液压缸、爬升横梁和支腿等组成。爬升梯架由上、下承重梁构成，两者相隔两层楼，工作时用螺栓固定在筒形结构的墙或边梁上，梯架两侧有踏步。其承重梁对应于起重机塔身的四根主肢，装有 8 个导向滚子，在爬升时起导向作用。塔身套装在爬升梯架内，顶升液压缸的缸体铰接于塔身横

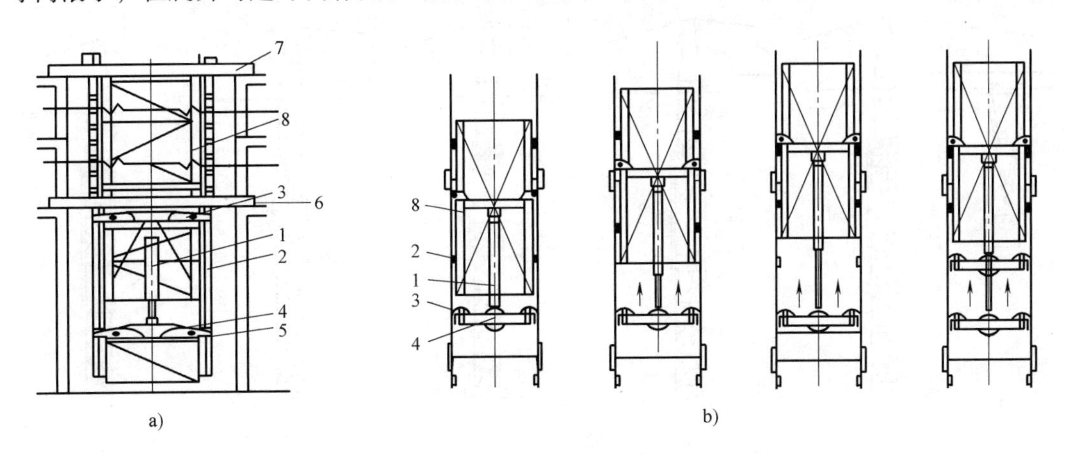

图 6-14　爬升塔式起重机

a）液压爬升机构　b）爬升过程

1—液压缸　2—爬升梯架　3—塔身支腿
4—爬升横梁　5—横梁支腿　6—下承重梁　7—上承重梁　8—塔身

梁上，而下端（活塞杆端）铰接于活动的下横梁中部。塔身两侧装支腿，活动横梁两侧也装支腿，依靠这两对支腿轮流支撑在爬梯踏步上，使塔身上升。

图 6-14b 所示为爬升式塔式起重的爬升过程。爬升横梁的支腿支承在爬梯下面的踏步上，顶升液压缸进油，将塔身向上顶升，顶到一定高度以后，塔身两侧的支腿支承在爬梯的上面踏步上，液压缸回缩，将爬升横梁提升到上一级踏步，并张开支腿支承于上一级踏步上。如此重复，使起重机上升。

爬升式塔式起重机的优点是：起重机以建筑物作支承，塔身短，起重高度大，而且不占建筑物外围空间、缺点是司机作业往往不能看到起吊全过程，需靠信号指挥；施工结束后拆卸复杂，一般需设辅助起重机拆卸。

6.2.4.3 附着式塔式起重机

附着式塔式起重机又称自升塔式起重机，直接固定在建筑物或构筑物近旁的混凝土基础上，随着结构的升高，不断自行接高塔身，使起重高度不断增大，为了塔身稳定，塔身每隔 20 m 高度左右用系杆与结构锚固。

附着式塔式起重机多为小车变幅，因起重机装在结构近旁，司机能看到吊装的全过程，自身的安装与拆卸不妨碍施工过程。

1. 顶升原理

附着式塔式起重机的自升接高目前主要是利用液压缸顶升，采用较多的是外套架液压缸侧顶式。如图 6-15 所示为其顶升过程，可分为以下五个步骤：

1）将标准节吊到摆渡小车上，并将过渡节与塔身标准节相连的螺栓松开，准备顶升（图 6-15a）。

2）开动液压千斤顶，将塔式起重机上部结构包括顶升套架向上顶升到超过一个标准节的高度，然后用定位销将套架固定。于是塔式起重机上部结构的重量就通过定位锁传递到塔身（图 6-15b）。

3）液压千斤顶回缩，形成引进空间，此时将装有标准节的摆渡小车开到引进空间内（图 6-15c）。

4）利用液压千斤顶稍微提起标准节，退出摆渡小车，然后将标准节平衡地落在下面的塔身上，并用螺栓加以连接（图 6-15d）。

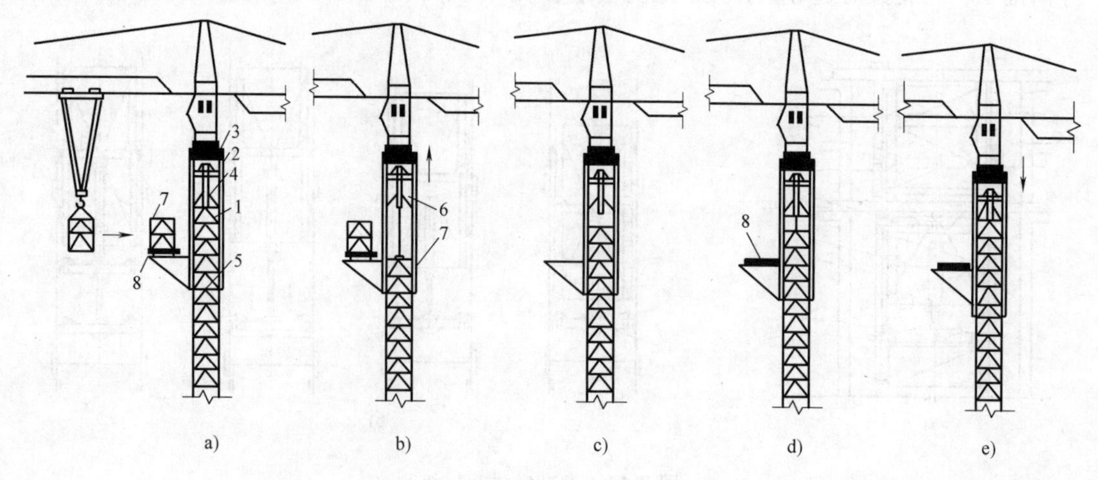

图 6-15 QT_4-10 型起重机的顶升过程

a）准备状态 b）顶升塔顶 c）推入塔身标准节 d）安装塔身标准节 e）塔顶与塔身联成整体

1—顶升套架 2—液压千斤顶 3—承座 4—顶升横梁 5—定位销 6—过渡节 7—标准节 8—摆渡小车

5）拔出定位销，下降过渡节，使之与已接高的塔身联成整体（图6-15e）。如一次要接高若干节塔身标准节，则可重复以上工序。

2. 技术性能

附着式塔式起重机的主要技术性能有吊臂长度、工作半径、最大起重量、附着式最大起升高度、起升速度、爬升机构顶升速度及附着间距等。

6.2.4.4 其他形式的起重机

1. 龙门架（龙门扒杆、龙门吊机）

龙门架是一种最常用的垂直起吊设备。在龙门架顶横梁上设置行车时，可横向运输重物、构件；当龙门架两腿下缘设有滚轮并置于铁轨上时，可在轨道上纵向运输；如在两腿下设能转向的滚轮，则可进行任何方向的水平运输。龙门架通常设在构件预制场用于吊移构件，或设在桥墩顶、墩旁用于安装大梁构件。常用的龙门架种类有钢木混合构造龙门架、扣脚龙门架和装配式钢桥桁节（贝雷）拼制的龙门架。图6-16所示为利用公路装配式钢桥桁节（贝雷）拼制的龙门架示例。

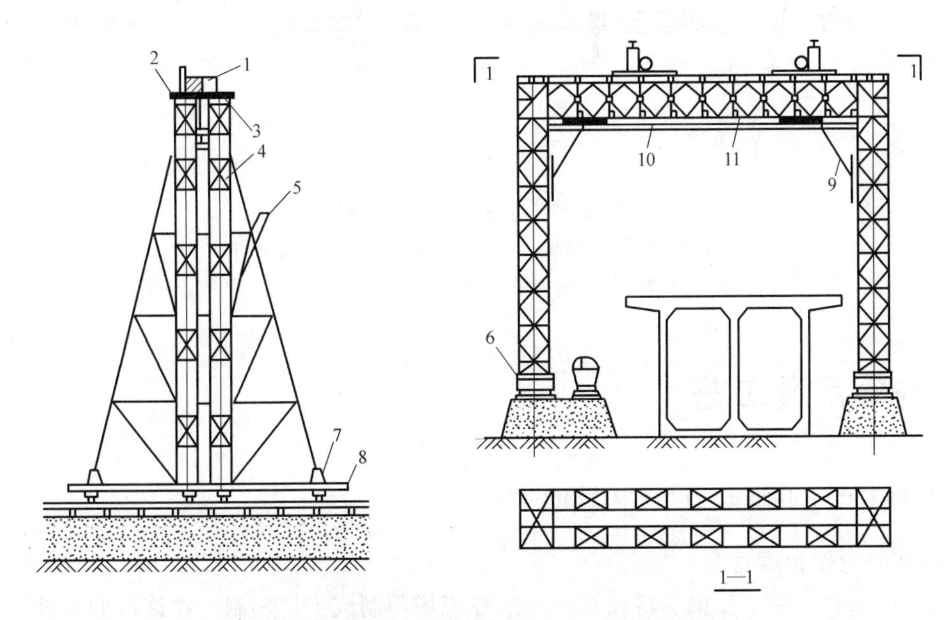

图6-16 利用公路装配式钢桥桁节（贝雷）拼制的龙门架

1—简单慢速卷扬机 2—行道板 3—枕木 4—贝雷桁片
5—斜撑 6—端桩 7—底梁 8—轨道平车 9—角撑 10—加强吊杆 11—单轨

2. 浮吊

主通航河流上建桥，浮吊船是重要的工作船。常用的浮吊有铁驳轮船浮吊和用木船、型钢及人字扒杆等拼成的简易浮吊。我国目前使用的最大浮吊船的起重量已达5000kN。

通常简单浮吊可以利用两只民用木船组拼成门船，用木料加固底舱，舱面上安装型钢组成的底板构架，上铺木板，其上安装人字扒杆制成。起重动力可使用一台双筒电动卷扬机，将其安装在门船后部中线上。人字扒杆的材料可以用钢管或圆木制作，并用两根钢丝绳分别固定在民船尾端两舷旁钢构件上。吊物平面位置的变动由门船移动来调节，另外还需配备电动卷扬机绞车、钢丝绳、锚链、铁锚作为移动及固定船位用。

3. 缆索起重机

缆索起重机适用于高差较大的垂直吊装和架空纵向运输，吊运量从数十吨至数百吨，纵向运距从几十米至几百米。

缆索起重机是由主索、天线滑车、起重索、牵引索、起重及牵引绞车、主索地锚、塔架、风缆、主索平衡滑轮、电动卷扬机、手摇绞车、链滑车及各种滑轮等部件组成。在吊装拱桥时，缆索吊装系统除了上述各部件外，还有扣索、扣索排架、扣索地锚、扣索绞车等部件。其布置方式如图 6-17 所示。

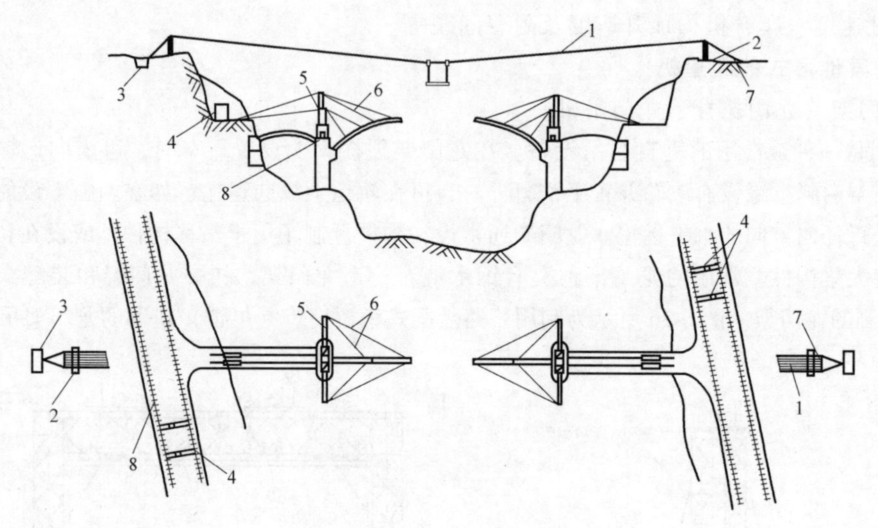

图 6-17 缆索吊装布置示例

1—主索 2—主索塔架 3—主索地锚 4—构件运输龙门架

5—万能杆件缆风架 6—扣索 7—主索收紧装置 8—龙门架轨道

6.3 构件吊装工艺

6.3.1 预制构件的制作、运输和堆放

1. 构件的制作和运输

预制构件如柱、屋架、梁、桥面板等一般在现场预制或工厂预制。在许可的条件下，预制时尽可能采用叠浇法。重叠层数由地基承载能力和施工条件确定，一般不超过 4 层，上下层间应做好隔离层，上层构件的浇筑应等到下层构件混凝土达到设计强度的 30% 以后才可进行。整个预制场地应平整夯实，不可因受荷、浸水而产生不均匀沉陷。

工厂预制的构件需在吊装前运至工地，构件运输宜选用载重量较大的载重汽车和半拖式或全拖式的平板拖车，将构件直接运到工地构件堆放处。

对构件运输时的混凝土强度要求是：如设计无规定时，不应低于设计的混凝土强度标准值的 75%。在运输过程中构件的支承位置和方法，应根据设计的吊（垫）点设置，避免引起超应力和使构件损伤。叠放运输构件之间必须用隔板或垫木隔开。上、下垫木应保持在同一垂直线上，支垫数量要符合设计要求以免构件受折；运输道路要有足够的宽度和转弯半径，图 6-18 为构件运输示意图。

2. 吊装前的构件堆放

预制构件的堆放应考虑便于吊升及吊升后的就位，特别是大型构件，如房屋建筑中的柱、屋架、桥梁工程中的箱梁、桥面板等，应做好构件堆放的布置图，以便一次吊升就位，减少起重设备负荷开行。对于小型构件，则可考虑布置在大型构件之间，也应以便于吊装，减少二次

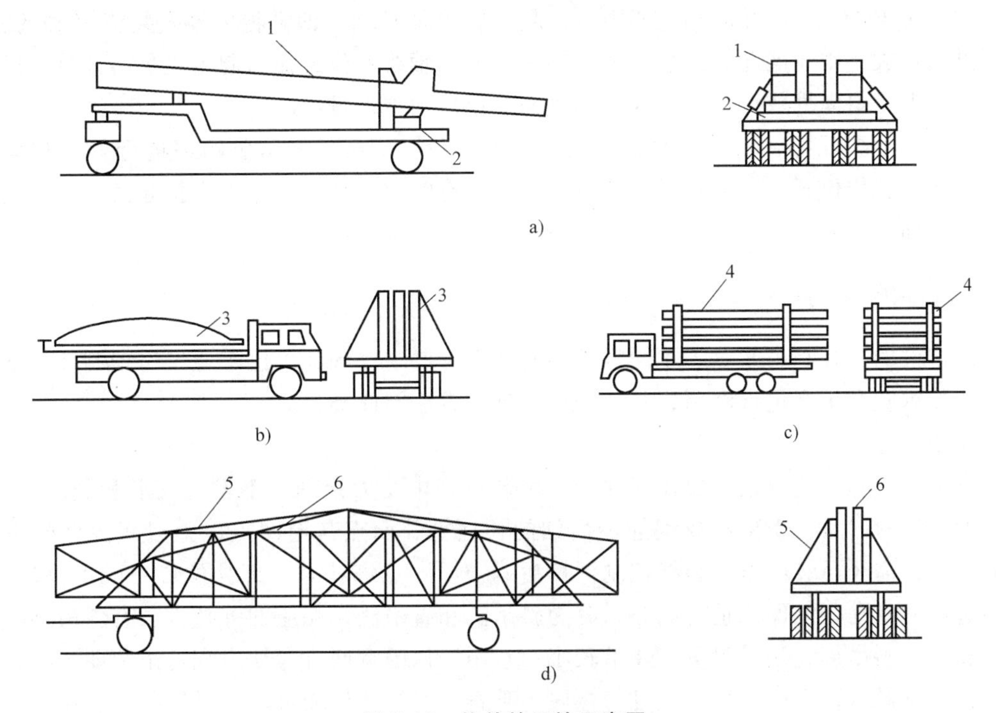

图 6-18　构件的运输示意图

a）拖车运输柱子　b）运输梁　c）运输大型预制板　d）用钢拖架运输桁架

1—柱子　2—垫木　3—大型梁　4—预制板　5—钢拖架　6—大型桁架

搬运为原则。但小型构件常采用随吊随运的方法，以便减少对施工场地占用。下面以单层厂房屋架为例说明预制构件的临时堆放原则。

预制屋架布置在跨之内，以 3~4 榀为一叠，为了适应在吊装阶段吊装屋架的工艺要求，首先需要用起重机将屋架由平卧转为直立，这一工作称为屋架的扶直（或称翻身、起板）。

屋架扶直后，随即用起重机将屋架吊起并转移到吊装前的堆放位置。屋架的堆放方式一般有两种，即屋架的斜向堆放和纵向堆放。各榀屋架之间保持不小于 20cm 的间距。各榀屋架都必须支撑牢靠，防止倾倒。对于纵向堆放的屋架，要避免在已吊装好的屋架下面进行绑扎和吊装。

这两种堆放方式以斜向堆放为宜（图 6-19）。由于扶直后的屋架放在 PQ 线之间，屋架扶直后的位置可保证其吊升后直接放置在对应的轴线上。如 H 轴屋架的吊升，起重机位于 O_2 点

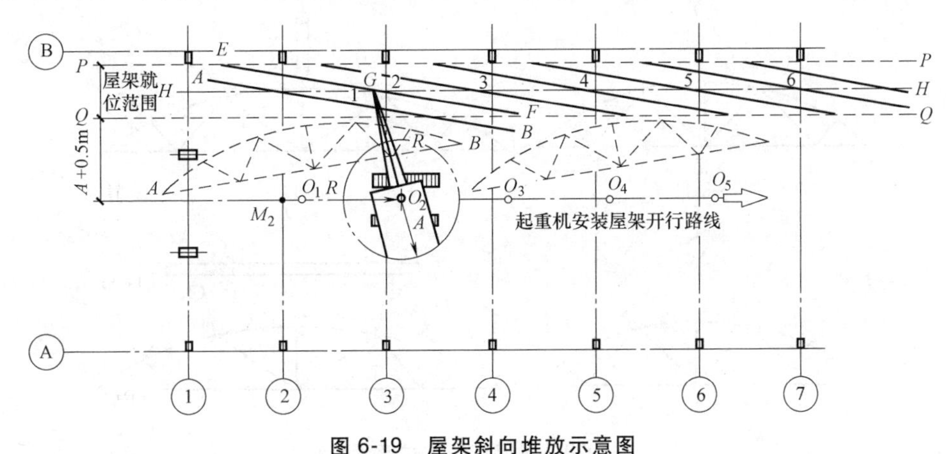

图 6-19　屋架斜向堆放示意图

处，吊钩位于 PQ 线之间的 H 轴屋架中点，起升后转向 H 轴，即可将屋架安装至 H 轴的柱顶。如采用纵向堆放，则屋架在起吊后不能直接转向安装轴线就位，而需起重机负荷开行一段后再安装就位。但是斜向堆放法占地较大，而纵向堆放法则占地较小。

小型构件运至现场后，按平面布置图安排的部位，依编号、吊装顺序进行就位和集中堆放。小型构件就位位置，一般在其安装位置附近，有时也可从运输车上直接起吊。采用叠放的构件，如屋面板、箱梁等，可以多块为一叠，以减少堆场用地。

6.3.2 构件的绑扎

预制构件的绑扎和吊升对于不同构件各有特点和要求，现就单层工业厂房预制柱和钢筋混凝土屋架的绑扎和吊升进行阐明，其他构件的施工方法与此类似。

1. 柱的绑扎

柱身绑扎点和绑扎位置，要保证柱身在吊装过程中受力合理，不发生变形和裂断。一般，中、小型柱绑扎一点；重型柱或配筋少而细的长柱绑扎两点甚至两点以上以减少柱的吊装弯矩；必要时，需经吊装应力和裂缝控制计算后确定。一点绑扎时，绑扎位置一般由设计确定。按柱吊起后柱身是否能保持垂直状态，分为斜吊法和直吊法，相应的绑扎方法有斜吊绑扎法和直吊绑扎法。斜吊绑扎法对起重杆要求较小，它用于柱的宽面抗弯能力满足吊装要求时，此法无需将预制杆翻身，但因起吊后柱身与杯底不垂直，对线就位较难。直吊绑扎法适用于杆宽面抗弯能力不足的情况，此时必须将预制柱翻身后窄面向上，以增大刚度，再绑扎起吊，此法因吊索需跨过柱顶，需要较长的起重杆。

2. 屋架的绑扎

对平卧叠浇预制的屋架，吊装前先要翻身扶直，然后起吊移至预定地点堆放。扶直时的绑扎点一般设在屋架上弦的节点位置上，最好是起吊、就位时的吊点。屋架的绑扎点和绑扎方式与屋架的形式和跨度有关，其绑扎的位置及吊点的数目一般由设计确定。如吊点与设计不符，应进行吊装验算。屋架绑扎时吊索与水平面的夹角 α 不宜小于 45°，以免屋架上弦杆承受过大的压力使构件受损。通常跨度小于 18m 的屋架可采用两点绑扎法，大于 18m 的屋架可采用三点或四点绑扎法。如屋架跨度很大或因加大 α 角，使吊索过长，起重机的起重高度不够时，可采用横吊梁。图 6-20 所示为屋架绑扎方式示意图。

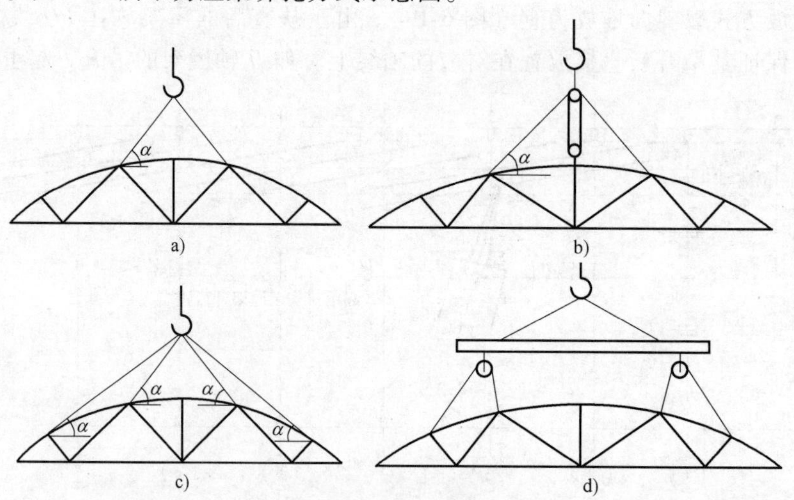

图 6-20 屋架绑扎方式示意图

a）屋架两点绑扎 b）屋架三点绑扎 c）屋架四点绑扎 d）用横吊梁四点绑扎

6.3.3　构件的吊升

柱的起吊方法，按柱在吊升过程中柱身运动的特点分旋转法和滑行法；按采用起重机的数量，有单机起吊和双机起吊之分。单机起吊的工艺如下。

1. 旋转法

起重机边起钩、边旋转，使柱身绕柱脚旋转而逐渐吊起的方法称为旋转法。其要点是保持柱脚位置不动，并使柱的吊点、柱脚中心和杯口中心三点共圆。其特点是柱吊升中所受振动较小，但构件布置要求高，占地较大，对起重机的机动性要求高，要求能同时进行起升与回转两个动作。一般常采用自行式起重机（图6-21）。

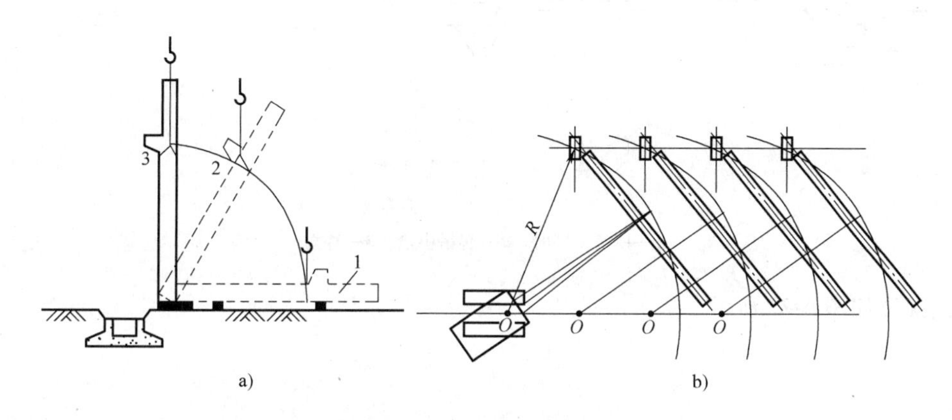

图6-21　旋转法吊柱

a）旋转过程　b）平面布置

1—柱子平卧时　2—起吊中途　3—直立

2. 滑行法

起吊时起重机不旋转，只起升吊钩，使柱脚在吊钩上升过程中沿着地面逐渐向吊钩位置滑行，直到柱身直立的方法称为滑行法。其要点是柱的吊点要布置在杯口旁；并与杯口中心两点共圆弧。其特点是起重机只需起升吊钩即可将柱吊直，然后稍微转动吊杆，即可将柱子吊装就位，构件布置方便、占地小，对起重机性能要求较低，但滑行过程中柱子受振动。通常在起重机及场地受限时才采用此法（图6-22）。

在屋架吊升至柱顶后，使屋架的两端两个方向的轴线与柱顶轴线重合，屋架临时固定后起重机才能脱钩。

其他形式的桁架结构在吊装中部应考虑绑扎点及吊索与水平面的夹角，以防桁架弦杆在受力平面外的破坏。必要时，还应在桁架两侧用型钢、圆木做临时加固。

6.3.4　构件的就位和临时固定

1. 柱的就位和临时固定

混凝土柱脚插入杯口后，使柱的安装中心线对准杯口的安装中心线，然后将柱四周八只楔子打入以临时固定。吊装重型、细长柱时，除采用以上措施进行临时固定外，必要时，增设缆风绳拉锚。

钢柱吊装时，首先进行试吊，吊起离地100~200mm高度时，检查索具和起重机情况后，再进行正式吊装。调整柱底板位于安装基础时，起重机应缓慢下降，当柱底距离基础位置40~100mm时，调整柱底与基础两个方向轴线，对准位置后再下降就位，并拧紧全部基础螺栓螺

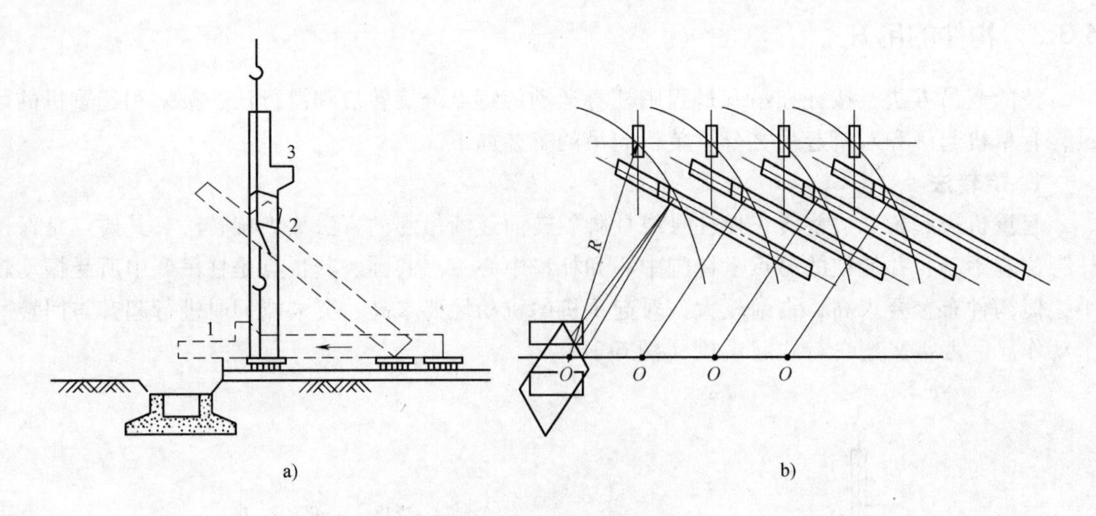

图 6-22 滑行法吊柱

a）滑行过程 b）平面布置

1—柱子平卧时 2—起吊中途 3—直立

母，钢柱就位如图 6-23 所示。

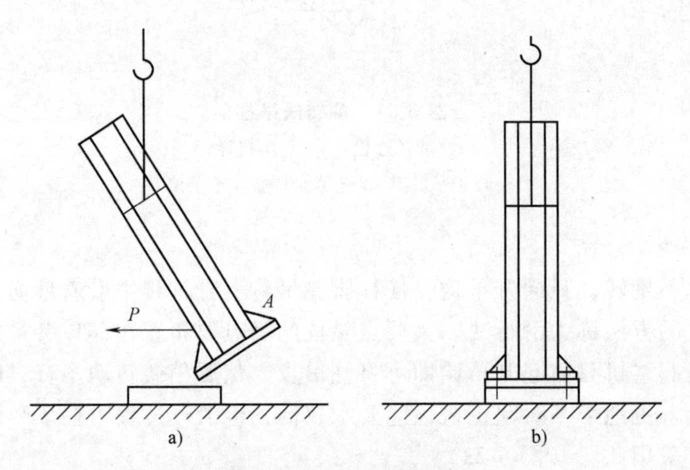

图 6-23 钢柱吊装就位

2. 桁架的就位和临时固定

桁架类构件一般高度大、宽度小。受力平面外刚度很小，就位后易倾倒。因此桁架就位关键是使桁架的端头两个方向的轴线与柱轴线重合后，及时进行临时固定。

第一榀桁架的临时固定必须可靠，因为它是单片结构、侧向稳定性差，同时，它是第二榀桁架的支撑，所以必须做好临时固定。一般采用四根缆风绳从两边把桁架拉牢。其他各榀桁架可用屋架校正器（工具式支撑）临时固定在前面一榀桁架上。图 6-24 所示为一屋架的临时固定示意图。

6.3.5 构件的校正和最后固定

1. 柱的校正和最后固定

柱的校正包括平面定位轴线、标高和垂直度的校正。柱平面定位轴线在临时固定前进行对位时已校正好。混凝土柱标高则在柱吊装前调整基础杯底的标高予以控制，在施工验收规范允

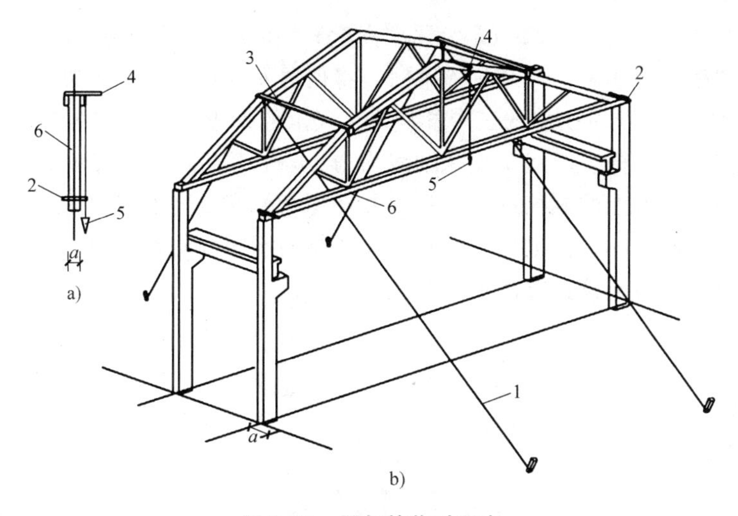

图 6-24　屋架的临时固定

a）吊装整理　b）就位

1—缆风绳　2、4—挂线木尺　3—屋架校正器　5—线锤　6—屋架

许的范围以内进行校正。钢柱则通过在柱子基础表面浇筑标高块的方法进行校正。标高块用无收缩砂浆、立模浇筑，强度不低于 $30N/mm^2$，其上埋设厚 16~20mm 的钢面板。而垂直度的校正可用经纬仪的观测和钢管校正器或螺旋千斤顶（柱较重时）进行校正。钢管撑杆校正法如图 6-25 所示，千斤顶斜顶法如图 6-26 所示。

校正完成后应及时固定。待混凝土柱校正完毕即在柱底部四周与基础杯口的空隙之间，浇筑细石混凝土，捣固密实，使柱的底脚完全嵌固在基础内作为最后固定。浇筑工作分两次进行，第一次浇至楔块底面，待混凝土强度达到 25%设计强度后，拔去楔块再第二次浇筑混凝土至杯口顶面。

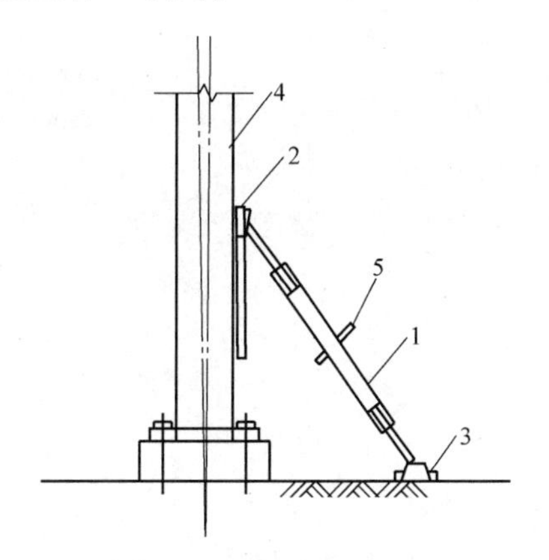

图 6-25　钢管撑杆校正法

1—钢管校正器　2—头部摩擦板

3—地板　4—钢柱　5—转动手柄

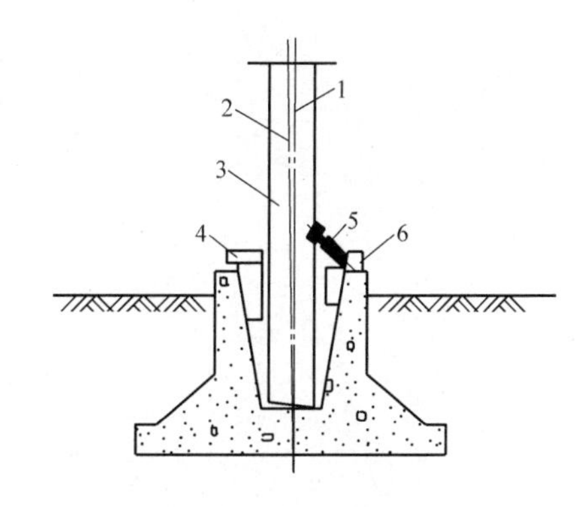

图 6-26　千斤顶斜顶法

1—柱中线　2—铅垂线　3—柱

4—楔块　5—千斤顶　6—卡座

钢柱校正后即将锚固螺栓固定，并进行钢柱柱底灌浆。灌浆前，应在钢柱底板四周立模板，用水清洗基础表面，排除积水。灌注砂浆应能自由流动，灌浆从一边进行连续灌注，灌注后用湿草包等覆盖养护。

2. 桁架的校正与最后固定

桁架主要校正垂直偏差。如建筑工程的有关规范规定：屋架上弦（在跨中）通过两个支座中心的垂直面偏差不得大于$h/50$（h为屋架高度）。检查时，可用线锤或经纬仪。下面以屋架为例说明桁架的校正方法。用经纬仪检查时，将仪器安置在被检查屋架的跨外，距柱横轴线为a，然后，观测屋架上弦所挑出的三个挂线木卡尺上的标志（一个安装在屋架上弦中央，两个安装在屋架上弦两端，标志距屋架上弦轴线均为a）是否在同一垂直面上，如偏差超出规定数值，则转动屋架校正器上的螺栓进行校正，并在屋架端部支承面垫入薄钢片。校正无误后，立即用电焊焊牢作为最后固定。电焊时应在屋架两端的不同侧同时施焊，以防因焊缝收缩导致屋架倾斜。其他形式的桁架校正方法也与此类似。

第7章　防水装饰工程

在土木工程中防水分为地下防水和屋面防水两部分。防水工程质量的优劣，不仅关系到建筑物或构筑物的使用寿命，而且直接关系到它们的使用功能。影响防水工程质量的因素有设计的合理性、防水材料的选择、施工工艺及施工质量、保养与维修管理等。其中，防水工程的施工质量是关键因素。

7.1　地下防水工程

7.1.1　防水混凝土

地下建筑埋置在土中，皆不同程度地受到地下水或土体中水分的作用。一方面地下水对地下建筑有着渗透作用，而且地下建筑埋置越深，渗透水压就越大；另一方面地下水中的化学成分复杂，有时会对地下建筑造成一定的腐蚀和破坏作用。因此地下建筑应选择合理有效的防水措施，以确保地下建筑的安全耐久和正常使用。

地下建筑防水工程中采用的防水方案可以采用结构自防水。结构自防水是以调整结构混凝土的配合比或掺外加剂的方法来提高混凝土的密实度、抗渗性、抗蚀性，满足设计对地下建筑的抗渗要求，达到防水的目的。结构自防水具有施工简便、工期短、造价低、耐久性好等优点，是目前地下建筑防水工程的一种主要方法。

1. 普通结构自防水混凝土

防水泥凝土是通过控制材料选择、混凝土拌制、浇筑、振捣的施工质量，以减少混凝土内部的空隙和消除空隙间的连通，最后达到防水要求。

（1）原材料

1）水泥品种应按设计要求选用，其强度等级不应低于32.5级，不得使用过期或受潮结块水泥。要求抗水性好、泌水小、水化热低，并具有一定的抗腐蚀性。

2）细骨料要求颗粒均匀、圆滑、质地坚实，含泥量不得大于3%的中粗砂泥块含量不得大于1%。砂的粗细颗粒级配适宜，平均粒径0.4m左右。

3）粗骨料要求组织密实、形状整齐，含泥量不得大于1%。颗粒的自然级配适宜，粒径宜为5~40mm，且吸水率不大于1.5%。

（2）制备　在保证振捣的密实前提下水胶比尽可能小，不得大于0.55。普通防水混凝土坍落度不宜大于50 mm。泵送时入泵坍落度宜为100~140mm。混凝土坍落度的实测值与设计值的允许偏差见表7-1。水泥用量在一定水胶比范围内，每立方米混凝土水泥用量不得小于

表7-1　混凝土坍落度允许偏差

设计坍落度/mm	允许偏差
≤40	±10
50~90	±15
≥100	±20

300kg，掺用活性掺合料时，水泥用量不得少于280kg，但亦不宜超过400kg。粗骨料选用卵石时砂率宜为35%，粗骨料为碎石时砂率宜为35%~40%。水泥与砂的比例应控制在1:2~1:2.5。试配要求的抗渗水压值应比设计值提高0.2MPa。

2. 外加剂结构自防水混凝土

外加剂防水混凝土是在混凝土中掺入一定的有机或无机的外加剂，改善混凝土的性能和结构组成，提高混凝土的密实性和抗渗性，从而达到防水目的。由于外加剂种类较多，各自的性能、效果及适用条件不尽相同，故应根据地下建筑防水结构的要求和施工条件，选择合理、有效的防水外加剂。常用的外加剂防水混凝土有：三乙醇胺防水混凝土，加气剂防水混凝土，减水剂防水混凝土，氯化铁防水混凝土。

3. 结构自防水混凝土的施工

（1）施工　防水混凝土在施工中应注意：

1）保持施工环境干燥，避免带水施工。

2）模板支撑牢固、接缝严密。

3）防水泥凝土浇筑前无泌水、离析现象。

4）防水混凝土浇筑时的自落高度不得大于1.5m。

5）防水混凝土应采用机械振捣，并保证振捣密实。

6）防水混凝土应自然养护，养护时间不少于14d。

（2）防水构造处理

1）施工缝处理。地下建筑施工时应尽可能不留或少留施工缝，尤其是不得留垂直施工缝。在墙体中一般留设水平施工缝。

2）贯穿铁件处理。地下建筑施工中墙体模板的穿墙螺栓，穿过底板的基坑围护结构等，均是贯穿防水混凝土的铁件。由于材质差异，地下水分较易沿铁件与混凝土的界面向地下建筑内渗透。为保证地下建筑的防水要求，可在铁件上加焊一道或数道止水片，延长渗水路径、减小渗水压力，达到防水目的，如图7-1、图7-2所示。

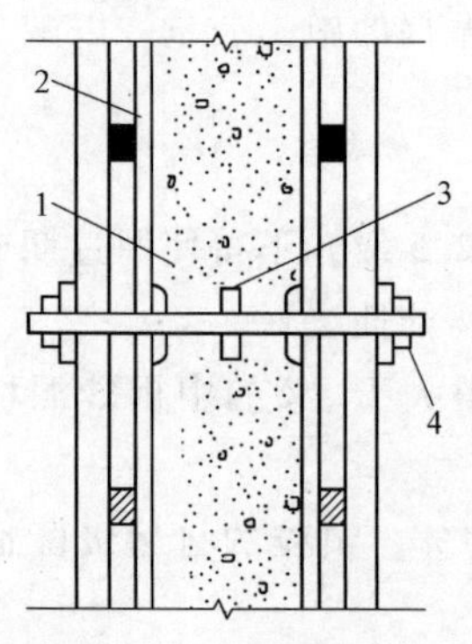

图7-1　螺栓止水

1—防水混凝土墙　2—模板
3—钢质止水片　4—螺栓

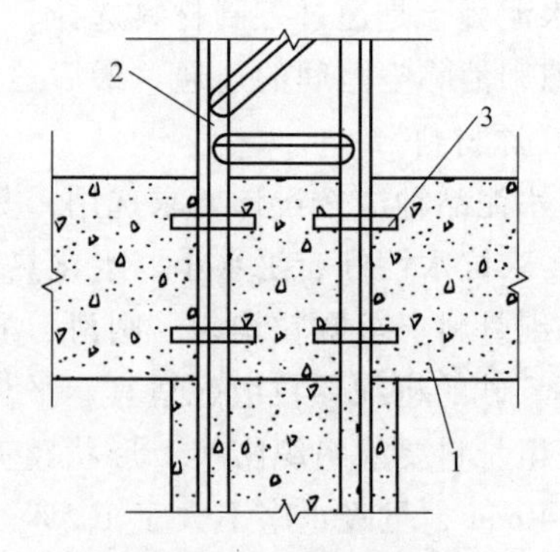

图7-2　竖直钢支撑加止水片

1—防水钢筋混凝土底板　2—竖直支撑　3—止水片

3）防水混凝土质量检查。防水混凝土质量检查的主控项目包括原材料、配合比、坍落度；混凝土的抗压强度、抗渗压力以及变形缝、施工缝、后浇带、穿墙管道、预埋件和构造等。其施工要求和检验方法见表7-2。

在质量检查中还应对防水混凝土结构表面、表面裂缝以及构件厚度等一般项目进行检查，一般项目的施工要求及检验方法见表7-3。

表 7-2　主控项目、施工要求及检验方法

序号	主控项目	施工要求	检验方法
1	原材料、配合比、坍落度	必须符合设计要求	检查出厂合格证、质量检验报告、计量措施和现场抽样试验报告
2	抗压强度、抗渗压力	必须符合设计要求	检查混凝土抗压、抗渗试验报告
3	变形缝、施工缝、后浇带、穿墙管道、预埋件和构造等	符合设计和施工验收规范要求，严禁有渗漏	观察检查、检查隐蔽工程验收记录

表 7-3　一般项目、施工要求及检验方法

序号	一般项目	施工要求	检验方法
1	防水混凝土结构表面	应平整、坚实、不得有露筋、蜂窝等缺陷，预埋件位置应正确	观察和尺量检查
2	表面裂缝	裂缝宽度不应大于 0.2mm，且不得贯通	用刻度放大镜检查
3	防水混凝土构件厚度	不应小于 250mm，其允许偏差 -10mm～+15mm	尺量检查和检查隐蔽工程验收记录

7.1.2　表面防水层防水

表面防水层有刚性表面防水层和柔性表面防水层两种。

1. 刚性防水层

刚性防水层采用水泥砂浆防水层，它是依靠提高砂浆层的密实性来达到防水要求。这种防水层取材容易，施工方便，成本较低，适用于地下砖石结构的防水层或防水混凝土结构的加强层。但水泥砂浆防水层抵抗变形的能力较差，当结构产生不均匀下沉或受较强烈振动荷载时，易产生裂缝或剥落。对于受腐蚀、高温及反复冻融的砖砌体工程不宜采用。刚性防水层又可分为多层刚性防水层和刚性外加剂防水层。

（1）多层刚性防水层　利用素灰（即较稠的纯水泥浆）和水泥砂浆分层交叉抹面而构成的防水层，具有较高的抗渗能力，如图 7-3 所示。

普通水泥砂浆刚性防水层的配合比应按表 7-4 选用。

表 7-4　普通水泥砂浆刚性防水层的配合比

名称	配合比（质量比）		水胶比	适用范围
	水泥	砂		
水泥浆	1	—	0.55～0.60	水泥砂浆防水层的第一层
水泥浆	1	—	0.37～0.40	水泥砂浆防水层的第三、五层
水泥砂浆	1	1.5～2.0	0.40～0.50	水泥砂浆防水层的第二、四层

（2）刚性外加剂防水层　在普通水泥砂浆中掺入防水剂，使水泥砂浆内的毛细孔填充、胀实、堵塞，获得较高的密实度，提高抗渗能力，如图 7-4 所示。常用的外加剂有氯化铁防水剂、铝粉膨胀剂、减水剂等。

表面防水层施工之前，应检查基层是否符合下列要求：基层混凝土和砌筑砂浆强度应不低于设计值的 80%；基层表面应坚实、平整、粗糙、洁净；表面的孔洞、缝隙应用与防水层相同的砂浆填塞抹平。基层的处理满足上述要求后方能做防水层的施工。水泥砂浆防水层施工应分层铺抹，铺抹时应压实、抹干和表面压光；各层之间应紧密贴合，无空鼓现象，每层宜连续施工，必须留施工缝时，应采用阶梯坡形槎，且此缝离开阴阳角处不得小于 200mm；防水层

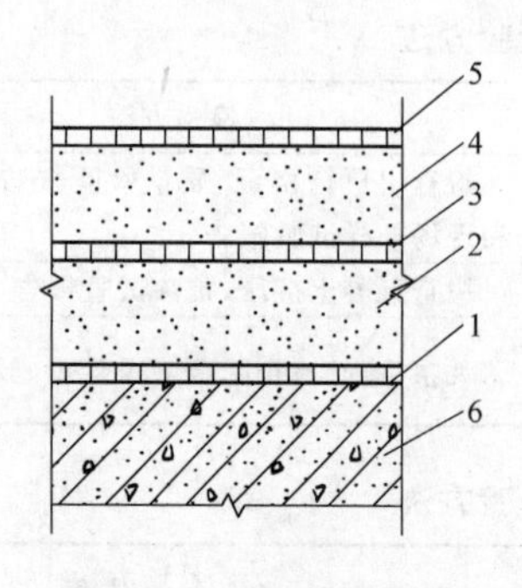

图 7-3 多层刚性防水层

1、3—素灰层 2mm 2、4—砂浆层 45mm

5—水泥浆 1mm 6—结构基层

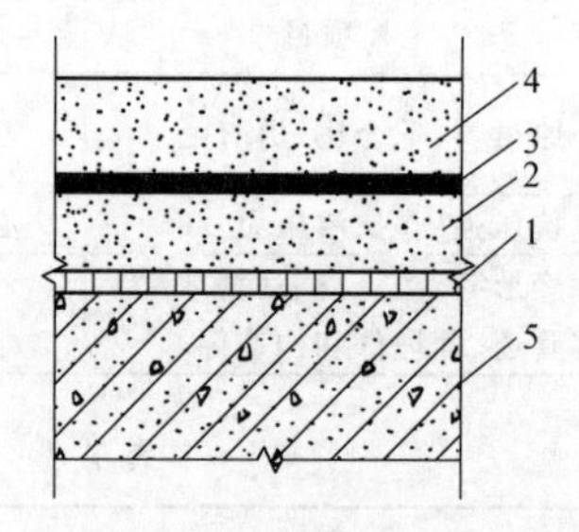

图 7-4 刚性外加剂防水层

1、3—水泥浆一道 2—外加剂防水砂浆垫层

4—防水砂浆面层 5—结构基层

的阴阳角处应做成圆弧形。

2. 柔性防水层

柔性防水层采用卷材防水层，卷材防水层应选用高聚物改性沥青防水卷材和合成高分子防水卷材。这种防水层具有良好的韧性和延伸件，可以适应一定的结构振动和微小变形，防水效果较好，目前仍作为地下工程的一种防水方案而被较广泛采用。卷材防水层施工时所选用的基层处理剂、胶黏剂、密封材料等配套材料，均应与铺贴的卷材性能相容。柔性防水层的缺点是发生渗漏后修补较为困难。

卷材防水层施工的铺贴方法，按其与地下防水结构施工的先后顺序分为外贴法和内贴法两种。外贴法是在地下建筑墙体做好后，直接将卷材防水层铺贴在墙上，然后砌筑保护墙，如图 7-5 所示。内贴法是在地下建筑墙体施工前先砌筑保护墙，然后将卷材防水层铺贴在保护墙上，最后施工地下建筑墙体如图 7-6 所示。在地下室墙外侧操作空间很小时，多用内贴法。

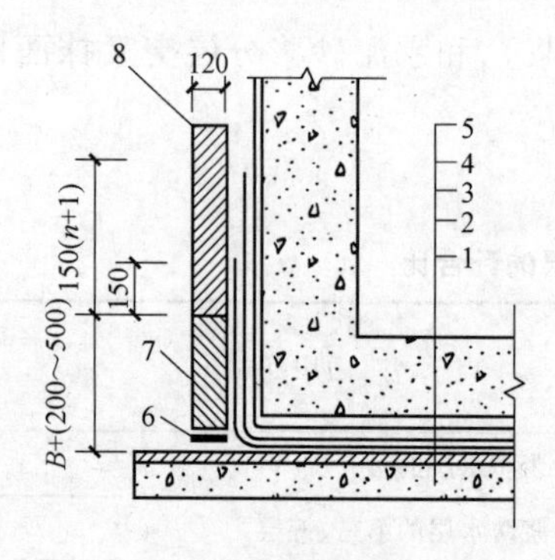

图 7-5 外贴法

1—垫层 2—找平层 3—卷材防水层

4—保护层 5—构筑物 6—油毡

7—永久性保护墙 8—临时性保护墙

n—卷材层数

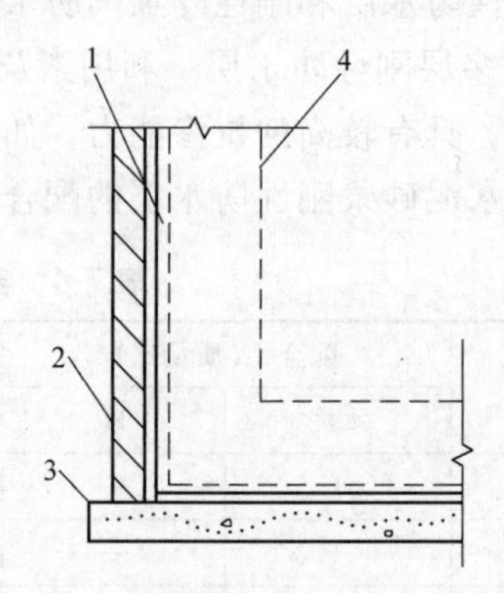

图 7-6 内贴法

1—卷材防水层 2—保护墙

3—构筑物 4—尚未施工的构筑物

7.1.3 涂料防水层

涂料防水层适用于受侵蚀性介质或受震动作用的地下工程迎水面或背水面的涂刷。由于其施工简便，成本较低，防水效果较好，因而在防水工程中被广泛使用。涂料防水层在施工之前，应先在基层上涂一层与涂料相容的基层处理剂。涂料防水层应多遍涂刷而成，每遍涂刷应

在前遍涂层干燥成模后进行，每遍涂刷时应交替改变涂层的涂刷方向，同时涂膜的先后搭接宽度宜为 30～50 mm。涂刷顺序：应先做转角处、穿墙管道、变形缝等部位的涂料加强层，后进行大面积涂刷。

7.1.4　止水带防水

为适应建筑结构沉降、温度伸缩等因素产生的变形，在地下建筑的变形缝（沉降缝或伸缩缝）、后浇带、施工缝、地下通道的连接口等处以及两侧的基础结构之间，留一定宽度的空隙，两侧的基础是分别浇筑的，这是防水结构的薄弱环节，如果这些部位产生渗漏时，抗渗堵漏较难实施。为防止变形缝等处的渗漏水现象，除在构造设计中考虑结构的防水的能力外，通常还采用止水带防水。

目前，常见的止水带材料有橡胶止水带、塑料止水带、氯丁橡胶板止水带和金属止水带等。其中橡胶及塑料止水带均为柔性材料，抗渗、适应变形能力强，是常用的止水带材料；氯丁橡胶止水板是一种新的止水材料，具有施工简便、防水效果好、造价低且易修补的特点；金属止水带一般仅用于高温环境下，而无法采用橡胶止水带或塑料止水带时。

止水带构造形式有粘贴式、可卸式、埋入式等。目前较多采用的是埋入式。根据防水设计的要求，有时在同一变形缝处，可采用数层、数种止水带的构造形式。图 7-7 所示为埋入式橡胶（或塑料）止水带的构造图，图 7-8、图 7-9 分别是可卸式止水带和粘贴式止水带构造图。

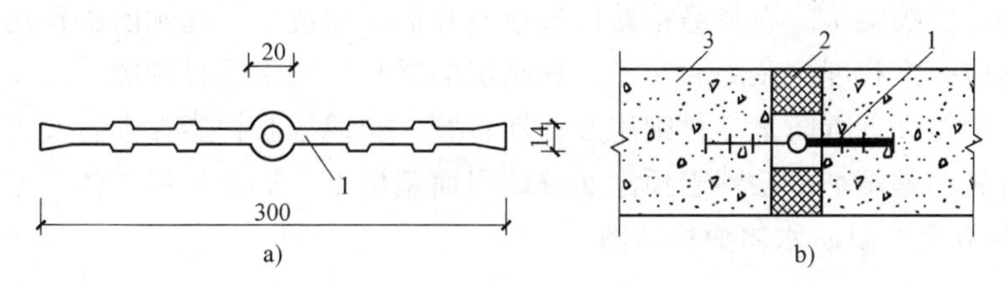

图 7-7　埋入式橡胶（或塑料）止水带

a）橡胶止水带　b）变形缝构造

1—止水带　2—沥青麻丝　3—构筑物

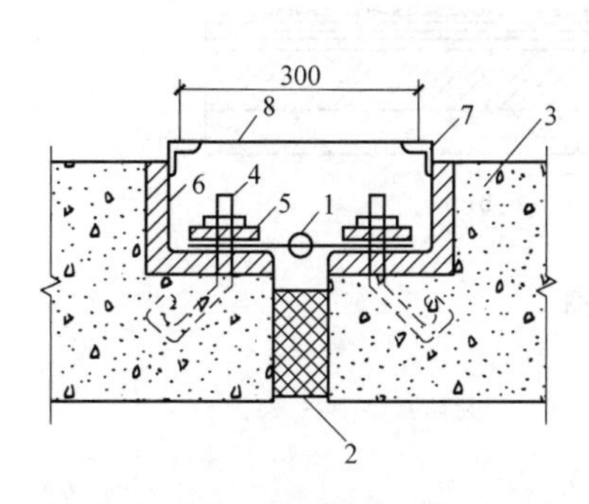

图 7-8　可卸式橡胶止水带变形缝

1—橡胶止水带　2—沥青麻丝

3—构筑物　4—螺栓　5—钢压条

6—角钢　7—支撑角钢　8—钢盖板

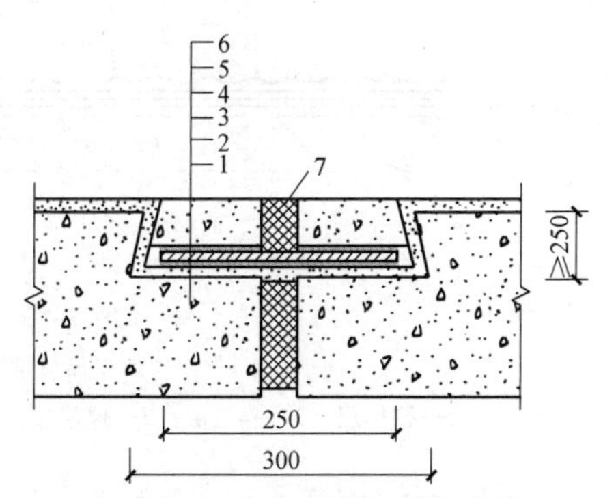

图 7-9　粘贴式氯丁橡胶板变形缝构造

1—构筑物　2—刚性防水层

3—胶黏剂　4—氯丁胶板　5—素灰层

6—细石混凝土覆盖层　7—沥青麻丝

止水带施工质量好坏直接影响地下工程的防水效果，因此，施工时应予以充分重视，并应符合有关规定。对于变形缝止水带应注意以下几方面：

1）止水带宽度和材质的物理性能均应符合设计要求，且无裂缝和气泡，接头应采用热接，不得叠接。接缝平整、牢固，不得有裂口和脱胶现象。

2）采用埋入式止水带，其中心线应和变形缝中心线重合，止水带不得穿孔或用铁钉固定。

3）变形缝处增设的卷材或涂料防水层，应按设计要求施工。

4）对于施工缝止水带则应注意：施工缝采用遇水膨胀橡胶腻子止水带时，应将止水条牢固地安装在缝，表面预留槽内；采用埋入式止水带时，应确保止水带位置准确、固定牢靠。

7.2 屋面防水工程

屋面防水工程是房屋建筑的一项重要工程，屋面根据排水坡度分为平屋面和坡屋面两类。根据屋面防水材料的不同又可分为卷材防水层屋面（柔性防水层屋面）、瓦屋面、构件自防水屋面、现浇钢筋混凝土防水屋面（刚性防水屋面）等。

7.2.1 普通卷材屋面防水

7.2.1.1 卷材防水材料及构造

卷材防水屋面所用的卷材有沥青防水卷材、高聚物改性沥青防水卷材及合成高分子卷材等，目前沥青卷材已被淘汰。卷材经粘贴后形成整片的屋面覆盖层起到防水作用。卷材有一定的韧性，可以适应一定程度的胀缩和变形。粘贴层的材料取决于卷材种类：沥青卷材用沥青胶作粘贴层，高聚物改性沥青防水卷材则用改性沥青胶；合成橡胶树脂类卷材及合成高分子系列的卷材，需用待制的黏结剂冷粘贴于预涂底胶的屋面基层上，形成一层整体、不透水的屋面防水覆盖层。图 7-10 是卷材防水屋面构造图。

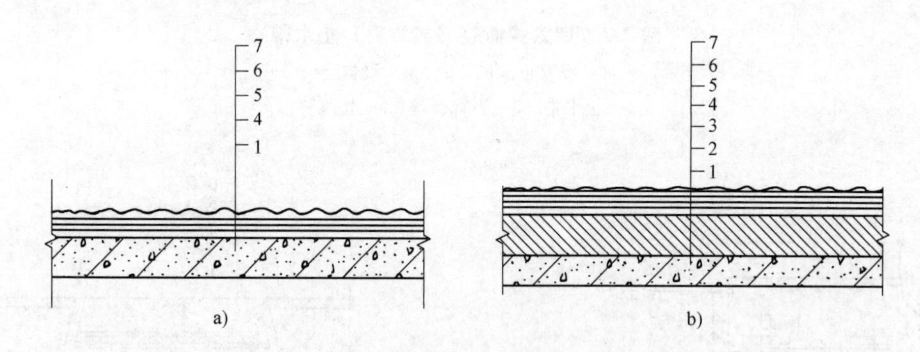

图 7-10 卷材防水屋面构造示意图

a）无保温层油毡屋面 b）有保温层油毡屋面

1—结构层 2—隔气层 3—保温层 4—找平层 5—底油结合层 6—卷材防水层 7—保护层

对于卷材屋面的防水功能要求，主要是：

1）耐久性，又叫大气稳定性，在日光、温度、臭氧影响下，卷材有较好的抗老化性能。

2）耐热性，又叫温度稳定性，卷材应具有防止高温软化、低温硬化的稳定性。

3）耐重复伸缩，在温差作用下，屋面基层会反复伸缩与龟裂，卷材应有足够的抗拉强度和极限延伸率。

4）保持卷材防水层的整体性，还应注意卷材接缝的粘结，使一层层的卷材粘结成整体防水层。

5）保持卷材与基层的粘结，防止卷材防水层起鼓或剥离。

7.2.1.2　基层与找平层

基层、找平层应做好嵌缝（预制板）、找平及转角和基层处理等工作。

采用水泥砂浆找平层时，水泥砂浆抹平收水后应二次压光，充分养护，不得有酥松、起砂、起皮及起壳现象，否则，必须进行修补。屋面基层与女儿墙、立墙、天窗壁、烟囱、变形缝等突出屋面结构的连接处，以及基层的转角处（各水落口、檐口、天沟、檐沟、屋脊等），均应做成圆弧。圆弧半径见表 7-5。

表 7-5　转角处圆弧半径

卷材种类	圆弧半径/mm
沥青防水卷材	100~150
高聚物改性沥青防水卷材	50
合成高分子防水卷材	20

找平层宜设分格缝，并嵌填密封材料。分格缝应留设在板端缝处，其纵横缝的最大间距：水泥砂浆或细石混凝土找平层不宜大于 6m，沥青砂浆找平层不宜大于 4m。

铺设防水层（或隔气层）前找平层必须干燥、洁净。基层处理剂（或称冷底子油）的选用应与卷材的材性相容，基层处理剂可采用喷涂、刷涂施工。喷涂、刷涂应均匀，待第一遍干燥后再进行第二遍喷涂、刷涂，待最后一遍干燥后，方可铺设卷材。

7.2.1.3　普通卷材的铺贴

1. 施工顺序及铺设方向

卷材铺贴在整个工程中应采取“先高后低、先远后近”的施工顺序，即高低跨屋面，先铺高跨后铺低跨；等高的大面积屋面，先铺离上料地点较远的部位，后铺较近部位。这样可以避免已铺屋面因材料运输遭人员踩踏和破坏。

卷材大面积铺贴前，应先做好节点密封、附加层和屋面排水较集中部位（屋面与水落口连接处、檐口、天沟等）与分格缝的空铺条处理等，然后由屋面最低标高处向上施工。

施工段的划分宜设在屋脊、檐口、天沟、变形缝等处。

卷材铺贴方向应根据屋面坡度和周围是否有振动来确定。当屋面坡度小于 3%时，卷材宜平行于屋脊铺贴；屋面坡度在 3%~15%时，卷材可平行或垂直屋脊铺贴。屋面坡度大于 15%或受振动时，沥青防水卷材应垂直屋脊铺贴；高聚物改性沥青防水卷材和合成高分子防水卷材可平行或垂直屋脊铺贴，但上下层卷材不得相互垂直铺贴。

2. 搭接方法、宽度和要求

卷材铺贴应采用搭接法，各种卷材的搭接宽度应符合表 7-6 的要求。同时，相邻两幅卷材的接头还应相互错开 300 mm 以上，以免接头处多层卷材相重叠而粘结不实。叠层铺贴，上下层两幅卷材的搭接缝也应错开 1/3 幅宽（图 7-11）。

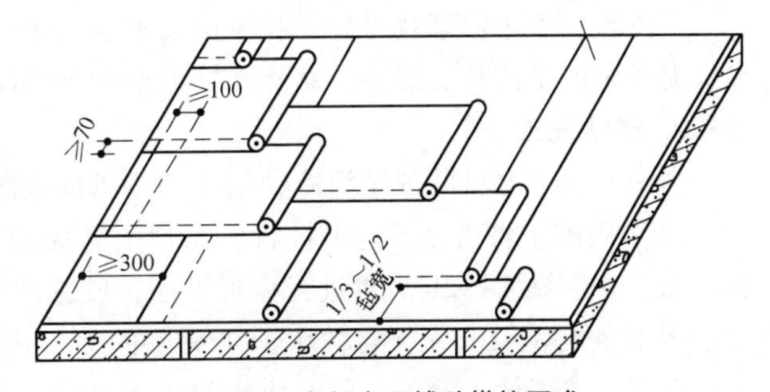

图 7-11　卷材水平铺贴搭接要求

当用高聚物改性沥青防水卷材点粘或空铺时，两头部分必须全粘 500mm 以上。

平行于屋脊的搭接缝，应顺水流方向搭接；垂直于屋脊的搭接缝应顺年最大频率风向搭接。

表 7-6 卷材搭接宽度

搭接方向		短边搭接宽度/mm		长边搭接宽度/mm	
卷材种类		满粘法	空铺、点粘、条粘法	满粘法	空铺、点粘、条粘法
沥青防水卷材		100	150	70	100
高聚物改性沥青防水卷材		80	100	80	100
合成高分子防水卷材	胶黏剂	80	100	80	100
	胶黏带	50	60	50	60
	单缝焊	60,有效焊接宽度不小于 25			
	双缝焊	80,有效焊接宽度 10×2+空腔宽			

叠层铺设的各层卷材，在天沟与屋面的连接处，应采用叉接法搭接，搭接缝应错开；接缝宜留在屋面或天沟侧面，不宜留在沟底。

7.2.2 高分子卷材防水

高分子卷材防水屋面施工的主体材料，常用的有三元乙丙橡胶卷材、氯化聚乙烯-橡胶共混防水卷材、氯磺化聚乙烯防水卷材、氯化聚乙烯防水卷材以及聚氯乙烯防水卷材等。高分子卷材还配有基层处理剂、基层胶黏剂、接缝胶黏剂、表面着色剂等。其施工分为基层处理和防水卷材的铺贴。图 7-12 为二布六胶高分子卷材防水层构造示意图。

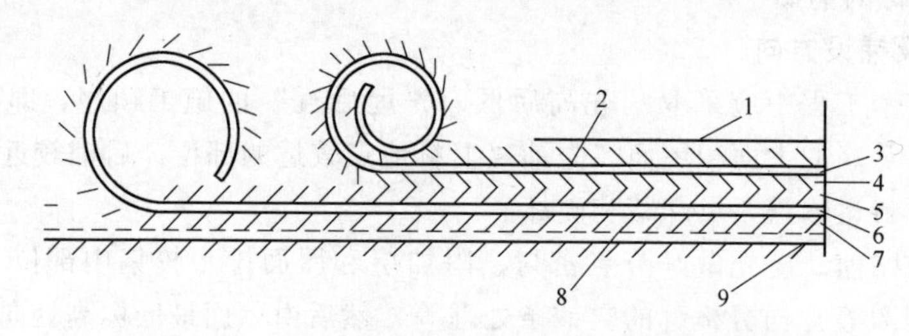

图 7-12 二布六胶高分子卷材防水层构造示意图

1—着色剂 2—上层胶黏剂 3—上层卷材 4、5—中层胶黏剂 6—下层卷材 7—下层胶黏剂 8—底胶 9—层面基层

1. 基层处理

基层表面为水泥浆找平层，找平层要求表面平整。当基层面有凹坑或不平时，可用 108 胶水水泥砂浆嵌平或抹成缓坡。基层在铺贴前做到洁净、干燥。

2. 铺贴施工

高分子防水卷材的铺贴为冷粘结法和热风焊接法两种施工方法。冷粘结法施工工序如下：

（1）底胶 将高分子防水材料胶黏剂配制成的基层处理剂或胶黏带，均匀地深刷在基层的表面，在干燥 4~12h 后再进行后道工序；胶黏剂涂刷应均匀，不露底，不堆积。

（2）卷材上胶 先把卷材在干净平整的面层上展开，用长滚刷蘸满搅拌均匀的胶黏剂，涂刷在卷材的表面。涂胶的厚度要均匀且无漏涂，但在沿搭接部位留出 100 mm 宽的无胶带。静置 10~20min，当胶膜干燥且手指触摸基本不黏手时，用纸筒芯重新卷好带胶的卷材。

（3）滚铺 卷材的铺贴应从流水口下坡开始。先弹出基准线，然后将已涂刷胶黏剂的卷材一端先粘贴固定在预定部位，再逐渐沿基线滚动展开卷材，将卷材粘贴在基层上。

卷材滚铺施工中应注意：铺设同一跨屋面的防水层时，应先铺排水口、天沟、檐口等处排水比较集中的部位，按标高由低向高的顺序铺；在铺多跨或高低跨屋面防水卷材时，应按先高后低、先远后近的顺序进行；应将卷材顺长方向铺，并使卷材长面与流水坡度垂直，卷材的搭接要顺流水方向，不应成逆向。

（4）上胶　在铺贴完成的卷材表面再均匀地涂刷一层胶黏剂。

（5）复层卷材　根据设计要求可再重复上述施工方法，再铺贴一层或数层的高分子防水卷材，达到屋面防水的效果。

（6）着色剂　在高分子防水卷材铺贴完成、质量验收合格后，可在卷材表面涂刷着色剂，起到保护卷材和美化环境的作用。

7.2.3　涂膜防水屋面施工

涂膜防水屋面是在屋面基层上涂刷防水涂料，经固化后形成一层有一定厚度和弹性的整体涂膜从而达到防水目的的一种防水屋面形式。涂料按其稠度有厚质涂料和薄质涂料之分，施工时有加胎体增强材料和不加胎体增强材料之别，具体做法视屋面构造和涂料本身性能要求而定。其典型的构造如图7-13所示，具体施工层次，根据设计要求确定。

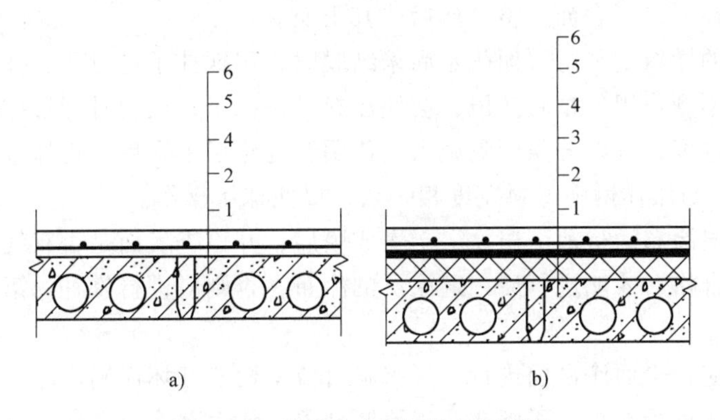

图7-13　涂膜防水屋面构造示意图

a）无保温层涂膜屋面　b）有保温层涂膜屋面

1—结构层　2—保温层　3—水泥砂浆找平层　4—基层处理剂　5—涂膜防水层　6—保护层

特别需要指出的是，对于涂膜防水层，它是紧密地依附于基层（找平层）形成具有一定厚度和弹性的整体防水膜而起到防水作用的。与卷材防水屋面相比，找平层的平整度对涂膜防水层质量影响更大，平整度要求更严格，否则涂膜防水层的厚度得不到保证，必将造成涂膜防水层的防水可靠性、耐久性降低。涂膜防水层是满粘于找平层上的，按剥离区理论，找平层开裂（强度不足）易引起防水层的开裂，因此涂膜防水层的找平层应有足够的强度，尽可能避免裂缝的发生，出现裂缝应做修补。通常涂膜防水层的找平层宜采用掺膨胀剂的细石混凝土，强度等级不低于C15，厚度不小于30mm，宜为40 mm。

7.2.3.1　沥青基涂料施工

以沥青为基料配制成的水乳型或溶剂型防水涂料称之为沥青基防水涂料。常见的有石灰乳化沥青涂料、膨润土乳化沥青涂料和石棉乳化沥青涂料。其施工过程如下：

1. 涂布前的准备工作

1）基层表面的气孔、凹凸不平、蜂窝、缝隙、起砂等，应修补处理，基层必须干净、无浮浆、无水珠、不渗水。

2）涂料施工前，基层阴阳角应做成圆弧形，阴角直径宜大于50mm，阳角直径宜大于

10 mm。

3）涂料施工前，应对阴阳角、预埋件、穿墙管等部位进行密封或加强处理。

4）涂料使用前应搅拌均匀，因为沥青基涂料大都属厚质涂料，含有较多填充料。如搅拌不匀，不仅涂刮困难，而且未拌匀的杂质颗粒残留在涂层中会成为隐患。

5）涂层厚度控制试验采用预先在刮板上固定钢丝或木条的办法，也可在屋面上做好标志控制。

6）涂布间隔时间控制以涂层涂布后干燥并能上人操作为准，脚踩不黏脚、不下陷时即可进行后一涂层的施工，一般干燥时间不少于12h。

2. 涂刷基层处理剂

基层处理剂一般采用冷底子油，涂刷时应做到均匀一致，覆盖完全。对于石灰乳化沥青防水涂料，夏季可采用石灰乳化沥青稀释后作为冷底子油涂刷一道，春秋季宜采用汽油沥青冷底子油涂刷一道。膨润土、石棉乳化沥青防水涂料涂布前可不涂刷基层处理剂。

3. 涂布

涂布时，一般先将涂料直接分散倒在屋面基层上，用胶皮刮板来回刮涂，使它厚薄均匀一致，不露底、不存在气泡、表面平整，然后待其干燥。

自流平性能差的涂料刮平待表面收水尚未结膜时，用铁抹子进行压实抹光。抹压时间应适当，过早抹压，起不到作用；过晚抹压，会使涂料黏住抹子，出现月牙形抹痕。因此，为了便于抹压，加快施工进度，可以分条间隔施工，待阴影处涂层干燥后，再抹空白处。分条宽度一般为0.8~1.0m，并与胎体增强材料宽度相一致，以便抹压操作。

涂膜应分层分遍涂布。待前一遍涂层干燥成膜后，并检查表面是否有气泡、皱折不平、凹坑、刮痕等弊病，合格后才能进行后一遍涂层的涂布，否则应进行修补。第二遍的涂刮方向应与前一遍相垂直。

立面部位涂层应在平面涂刮前进行，视涂料自流平性能好坏而确定涂布遍数。自流平性好的涂料应薄而分多次进行涂布，否则会产生流坠现象，使上部涂层变薄，下部涂层变厚，影响防水性能。

4. 胎体增强材料的铺设

胎体增强材料的铺设可采用湿铺法或干铺法进行，但宜用湿铺法。铺贴胎体增强材料，铺贴应平整。湿铺法时在头遍涂层表面刮平后，立即不起皱，但也不能拉伸过紧。铺贴后用刮板或抹子轻轻压紧。

7.2.3.2 高聚物改性沥青涂料及合成高分子涂料的施工

以沥青为基料，用合成高分子聚合物进行改性，配制成的水乳型或溶剂型防水涂料称之为高聚物改性沥青防水涂料。与沥青基涂料相比，高聚物改性沥青防水涂料在柔韧性、抗裂性、强度、耐高低温性能、使用寿命等方面都有了较大的改进，常用的品种有氯丁橡胶改性沥青涂料、SBS改性沥青涂料及APP改性沥青涂料等。

以合成橡胶或合成树脂为主要成膜物质，配制成的水乳型或溶剂型防水涂料称之为合成高分子防水涂料。由于合成高分子材料本身的优异性能，以此为原料制成的合成高分子防水涂料具有高弹性、防水性、耐久性和优良的耐高低温性能。常用的品种有聚氨酯防水涂料、丙烯胶防水涂料、有机硅防水涂料等。

胎体增强材料（又称加筋材料、加筋布、胎体）是指在涂膜防水层中增强用的化纤无纺布、玻璃纤维网格布等材料。

高聚物改性沥青防水涂料和合成高分子防水涂料在用于涂膜防水屋面时，其设计涂膜总厚度在3mm以下，称之为薄质涂料。

1. 涂刷前的准备工作

（1）基层干燥程度要求　基层的检查、清理、修整应符合前述要求。基层的干燥程度应视涂料特性而定，对高聚物改性沥青涂料，为水乳型时，基层干燥程度可适当放宽；为溶剂型时，基层必须干燥。对合成高分子涂料，基层必须干燥。

（2）配料和搅拌　采用双组分涂料时，每份涂料在配料前必须先搅匀。配料应根据材料的配合比配制，严禁任意改变配合比。配料时要求计量准确（过秤），主剂和固化剂的混合偏差不得大于±5%。

涂料混合时，应先将主剂放入搅拌容器或电动搅拌器内，然后放入固化剂，并立即开始搅拌，并搅拌均匀，搅拌时间一般在3~5min。

搅拌的混合料以颜色均匀一致为标准。如涂料稠度太大涂布困难时，可掺加稀释剂，切忌任意使用稀释剂稀释，否则会影响涂料性能。

双组分涂料每次配制数量应根据每次涂刷面积计算确定，混合后的材料存放时间不得超过规定的可使用时间。不应一次搅拌过多以免使涂料发生凝聚或固化而无法使用。夏天施工时尤需注意。

单组分涂料一般有铁桶或塑料桶密闭包装，打开桶盖后即可施工，但由于涂料桶装量大（一般为200kg），易沉淀而产生不匀质现象，故使用前还应进行搅拌。

（3）涂层厚度控制试验　涂层厚度是影响涂膜防水质量的一个关键问题，但手工要准确控制涂层厚度是比较困难的。因为涂刷时每个涂层要涂刷几遍才能完成，而每遍涂膜不能太厚，如果涂膜过厚，会出现涂膜表面已干燥成膜，而内部涂料的水分或溶剂却不能蒸发或挥发的现象。但涂膜也不宜过薄，否则就要增加涂刷遍数，增加劳动力及拖延施工工期。因此，涂膜防水施工前，必须根据设计要求的每平方米涂料用量、涂膜厚度及涂料材性事先试验确定每道涂料涂刷的厚度以及每个涂层需要涂刷的遍数。

（4）涂刷间隔时间试验　在涂刷厚度及用量试验的同时，可测定每遍涂层的间隔时间。

各种防水涂料都有不同的干燥时间（表干和实干），因此涂刷前必须根据气候条件经试验确定每遍涂刷的涂料用量和间隔时间。

薄质涂料施工时，每遍涂刷必须待前遍涂膜实干后才能进行。薄质涂料每遍涂层表干时实际上已基本达到了实干。因此，可用表干时间来控制涂刷间隔时间。涂膜的干燥快慢与气候有较大关系，气温高，干燥就快；空气干燥、湿度小，且有风时，干燥也快。

2. 涂刷基层处理剂

基层处理剂的种类有以下三种：

1）若使用水乳型防水涂料，可用掺0.2%~0.5%乳化剂的水溶液或软化水将涂料稀释，其用量比例一般为：防水涂料：乳化剂水溶液（或软水）=1：0.5~1。如无软化水可用冷开水代替，切忌加入一般水（天然水或自来水）。

2）若使用溶剂型防水涂料，由于其渗透能力比水乳型防水涂料强，可直接用涂料薄涂做基层处理，如薄涂溶剂型氯丁胶沥青防水涂料或溶剂型再生胶沥青防水涂料等。若涂料较稠，可用相应的溶剂稀释后使用。

3）高聚物改性沥青防水涂料也可用沥青溶液（即冷底子油）作为基层处理剂，或在现场以煤油：30号石油沥青=60：40的比例配制而成的溶液作为基层处理剂。

基层处理剂涂刷时，应用刷子用力薄涂，使涂料尽量刷进基层表面的毛细孔中，并将基层可能留下来的少量灰尘等无机杂质，像填充料一样混入基层处理剂中，使之与基层牢固结合。

这样即使屋面上灰尘不能完全清理干净，也不会影响涂层与基层的牢固粘结。特别在较为干燥的屋面上做溶剂型涂料时，使用基层处理剂打底后再进行防水涂料的涂刷，效果相当明显。

3. 涂刷防水涂料

涂料涂刷可采用棕刷、长柄刷、胶皮板、圆滚刷等进行人工涂布，也可采用机械喷涂。

用刷子涂刷一般采用蘸刷法，也可边倒涂料边用刷子刷匀。涂布时应先涂立面，后涂平面，涂布立面最好采用蘸涂法，涂刷应均匀一致；倒料时要注意控制涂料的均匀倒洒，不可在一处倒得过多，否则涂料难以刷开，会造成厚薄不匀现象。涂刷时不能将气泡裹进涂层中，如遇起泡应立即消除。涂刷遍数必须按事先试验确定的遍数进行。同时，前一遍涂层干燥后应将涂层上的灰尘、杂质清理干净后再进行后一遍涂层的涂刷。

涂料涂布应分条或按顺序进行，分条进行时，每条宽度应与胎体增强材料宽度相一致，以避免操作人员踩踏涂好的涂层。每次涂布前，应严格检查前遍涂层是否有缺陷，如气泡、露底、漏刷、胎体增强材料皱折、翘边、杂物混入等现象，如发现上述问题，应先进行修补再涂布后遍涂层。

应当注意，涂料涂布时，涂刷致密是保证质量的关键。刷基层处理剂时要用力薄涂，涂刷后续涂料时则应按规定的涂层厚度（控制材料用量）均匀、仔细地涂刷。各道涂层之间的涂刷方向相互垂直，以提高防水层的整体性和均匀性。涂层间的接槎，在每遍涂刷时应退槎50~100mm，接槎时也应超过50~100mm，避免在搭接处发生渗漏。

4. 铺设胎体增强材料

在涂料第二遍涂刷时，或第三遍涂刷前，即可加铺胎体增强材料。

由于涂料与基层粘结力较强，涂层又较薄，胎体增强材料不容易滑移，因此，胎体增强材料应尽量顺屋脊方向铺贴，以方便施工、提高劳动效率。胎体增强材料可采用湿铺法或干铺法铺贴。

湿铺法就是边倒料、边涂刷、边铺贴的操作方法。施工时，先在已干燥的涂层上，用刷子将涂料仔细刷匀，然后将成卷的胎体增强材料平放在屋面上，逐渐推滚铺贴于刚刷上涂料的屋面上，用滚刷液压一遍，务必使全部网眼浸满涂料，使上下两层涂料能良好结合，确保其防水效果。

由于胎体增强材料质地柔软、容易变形，铺贴时不易展开，经常出现皱折、翘边或空鼓情况，影响防水涂层的质量。为了避免这种现象，有的施工单位在无大风情况下，采用干铺法施工，能取得较好的效果。

干铺法就是在上道涂层干燥后，边干铺胎体增强材料，边在已展平的表面上用橡皮刮板均匀满刮一道涂料。也可将胎体增强材料按要求在已干燥的涂层上展平后，先在边缘部位用涂料点粘固定，然后再在上面满刮一道涂料，使涂料浸入网眼渗透到已固化的涂膜上。当渗透性较差的涂料与比较密实的胎体增强材料配套使用时不宜采用干铺法。

胎体增强材料铺设后，应严格检查表面是否有缺陷或搭接不足等现象。如发现上述情况，应及时修补完整，使它形成一个完整的防水层。然后才能在其上继续涂刷涂料，面层涂料应至少涂刷两遍以上，以增加涂膜的耐久性。如面层做粒料保护层，可在涂刷最后一遍涂料时，随时撒铺覆盖粒料。

5. 收头处理

为防止收头部位出现翘边现象，所有收头均应用密封材料压边，压边宽度不得小于10mm。收头处的胎体增强材料应裁剪整齐，如有凹槽时应压入凹槽内，不得出现翘边、皱折、露白等现象，否则应在进行处理后再涂封密封材料。

7.3　抹灰工程

7.3.1　一般抹灰

7.3.1.1　一般抹灰的组成

抹灰工程按材料和装饰效果分为一般抹灰和装饰抹灰两大类。

一般抹灰用石灰砂浆、水泥砂浆、水泥混合砂浆、聚合物水泥砂浆和麻刀石灰、纸筋石灰、石膏灰等材料。抹灰层一般分为底层、中层（或几遍中层）和面层（图7-14)。底层（又称头度糙或刮糙）的作用是与基体粘结牢固并初步找平；中层（又称二度糙）的作用是找平；面层（又称光面）是使表面光滑细致，起装饰作用。

一般抹灰工程分为普通抹灰和高级抹灰，当设计无要求时，按普通抹灰验收。

抹灰工程应分层进行，抹灰分层是为粘结牢固、控制平整度和保证质量。普通抹灰一般为一底层、一中层、一面层，三遍完成。要求阳角找方，设置标筋（又称冲筋）控制厚度和表面平整度，分层赶平、修整和表面压光。高级抹灰为一底层、几遍中层、一面层，多遍完成。要求阴阳角找方，设置标筋，分层赶平、修整和表面压光。当抹灰总厚度大于或等于35mm时，应采取加强措施。

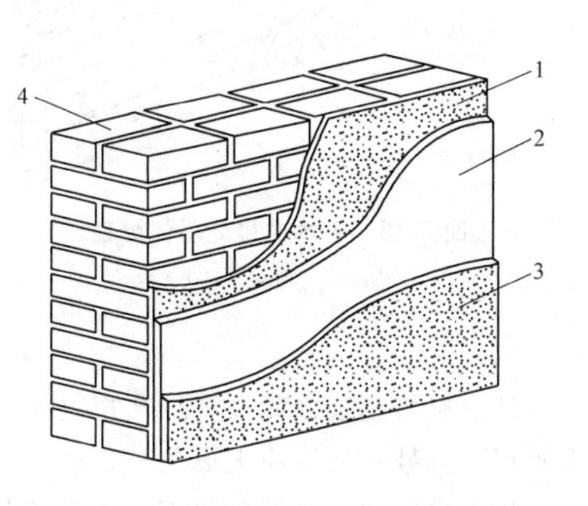

图7-14　抹灰层组成

1—底层　2—中层　3—面层　4—基体

7.3.1.2　一般抹灰施工

1. 抹灰材料要求

一般抹灰所用材料的品种和性能应符合设计要求。水泥的凝结时间和安定性复验应合格。抹灰用的石灰膏的熟化期不应少于15d；罩面用的磨细石灰粉的熟化期不应少于3d。砂浆的配合比应符合设计要求。当要求抹灰层具有防水、防潮功能时，应采用防水砂浆。

2. 基层处理

为了使抹灰砂浆与基体表面粘结牢固，防止抹灰层产生空鼓现象，抹灰前对凹凸不平的基层表面应剔平，或用1∶3水泥砂浆补平。孔、洞及缝隙处均应用1∶3水泥砂浆或水泥混合砂浆（加少量麻刀）分层嵌塞密实。基层表面的尘土、污垢、油渍等应清除干净，并应洒水润湿。过光的墙面应予以凿毛，或涂刷一层界面剂，以加强抹灰层与基层的粘结力。

在内墙的阳角和门洞口侧壁的阳角、柱角等易于碰撞之处，应按设计要求施工，设计无要求时，应采用1∶2水泥砂浆制作护角，其高度应不低于2m，每侧宽度不小于50mm。不同材料基体交接处表面的抹灰，如砖墙与木隔墙、混凝土墙与轻质隔墙等表面，应采取加强措施。当采用加强金属网时，搭接宽度从缝边起两侧均不小于100mm（图7-15)，以防抹灰层因基体湿度变化胀缩不一而产生裂缝。

3. 抹灰施工

一般抹灰施工过程为浇水湿润基层、做灰饼、设置标筋、阳角护角、抹底层灰、抹中层灰、抹面层灰、清理。

为控制抹灰层厚度和墙面平直度，用与抹灰层相同的砂浆先做出灰饼和标筋（图7-16)，标筋稍干后以标筋为平整度的基准进行底层抹灰。如用水泥砂浆或混合砂浆，应待前一抹灰层凝结后再抹后一层。如用石灰砂浆，则应待前一层达到七八成干后，方可抹后一层。

各种砂浆抹灰层，在凝结前应防止快干、水冲、撞击、振动和受冻，在凝结后应采取措施防止沾污和损坏。水泥砂浆抹灰层应在湿润条件下养护。

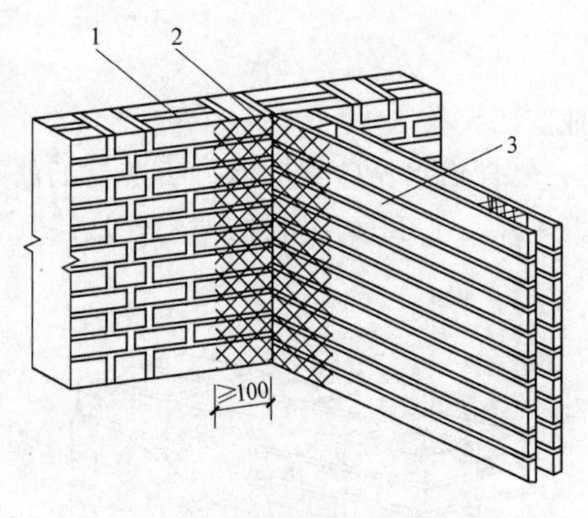

图 7-15 砖木交接处基体处理

1—砖墙 2—钢丝网 3—板条

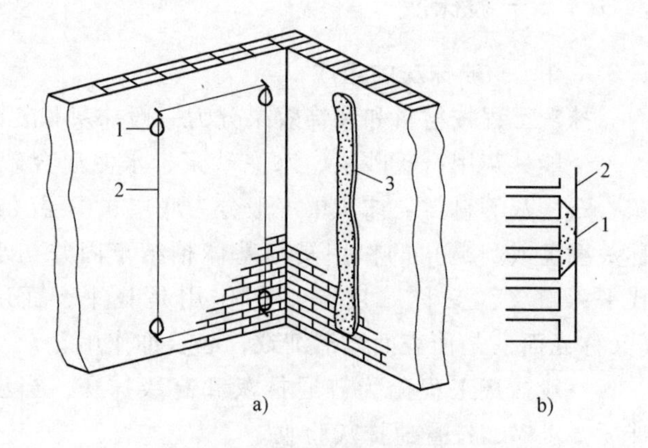

图 7-16 灰饼和标筋

a) 灰饼和标筋的制作 b) 灰饼剖面图

1—灰饼 2—引线 3—标筋

抹灰层与基层之间及各抹灰层之间必须粘结牢固，这在外墙和顶棚上尤其重要。抹灰层应无脱层、空鼓，面层应无爆灰和裂缝。

施工中应注意水泥砂浆不得抹在石灰砂浆层上，罩面石膏灰不得抹在水泥砂浆层上。

7.3.1.3 一般抹灰的质量要求

普通抹灰表面应光滑、洁净，接槎平整，分格缝应清晰；高级抹灰表面则应光滑、洁净、颜色均匀、无抹纹，分格缝和灰线应清晰美观。

护角、孔洞、槽、盒周围的抹灰表面应整齐、光滑；管道后面的抹灰表面应平整。

一般抹灰工程质量的允许偏差和检验方法应符合表 7-7 的规定。

表 7-7 一般抹灰工程质量的允许偏差和检验方法

项次	项目	允许偏差/mm		检验方法
		普通抹灰	高级抹灰	
1	立面垂直度	4	3	用 2m 垂直检测尺检查
2	表面平整度	4	3	用 2m 靠尺和塞尺检查
3	阴阳角方正	4	3	用直角检测尺检查
4	分格条(缝)直线度	4	3	拉 5m 线,不足 5m 拉通线,用钢直尺检查
5	墙裙、勒脚上口直线度	4	3	拉 5m 线,不足 5m 拉通线,用钢直尺检查

7.3.2 装饰抹灰

装饰抹灰种类很多，其底层多为 1∶3 水泥砂浆打底，面层主要有水刷石、斩假石、干粘石、假面砖等。

装饰抹灰的底层与一般抹灰要求相同，只是面层根据材料及施工方法的不同而具有不同的形式。下面介绍几种常用的饰面。

1. 水刷石

水刷石多用于外墙面。它的施工过程是：用 12mm 厚的 1∶3 水泥砂浆打底，待底层砂浆终凝后，在其上按设计的分格弹线，用水泥浆粘结固定分格条，以防大片面层收缩开裂。然后将底层浇水润湿后刮水泥浆或涂刷界面剂，以增加与底层的粘结。随即抹上稠度为 5~7cm；厚 8~12mm 的水泥石子浆（水泥∶石子=1∶1.25~1∶1.50）面层，拍平压实，使石子密实且分布均匀。待面层凝结前，即用棕刷蘸水自上而下刷掉面层水泥浆，使石子表面完全外露为止。为使表面洁净，可用喷雾器自上而下喷水冲洗。

水刷石的质量要求是石粒清晰、分布均匀、色泽一致、平整密实，不得有掉粒和接槎的痕迹。

2. 斩假石

斩假石又称剁斧石，属于高档外墙装修，装饰效果近于花岗石，但费工较多。

施工时先抹水泥砂浆底层，养护硬化后弹线分格并粘结分格木条。洒水润湿后，刷素水泥浆界面剂一道，随即抹厚约 10mm 水泥石碴砂浆罩面层，罩面层配合比为水泥∶石碴=1∶1.25，内掺 30%石屑。罩面层应采取防晒措施，并养护 2~3d，待强度达到设计强度的 60%~70%时，用剁斧将面层斩毛。

斩假石表面剁纹应均匀顺直、深浅一致，无漏剁处；阳角处应横剁并留出宽窄一致的不剁边条，棱角应无损坏。

3. 干粘石

在水泥砂浆上面直接干粘石子的做法，称干粘石法。其方法与水刷石类似，先在底层进行弹线分格。将底层浇水润湿后，抹上一层 6mm 厚 1∶2~1∶2.5 的水泥砂浆层，随即紧跟着再抹一层 2mm 厚的 1∶0.5 水泥石灰膏浆粘结层，同时将配有不同颜色或同色的粒径为 4~6mm 的石子甩粘拍平压实。拍时不得把砂浆拍出来，以免影响美观，要使石子嵌入深度不小于石子粒径的 1/2，待有一定强度后洒水养护。甩石操作可用人工方法亦可用喷枪喷射。

干粘石的质量要求是色泽一致、不露浆、不漏粘，石粒应粘结牢固，分布均匀，阳角处应无明显黑边。

7.4　饰面板（砖）工程

7.4.1　材料及施工基本要求

饰面板（砖）工程所用材料均应进行性能复验，检验的内容包括：

1）室内用花岗石的放射性。

2）粘贴用水泥的凝结时间、安定性和抗压强度。

3）外墙陶瓷面砖的吸水性。

4）寒冷地区外墙陶瓷面砖的抗冻性。

此外，饰面板表面应平整、洁净、色泽一致，无裂痕和缺损；石材表面应无泛碱等污染。饰面砖的品种、规格、图案、颜色和性能应符合设计要求。

施工中应对预埋件（或后置埋件）、连接节点以及防水层等隐蔽工程项目进行验收。

饰面板（砖）工程在抗震缝、伸缩缝、沉降缝等部位的处理应保证缝的使用功能和饰面的完整性。

7.4.2 饰面板（砖）工程施工

7.4.2.1 饰面板安装

饰面板安装一般用于室内和高度不大于24m、抗震设防烈度不大于7度的外墙饰面工程。

1. 饰面板安装

饰面板多用于高级装饰，饰面板安装可采取水泥砂浆固定法（湿法）、聚酯砂浆固定法、树脂胶连接法、螺栓或金属卡具固定法（干法）。其中螺栓或金属卡具固定法（干法）由于可有效地防止板面回潮、返碱、返花现象，是目前应用较多的方法。具体做法是在需铺设板材部位预埋金属卡具，板材安装后用螺栓或金属卡具固定，最后进行勾缝处理。亦可在基层内打入膨胀螺栓，用以固定饰面板（图7-17）。

2. 施工质量要求

饰面板的品种、规格、颜色和性能均应符合要求。对易燃的木龙骨、木饰面板和塑料饰面板等应进行燃烧性能测试。

饰面板孔、槽的数量、位置和尺寸应符合设计要求。饰面板上的孔洞应套割吻合，边缘应整齐。

饰面板安装工程的预埋件（或后置埋件）、连接件的数量、规格、位置、连接方法和防腐处理必须符合设计要求。后置埋件的现场拉拔强度必须符合设计要求。饰面板安装必须牢固。饰面板嵌缝应密实、平直，宽度和深度应符合设计要求，嵌填材料色泽应一致。

采用湿作业法施工的饰面板工程，石材应进行防碱背涂处理。饰面板与基体之间的灌注材料应饱满、密实。

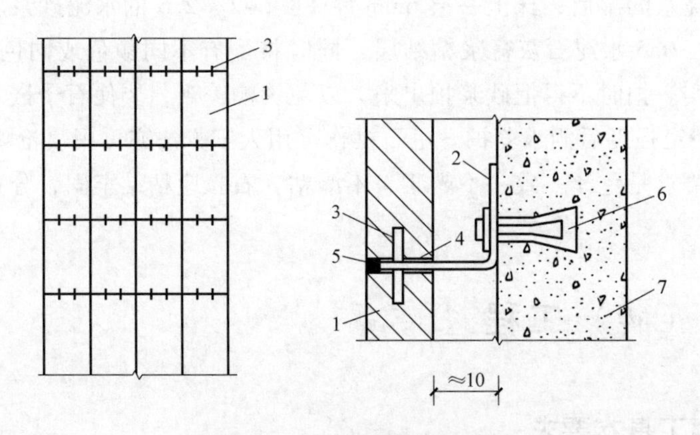

图7-17 石材饰面板干法施工

1—饰面石材 2—不锈钢连接杆 3—不锈钢缝销 4—缓冲垫 5—嵌缝油膏 6—不锈钢膨胀螺栓 7—混凝土墙

7.4.2.2 饰面砖粘贴

饰面砖有釉面瓷砖、面砖、马赛克等。天然或人造石饰面板有大理石、花岗石等天然石板及预制水磨石、人造大理石等。饰面砖一般适用于室内工程和高度不大于100m、抗震设防烈度不大于8度的外墙饰面工程。

饰面砖粘贴的一般工艺程序如下：清理基层表面、润湿、基层刮糙、底层找平划毛、立皮数杆、弹线、贴灰饼、粘贴饰面砖、勾缝、清洁面层。

粘贴饰面砖的基层应清洁、湿润，基层刮糙后涂抹1∶3水泥砂浆找平层。饰面砖粘贴必须按弹线和标志进行，墙面上弹好水平线并作好粘贴厚度标志，墙面的阴阳角、转角处均须拉垂直线，并进行找方。阳角要双面挂垂直线，划出纵横皮数杆，沿墙面进行预排。粘贴第一层饰面砖时，应以房间内最低的水平线为准，并在砖的下口用直尺托底。饰面砖铺贴顺序为自下而上，从阳角开始，使不成整块的留在阴角或次要部位。待整个墙面粘贴完毕，接缝处应用与饰面砖颜色相同的石膏浆或水泥浆填抹。其中室外和室内潮湿的房间应用与饰面砖颜色相同的水泥浆或水泥砂浆勾缝。勾缝材料硬化后，用盐酸溶液刷洗后，再用清水冲洗干净。

（1）釉面砖　釉面砖有白色、彩色及带花纹图案等多种。形状有正方形和长方形两种，另有阳角、阴角、压顶条等。

施工时在底层抹一层1∶3水泥砂浆，抹后找平划毛。粘结层一般为厚7~10mm的聚合物水泥砂浆。施工时将黏结剂涂于釉面砖背面粘贴于底层上，用小铲轻轻敲击，使之贴实粘牢。接缝宽约1.5mm，贴后用同色水泥擦缝。最后用稀盐酸刷洗釉面砖表面，并用清水冲洗。

（2）马赛克　马赛克的成品是将小块的马赛克粘在纸板上，施工时底层用1∶3水泥砂浆，抹后划毛浇水养护。在底层上抹厚5~6mm粘结层（1∶1水泥砂浆，另加水泥量2%~4%的108胶），从上往下弹分格线。粘贴时先将贴有马赛克的一面朝上放于托板上，用1∶1水泥细砂干灰填缝，再刮一层1~2mm厚的素水泥浆，随即将托板上的马赛克纸板对准分格线贴于底层上，并拍平拍实。在纸板上刷水润湿，0.5h后揭纸并调整缝隙使其整齐如一，待粘结层凝固后用同色水泥浆擦缝，最后用酸洗之。

饰面砖表面应平整、洁净、色泽一致，无裂痕和缺损。饰面砖粘贴必须牢固，粘法施工的饰面砖工程应无空鼓、裂缝。

阴阳角处搭接方式、非整砖使用部位应符合设计要求。墙面突出物周围的饰面砖应整砖套割吻合，边缘应整齐；墙裙、贴脸突出墙面的厚度应一致；饰面砖接缝应平直、光滑，填嵌应连续、密实；宽度和深度应符合设计要求。

7.5 涂饰工程

涂饰工程的材料分为水溶型、乳液型和其他涂料，如喷塑型涂料。喷塑型涂料是以丙烯酸、丙烯酸酯和无机高分子材料、苯乙烯-丙烯酸酯为主要材料组成的装饰涂料，分为有骨料型和无骨料型两种。有骨料型涂料又称为浮雕型涂料，无骨料型涂料称为多彩纹或仿墙纸涂料，这类涂料可以用于各种美术涂饰。

7.5.1 基层处理

涂饰工程施工前对基层应进行处理。新建筑物的混凝土或抹灰基层在涂饰涂料前应涂刷抗碱封闭底漆；旧墙面在涂饰涂料前应清除疏松的旧装修层，并涂刷界面剂。混凝土或抹灰基层涂刷溶剂型涂料时，含水率不得大于8%；涂刷乳液型涂料时，含水率不得大于10%。木材基层的含水率不得大于12%。基层腻子应平整、坚实、牢固，无粉化、起皮和裂缝；内墙腻子的黏结强度应符合规范的规定。厨房与卫生间墙面必须使用耐水腻子。

7.5.2 水溶型涂料涂饰施工

1. 施工工艺

水溶型涂料（也称水性涂料）包括水溶性涂料、乳液性涂料及无机涂料等，其施工工艺如下：

在墙面腻子硬结打磨后，用排笔漆刷或长毛绒辊子涂刷。要求集中对料，色泽一致。涂刷一般两遍成活，第一遍要稠些盖底，干后用砂纸打磨，第二遍要注意上下接槎处要一致，一面墙一次成活。

2. 质量要求

水溶型涂料涂饰工程施工的环境温度应在5~35℃之间。

水溶型涂料涂饰工程应涂饰均匀、粘结牢固，不得漏涂、透底、起皮和掉粉。涂层与其他装修材料和设备衔接处应吻合，界面应清晰。

水溶型涂料又分为薄涂料、厚涂料及复层涂料等几种。对薄层涂料的涂饰质量要求见表7-8。

表7-8 薄涂料的涂饰质量和检验方法

项次	项目	普通涂饰	高级涂饰	检验方法
1	颜色	均匀一致	均匀一致	观察
2	泛碱、咬色	允许少量轻微	不允许	
3	流坠、疙瘩	允许少量轻微	不允许	
4	砂眼、刷纹	允许少量轻微砂眼、刷纹通顺	无砂眼、无刷纹	
5	装饰线、分色线直线度允许偏差	2mm	1mm	拉5m线，不足5m拉通线，用钢直尺检查

厚涂料的涂饰质量，对于高级涂饰不允许出现泛碱、咬色，颜色均匀一致，如果为点状分布的涂饰，则要求疏密均匀；对于普通涂饰仅允许少量轻微的泛碱、咬色，颜色也应均匀一致。

复层涂料则要求颜色均匀一致，点疏密均匀，不允许连片，并不允许出现泛碱、咬色现象。

7.5.3 溶剂型涂料涂饰施工

1. 施工工艺

常用的溶剂型涂料有丙烯酸酯涂料、聚氨酯丙烯酸涂料、有机硅丙烯酸涂料等。

溶剂型涂料施工包括基层准备、打底子、抹腻子和涂刷等工序。

基层如为木材，应清除钉子、油污等，除去松动节疤及脂囊，裂缝和凹陷处均应用腻子填补，用砂纸磨光；如为金属表面，应清除一切鳞皮、锈斑和油渍等。基体如为抹灰层，含水率不得大于8%。新抹灰的灰泥表面应仔细除去粉质浮粒。为使灰泥表面硬化，可采用氟硅酸镁溶液进行多次涂刷处理。

打底子的目的是使基层表面有均匀吸收色料的能力，以保证整个油漆面的色泽均匀一致。腻子是由涂料、填料（石膏粉、大白粉）、水或松香水等拌制成的膏状物。抹腻子的目的是使表面平整。对于高级涂饰，需在基层上全面抹一层腻子，待其干后用砂纸打磨，然后再满抹腻子，再打磨，磨至表面平整光滑为止，有时还要和涂刷涂料交替进行。所用腻子，应按基层、底漆和面漆的性质配套选用。

涂刷按操作工序和质量要求分为普通涂饰、高级涂饰。涂刷方法有刷涂、喷涂、擦涂、揩涂及滚涂等。方法的选用与涂料有关，应根据涂料能适应的涂刷方式和现有设备来选定。

在涂刷时，后一遍涂料必须在前一遍涂料干燥后进行。每遍涂料都应涂刷均匀。

2. 质量要求

一般溶剂型涂料施工的环境温度不宜低于10℃，相对湿度不宜大于60%。当遇大雨、有雾情况时，不可施工。

溶剂型涂料涂饰工程应涂饰均匀、粘结牢固，不得漏涂、透底、起皮和反锈。涂层与其他装修材料和设备衔接处应吻合，界面应清晰。

色漆的涂饰质量应符合表 7-9 的规定。

表 7-9　色漆的涂饰质量和检验方法

项次	项目	普通涂饰	高级涂饰	检验方法
1	颜色	均匀一致	均匀一致	观察
2	光泽、光滑	光泽基本均匀、光滑无挡手感	光泽均匀、一致光滑	观察、手摸检查
3	刷纹	刷纹通顺	无刷纹	观察
4	裹棱、流坠、皱皮	明显处不允许	不允许	观察
5	装饰线、分色线直线度允许偏差	2mm	1mm	拉 5m 线，不足 5m 拉通线，用钢直尺检查

注：无光色漆不检查光泽。

清漆的涂饰施工要求较高，如为高级涂饰，一般需要 2 遍满刮腻子、5 遍清漆涂饰。清漆的涂饰质量应符合表 7-10 的规定。

表 7-10　清漆的涂饰质量和检验方法

项次	项目	普通涂饰	高级涂饰	检验方法
1	颜色	基本一致	均匀一致	观察
2	木纹	棕眼刮平、木纹清楚	棕眼刮平、木纹清楚	观察
3	光泽、光滑	光泽基本均匀、光滑无挡手感	光泽均匀、一致光滑	观察、手摸检查
4	刷纹	无刷纹	无刷纹	观察
5	裹棱、流坠、皱皮	明显处不允许	不允许	观察

7.5.4　美术涂饰

美术涂饰包括套色涂饰、滚花涂饰、仿花纹涂饰等涂饰工程。

美术涂饰除了应做到涂饰均匀、粘结牢固，不得漏涂、透底、起皮和反锈外，其套色、花纹和图案应符合设计要求；涂饰表面应洁净，不得有流坠现象。仿花纹涂饰的饰面应只有被模仿材料的纹理；套色涂饰的图案不得移位，纹理和轮廓应清晰。

第8章　施工组织概论

8.1　概述

8.1.1　建筑产品及生产特点

1. 建筑产品的特点

建筑产品的使用功能、平面与空间组合、结构与构造形式等特殊性，以及建筑产品所用材料的物理力学功能的特殊性，决定了建筑产品的特殊性，具体特点如下：

（1）建筑产品的空间固定性　一般的建筑产品均由自然地面以下的基础和自然地面以上的主体两部分组成（地下建筑全部在自然地面以下）。基础承受主体的全部荷载（包括基础的自重），并传给地基。任何建筑产品都是在选定的地点上建造使用，一般从建造开始直至拆除均不能移动。所以，建筑产品的建筑和使用地点在空间上是固定的。

（2）建筑产品的多样性　建筑产品不仅要满足各种使用功能的要求，而且还要体现出地区的生活习惯、民族风格、物质文明和精神文明，同时也受到地区的自然条件诸因素的限制，使建筑产品在规模、结构、构造、形式、基础和装饰等诸方面变化纷繁，因此建筑产品的类型多样。

（3）建筑产品体形庞大　无论是复杂的建筑产品，还是简单的建筑产品，为了满足其使用功能的需要，并结合建筑材料的物理力学性能，需要大量的物质资源，占据广阔的平面与空间，因而建筑产品的体形庞大。

2. 建筑产品生产的特点

建筑产品地点的固定性、类型的多样性和体形庞大这三大主要特点，决定了建筑产品生产的特点与一般工业产品生产的特点相比较具有自身的特殊性。其具体特点如下：

（1）建筑产品生产的流动性　建筑产品地点的固定性决定了产品生产的流动性。一般的工业产品都是在固定的工厂、车间内进行生产，而建筑产品的生产是在不同的地区，或同一地区的不同现场，或同一现场的不同单位工程，或同一单位工程的不同部位组织工人、机械围绕着同一建筑产品进行生产，从而导致建筑产品的生产在地区之间、现场之间和单位工程不同部位之间流动。

（2）建筑产品生产的单件性　建筑产品地点的固定性和类型的多样性决定了建筑产品生产的单件性。一般的工业产品是在一定的时期里，采用统一的工艺流程进行批量生产，而具体的一个建筑产品应在国家或地区的统一规划内，根据其使用功能，在选定的地点上单独设计和单独施工。即使是选用标准设计、通用构件或配件，由于建筑产品所在地区的自然、技术、经济条件不同，建筑产品的结构或构造、建筑材料、施工组织和施工方法等要因地制宜加以修改，使各建筑产品生产具有单件性。

（3）建筑产品生产的地区性　由于建筑产品的固定性决定了同一使用功能的建筑产品因其建造地点的不同而会受到建设地区的自然、技术、经济和社会条件的约束，使其结构、构造、艺术形式、室内设施、材料、施工方案等方面各有不同。因此建筑产品的生产具有地区性。

(4) 建筑产品生产周期长　建筑产品地点的固定性使施工活动的空间具有局限性，从而导致建筑产品生产具有生产周期长、占用流动资金大的特点；建筑产品体型庞大使得建筑产品的建成必然耗费大量的人力、物力和财力，建筑产品生产过程还受到工艺流程和生产程序的制约，使各专业、工种间必须按照合理的施工顺序进行配合。

(5) 建筑产品生产的露天作业多　建筑产品地点的固定性和体形庞大的特点，决定了建筑产品生产露天作业多。因为形体庞大的建筑产品不可能在工厂、车间内直接进行施工，即使建筑产品生产达到了高度的工业化水平，也只能在工厂内生产其各部分的构件或配件，仍然需要在施工现场内进行总装配后才能形成最终建筑产品。

(6) 建筑产品生产的高处作业多　建筑产品体型庞大决定了其生产具有高处作业多的特点。尤其是随着城市现代化的发展，高层建筑物的施工任务日益增多，使得建筑产品生产高处作业的特点日益明显。

(7) 建筑产品生产手工作业多、工人劳动强度大　尽管目前推广应用先进科学技术，出现了大模、滑模、大板等施工工艺，机械设备代替了人工劳动，但是从整体建设活动来看，手工操作的比重仍然很高，工人的体力消耗很大，劳动强度相当高，建筑行业还是一个重体力行业。

(8) 建筑产品生产组织协作的综合复杂性　在建筑产品生产过程中，它涉及工程力学、建筑结构、建筑构造、地基基础、水暖电、机械设备、建筑材料和施工技术等学科的专业知识，要在不同时期、不同地点和不同产品上组织多专业、多工种的综合作业。另外建筑产品的生产还涉及各专业施工企业以及城市规划、土地审批、勘察设计、消防安全、“七通一平”、公用事业、环境保护、质量监督、科研实验、交通运输、银行金融、机具设备、劳务等社会各部门和各领域的协作配合，这使得建筑产品生产的组织协作关系综合复杂。

8.1.2　工程项目施工程序

工程建设程序是指项目建设全过程中各项工作必须遵守的先后次序。工程建设程序主要由项目建议书、可行性研究、编制设计文件、建设准备、施工安装、竣工验收等六个阶段组成（图8-1）。

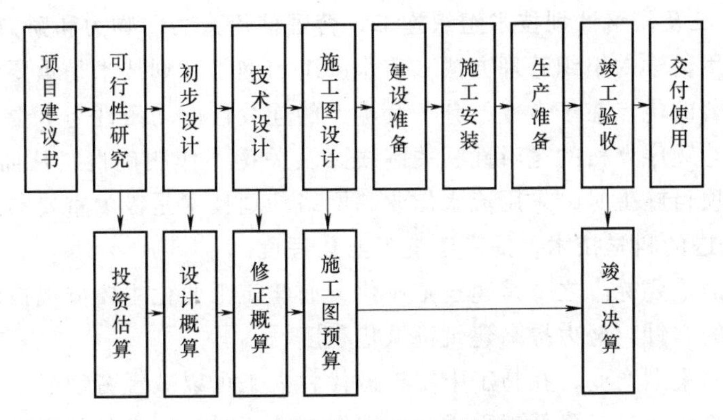

图8-1　我国工程建设程序简图

施工程序是指拟建工程项目在整个施工阶段必须遵守的先后工作程序。它主要包括承接施工任务及签订施工合同、施工准备、组织施工、竣工验收、保修服务等五个环节或阶段。

8.1.3 工程项目施工组织原则

施工组织设计是施工企业和项目经理部施工管理活动的重要技术经济文件，也是完成国家和地区基本建设计划的重要手段。而组织工程项目施工的原则是为了更好地落实、控制和协调其施工组织设计的实施过程。所以组织工程项目施工就是一项非常重要的工作。根据新中国成立以来的实践经验，结合施工项目产品及其生产特点，在组织工程项目施工过程中应遵循以下几项原则：

1. 保证重点，统筹安排，按期按质交付使用

施工的最终目标是尽快完成建设任务，使项目尽可能早日投产或交付使用。因此，必须依据项目的轻重缓急，即根据国家或业主对项目的使用要求，对项目进行排序，把人力、物力、财力优先投入到急需的工程上去，保证工程尽快建成投入使用；同时，注意照顾一般工程，使重点工程和一般工程很好地结合起来；还应注意主要项目与其相应的辅助、附属项目之间的配套关系，注意准备项目、施工项目、收尾项目和竣工投产项目的关系，做到主次分明，统筹兼顾。

2. 合理安排施工顺序

建筑产品及其生产有其本身的客观规律，它既包含了施工工艺及其技术方面的规律，又包含了施工程序和施工顺序方面的规律。遵循这些规律去组织施工，就能保证各项施工活动的紧密衔接和相互促进，从而能够充分利用资源，确保工程质量，加快施工速度，提高社会效益。

建筑施工工艺及其技术规律是分部（分项）工程内在固有的规律。例如混凝土工程，其工艺顺序是配料、搅拌、运输、浇筑振捣、养护等，其中任何一道工序都不能颠倒或省略，这不仅涉及施工工艺的要求，也是技术、质量保证的要求。因此，在组织工程项目施工过程中，必须遵循建筑施工工艺及其技术规律。

施工程序和施工顺序是建筑施工过程中各分部分项工程之间存在的客观规律。各分部工程的先后顺序、各分项工程的先后顺序是客观存在的，但在空间上可组织立体交叉、搭接施工，以争取时间、减少消耗，这是组织管理者遵循客观规律的主观能动性的表现。虽然，建筑施工程序和施工顺序是随着拟建工程项目的规模、性质、设计要求、施工条件和使用功能的不同而变化，但其共同遵循的客观规律是存在的。例如，“先准备，后施工”“先地下，后地上”“先结构，后围护”“现主体，后装饰”“先土建，后设备”等。

3. 采用流水施工及网络计划技术组织施工，合理使用人力、物力和财力

施工组织要采用科学的组织管理方法，流水施工与网络计划技术是重要的现代管理方法之一。流水施工最显著的优点在于专业的分工及生产的连续性、均衡性与节奏性；网络计划技术最显著的特点是工艺顺序严格的逻辑性、关键线路及关键工作明确性，从而达到目标的优化。为此，在组织工程项目施工时，采用流水作业和网络计划技术是极为重要的。

4. 尽量采用先进的科学技术，提高建筑工业化程度

建筑技术进步的重要标志之一是建筑工业化，而建筑工业化主要体现在认真执行工厂预制和现场预制相结合的方针，努力提高建筑机械化程度。

建筑业是劳动密集型产业，在施工中用机械代替人工可以减轻劳动强度、提高生产率、加快工程进度、改善工程质量、降低工程成本。在组织施工时，应充分利用机械设备，使大型机械设备和中小型机械设备相结合，使机械化和半机械化相结合，扩大机械施工范围，提高机械化施工程度。同时要充分发挥机械设备的生产率，保持其作业的连续性，提高机械设备的利用率。

5. 注重工程质量，确保施工安全

要规范工程参建各方质量行为，从源头抓起，从工程的招标投标、施工许可、资质管理、竣工验收等各个环节加强监管。要督促建设单位依法履行职责，严格遵守基本建设程序，履行合同约定，按照谁投资，谁决策，谁收益，谁承担风险和责任的原则，认真担负起质量安全责任，切实把好质量安全关；要督促建设单位和施工企业做好质量安全保证体系的建立健全工作，严格落实质量安全保证体系，做到质量安全管理机构和制度健全，严格执行工程建设强制性标准条文和规范，确保提供优质合格的建筑产品。建立健全施工企业技能和安全培训教育制度，改进培训方法，扩大培训内容，以提高企业管理和技术骨干力量的质量安全保证能力。督促大中型企业、行业协会等单位依照有关技术要求，加强一线作业人员的培训，突出重点工种，强调专业化，尽快培育出一支经验丰富、技术过硬的队伍，确保新形势下质量安全生产的需要。

6. 采用先进科学技术

先进的施工技术与科学的施工管理手段相结合，是提高建筑施工企业和工程项目经理部的生产经营管理素质，提高劳动生产率，保证工程质量，缩短工期，降低工程成本的重要途径。因此，在组织施工时，必须注意结合具体的施工条件，广泛地采用国内外的先进施工技术，吸收先进工地和先进工作者在施工方法、劳动组织等方面所创造的经验。

拟定合理的施工方案是保证施工组织设计贯彻上述各项原则和充分采用先进经验的关键。施工方案的优劣在很大程度上决定着施工组织设计的质量。在确定施工方案时，要注意从实际出发，在确保工程质量和生产安全的前提下，使施工方案在技术上是先进的，在经济上是合理的。

7. 合理布置施工现场，尽量减少暂设工程，努力提高文明施工的水平

安排施工现场即施工现场平面布置，是施工组织设计的一项重要内容。对于大型项目的施工，可按不同的施工阶段作出不同的施工平面图。布置现场时必须以尽量减少暂设工程数量、减少不必要投资、节约施工用地、文明施工为原则。因此，可以采取下述有效措施：

1）尽量利用原有房屋和构筑物满足施工的要求。

2）在安排施工顺序时，应把可为施工服务的正式工程（包括道路、管网等）尽量提前施工。

3）建筑构（配）件和制品应尽量安排在地区内原有的加工企业生产，只当确有必要时，才在工地上自行建立加工企业。

4）应优先采用可移动装拆的房屋和设备。

5）合理地组织建筑材料和制品的供应，减少它们的储量，把仓库、堆放场地等的面积压缩到最低限度。

上述原则，既是建筑产品生产的客观需要，又是加快施工速度、缩短工期、保证工程质量、降低工程成本、提高建筑施工企业和工程项目经理部经济效益的需要，所以必须在组织工程项目施工过程中认真地贯彻执行。

8.2 施工准备工作

8.2.1 施工准备工作的分类

1. 按规模范围分类

按规模范围施工准备可以分为施工总准备、单位工程施工条件准备和分部（分项）工程作业条件准备等三种内容。

2. 按施工阶段分类

按施工阶段施工准备可分为开工前的施工准备和各施工阶段施工前的准备。

8.2.2 施工准备工作的内容

8.2.2.1 原始资料的调查分析

调查收集原始资料工作，是开工前的施工准备的主要内容之一，尤其是当施工单位进入一个新的城市或地区，此项工作就显得尤为必要，它关系着施工单位的全局性部署和安排。

为了形成符合实际情况并切实可行的最佳施工组织设计方案，在进行建设项目施工准备工作中，必须进行自然条件和技术经济条件调查，以获得施工组织设计的基础资料。这些基础资料称为原始资料，加上对这些资料的分析就称为原始资料的调查分析。

1. 自然条件资料

建设地区自然条件的调查，其主要资料内容有：地区水准基点和绝对标高；地质构造、土的性质和类别、地基土的承载能力及地震级别和烈度；河流流量和水质、最高洪水期及枯水期的水位；地下水位的高低变化情况，含水层的厚度、流向、流量及水质情况；气温、雨、雪、风及雷电等情况；土壤的冻结深度、冬雨季的期限等。

2. 技术经济条件资料

收集建设地区的技术经济条件的资料，目的在于查明建设地区地方工业、交通运输、动力资源和生活福利设施等地区经济因素的可能利用程度。其主要资料内容有：地方施工企业的状况；施工现场的动迁状况；当地可利用的地方材料状况；地方能源和交通运输状况；水、电及其他能源、主要设备、三大材料和特殊材料，以及它们的生产能力等的调查；地方劳动力、技术水平状况；当地生活供应、教育、医疗卫生的状况；当地消防、治安状况；参加施工单位的企业等级、技术和管理水平、施工能力、社会信誉；企业现有的施工定额、施工手册、类似工程的技术资料及平时施工实践活动中所积累的资料等；现行的由国家有关部门制定的技术规范、规程及有关技术规定；主管部门对建设地区工程招标投标、建设监理、建筑市场管理的有关规定和政策等。

8.2.2.2 技术准备

技术准备是施工准备工作的核心。由于任何技术的差错或隐患都可能引起人身安全和质量事故，造成生命、财产和经济的巨大损失。因此必须认真做好技术准备工作。具体有如下内容：

1. 熟悉图纸阶段

工程项目经理部组织有关工程技术人员熟悉图纸。熟悉图纸的要求如下：

1）先精后细。先看平面图、立面图、剖面图，再看细部做法。

2）先小后大。先看小样图，后看大样图。

3）先建筑后结构，并把建筑图与结构图互相对照，先一般后特殊，即先看一般的部位和要求，后看特殊的部位和要求。

4）图纸与说明结合。

5）土建与安装结合。

6）图纸要求与实际情况结合。

2. 图纸会审和技术交底

建设单位应在开工前向有关规划部门送审初步设计及规划图。初步设计文件审批后，根据批准的年度基建计划，组织进行施工图设计。施工图是进行施工的具体依据，图纸会审是施工前的一项重要准备工作。

图纸会审工作一般是在施工承包单位完成自审的基础上进行的，由建设单位主持，监理单位组织，设计单位、施工承包单位、质量监督管理部门和物资供应单位等有关人员参加。重点工程或规模较大及结构、装修较复杂的工程，如有必要可邀请各主管部门、消防、防疫与协作单位参加。对于复杂的大型工程，建设单位应先组织技术部门的各专业技术人员预审，将问题汇总，并提出初步处理意见，做到在图纸会审前对设计心中有数。图纸会审的各方都应充分准备、认真对待，对设计意图及技术要求彻底了解融会贯通，并能发现问题，提出建议和意见，提高图纸会审的工作质量，把图纸上的差错和缺陷的纠正和补充在施工之前完成。

图纸会审包括以下内容：熟悉、审查施工图和有关的设计资料；熟悉、审查设计图纸的目的；熟悉、审查设计图纸的内容。

（1）图纸会审的程序

1）设计单位作设计交底。

2）施工单位对图纸提出问题。

3）有关单位发表意见，与会者讨论、研究、协商逐条解决问题达成共识，组织图纸会审的单位汇总成文，各单位会签，形成图纸会审纪要。

图纸会审时要有专人做好记录，注明会审时间、地点、主持单位及参加单位、参加人员。图纸会审时，首先由设计单位的工程主要设计人员向与会者说明拟建工程的设计依据、意图和功能要求，并对特殊结构、新工艺、新技术提出设计要求；然后，施工单位根据自审记录以及对设计意图的了解，提出对施工图的疑问和建议；明确建设、监理、设计和施工等单位之间的协作、配合关系，以及建设单位可以提供的施工条件。最后统一认识，对所探讨的问题一一做好记录，形成“图纸会审纪要”，由建设单位正式行文，参加单位共同会签、盖章，和与设计文件同时使用的技术文件，和指导施工、竣工验收的依据，以及建设单位与施工单位进行工程结算的依据。

（2）图纸会审的要求

1）设计是否符合国家有关方针、政策和规定。

2）设计规模、内容是否符合国家有关的技术规范要求，尤其是强制性标准的要求是否符合环境保护和消防安全的要求。

3）建筑设计是否符合国家有关的技术规范要求，尤其是强制性标准的要求是否符合环境保护和消防安全的要求。

4）建筑平面布置是否符合核准的按建筑红线划定的详图和现场实际情况；是否提供符合要求的永久水准点或临时水准点位置。

5）图纸及说明是否齐全、清楚、明确。

6）结构、建筑、设备等图纸本身及相互之间是否有错误和矛盾；图纸与说明之间有无矛盾。

7）有无特殊材料（包括新材料）要求，其品种、规格、数量能否满足需要。

8）设计是否符合施工技术装备条件。如需采取特殊技术措施时，技术上有无困难，能否保证安全施工。

9）地基处理及基础设计有无问题；建筑物与地下构筑物、管线之间有无矛盾。

10）建（构）筑物及设备的各部位尺寸、轴线位置、标高、预留孔洞及预埋件，大样图及做法说明有无错误和矛盾。

在图纸会审的基础上，按施工技术管理程序，应在单位工程或分部（分项）工程施工前逐级进行技术交底。如对施工组织设计中涉及的工艺要求、质量标准、技术安全措施、规范要求和采用的施工方法，以及图纸会审中涉及的要求及变更等内容，向有关的施工人员交底。

(3) 技术交底分工

1) 凡由公司组织编制施工组织设计的工程，由公司主管生产技术的经理主持，公司总工程师向有关项目经理部经理、主管工程师、栋号技术负责人及有关职能负责人进行交底，交底的内容可以以总工程师签发的会议记录或其他文字资料为准。

2) 凡由项目经理部编制的施工组织设计的工程，由项目经理部主管工程师向参加施工的技术负责人和项目经理部有关技术人员进行交底，交底后将主管工程师签发的技术交底文件，交栋号技术负责人作为指导施工的技术依据。

3) 栋号技术负责人，在施工前根据施工进度，按部位和操作项目，向工长及班组长进行技术交底。

3. 工程计量、计价与审查

根据审定后的全套施工详图及设计说明书、图纸会审纪要、施工组织设计及施工方案，严格按照工程量计算规则，计算工程的各分部（分项）工程量；根据 2013 年的建设工程工程量清单计价系列规范、消耗量定额、各地规费及有关材料调差等，进行计价，以确定工程项目的预算价格，做到计量准确、取费合理、内容完整。

建设单位在接到工程项目的预算报价后，为避免出现追加合同价款，应重点审查以下内容：工程量计算规则是否有较大的差异；消耗量定额套用是否准确；取费标准与调价指标的确定是否合理；预算项目是否存在漏套、漏算现象；预算价格是否突破工程项目投资申请额。

4. 编制中标后的施工组织设计

中标后的施工组织设计是施工准备工作的重要组成部分，也是指导施工现场全部生产活动的技术经济文件。同时，它又是施工单位在施工准备阶段编制的指导拟建工程从施工准备到竣工验收乃至保修回访的技术经济、组织的综合性文件，也是编制施工预算，实行项目管理的依据，是施工准备工作的主要文件。建筑施工生产活动的全过程是非常复杂的物质财富再创造的过程，为了正确处理人与物、主体与辅助设施、工艺与设备、专业协作、供应与消耗、生产与储存、使用与维修以及它们在空间布置、时间排列之间的关系，必须根据拟建工程的规模、结构特点和建设单位的要求，在原始资料调查分析的基础上，编制出一份能切实指导该工程项目全部施工活动的科学方案。

1) 施工单位必须在施工约定的时间内完成中标后施工组织设计的编制与自审工作，并填写施工组织设计报审表，报送项目监理机构。

2) 总监理工程师应在约定的时间内，组织专业监理工程师审查，提出审查意见后，由总监理工程师审定批准；需要施工单位修改时，由总监理工程师签发书面意见，退回施工单位修改后再报审，总监理工程师应重新审定；已审定的施工组织设计由项目监理机构报送建设单位。

3) 施工单位应按审定的施工组织设计文件组织施工，如需对其内容做较大变更，应在实施前将变更内容书面报送项目监理机构重新审定。

4) 对规模大、结构复杂或属新结构，特种结构的工程，专业监理工程师提出审查意见后，由总监理工程师签发审查意见，必要时与建设单位协商，组织有关专家会审。

8.2.2.3 施工资源准备

1. 物资准备工作

材料、构（配）件、制品、机具和设备是保证工程项目施工顺利进行的物质基础，这些物资的准备工作必须在工程开工之前完成。根据各种物资的需要量计划，分别落实货源，安排运输和储备，使其满足连续施工的要求。

物资准备工作内容主要包括：建筑材料的准备；构（配）件和制品的加工准备；建筑安装机具的准备和生产工艺设备的准备。

（1）建筑材料的准备　主要是根据工程量及消耗量定额进行分析，按照施工进度计划要求，按材料名称、规格、使用时间、材料储备定额、消耗定额进行汇总，编制出材料需要量计划，为组织备料、确定仓库、场地堆放所需的面积和组织运输等提供依据。

（2）构（配）件、制品的加工准备　根据工程量及消耗量定额提供的构（配）件、制品的名称、规格、质量和数量，确定加工方案、供应渠道及进场后的储存地点和方式，编制出其需要量计划，为组织运输、确定堆场面积等提供依据。

（3）建筑安装机具的准备　根据采用的施工方案、安排的施工进度，确定施工机械的类型、数量和进场时间，确定施工机具的供应办法和进场后的存放地点和方式，编制建筑安装机具的需要量计划，为组织运输、确定存放面积等提供依据。

（4）生产工艺设备的准备　按照施工项目生产工艺流程及工艺设备的布置图，提出工艺设备的名称、型号、生产能力和需要量，确定分期分批进场时间和保管方式，编制工艺设备需要量计划，为组织运输，确定堆场面积提供依据。

2. 物资准备工作的程序

物资准备工作的程序是搞好物资准备的重要手段。通常按如下程序进行：

1）根据工程量及消耗量定额、分部（分项）工程施工方法和施工进度的安排，拟定各种建筑材料、构（配）件及制品、施工机具和工艺设备等物资的需要量计划。

2）根据各种物资需要量计划，组织货源，确定加工、供应地点和供应方式，签订物资供应合同。

3）根据各种物资的需要量计划和合同，拟定运输计划和运输方案。

4）按照施工总平面图的要求，组织物资按计划时间进场，在指定地点、按规定方式进行储存或堆放。

3. 劳动力组织准备

劳动组织准备的范围既有整个建筑施工企业的劳动组织准备，又有大型综合的拟建建设项目的劳动组织准备，也有小型简单的拟建单位工程的劳动组织准备。下面以一个拟建工程项目为例，说明其劳动组织准备的工作内容。

（1）项目组织机构建设　施工组织领导机构的建立应根据拟建工程项目的规模、结构特点和复杂程度，确定拟建工程项目施工的领导机构人选和名额。坚持合理分工与密切协作相结合，把有施工经验、有创新精神、有工作效率的人选入领导机构，认真执行因事设职、因职选人的原则。

（2）组织精干的施工队组　施工队组的建立要认真考虑专业、工种的合理搭配，技工、普工的比例要满足合理的劳动组织要求，要符合流水施工组织方式的要求；建立施工队组要坚持合理、精干的原则；根据拟建工程项目的工程量、消耗量定额，制定出该工程的劳动力需要量计划。

（3）集结施工力量、组织劳动力进场　工地领导机构确定之后，按照开工日期和劳动力需要量计划，组织劳动力进场。同时要进行安全、防火和文明施工等方面的教育，并安排好职工的生活。

（4）向施工队组、工人进行施工组织设计、计划和技术交底

1）施工组织设计、计划和技术交底的目的是把拟建工程的设计内容、施工计划和施工技术等要求，详尽地向施工队组和工人讲解清楚，这是落实计划和技术责任制的好办法。

2）施工组织设计、计划和技术交底应在单位工程或分部（分项）工程开工之前及时进行，以保证工程严格地按照设计图纸、施工组织设计、安全操作规程和施工质量验收规范等要求进行施工。

3）施工组织设计、计划和技术交底的内容有：工程的施工进度计划、月（旬）作业计划；施工组织设计内容，尤其是施工工艺、质量标准、安全技术措施、降低成本措施和施工质量验收规范的要求；新结构、新材料、新技术和新工艺的实施方案和保证措施；图纸会审中所确定的有关部位的设计变更和技术核定等事项。交底工作应该按照管理系统逐级进行，由上而下直到施工队组、工人。交底的方式有书面形式、口头形式和现场示范形式等。

4）施工队组、工人在接受施工组织设计、计划和技术交底后，要组织其成员进行认真的分析研究，弄清关键部位、质量标准、安全措施和操作要领，必要时应该进行示范，并明确任务及做好分工协作，同时建立健全岗位责任制和保证措施。

(5) 建立健全各项管理制度　工地各项管理制度是否建立、健全，直接影响其各项施工活动的顺利进行。有章不循其后果是严重的；而无章可循更是危险的。为此必须建立、健全工地的各项管理制度。通常其内容包括：工程质量检验与验收制度；工程技术档案管理制度；建筑材料（构件、配件、制品）的检查验收制度；技术责任制度；施工图纸学习与会审制度；技术交底制度；职工考勤、考核制度；工地及班组经济核算制度；材料出入库制度；安全操作制度；机具使用保养制度等。

8.2.2.4　施工现场准备

施工现场是施工的全体参加者为取得优质、高效、低耗的目标，而有节奏、均衡、连续地进行施工的活动空间。施工现场的准备工作主要是为了给施工项目创造有利的施工条件和物资保证。其主要内容如下：

1. 做好施工场地的控制网测量

按照设计单位提供的建筑总平面图及给定的永久性经纬坐标控制网和水准控制基桩，进行厂区施工测量，设置厂区的永久性经纬坐标桩、水准基桩和建立厂区工程测量控制网。

2. 搞好“三通一平”

“三通一平”是指路通、水通、电通和平整场地。

1）路通。施工现场的道路是组织物资运输的动脉。拟建工程开工前必须按照施工总平面图的要求，修好施工现场的永久性道路（包括厂区铁路、公路）及必要的临时性道路，形成畅通的运输网络，为建筑材料进场、堆放创造有利条件。

2）水通。水是施工现场的生产和生活不可缺少的。拟建工程开工之前，必须按照施工总平面图的要求，接通施工用水和生活用水的管线，使其尽可能与永久性的给水系统结合起来，并做好地面排水系统，为施工创造良好的环境。

3）电通。电是施工现场的主要动力来源。拟建工程开工前，要按照施工组织设计的要求，接通电力和电信设施，做好其他能源的供应，确保施工现场动力设备和通信设备的正常运行。

4）平整场地。按照建筑施工，总平面图的要求，首先拆除场地上妨碍施工的建筑物或构筑物，然后根据建筑总平面图规定的标高和土方竖向设计图纸，进行挖（填）土方的工程量计算，确定平整场地的施工方案，进行平整场地的工作。

3. 做好施工现场的补充勘探

对施工现场做补充勘探是为了进一步寻找枯井、防空洞、古墓、地下管道、暗沟和枯树根等隐蔽物，以便及时拟定处理隐蔽物的方案，并实施，为基础工程施工创造有利条件。

4. 建造临时设施

按照施工总平面图的布置，建造临时设施，为正式开工准备好生产、办公、生活、居住和储存等临时用房。

5. 安装、调试施工机具

按照施工机具需要量计划，组织施工机具进场，根据施工总平面图将施工机具安置在规定的地点及仓库。对于固定的机具要进行就位、搭棚、接电源、保养和调试等工作。对所有施工机具都必须在开工之前进行检查和试运转。

6. 做好建筑材料、构（配）件、制品的储存和堆放

按照建筑材料、构（配）件、制品的需要量计划组织进场，并根据施工总平面图规定的地点和指定的方式进行储存和堆放。

7. 及时提供建筑材料的试验申请计划

按照建筑材料的需要量计划，及时提供建筑材料的试验申请计划。如钢材的力学性能和化学成分等试验，混凝土、砂浆的配合比和强度试验等。

8. 做好冬雨期施工安排

按照施工组织设计的要求，落实冬雨期施工的临时设施和技术措施。

9. 进行新技术项目的试制和试验

按照设计图纸和施工组织设计的要求，认真进行新技术项目的试制和试验。

10. 设置消防、保安设施

按照施工组织设计的要求，根据施工总平面图的布置，建立消防、保安等组织机构和有关的规章制度，布置安排好消防、保安等措施。

8.2.2.5 施工场外准备

施工准备除了施工现场内部的准备工作外，还有施工现场外部的准备工作，其具体内容如下：

（1）材料的加工和订货　建筑材料、构（配）件和建筑制品大部分均必须外购，工艺设备更是如此。这样，如何与加工部门、生产单位联系，签订供货合同，搞好及时供应，对于施工企业的正常生产是非常重要的。协作项目也是这样，除了要签订议定书之外，还必须做大量有关方面的工作。

（2）做好分包工作和签订分包合同　由于施工单位本身的力量有限，有些专业工程的施工、安装和运输等均需要向外单位委托或分包。根据工程量、完成日期、工程质量和工程造价等内容，与其他单位签订分包合同，保证工程按时实施。

（3）向上级提交开工申请报告　当材料的加工、订货和做好分包工作、签订分包合同等施工场外的准备工作后，应该及时地填写开工申请报告，并上报上级主管部门批准。

8.3 施工组织设计

8.3.1 编制施工组织设计的重要性

施工组织设计是规划和指导拟建工程从施工准备到竣工验收的全面性的技术经济文件。它

是整个施工活动实施科学管理的有力手段和统筹规划设计。

施工组织设计的基本任务：是根据国家和政府的有关技术规定、业主对建设项目的各项要求、设计图纸和施工组织的基本原则，选择经济、合理、有效的施工方案；确定紧凑、均衡、可行的施工进度；拟定有效的技术组织措施；采用最佳的部署和组织，确定施工中的劳动力、材料、机械设备等需要量；合理利用施工现场的空间，以确保全面高效优质地完成最终建筑产品。

8.3.2 施工组织设计的分类和作用

1. 施工组织设计的分类

(1) 按编制的对象和范围分类　可分为施工组织总设计、单位工程施工组织设计、分部(分项) 工程组织设计三种类别和层次。

它们不同点是：编制的对象和范围不同；编制的依据不同；参与编制的人员不同；编制的时间不同；所起的作用有所不同。

它们相同点是：目标是一致的，编制原则是一致的，主要内容是相通的。

(2) 按中标前后分类　分为投标施工组织设计（简称“标前设计”）和中标后施工组织设计（简称“标后设计”）两种。

它们之间具有先后次序关系，单项制约关系。

它们的区别是：编制依据和编制条件不同；编制时间不同；参与的人员及范围不同；编制的目的和立脚点不同；作用及特点不同；编制的深度不同；审核的人员不同；编制的内容也有所不同。

(3) 按设计阶段的不同分类

1）当项目设计按两个阶段进行时，施工组织设计分为施工组织总设计（扩大初步施工组织设计）和单位工程施工组织设计两种。

2）当项目设计按三个阶段进行时，施工组织设计分为施工组织设计大纲（初步施工组织条件设计）、施工组织总设计和单位工程施工组织设计三种。

此时，设计阶段与施工组织设计的关系是：初步设计完成，可编制施工组织设计大纲；技术设计完成之后，可编制施工总设计；施工图设计完成后，可编制单位工程施工组织设计。

(4) 按编制内容的繁简程度的不同分类　可分为完整的施工组织设计和简明的施工组织设计两种。

1）完整的施工组织设计。对于重点工程，规模大、结构复杂、技术要求高，采用新结构、新技术、新工艺的拟建工程项目，必须编制内容详尽的完整的施工组织设计。

2）简明的施工组织设计（或施工简要）。对于非重点的工程，规模小、结构又简单，技术不复杂而且以常规施工为主的拟建工程项目，通常可以编制仅包括施工方案、施工进度计划和施工平面图（简称一案、一表、一图）等内容的简明施工组织设计。

2. 施工组织设计的作用

1）施工组织设计是拟建工程项目施工准备工作的一项重要内容，同时又是指导各项施工准备工作的依据。

2）施工组织设计可体现实现基本建设计划和设计的要求，可进一步验证设计方案的合理性与可行性。

3）施工组织设计为拟建工程项目所确定的施工方案、施工进度和施工顺序等，是指导开展紧凑、有秩序施工活动的技术依据。

4）施工组织设计所提出的拟建工程项目的各项资源需要量计划，直接为物资组织供应工作提供数据。

5）施工组织设计对现场所做的规划和布置，为现场的文明施工创造了条件，并为现场平面管理提供了依据。

6）施工组织设计对施工企业计划起决定和控制性的作用。

7）通过编制施工组织设计，可以合理地确定各种临时设施的数量、规模和用途。

8）通过编制施工组织设计，可提高施工的预见性，减少盲目性，使管理者和生产者做到心中有数，为实现建设目标提供技术保证。

9）是上级主管部门督促检查工作及编制概、预算的依据。

8.3.3 施工组织设计的编制原则和依据

1. 施工组织设计的编制原则

施工组织设计要能正确指导施工，体现施工过程的规律性、组织管理的科学性、技术的先进性。在编制施工组织设计时，应充分考虑和遵循以下原则：

（1）充分利用时间和空间的原则　建设工程是一个体型庞大的空间结构，按照时间的先后顺序，对工程项目各个构成部分的施工要做出计划安排，即在什么时间，用什么材料，使用什么机械，在什么部位进行施工，也就是时间和空间的关系问题。要处理好这种关系，除了要考虑工艺关系外，还要考虑组织关系。要利用运筹理论、系统工程理论解决这些关系，实现项目实施的三大目标。

（2）工艺与设备配套优选原则　任何一个工程项目都具有一定的工艺过程，可采用多种不同的设备采完成，但却具有不同的效果，即不同的质量、工期和成本。

例如在混凝土工程施工中，桩基础的水下浇筑混凝土、梁（柱）体混凝土浇筑、路面混凝土的浇筑等，均要求最后一盘混凝土浇筑完毕前，第一盘浇筑的混凝土不得初凝。因此，在安排混凝土搅拌、运输、振捣机械时，要在保证满足工艺要求的条件下，使这三种机械相互配套，防止施工过程出现脱节，充分发挥三种机械的工作效率。如果配套机组较多，则要从中优选一组配套机械提供使用，这时应通过技术经济比较做出决策。

（3）最佳技术经济决策原则　完成某些工程项目存在着不同的施工方法，具有不同的施工技术，使用不同的机械设备，要消耗不同的材料，会带来不同的结果——质量、工期、成本。因此，对于此类工程项目的施工，可以从这些不同的施工方法、施工技术中，通过具体的计算、分析、比较，选择出最佳的技术经济方案，以达到降低成本的目的。

（4）专业化分工与密切协作相结合的原则　现代施工组织管理既要求专业化分工，又要求密切协作。特别是流水施工组织原理和网络计划技术的编制，尤为如此。

处理好专业化分工与协作的关系，就是要减少或防止窝工，提高劳动生产率和机械使用效率，以达到提高工程质量、降低工程成本和缩短工期的目的。

（5）供应与消耗协调的原则　物资的供应要保证施工现场的消耗。物资的供应既不能过剩，又不能不足，它要与施工现场的消耗相协调。如果供应过剩，则要多占用临时用地面积、多建存放库房，必然增加临时设施费用；同时物资过剩积压，存放时间过长，必然导致部分物资变质、失效，从而增加材料费用的支出，最终造成工程成本的增加；如果物资供应不足，必然出现停工待料，影响施工的连续性，降低劳动生产率，既延长了工期又提高了工程成本。因此，在供应与消耗的关系上，一定要坚持协调性原则。

2. 施工组织设计的编制依据

1）设计资料，包括已批准的设计任务书、初步设计（或扩大初步设计）、施工图纸和设计说明书等。

2）自然条件资料，包括地形、工程地质、水文地质和气象资料。

3）技术经济条件资料，包括建设地区的建材工业及其产品、资源、供水、供电、交通运输、生产、生活基地设施等资料。

4）施工合同规定的有关指标，包括建设项目的交付使用日期，施工中要求采用的新结构、新技术和有关的先进技术指标等。

5）施工企业及相关协作单位可配备的人力、机械、设备和技术状况，以及施工经验等资料。

6）国家和地方有关现行规范、规程和定额标准等资料。

8.3.4 施工组织设计的内容

无论是群体工程还是单位工程，施工组织设计的基本内容如下：

1）工程概况及特点分析。工程概况包括：拟建工程的建筑、结构特点，工程规模及用途，建设地点的特征，施工条件，施工力量，施工期限，技术复杂程度，资源供应情况，上级建设单位提供的条件及要求等各种情况的分析。

2）施工部署和施工方案。

3）施工准备工作计划。施工准备工作计划主要是明确施工前应完成的施工准备工作的内容、起止期限、质量要求等。主要包括：施工项目部的建立，技术资料的准备，现场“三通一平”，临建设施，测量控制网准备，材料、构件、机械的组织与进场，劳动组织等。

4）施工进度计划。施工进度计划的编制包括划分施工过程，计算工程量，计算工程劳动量，确定工作天数和人数或机械台班数，编制进度计划表及检查与调整等项工作。

5）各项资源需要量计划。这是提供资源（劳力、材料、机械）保证的依据和前提。

6）施工（总）平面图。施工现场（总）平面布置图是施工组织设计在空间上的体现。

7）技术措施和主要技术经济指标。一项工程的完成，除了施工方案选择的合理，进度计划安排的科学之外，还应充分的注意采取各项措施，确保质量、工期、文明安全以及降低成本。主要技术经济指标用施工工期、全员劳动生产率、资源利用系数、质量、成本、安全、节约材料及机械化程度等指标表示。

8.4 工程项目资料的内容与存档

8.4.1 工程项目资料的内容

1. 质量保证资料

（1）建筑工程　钢材出厂合格证、钢材进厂试验报告；焊接试（检）验报告、焊条（剂）合格证、焊工考试合格证；水泥出厂合格证、水泥进厂试验报告；砖出厂合格证、砖进厂试验报告；防水材料合格证、材料进厂试验报告、防水工程质量检查验收记录；构件合格证、抽检试验报告；混凝土试块试验报告、统计分析评定；砂浆试块试验报告、统计分析评定；土壤试验、打（试）桩记录，人工地基及各种桩的检测报告，地基工程的总评价；地基验槽记录、隐蔽验收记录，沉降观测记录；结构吊装、基础工程、主体结构分部验收记录。

（2）建筑采暖、卫生与煤气工程　材料设备出厂合格证、批量抽检报告；管道、设备强度、焊接检验和严密性试验记录，管道保温测试记录；排烟、排气测试记录；系统清洗记录；排水管灌水、通水、蓄水、通球试验记录，隐蔽工程验收记录；锅炉烘、煮炉及设备试运转记录。

（3）建筑电气安装工程　主要电气设备、材料合格证，材料批量抽检试验报告；电气设备试验、调整记录；绝缘、接地电阻、相序测试记录、隐蔽验收记录。

（4）通风与空调工程　材料设备出厂合格证，批量抽检试验报告；空调调试报告；制冷管道试验记录，风管试验记录，管道保温测试记录。

（5）电梯安装工程　绝缘、接地电阻测试记录，隐蔽工程检查验收记录，自动控制测试记录，安全系统测试记录；空、满、超载运行记录；调整、试验记录。

2. 分部分项评定（观感质量评定）资料

分部分项评定资料是施工企业按规定对分项工程自检自评的最原始的数据资料，分部分项的划分及内容必须符合《建筑工程施工质量验收统一标准》（GB 50300—2013）规定，“分项工程质量检验评定表”必须按保证项目、基本项目及允许偏差项目认真填写。

施工现场的质量管理人员要负责自检自评资料的全面性、准确性，抽检方法及数量必须符合规定，计算方法及质量等级的评定必须严格按标准执行。

资料的整编应按分部工程划分组卷，工程质量应按分项工程、分部工程和单位工程的顺序进行检验评定，且必须按规定计算方法确定其质量等级。

分部分项评定所填制的表格，必须签章齐全，分级负责。

观感质量评定，应由三名以上持有省级建设管理部门颁发的观感员证的人员进行，方为有效。

观感质量评定必须使用统一用表，观感得分率必须按规定的方法进行计算。

3. 施工技术资料

施工技术资料是指企业为了保证工程质量而采取的技术措施、施工方法、新工艺、新材料及设计变更、图纸会审、工程质量事故、有关技术问题的会议纪要等各种技术资料。

施工技术资料按下列主要内容收集整理汇编，亦可按实际情况予以增减：

1）施工技术交底记录，包括各分项工程的施工技术、措施办法、质量要求等。

2）技术复核，即预检工程记录，包括建筑物定位轴线、标高、结构吊装检验、屋面找平层、坡度、泛水等技术复核记录。

3）建筑工程隐蔽验收记录；建筑定、验线证明书；建筑物定位记录；高程引测记录；工程测量定位放线成果报告；设计变更通知单；冬、雨期施工技术措施；构件冬期施工测温记录；地基与基础及其他分部工程特殊处理记录；墓、坑、穴、井等处理记录；混凝土工程施工记录；预应力筋冷拉、张拉、放张及灌浆记录；工程质量事故，机械设备事故报告；预应力筋物理及化学性能检验报告；图纸会审纪要；材料代用证；各类配合比设计通知单；砂浆、混凝土计量台账；重要结构部位技术交底记录；烟道试烟记录；工程普探报告（附普探平面图及文字说明）；工程地质勘察报告；粗细骨料含泥量、含水量、坚固性、有害物质含量及颗粒级配试验报告；一般性工程质量问题查处记录；地基处理方案（附方案及图纸）；甩项工程证明；工程保修、回访记录；建筑装饰材料合格证、抽检结果证明。

4. 施工管理资料

工程项目开、竣工报告；工程竣工验收证明书；工程项目定点批文；工程项目规划许可证（审批表）；工程项目投资许可证；工程项目用地批文；施工许可证；施工（营业）执照；施工合同；施工方案或施工组织设计；质量监督申报表，工程监理委托书；建筑工程中标通知书；施工测温记录及天气情况记录；质量检测计量器具配备一览表；主要预制配件加工计划表；管理类各种文件、通知等；施工日志；工序交接检查记录；安全检查记录；预决算书。

5. 竣工图

竣工图由施工企业负责整编，图纸应按折叠规定装订成册。

施工中没有变更的图纸，仅加盖标准“竣工图”标志印章，变更不太多的图纸，可将变更部分绘制在蓝图上。

设计图中平面变更、结构重大变更、设备管线系统改变、增补设计等，应以设计单位绘制的图纸为准。

在原蓝图上增绘的图面及文字说明，应用黑色绘图墨水绘制书写，不得使用铅笔或普通型的圆珠笔。

8.4.2 工程项目资料的存档

1. 资料的存档

施工单位竣工资料：施工技术资料、管理资料、开（竣）工报告及验收文件等，应经监理公司审查、项目主管工程师初审、工程管理部经理审核签字认可后，交工程管理部资料管理员复核后存档。

全套监理资料应在工程竣工验收前，由监理单位完整报送工程管理部，经项目主管工程师初审，工程管理部经理审核后交工程管理部资料管理员存档。

施工图、变更资料按规定流程审核，设计单位变更盖章，由工程管理部资料管理员按程序发文、归档。工程勘察报告、地基（桩基）检测报告等资料，经设计主管初审，工程管理部经理校核，工程总监理工程师审核，由工程管理部资料员归档并分发相关单位及部门。工程设计、施工单位选定评审表，委托单、工程各类合同，工作联系单等资料，按规定程序审批后，由工程管理部资料管理员归档、发文。政府行政主管部门审批的各项资料（如消防、环保、综合验收、报建等）和证书等，资料原件直接移交行政管理部存档，工程管理部存留复印件备查。所有归档资料均须按档案规定统一编号，按项目分类管理。所有归档资料必须签、章齐全。所有归档资料一律使用碳素笔书写。资料管理员对工程管理部各类资料管理的及时性、完整性负责。

2. 技术资料发放

技术资料的编号：按《档案管理办法》的有关规定执行。

技术资料的发放：工程管理部各种技术资料，在资料管理员处统一编号，经部门经理校核、工程总监理工程师审核后，由资料管理员盖章下发。资料管理员应建立相关的文件资料发文簿，并做好记录。

文件的签收：所有外来文件，由资料管理员统一签收并填写“外来文件处理单”，经部门经理校核，工程总监理工程师审核后，下发相关主管人员处理，并将处理结果按期反馈主管领导，登记备查。

施工图加晒、复印：需要加晒、复印施工图时，由使用人提出申请，经工程总监理工程师签字认可后，由资料管理员办理。

技术资料借阅制度：技术资料是内部管理资料，不外借，如确因工作需要，需经工程总监理工程师审批同意方可外借，资料管理员负责按借阅期要求催促借阅人归还。

3. 竣工资料的报送与审查

工程各阶段，由项目经理监督监理公司按月、季审查施工资料、质保资料、管理资料，将不合格的资料控制在施工阶段。所有分包工程的技术资料必须统一归入总承包单位工程竣工资料中，一并装订成册。施工单位在竣工验收前公司依相关规定要求进行审核，并提出审核意见。施工单位在规定期限内对审核意见中提出问题进行改正。施工单位将整改后的资料报送质监站，申请竣工验收；监理单位提供相应监理资料。

工程竣工验收后一个月内，施工单位将竣工资料报送市城建档案馆一套，行政管理部二套、物业公司一套存档。施工单位凭政府主管部门开具的竣工资料报送的收件单据，进行结算。竣工资料未按要求及时归档，该工程将不予结算。

第 9 章　流水施工原理

9.1　流水施工概述

9.1.1　施工组织方式

1. 施工过程的合理组织

一个工程的施工过程组织是指对工程系统内所有生产要素进行合理的安排，以最佳的方式将各种生产要素结合起来，使其形成一个协调的系统，从而达到作业时间省、物资资源耗费低、产品和服务质量优的目标。

合理组织施工过程，应考虑以下基本要求：

(1) 施工过程的连续性　在施工过程中各阶段、各施工区的人流、物流始终处于不停的运动状态之中，避免不必要的停顿和等待现象，且使流程尽可能短。

(2) 施工过程的协调性　要求在施工过程中基本施工过程和辅助施工过程之间、各道工序之间以及各种机械设备之间在生产能力上要保持适当数量和质量要求的协调（比例）关系。

(3) 施工过程的均衡性　在工程施工的各个阶段，力求保持相同的工作节奏，避免忙闲不均、前松后紧、突击加班等不正常现象。

(4) 施工过程的平行性　指各项施工活动在时间上实行平行交叉作业，尽可能加快速度，缩短工期。

(5) 施工过程的适应性　在工程施工过程中对由于各项内部和外部因素影响引起的变动情况具有较强的应变能力。这种适应性要求建立信息迅速反馈机制，注意施工全过程的控制和监督，及时进行调整。

工业生产的实践证明，流水施工作业法是组织生产的有效方法。流水作业法的原理同样也适用于建筑工程的施工。

2. 流水施工

建筑工程的流水施工与一般工业生产流水线作业十分相似。不同的是，在工业生产中的流水作业中，专业生产者是固定的，而各产品或中间产品在流水线上流动，由前个工序流向后一个工序；而在建筑施工中的产品或中间产品是固定不动的，而专业工作队则是流动的，它们由前一施工段流向后一施工段。

3. 流水施工组织方式

为了说明建筑工程中采用流水施工的特点，可比较建造 m 幢相同的房屋时，施工采用的依次施工、平行施工和流水施工三种不同的施工组织方法。

采用依次施工时，是当第一幢房屋竣工后才开始第二幢房屋的施工，即按着次序一幢接一幢地进行施工。这种方法同时投入的劳动力和物资资源较少，但各专业工作队在该工程中的工作是有间隙的，工期也拖得较长。依次施工如图 9-1a 所示，若有 m 幢房屋，每幢房屋施工工期为 t，则总工期为 $T=mt$。

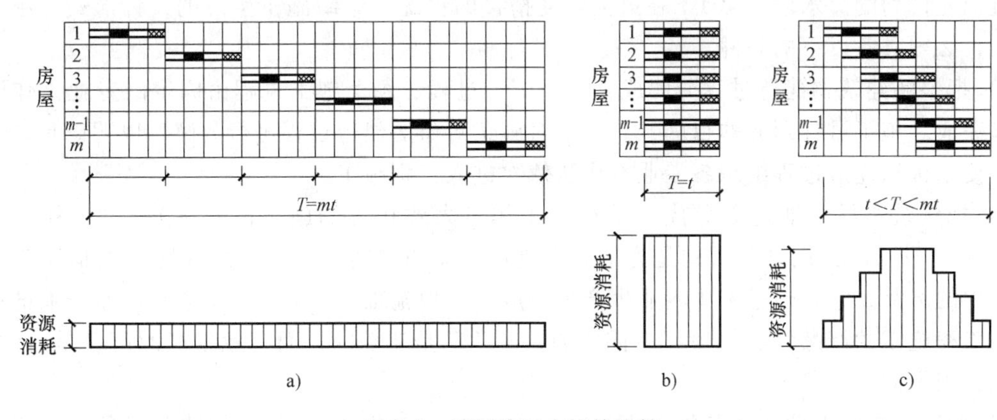

图 9-1　不同施工方法的比较

a）依次施工　b）平行施工　c）流水施工

采用平行施工时，m 幢房屋同时开工、同时竣工。这样施工显然可以大大缩短工期，从图 9-1b 中可见总工期 $T=t$。但是，组织平行施工，各专业工作队同时投入工程的施工队数却大大增加，相应的劳动力以及物资资源的消耗量集中，现场临时设施增加，这都会给施工带来不良的经济效果。

在各施工过程连续施工的条件下，把各幢房屋作为劳动量大致相同的施工段，组织施工专业队伍在建造过程中最大限度地相互搭接起来，陆续开工，陆续完工，就是流水施工。流水施工是以接近恒定的生产率进行生产的，保证了各工作队（组）的工作和物资资源的消耗具有连续性和均衡性。从图 9-1c 中可以看出，流水施工方法能克服依次施工和平行施工的缺点，同时保留了它们的优点，其总工期 $t<T<mt$。

9.1.2　流水施工的技术经济效益

1. 技术经济效益

流水施工最主要特点是施工过程（工序或工种）作业的连续性和均衡性。施工过程连续性又分为时间上的连续性和空间上的连续性。时间上的连续性是指专业工作队在施工过程的各个环节的运动，自始至终处于连续状态，不产生明显的停顿与等待现象。空间上的连续性要求施工过程各个环节在空间上布置合理紧凑，充分利用工作面，消除不必要的空闲时间。组织均衡施工是建立正常施工秩序和管理秩序、保证工程质量、降低消耗的前提条件，有利于最充分地利用现有资源及其各个环节的生产能力。

流水施工是一种合理的、科学的施工组织方法，它可以为建筑工程施工带来良好的经济效益。

1）流水施工按专业工种建立劳动组织，实行生产专业化，有利于提高生产率和保证工程质量。

2）科学地安排施工进度，从而减少停工窝工损失，合理地利用了施工的时间和空间，有效地缩短施工工期。

3）施工的连续性、均衡性，使劳动消耗、资源供应等都处于相对平稳状态，便于工程管理，降低施工成本。

2. 组织条件

流水施工是指各施工专业工作队按一定的工艺和组织顺序，以确定的施工速度，连续不断地通过预先计划的流水段（区），在最大限度搭接的情况下组织施工生产的一种形式。组织流水施工，必须具备以下的条件。

1）把整幢建筑物建造过程分解成若干个施工过程。每个施工过程由固定的专业工作队负责实施完成。施工过程划分的目的，是为了对施工对象的建造过程进行分解，以明确具体专业工作，便于根据建造过程组织各专业工作队依次进入工程施工。

2）把建筑物尽可能地划分成劳动量或工作量大致相等的施工段（区），也可称流水段（区）。施工段（区）的划分目的是为了形成流水作业的空间。每一个段（区）类似于工业产品生产中的产品，它是通过若干专业生产来完成。工程施工与工业产品的生产流水作业的区别在于，工程施工的产品（施工段）是固定的，专业队是流动的；而工业生产的产品是流动的，专业队是固定的。

3）确定各施工专业队在各施工段（区）内的工作持续时间。这个持续时间又称“流水节拍”，代表施工的节奏性。

4）各工作队按一定的施工工艺，配备必要的机具，依次地、连续地由一个施工段（区）转移到另一个施工段（区），反复地完成同类工作。

5）不同工作队完成各施工过程的时间适当地搭接起来。不同专业工作队之间的关系，表现在工作空间上的交接和工作时间上的搭接。搭接的目的是缩短工期，也是连续作业或工艺上的要求。

9.1.3 流水施工的分级及表达方式

1. 流水施工的分级（类）

根据流水施工组织的范围不同，流水施工通常可分为：

（1）分项工程流水施工　分项工程流水施工也称为细部流水施工。它是在一个专业工种内部组织起来的流水施工。在施工进度计划表上，它是一条标有施工段或工作编号的水平进度指示线段或斜向进度指示线段。

（2）分部工程流水施工　分部工程流水施工也称为专业流水施工。它是在一个分部工程内部各分项工程之间组织起来的流水施工。在施工进度计划表上，它由一组标有施工段或工作队编号的水平进度指示线段或斜向进度指示线段来表示。

（3）单位工程流水施工　单位工程流水施工也称为综合流水施工。它是在一个单位工程内部各分部工程之间组织起来的流水施工。在施工进度计划表上，它是若干分部工程的进度指示线段，并由此构成一张单位工程施工进度计划。

（4）群体工程流水施工　群体工程流水施工也称为大流水施工。它是在单位工程之间组织起来的流水施工，反映在施工进度计划上是一张施工总进度计划。

2. 流水施工的表达方式

工程施工进度计划图表反映的是工程施工时各施工过程按其工艺上的先后顺序、相互配合的关系和它们在时间、空间上的开展情况。目前应用最广泛的施工进度计划图表有线条图和网络图。

流水施工的工程进度计划图表采用线条图表示时，按其绘制方法的不同分为水平图表（又称横道图，见图 9-2a）及垂直图表（又称斜线图，见图 9-2b）。图 9-2 中水平坐标表示时间；垂直坐标表示施工对象；n 条水平线段或斜线表示 n 个施工过程在时间和空间上的流水开展情况。在水平图表中，也可用垂直坐标表示施工过程，此时 n 条水平线段则表示施工对象。应该注意，垂直图表中垂直坐标的施工对象编号是由下而上编写的。

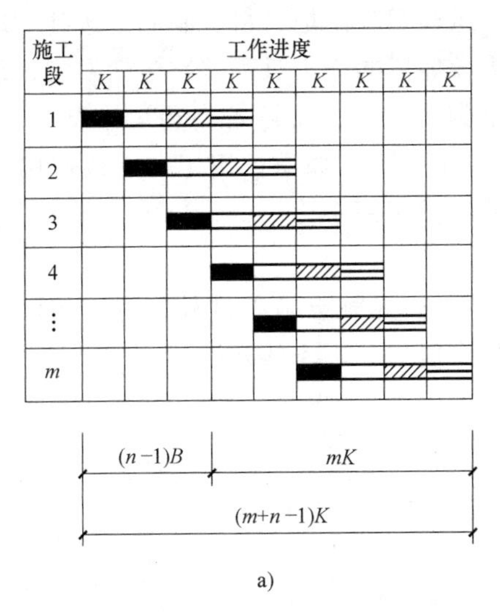

a)

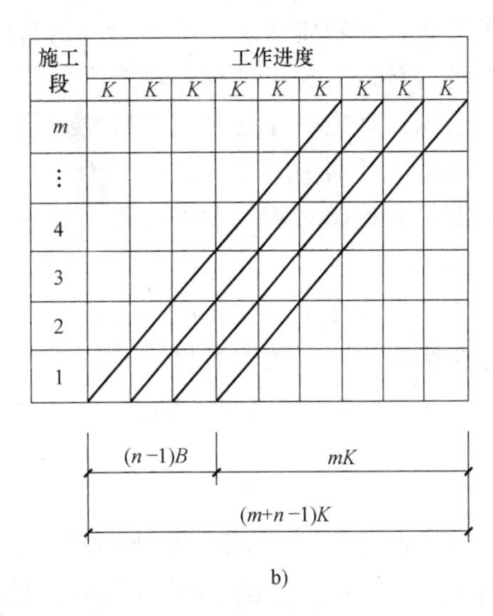

b)

图 9-2　流水施工图表

a）水平图表　b）垂直图表

水平图表具有绘制简单，流水施工形象直观的优点。垂直图表能直观地反映出在一个施工段中各施工过程的先后顺序和相互配合关系，而且可由其斜线的斜率形象地反映出各施工过程的流水强度。在垂直图表中还可方便地进行各施工过程工作进度的允许偏差计算。

有关流水施工网络图的表达方式，详见本书第 10 章。

9.2　流水施工参数

为了说明组织流水施工时，各施工过程在时间上和空间上的开展情况及相互依存关系，必须引入一些描述流水施工进度计划图表特征和各种数量关系的参数，这些参数称为流水参数，它包括工艺参数、空间参数和时间参数。

9.2.1　工艺参数

1. 施工过程

一个工程的施工，通常由许多施工过程（如挖土、支模、扎筋、浇筑混凝土等）组成。施工过程的划分应按照工程对象、施工方法及计划性质等来确定，施工过程的数目，一般以 n 表示。

当编制控制性施工进度计划时，组织流水施工的施工过程划分可粗一些，一般只列出分部工程名称，如基础工程、主体结构吊装工程、装修工程、屋面工程等。当编制实施性施工进度计划时，施工过程可以划分得细一些，将分部工程再分解为若干分项工程。如将基础工程分解为挖土、浇筑混凝土基础、砌筑基础墙、回填土等。但是其中某些分项工程仍由多工种来实现，特别是对其中起主导作用和主要的分项工程，往往考虑到按专业工种的不同，组织专业工作队进行施工，为便于掌握施工进度，指导施工，可将这些分项工程再进一步分解成若干个由专业工种施工的工序作为施工过程的项目内容。因此施工过程的性质，有的是简单的，有的是复杂的。如一幢房屋建筑的施工过程数 n，一般可分为 20～30 个，工业建筑往往划分更多一些。而一个道路工程的施工过程数 n，则统统只分为 4～5 个。

施工过程分三类：即制备类、运输类和建造类。制备类就是为制造建筑制品和半成品而进行的施工过程，如制作砂浆、混凝土、钢筋成型等。运输类就是把材料、制品运送到工地仓库或在工地进行转运的施工过程。建造类是施工中起主导地位的施工过程，它包括安装、砌筑等施工。在组织流水施工计划时，建造类必须列入流水施工组织中，制备类和运输类施工过程，一般在流水施工计划中不必列入，只有直接与建造类有关的（如需占用工期，或占用工作面而影响工期等）运输过程或制备过程，才列入流水施工的组织中。

2. 流水强度

每一施工过程在单位时间内所完成的工程量（如浇捣混凝土施工过程，每工作班能浇筑多少立方米混凝土）叫流水强度，又称流水能力或生产能力，以 V 表示。

1）机械施工过程的流水强度按下式计算：

$$V_i = \sum_{j=1}^{n} R_{ij} S_{ij} \tag{9-1}$$

式中 V_i——施工过程 i 的机械作业的流水强度；

R_{ij}——投入施工过程 i 的第 j 种施工机械数；

S_{ij}——投入施工过程 i 的第 j 种施工机械产量定额；

n——用于同一施工过程的主导施工机械种数。

2）手工操作过程的流水强度按下式计算：

$$V_i = R_i S_i \tag{9-2}$$

式中 V_i——施工过程 i 的人工作业的流水强度；

R_i——投入施工过程 i 的专业工作队工人人数（R_i 应小于工作面上允许容纳的最多人数）；

S_i——投入施工过程 i 的专业工作队平均产量定额。

9.2.2 空间参数

1. 工作面

工作面是表明施工对象上可能安置一定工人操作或布置施工机械的空间大小，所以工作面是用来反映施工过程（工人操作、机械布置）在空间上布置的可能性。

工作面的大小可以采用不同的单位来计量，如对于道路工程，可以采用沿着道路的长度以米（m）为单位；对于浇筑混凝土楼板，则可以采用楼板的面积以平方米（m^2）为单位等。

在工作面上，前一施工过程的结束就为后一个（或几个）施工过程提供了工作面。在确定一个施工过程必要的工作面时，不仅要考虑施工过程必需的工作面，还要考虑生产效率，同时应遵守安全技术和施工技术规范的规定。

2. 施工段

在组织流水施工时，通常把施工对象划分为劳动量相等或大致相等的若干个段，这些段称为施工段。施工段的数目通常以 m 表示。每一个施工段在某一段时间内只供给一个施工过程使用。

施工段可以是固定的，也可以是不固定的。在固定施工段的情况下，所有施工过程都采用同样的施工段，施工段的分界对所有施工过程来说都是固定不变的。在不固定施工段的情况下，对不同的施工过程分别地规定出一种施工段划分方法，施工段的分界对于不同的施工过程是不同的。固定的施工段便于组织流水施工，采用较广，而不固定的施工段则较少采用。

在划分施工段时，应考虑以下几点：

1）施工段的分界与施工对象的结构界限（温度缝、沉降缝和建筑单元等）尽可能一致。

2）各施工段上所消耗的劳动量尽可能相近。

3）划分的段数不宜过多，以免使工期延长。

4）对各施工过程均应有足够的工作面。

5）当施工有层间关系，分段又分层时，为使各工作队能够连续施工，即各施工过程的工作队做完第一段能立即转入第二段，做完一层的最后一段能立即转入上面一层的第一段，每层最少施工段的数目 m 与施工过程数 n 之间应满足：

$$m \geqslant n \tag{9-3}$$

当 $m=n$ 时，工作队连续施工，而且施工段上始终有工作队在工作，即施工段上无停歇，是比较理想的组织方式。

当 $m>n$ 时，工作队仍是连续施工，但施工段有空闲停歇。

当 $m<n$ 时，工作队在一个工程中不能连续施工而窝工。

若施工段有空闲停歇，一般会影响工期，但在空闲的工作面上如能安排一些准备或辅助工作（如运输类施工过程），则会使后继工作顺利，也不一定有害。而工作队工作不连续则是不可取的，除非能将窝工的工作队转移到其他工地进行工地间大流水。

流水施工中施工段的划分一般有两种形式：一种是在一个单位工程中自身分段；另一种是在建设项目中各单位工程之间进行流水段划分。后一种流水施工最好是各单位工程为同类型的工程，如同类建筑组成的住宅群，可以以一幢建筑作为一个施工段来组织流水施工。

9.2.3　时间参数

1. 流水节拍

在组织流水施工时，每个专业工作队在各个施工段上完成相应的施工任务所需要的工作延续时间，称为流水节拍。通常以 t_i 表示，它是流水施工的基本参数之一。

流水节拍的大小，可以反映出流水施工速度的快慢、节奏感的强弱和资源消耗量的多少。根据其数值特征，一般流水施工又分为等节拍专业流水、异节拍专业流水和无节奏专业流水等施工组织方式。

影响流水节拍数值大小的因素主要有：项目施工时所采取的施工方案，各施工段投入的劳动力人数或施工机械台数，工作班次以及该施工段工程量的多少。为避免工作队转移时浪费工时，流水节拍在数值上最好是半个班的整倍数。其数值的确定，可按以下各种方法进行：

（1）定额计算法　这是根据各施工段的工程量、能够投入的资源量（工人数、机械台数和材料量等），按式（9-4）或式（9-5）进行计算。

$$t_i = \frac{Q_i}{S_i R_i N_i} = \frac{P_i}{R_i N_i} \tag{9-4}$$

$$t_i = \frac{Q_i H_i}{R_i N_i} = \frac{P_i}{R_i N_i} \tag{9-5}$$

式中　t_i——某专业工作队在第 i 施工段的流水节拍；

Q_i——某专业工作队在第 i 施工段要完成的工程量；

S_i——某专业工作队的计划产量定额；

H_i——某专业工作队的计划时间定额；

P_i——某专业工作队在第 i 施工段需要的劳动量或机械台班数量，$P_i = \frac{Q_i}{S_i} = Q_i H_i$；

R_i——某专业工作队投入的工作人数或机械台数；

N_i——某专业工作队的工作班次。

在式（9-4）和式（9-5）中，S_i 和 H_i 最好是本项目经理部的实际水平。

（2）经验估算法　它是根据以往的施工经验进行估算。一般为了提高其准确程度，往往先估算出该流水节拍的最长、最短和正常（即最可能）三种时间，然后据此求出期望时间，使之作为某专业工作队在某施工段上的流水节拍。因此，本法也称为三种时间估算法。一般按式（9-6）进行计算：

$$m=\frac{a+4c+b}{6} \tag{9-6}$$

式中　m——某施工过程在某施工段上的流水节拍；

a——某施工过程在某施工段上的最短估算时间；

b——某施工过程在某施工段上的最长估算时间；

c——某施工过程在某施工段上的正常估算时间。

这种方法多适用于采用新工艺、新方法和新材料等没有定额可循的工程，详见第10章。

（3）工期计算法　对某些施工任务在规定日期内必须完成的工程项目，往往采用倒排进度法。具体步骤如下：

1）根据工期倒排进度，确定某施工过程的工作延续时间。

2）确定某施工过程在某施工段上的流水节拍。若同一施工过程的流水节拍不等，则用估算法，若流水节拍相等，则按式（9-7）进行计算：

$$t=\frac{T}{m} \tag{9-7}$$

式中　t——流水节拍；

T——某施工过程的工作持续时间；

m——某施工过程划分的施工段数。

当施工段数确定后，流水节拍大，则工期相应的就长。因此，从理论上讲，希望流水节拍越小越好。但实际上由于受工作面的限制，每一施工过程在各施工段上都有最小的流水节拍，其数值可按式（9-8）计算：

$$t_{\min}=\frac{A_{\min}\mu}{S} \tag{9-8}$$

式中　$t_{\min}$——某施工过程在某施工段的最小流水节拍；

$A_{\min}$——每个工人所需最小工作面；

μ——单位工作面工程量含量；

S——产量定额。

式（9-8）算出数值，应取整数或半个工日的整倍数，根据工期计算的流水节拍，应大于最小流水节拍。

2. 流水步距

两个相邻的施工过程先后进入流水施工的时间间隔，叫流水步距，以 K 表示。如木工工作队第一天进入第一施工段工作，工作2d做完（流水节拍 $K=2\text{d}$），第三天开始钢筋工作队进入第一施工段工作。木工工作队与钢筋工作队先后进入第一施工段的时间间隔为2d，那么流水步距 $K=2\text{d}$。

流水步距的数目取决于参加流水的施工过程数，如施工过程数为 n 个，则流水步距的总数为（$n-1$）个。

确定流水步距的基本要求如下：

1）始终保持合理的先后两个施工过程工艺顺序。

2）尽可能保持各施工过程的连续作业，不发生停工、窝工现象。

3）做到前后两个施工过程施工时间的最大搭接（即前一施工过程完成后，后一施工过程尽可能早地进入施工）。

4）应满足工艺、技术间歇与组织间歇等间歇时间。

3. 时间间歇

流水施工往往由于工艺要求或组织因素要求，在两个相邻的施工过程之间增加一定的流水间歇时间，这种间歇时间是必要的，它们分别称为工艺（技术）间歇时间和组织间歇时间，通常用 Z 表示。

（1）工艺（技术）间歇时间　根据施工过程的工艺性质，在流水施工中除了考虑两个相邻施工过程之间的流水步距外，还需考虑增加一定的工艺或技术间歇时间。如楼板混凝土浇筑后，需要一定的养护时间才能进行后道工序的施工；又如屋面找平层完成后，需等待一定时间，使其彻底干燥，才能进行屋面防水层施工等。这些由于工艺、技术等原因引起的等待时间，称为工艺（技术）间歇时间。

（2）组织间歇时间　由于组织因素要求两个相邻的施工过程在规定的流水步距以外增加必要的间隙时间，如质量验收、安全检查等。这种间歇时间称为组织间歇时间。

上述两种间歇时间在组织流水施工时，可根据间歇时间的发生阶段或一并考虑，或分别考虑，灵活应用工艺间歇和组织间歇的时间参数特点，简化流水施工组织。

4. 搭接时间

在组织流水施工时，为了缩短工期，在工作面允许的条件下，如果前一个专业工作队完成部分施工任务后，能够提前为后一个专业工作队提供工作面，使后者提前进入前一个施工段，两者在同一个施工段上平行搭接施工，这个搭接的时间称为平行搭接时间，以 C 表示。

9.3 流水施工的组织

专业流水是指在项目施工中，生产某一建筑产品或其组成部分的主要专业工种，按照流水施工基本原理组织项目施工的一种组织方式。根据各施工过程时间参数的不同特点，专业流水分为等节拍专业流水、异节拍专业流水和无节奏专业流水等几种组织形式。

9.3.1 等节拍专业流水

在组织流水施工时，如果所有的施工过程在各个施工段上的流水节拍彼此相等，这种流水施工组织方式称为等节拍专业流水，也称为固定节拍流水或全等节拍流水或同步距流水。

1. 基本特点

1）流水节拍彼此相等。

如有 n 个施工过程，流水节拍为 t_i，则

$$t_1 = t_2 = \cdots\cdots = t_{n-1} = t_n = t(\text{常数})$$

2）流水步距彼此相等，而且等于流水节拍，即

$$K_{1,2} = K_{2,3} = \cdots\cdots = K_{n-1,n} = K = t(\text{常数})$$

3）每个专业工作队都能够连续施工，施工段没有空闲。

4）专业工作队数 n_1 等于施工过程数 n。

2. 组织步骤

1）确定项目施工起点流向，分解施工过程。

2）确定施工顺序，划分施工段。

划分施工段时，其数目 m 的确定如下：

① 无层间关系或无施工层时 $m=n$。

② 有层间关系或有施工层时，施工段数目 m 分下面两种情况确定：

无技术和组织间歇时，取 $m=n$。

有技术和组织间歇时，为了保证各专业工作队能连续施工，应取 $m>n$。此时，每层施工段空闲数为 $m-n$，一个空闲施工段的时间为 t，则每层的空闲时间为

$$(m-n)t=(m-n)K$$

3）根据等节拍专业流水要求，按式（9-4）至式（9-8）计算流水节拍数值。

4）确定流水步距，$K=t$。

5）计算流水施工的工期：

$$T=(mr+n-1)K+\sum Z-\sum C \tag{9-9}$$

式中 T——流水施工总工期；

m——施工段数；

n——施工过程数；

K——流水步距；

r——施工层数；

$\sum Z$——第一个施工层中各施工过程之间的技术与组织间歇时间之和；

$\sum C$——两施工过程间的平行搭接时间。

6）绘制流水施工指示图表。

3. 应用举例

【例 9-1】 某分部工程由 4 个分项工程组成，划分成 5 个施工段，流水节拍均为 3d，无技术、组织间歇，试确定流水步距，计算工期，并绘制流水施工进度表。

【解】 由已知条件 $t_i=t=3\text{d}$ 可知，本分部工程宜组织等节拍专业流水。

1. 确定流水步距

由等节拍专业流水的特点知：

$$K=t=3\text{d}$$

2. 计算工期

由式（9-9）得：

$$T=(m+n-1)K=(5+4-1)\times 3\text{d}=24\text{d}$$

3. 绘制流水施工进度表（图 9-3）。

【例 9-2】 某项目由Ⅰ、Ⅱ、Ⅲ、Ⅳ 4 个施工过程组成，划分 2 个施工层组织流水施工，施工过程Ⅱ完成后需养护 1d 才能进入下一个施工过程Ⅲ，且层间技术间歇时间为 1d，流水节拍均为 1d。为了保证工作队连续作业，试确定施工段数，计算工期，绘制流水施工进度表。

【解】 1. 确定流水步距

由题意可知 $t_i=t=1\text{d}$，得 $K=t=1\text{d}$。

分项工程编号	施工进度/d							
	3	6	9	12	15	18	21	24
A	①	②	③	④	⑤			
B		①	②	③	④	⑤		
C			①	②	③	④	⑤	
D				①	②	③	④	⑤

图 9-3　例 9-1 流水施工进度表

2. 确定施工段数

因项目施工时分 2 个施工层，则其施工段数为

$$m=n+\frac{\sum Z_1}{K}+\frac{Z_2}{K}=4+\frac{1}{1}+\frac{1}{1}=6$$

3. 计算工期

由式（9-9）得

$$T=(mr+n-1)K+\sum Z=[(6\times2+4-1)\times1+1]\mathrm{d}=16\mathrm{d}$$

4. 绘制流水施工进度表（图 9-4）

施工层	施工过程编号	施工进度/d															
		1	2	3	4	5	6	7	8	9	10	11	12	13	14	15	16
1	Ⅰ	①	②	③	④	⑤	⑥										
	Ⅱ		①	②	③	④	⑤	⑥									
	Ⅲ				①	②	③	④	⑤	⑥							
	Ⅳ					①	②	③	④	⑤	⑥						
2	Ⅰ							①	②	③	④	⑤	⑥				
	Ⅱ								①	②	③	④	⑤	⑥			
	Ⅲ										①	②	③	④	⑤	⑥	
	Ⅳ											①	②	③	④	⑤	⑥

图 9-4　例 9-2 流水施工进度表

9.3.2 异节拍专业流水

在进行等节拍专业流水施工时，有时由于各施工过程的性质、复杂程度不同，可能会出现某些施工过程所需要的人数或机械台数，超出施工段上工作面所能容纳数量的情况。这时，只能按施工段所能容纳的人数或机械台数确定这些流水节拍，这可能使某些施工过程的流水节拍为其他施工过程流水节拍的倍数，从而形成异节拍专业流水。

异节拍专业流水是指在组织流水施工时，如果同一个施工过程在各施工段上的流水节拍彼此相等，不同施工过程在同一施工段上的流水节拍彼此不等而互为倍数的流水施工方式，也称为成倍节拍专业流水。有时，为了加快流水施工速度，在资源供应满足的前提下，对流水节拍长的施工过程，组织几个同工种的专业工作队来完成同一施工过程在不同施工段上的任务，从而就形成了一个工期最短的、类似于等节拍专业流水的等步距的异节拍专业流水施工方案。这里我们主要讨论等步距的异节拍专业流水。

1. 基本特点

1）同一施工过程在各施工段上的流水节拍彼此相等，不同的施工过程在同一施工段上的流水节拍彼此不同，但互为倍数关系。

2）流水步距彼此相等，且等于流水节拍的最大公约数。

3）各专业工作队都能够保证连续施工，施工段没有空闲。

4）专业工作队数大于施工过程数，即 $N>n$。

2. 组织步骤

1）确定施工起点流向，分解施工过程。

2）确定施工顺序，划分施工段。

① 不分施工层时，可按划分施工段的原则确定施工段数。

② 分施工层时，每层的段数可按式（9-10）确定：

$$m=n_1+\frac{\max\sum Z_1}{K_0}+\frac{\max Z_2}{K_0} \tag{9-10}$$

式中 n_1——专业工作队总数；

K_0——等步距的异节拍流水的流水步距。

3）按异节拍专业流水确定流水节拍。

4）按式（9-11）确定流水步距。

$$K_0=\text{最大公约数}\{t^1,t^2\cdots\cdots,t^n\} \tag{9-11}$$

5）按式（9-12）和式（9-13）确定专业工作队数。

$$b^j=\frac{t^j}{K_0} \tag{9-12}$$

$$N=\sum_{j=1}^{n}b^j \tag{9-13}$$

式中 t^j——施工过程 j 在各施工段上的流水节拍；

b^j——施工过程 j 所要组织的专业工作队数；

j——施工过程编号，$1\leqslant j<n$。

6）确定计划总工期，可按式（9-14）进行计算。

$$T=(mr+N-1)K_0+\sum Z-\sum C \tag{9-14}$$

7）绘制流水施工进度表。

3. 应用举例

【例 9-3】　某工程施工过程数为 3，施工段数为 6，各施工过程的流水节拍分别为 6d，2d，4d。试组织等步距成倍节拍专业流水并绘制施工进度表。

【解】　由题意知：$t_1=6$，$t_2=2$，$t_3=4$，$n=3$，$m=6$。

1. 流水步距 K_0

取流水节拍的最大公约数 2。

2. 专业工作队数

$$b_1=t_1/K_0=6/2=3$$

$$b_2=t_2/K_0=2/2=1$$

$$b_3=t_3/K_0=4/2=2$$

专业工作队总数：$N=b_1+b_2+b_3=3+1+2=6$

3. 计算工期

$$T=(m+N-1)K_0=(6+6-1)\times 2\text{d}=22\text{d}$$

4. 绘制施工进度表（图 9-5）

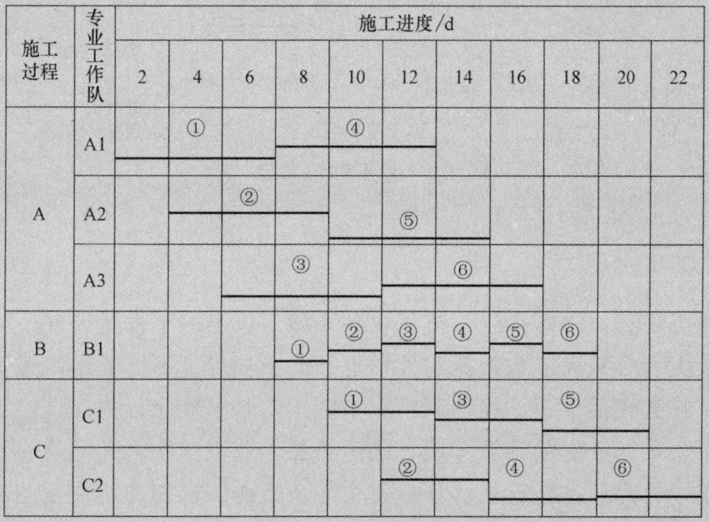

施工过程	专业工作队	施工进度/d										
		2	4	6	8	10	12	14	16	18	20	22
A	A1		①			④						
	A2			②			⑤					
	A3				③			⑥				
B	B1				①	②	③	④	⑤	⑥		
C	C1					①		③		⑤		
	C2						②		④		⑥	

图 9-5　例 9-3 施工进度表

【例 9-4】　一栋 2 层房屋的抹灰施工，分为底层和面层两个施工过程进行，底层抹完需干燥 2d 后，才能抹面层，底层和面层的流水节拍分别为 4d 和 2d。试组织等步距成倍节拍专业流水并绘制施工进度表。

【解】　由题意知：$t_1=4$，$t_2=2$，$n=2$，$\sum Z_1=2$，$r=2$。

1. 流水步距 K_0

取流水节拍的最大公约数 2。

2. 专业工作队数

$$b_1=t_1/K_0=4/2=2$$

$$b_2=t_2/K_0=2/2=1$$

专业工作队总数：$N=b_1+b_2=2+1=3$

3. 施工段数

$$m = N + \sum Z_1 / K_0 = 3 + 2/2 = 4$$

4. 计算工期

$$T = (mr + N - 1)K_0 + \sum Z_1 = [(4\times2+3-1)\times2+2]\mathrm{d} = 22\mathrm{d}$$

5. 绘制施工进度表（图 9-6）

楼层	施工过程	专业工作队	施工进度/d										
			2	4	6	8	10	12	14	16	18	20	22
一	底层	甲	①		③								
		乙		②		④							
	面层	丙				①	②	③	④				
二	底层	甲					①		③				
		乙						②		④			
	面层	丙								①	②	③	④

图 9-6 例 9-4 施工进度表

9.3.3 无节奏专业流水

在项目实际施工中，通常每个施工过程在各个施工段上的工程量彼此不等，各专业工作队的生产效率相差较大，导致大多数的流水节拍也彼此不相等，不可能组织成等节拍专业流水或异节拍专业流水。在这种情况下，往往利用流水施工的基本概念，在保证施工工艺、满足施工顺序要求的前提下，按照一定的计算方法，确定相邻专业工作队之间的流水步距，使其在开工时间上最大限度地、合理地搭接起来，形成每个专业工作队都能连续作业的流水施工方式，这种方式称为无节奏流水施工，也叫作分别流水施工。它是流水施工的普遍形式。

1. 基本特点

1）每个施工过程在各个施工段上的流水节拍，不尽相等。

2）在多数情况下，流水步距彼此不相等，而且流水步距与流水节拍二者之间存在着某种函数关系。

3）各专业工作队都能连续施工，个别施工段可能有空闲。

4）专业工作队数等于施工过程数，即 $N=n$。

2. 组织步骤

1）确定施工起点流向，分解施工过程。

2）确定施工顺序，划分施工段。

3）计算各施工过程在各个施工段上的流水节拍。

4）采用“累加数列法”确定相邻两个专业工作队之间的流水步距。

累加数列法：第一步，对各施工过程的流水节拍进行累加；第二步，对相邻两个累加数列进行错位相减；第三步，分别取以上三个差数列的最大正值作为相邻施工过程间的流水步距。

5）按式（9-15）计算流水施工的计划工期：

$$T = \sum_{j=1}^{n-1} K_{j,j+1} + \sum_{i=1}^{m} t_n^i + \sum Z + \sum C \tag{9-15}$$

式中　T——流水施工的计划工期；

$K_{j,j+1}$——j 与 $j+1$ 两专业工作队之间的流水步距；

t_n^i——最后一个施工过程在第 i 个施工段上的流水节拍；

$\sum Z$——间歇时间总和；

$\sum C$——相邻两专业工作队 j 与 $j+1$ 之间的平行搭接时间之和。

6）绘制流水施工进度表。

3. 应用举例

【例 9-5】 某工程有 5 个施工过程，划分为 3 个施工段，各施工过程在各施工段上的流水节拍见表 9-1。试组织非节奏专业流水并绘制施工进度表。

表 9-1　例 9-5 流水节拍

施工过程	施工段		
	①	②	③
A	3	2	3
B	2	3	4
C	2	4	2
D	1	2	1
E	2	3	1

【解】 1. 对各施工过程的流水节拍进行累加

Ⅰ:3 5 8　　Ⅱ:2 5 9　　Ⅲ:2 6 8　　Ⅳ:1 3 4　　Ⅴ:2 5 6

2. 对相邻两个累加数列进行错位相减

Ⅰ-Ⅱ:3 3 3 -9　Ⅱ-Ⅲ:2 3 3 -8　Ⅲ-Ⅳ:2 5 5 -4　Ⅳ-Ⅴ:1 1-1 -6

3. 分别取以上三个差数列的最大正值作为相邻施工过程间的流水步距

$$K_{A,B} = \max\{3,3,3,-9\} = 3 \qquad K_{B,C} = \max\{2,3,3,-8\} = 3$$

$$K_{C,D} = \max\{2,5,5,-4\} = 5 \qquad K_{D,E} = \max\{1,1,-1,-6\} = 1$$

4. 计算施工工期

$$\sum_{i=1}^{3} t_5^i = (2+3+1)\text{d} = 6\text{d} \qquad \sum_{i}^{4} K_{j,j+1} = (3+3+5+1)\text{d} = 12\text{d}$$

$$T = \sum_{i=1}^{3} t_5^i + \sum_{i}^{4} K_{j,j+1} = (6+12)\text{d} = 18\text{d}$$

5. 绘制施工进度表（图 9-7）

【例 9-6】 某工程有 4 个施工过程，划分为 4 个施工段，各施工过程在各施工段上的流水节拍见表 9-2。试组织非节奏专业流水并绘制施工进度表。

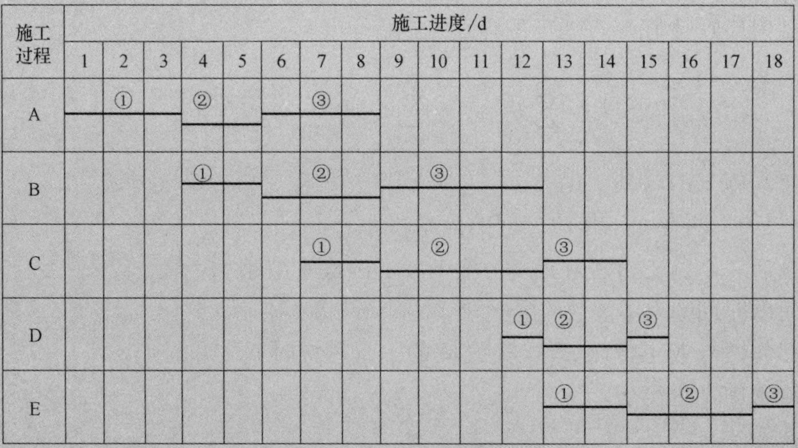

施工过程	施工进度/d																	
	1	2	3	4	5	6	7	8	9	10	11	12	13	14	15	16	17	18
A		①		②			③											
B				①			②			③								
C							①			②			③					
D												①	②		③			
E													①			②		③

图 9-7　例 9-5 施工进度表

表 9-2　例 9-6 流水节拍

施工过程	施工段			
	①	②	③	④
A	3	2	3	1
B	2	3	4	3
C	2	4	2	1
D	1	2	1	1

【解】 1. 对各施工过程的流水节拍进行累加

Ⅰ:3 5 8 9　　Ⅱ:2 5 9 12

Ⅲ:2 6 8 9　　Ⅳ:1 3 4 5

2. 对相邻两个累加数列进行错位相减

Ⅰ-Ⅱ:3 3 3 0 −12　　Ⅱ-Ⅲ:2 3 3 4 −9　　Ⅲ-Ⅳ:2 5 5 5 −5

3. 分别取以上三个差数列的最大正值作为相邻施工过程间的流水步距

$$K_{A,B}=\max\{3,3,3,0,-12\}=3 \qquad K_{B,C}=\max\{2,3,3,4,-9\}=4$$

$$K_{C,D}=\max\{2,5,5,5,-5\}=5$$

4. 计算施工工期

$$\sum_{i=1}^{4} t_4^i=(1+2+1+1)\mathrm{d}=5\mathrm{d} \qquad \sum_{i}^{3} K_{j,j+1}=(3+4+5)\mathrm{d}=12\mathrm{d}$$

$$T=\sum_{i=1}^{4} t_4^i+\sum_{i}^{3} K_{j,j+1}=(5+12)\mathrm{d}=17\mathrm{d}$$

5. 绘制施工进度表（图 9-8）

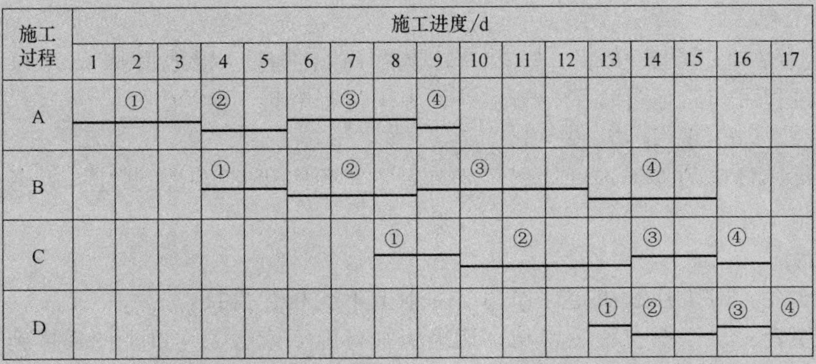

施工过程	施工进度/d																
	1	2	3	4	5	6	7	8	9	10	11	12	13	14	15	16	17
A		①		②			③		④								
B				①			②			③				④			
C								①			②			③		④	
D													①	②		③	④

图 9-8　例 9-6 施工进度表

9.4　流水施工组织实例

9.4.1　多层居住房屋流水施工

1. 建筑物特征

5 层砖混结构，一梯三户。

基础：钢筋混凝土条形基础，上砌砖基础，设地圈梁。

主体：砖墙，隔层设置圈梁，未设置圈梁层设有混凝土过梁。

楼板：预制空心板。

屋面：细石混凝土屋面，一毡两油分仓缝。

装修：室内：石灰粉砂喷浆，纸筋石灰底层，石灰粉面。

外墙：水泥石灰黄砂粉面。

楼地面：水泥石屑楼面。

门窗：钢窗、木门、阳台钢门。

2. 生产特点

除预制板、木门、钢窗、钢门外，其余均在现场制作。

工期：4 个月。

3. 施工流水安排

（1）地下工程

1）施工过程：开挖墙基土方、铺设基础垫层、绑扎基础钢筋、浇捣基础混凝土、砌筑墙基、回填土。

2）施工组织：将前两个过程不排入流水，完工后将其余 4 个施工过程组织流水施工。分 3 个施工段。$m=3$，$n=4$，$K=2$。组织全等节拍流水。

（2）地上工程　主导施工过程为砌墙。分 3 个施工段，每段分 2 个施工层。

1）施工过程：砌墙、安装过梁或浇筑圈梁、安装楼板和楼梯、楼板灌缝等。

2）施工组织：将安装过梁或浇筑圈梁合并为一个施工过程，安装楼板和楼梯、楼板灌缝合并为一个施工过程，加上砌墙，共 3 个施工过程，$m=5\times3=15$，$n=3$，$K=2$，组织全等节拍流水。

（3）屋面工程

1）施工过程：屋面板二次灌缝、细石混凝土屋面防水层、贴分仓缝。

2）施工组织：接在地上工程之后，与其后的装修工程穿插进行。

（4）装修工程

1）施工过程：包括门窗安装、室内外抹灰、门窗油漆、楼地面抹灰等 11 个施工过程。除去 3 个施工过程可与其他过程平行施工外，施工过程数以 7 计。

2）施工组织：$m=5$，$n=7$，$K=3$。

以上为估算，具体的施工进度计划还需考虑工艺顺序和安全技术规定，并考虑使主要工种的工人能连续施工。

4. 工艺组合

主要工艺组合：对工期起决定性作用，基本上不能相互搭接。

搭接工艺组合：对工期有一定影响，能组织平行施工或很大程度上的搭接施工。

流水设计：确定工艺组合，找出每个组合中的主导施工过程；确定主导施工过程的施工段数及持续时间；尽可能使其他施工过程的安排与主导施工过程相同。

关键：由繁化简，将许多施工过程的搭接问题变为少数几个工艺组合的搭接问题。

9.4.2 单层工业厂房流水施工

1. 单层工业厂房结构及施工特点

单跨、多跨排架结构，柱下独立基础，预制屋架、排架柱、吊车梁、天窗架等。

现场预制件多，结构安装多为吊装，吊装时主要根据起重机行走路线组织施工。

2. 施工方案

关键：正确拟定施工方法和选择施工机械。

基坑土石方开挖（略）。

现场预制工程（略）。

结构安装工程（略）。

3. 施工顺序

准备工程、土方工程、基础工程、现场预制工程、结构安装工程、砌墙工程、屋面工程、装饰工程、地面工程。

总体安排考虑因素：保证及时、提前投产。

生产工艺顺序、土建设备安装工程量、施工难易程度及所需工期长短（略）。

厂房结构特征和施工方法（略）。

4. 施工进度计划

两步走：控制性（轮廓性）计划，分部（分项）工程进度计划（现场实施性规划）。

第10章　网络计划技术

10.1　网络计划技术概述

施工计划不仅要确定项目的目标，还要决定达到这些目标的方式、方法，它是指导施工活动的纲领性文件。施工计划也是监督施工进度的依据。在施工计划中没有明确的量化数据，便无法衡量工程的完成情况。运用网络计划编制施工进度计划，能直观地反映工作之间的相互关系，使一项计划构成一个系统的整体，从而为实现对施工计划的定量分析奠定基础。

10.1.1　基本概念

网络图是由箭线和节点组成的，用来表示工作流程的方向，是有序网状图形。网络计划是用网络图模型表达任务构成、工作顺序并加注工作时间参数的进度计划。网络计划技术是运用网络图的基本理论来分析和解决计划管理问题的一种科学方法。不论什么项目，都可以用网络图示模型反映其内部必须完成的工作和完成这些工作必须遵守的逻辑关系。同时，网络图还提供工作时间、费用、责任人等信息，使一个原本庞大而复杂的项目变得条理清楚，形象直观。

在工程施工进度计划中应用网络计划技术，必须把握下列要点：

1）将整个工程分解成若干个活动，确定各项施工所需要的时间、人力和物力，明确各活动之间的先后逻辑关系，列出工作逻辑关系表。

2）按照要求选择不同类型的网络图模型，编制施工进度计划，通过计算确定各工作的时间参数、关键工作和关键线路，确定资源消耗投资和分布。

3）运用系统分析方法和优化原理，对施工进度计划的时间、费用和资源进行优化和调整，选择最优方案。

4）在网络计划执行过程中，定期进行检查和分析，及时调整偏差，实行有效的监督和相应的控制。

10.1.2　发展历史

早期的进度计划大多采用横道图的形式。横道图，也称甘特图，是由亨利·甘特（Henry Gantt）发明的，用来表示项目进度的一种图形技术。它以时间为刻度，用线条或横杆来表示每项工作的持续时间，且按比例绘制。这种方法直观简洁，适用于简单的子项目。

20世纪50年代后期，随着科学技术的不断进步，项目规模日益扩大。为了适应现代化生产的组织管理和科学研究的需要，国外陆续采用了一些计划管理的新方法，网络计划技术就是其中之一。

网络计划即网络计划技术（Network Planning Technology），是指用于工程项目的计划与控制的一项管理技术。它是20世纪50年代末发展起来的，依其起源有关键路径法（CPM）与计划评审法（PERT）之分。CPM主要应用于以往在类似工程中已取得一定经验的承包工程，PERT更多地应用于研究与开发项目。

1956年，美国杜邦化学公司的工程技术人员开发了关键线路法（Critical Path Method，简称CPM）。这种方法将时间和费用都看成是可控制的变量，要求准确估算时间和成本费用。它很好地反映了一个项目中错综复杂的工作关系，便于统筹安排众多单位与工作环节，实现资源的合理使用。它首次运用于化工厂的建造和设备维修，大大缩短了工作时间，节约了费用。1957年，美国杜邦化学公司首次采用CPM法，第一年就节约了100多万美元，相当于该公司用于研究发展CPM所花费用的5倍以上。

1958年，美国海军军械局针对舰载洲际导弹项目研究，开发了计划评审技术（Programme Evaluation and Review Technique，简称PERT）。该项目运用网络方法，将研制导弹过程中各种合同进行综合权衡，有效地协调了成百上千个承包商的关系，而且提前完成了任务，并在成本控制上取得了显著的效果。统计资料表明，在不增加人力、物力、财力的既定条件下，采用PERT就可以使进度提前15%~20%，节约成本10%~15%。

CPM和PERT是独立发展起来的计划方法，在具体做法上有不同之处。CPM假定每一活动的时间是确定的，而PERT的活动时间基于概率估计；CPM不仅考虑活动时间，也考虑活动费用及费用和时间的权衡，而PERT则较少考虑费用问题；CPM采用节点型网络图，PERT采用箭线型网络图。但两者所依据的基本原理基本相同，即是通过网络形式表达某个项目计划中各项具体活动的逻辑关系，现在人们就将其合称为网络计划技术。

1965年，华罗庚将网络计划技术引入我国，得到了广泛的重视和研究。尤其是在20世纪70年代后期，随着我国改革开放事业的发展，网络计划技术得到了广泛的应用，取得了较好的效果。

由于电子计算机技术的飞速发展，边缘学科的相互渗透，网络计划技术与决策论、排队论、控制论和仿真技术相结合，应用领域不断拓展，又相续产生了许多诸如搭接网络技术、决策网络技术、图示评审技术和风险评审技术等一大批现代计划管理方法，广泛应用于工业、农业、建筑业和国防等科学研究领域。随着计算机的应用和普及，还开发了许多网络计划技术的计算和优化软件。

实践证明，网络计划技术的应用已取得了显著成绩，它保证了工程项目质量、成本和工期目标的实现，也提高了工作效率，节约了项目资源。但网络计划技术同其他科学管理方法一样，也受到一定客观环境和条件的制约。网络计划技术是一种有限的管理手段，可提供定量分析信息，但工程规划、决策和实施还取决于各级领导和管理人员的水平。另外，网络计划技术的推广应用，需要有一批熟练掌握网络计划技术理论、应用方法和计算机软件的管理人员，需要提升工程项目管理的整体水平。

网络计划技术既是一种科学的计划方法，又是一种有效的生产管理方法。网络计划最大特点就在于它能够提供施工管理所需要的多种信息，有利于加强工程管理；它有助于管理人员合理地组织生产，做到心里有数，知道管理的重点应放在何处，怎样缩短工期，在哪里挖掘潜力，如何降低成本。在工程管理中提高应用网络计划技术的水平，必能进一步提高工程管理的水平。

10.1.3 主要特点

网络计划技术作为一种现代化管理方法与传统的计划管理方法相比较，具有明显优点，主要表现为：

1）利用网络图模型，明确表达各项工作的逻辑关系。按照网络计划方法，在制定工程计划时，首先必须理清楚该项目内有哪些工作，它们之间相互顺序怎样，然后才能绘制网络图模型。它可以帮助我们理顺那些杂乱无章、无逻辑关系的想法，形成完整合理的项目总体思路。

2）通过网络图时间参数计算，确定关键工作和关键路线。通过网络图时间参数计算，可以知道各项工作的起止时间，知道整个计划完成时间，还可以确定关键工作和关键路线，便于抓住主要矛盾，集中资源，确保进度。

3）掌握机动时间，进行资源合理分配。资源在任何工程项目中都是重要因素。网络计划可以反映各项工作的机动时间，制定出最经济的资源使用方案，避免资源冲突，均衡利用资源。

4）运用计算机辅助手段，方便网络计划的调整与控制。在项目计划实施过程中，由于各种影响因素的干扰，计划与实际值之间往往会产生一定偏差，运用网络图模型和计算机辅助手段，能够比较方便、灵活和迅速地进行跟踪检查和调整项目施工计划，控制目标偏差。

10.2　双代号网络计划

双代号网络图是目前我国普遍应用的一种网络计划形式。如果用一条箭线来表示一项工作，将工作的名称写在箭线上方，完成该项目工作所需要的时间注在箭线下方，箭尾表示工作的开始，箭头表示工作的结束，在箭头和箭尾处分别画上圆圈并加以编号，这种表示方式通常称为双代号表示方法。

10.2.1　网络图的构成

例如，某大楼电梯井结构施工计划，有 7 项独立的施工过程，其相互关系为：

1）施工计划从准备工作开始。

2）一旦准备工作完成，垫层 1 和挖土 1 可同时开始。

3）垫层 2 的施工，要等垫层 1 和挖土 2 都完成才能开始。

4）基础 1 和垫层 2 都完成后，才进行基础 2 的施工。

5）回填 1 和基础 2 全部完成后，才能进行回填 2 施工。

根据上述施工顺序，用箭头表示工作，用圆圈将各项工作连接起来，形成双代号网络图，如图 10-1 所示。

从图 10-1 中可以看出，该双代号网络图主要由工作、节点和线路三部分组成。

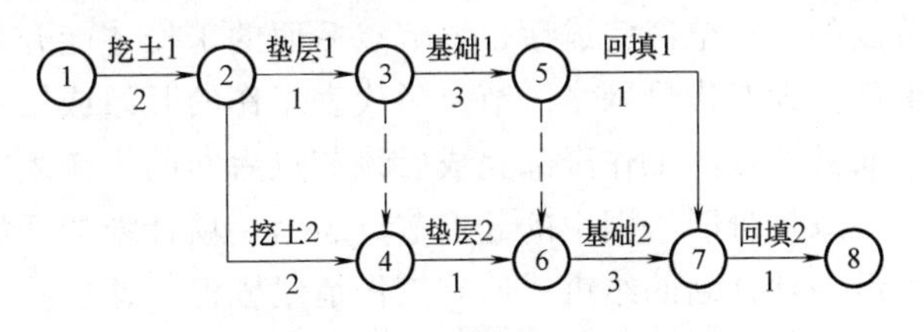

图 10-1　某工程双代号网络图

1. 工作

工作是泛指一项需要消耗人力、物力和时间的具体活动过程，又称工序或作业。在双代号网络图中用箭头表示工作，如图 10-2 所示。其基本要点为：

1）工作的名称或内容写在箭头上面，工作的持续时间写在箭线的下面。

2）箭头方向表示工作进行方向（从左向右），箭尾 i 表示工作开始，箭头 j 表示工作完成。

3）箭线的长短与时间无关，可以任意画。

一项工程的具体内容可多可少，范围可大可小。例如，可以把整个工程设计作为一项工作，也可以把工程设计分为设计任务书、初步设计、技术设计、施工图设计、图纸审核等，将它们分别作为一项

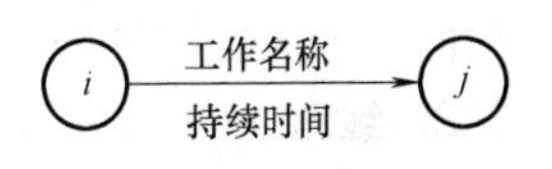

图 10-2　工作表示方法

工作。

完成一项工作一般需要消耗一定的资源，占用一定的时间和空间。但有些工作也需要占用一定的时间，如混凝土浇筑以后的养护，也算一项工作。

紧前工作：在网络图中，相对于某工作而言，紧排在该工作之前的工作称为该工作的紧前工作。在双代号网络图中，工作与其紧前工作之间可能存在虚工作。如图 10-1 所示，垫层 1 和垫层 2 之间虽然存在虚工作，但垫层 1 仍然是垫层 2 在组织关系上的紧前工作，挖土 1 则是垫层 1 在工艺关系上的紧前工作。

紧后工作：在网络图中，相对于某工作而言，紧排在该工作之后的工作称为该工作的紧后工作。在双代号网络图中，工作与其紧后工作之间也可能存在虚工作。如图 10-1 所示，垫层 2 仍然是垫层 1 在组织关系上的紧后工作，基础 1 则是垫层 1 在工艺关系上的紧后工作。

平行工作：在网络图中，相对于某工作而言，可以与该工作同时进行的工作称为该工作的平行工作。如图 10-1 所示，垫层 1 与挖土 2 互为平行工作。

各工作间的逻辑关系如图 10-3 所示，在图 10-3b 中，*A* 工作、*B* 工作、*C* 工作是平行工作，*E* 工作是 *A*、*B*、*C* 工作的紧后工作。

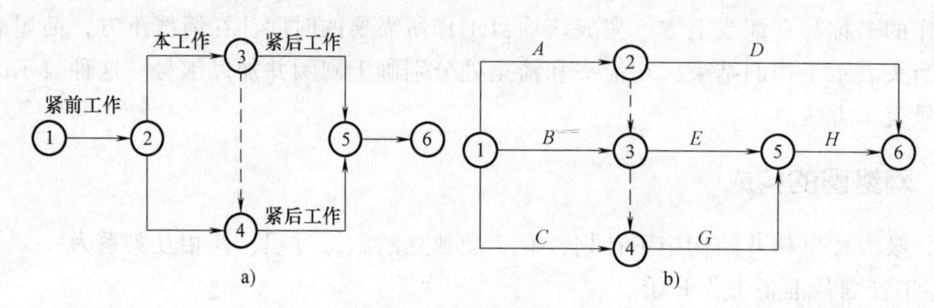

图 10-3　工作逻辑关系

除了上述工作之外，还有一种虚工作，它用虚箭线表示，是指不耗用资源，也不占用时间的一种虚拟工作。虚工作仅表示工作之间的先后逻辑关系，如图 10-3a 中的虚工作③--→④可表示钢筋绑扎之间的先后顺序关系，本身无实际工作内容。

2. 节点

双代号网络图中的节点圆圈表示工作之间的联系，它不占用任何时间和资源，只表示指向节点的工作全部完成后，该节点后面的工作才能开始。因此节点只是一个“瞬间”，也被称为事件。即双代号网络图节点只代表工作的开始或结束，不代表工作本身。在时间上，节点表示指向某节点的工作全部完成后该节点后面的工作才能开始的瞬间，它反映前后工作的交接点。

双代号网络图中的起点节点表示一项计划的开始，所有工作箭线均从这里发出。终点节点表示一项计划的结束，所有工作箭线皆汇入这里。介于网络图起点节点和终点节点之间的叫中间节点，它既有进入箭线，表示前面工作的结束，又有发出箭线，表示后面工作的开始。

节点的基本要点为：

1）节点用圆圈表示，圆圈中编上号码，称为节点号码。每项工作都可用箭尾和箭头的节点编号（i，j）作为该工作的代号。

2）在同一个网络图中不得有相同的节点编号。

3）节点的编号，一般应满足 $i<j$ 的要求，即箭尾（工作的起点节点）号码要小于箭头（工作终点节点）号码。

3. 线路

线路是指从网络图的起点节点，顺着箭头所指的方向，通过一系列的节点和箭线连续不断到达节点的一条通路。在一个网络图中可能有很多条线路，线路中各项工作持续时间之和就是该线路的长度，即线路所需要的时间。

在各条线路中，有一条或几条线路的总时间最长，称为关键线路，一般用双线或粗线标注；其他线路长度均小于关键线路，称为非关键线路。

4. 虚工作（逻辑箭线）

虚工作是一项虚拟的工作，实际并不存在。它仅用来表示工作之间的先后顺序，无工作名称，既不消耗时间，也不消耗资源。虚工作用虚箭线表示，其持续时间为 0。虚工作用实箭线表示时，需要标注持续时间为 0。在时标网络图中虚箭线只有上下，没有左右方向。

10.2.2　绘图规则

在绘制网络图前，根据工作分解结构方法和项目管理的需要，将项目分解为网络计划的基本组成单元——工作（或工序），并确定各工作的持续时间，确定网络计划中各项工作的先后顺序，工作间的逻辑关系分为工艺关系和组织关系，据此绘制网络计划图。

绘制双代号网络图时，要正确地表示各工作的逻辑关系和遵循有关绘图的基本规则。否则，就不能正确反映工程的工作流程和进行时间计算。绘制双代号网络图一般遵循以下基本原则：

1）双代号网络必须正确表达已定的逻辑关系。绘制网络图之前，要正确确定工作顺序，明确各工作之间的衔接关系，根据工作的先后顺序逐步把代表各项工作的箭线连接起来（图 10-4），绘制成网络图。

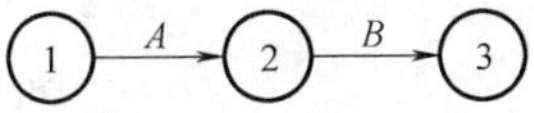

图 10-4　网络图基本绘制方法

① *A*、*B*、*C* 三项工作同时开始，如图 10-5 所示。

② *A*、*B*、*C* 三项工作同时结束，如图 10-6 所示。

③ *A*、*B*、*C* 三项工作，*A* 完成后，*B*、*C* 开始，如图 10-7 所示。

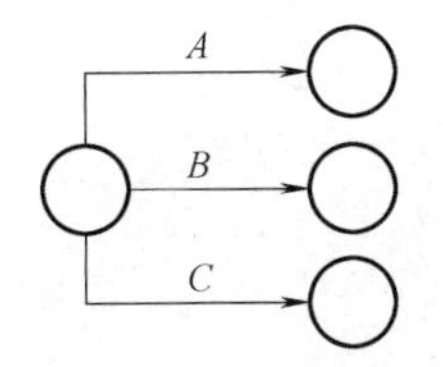

图 10-5　三项工作同时开始

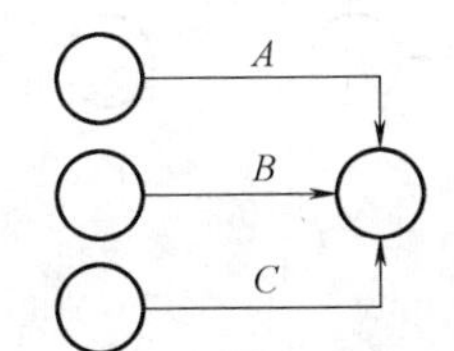

图 10-6　三项工作同时结束

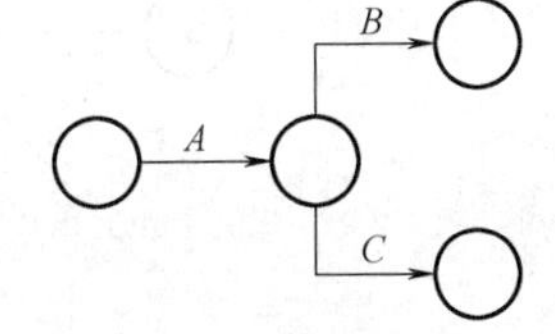

图 10-7　三项工作中，一项完成后，另两项开始

④ *A*、*B*、*C* 三项工作，*A*、*B* 完成后 *C* 开始，如图 10-8 所示。

⑤ *A*、*B*、*C*、*D* 四项工作，*A*、*B* 完成后，*C*、*D* 开始，如图 10-9 所示。

⑥ *A*、*B*、*C*、*D* 四项工作，*A* 完成 *C* 开始，*A*、*B* 完成后 *D* 开始，如图 10-10 所示。

⑦ *A*、*B*、*C*、*D*、*E* 五项工作，*A*、*B* 完成后 *C* 开始，*B*、*D* 完成后 *E* 开始，如图 10-11 所示。

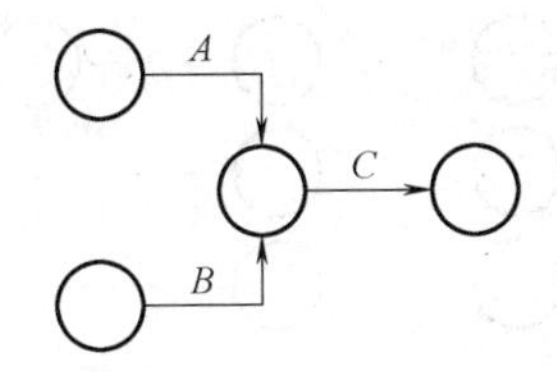

图 10-8　三项工作中，两项完成后，剩余一项开始

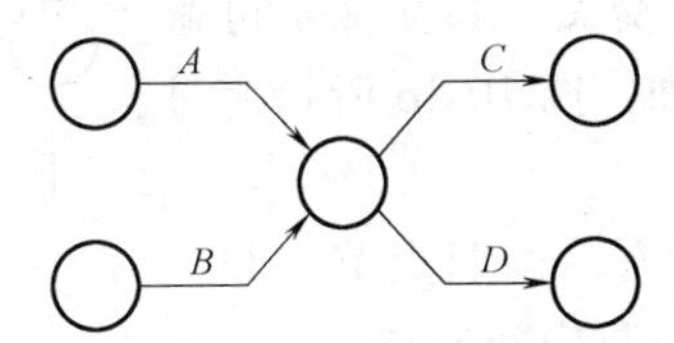

图 10-9　四项工作，前两项完成后，后两项开始

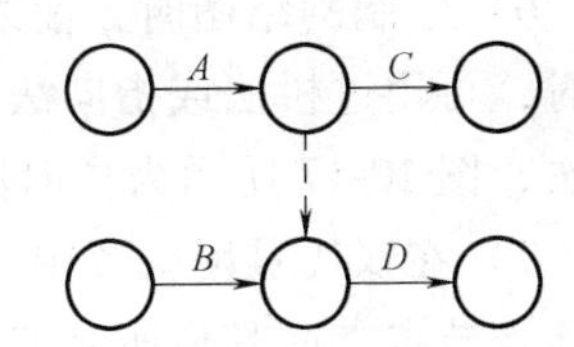

图 10-10　四项工作，两两平行进行

2）双代号网络图中，严禁出现循环回路。在网络图中如果从一个节点出发顺着某一线路又能回到原出发点，这种线路就成为循环回路。例如图10-12中的②→⑤→③→②就是循环回路，它表示的逻辑关系是错误的，在工艺顺序上是相互矛盾的。

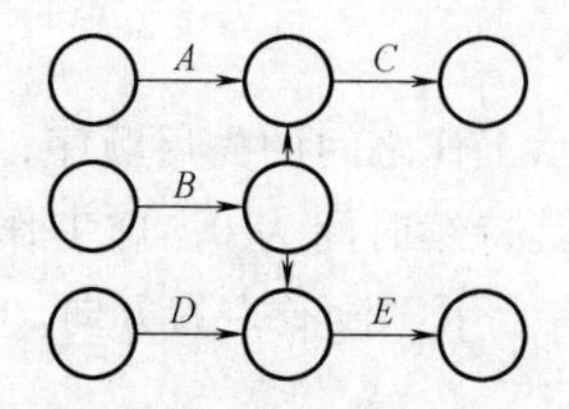

图10-11 五项工作的交叉进行

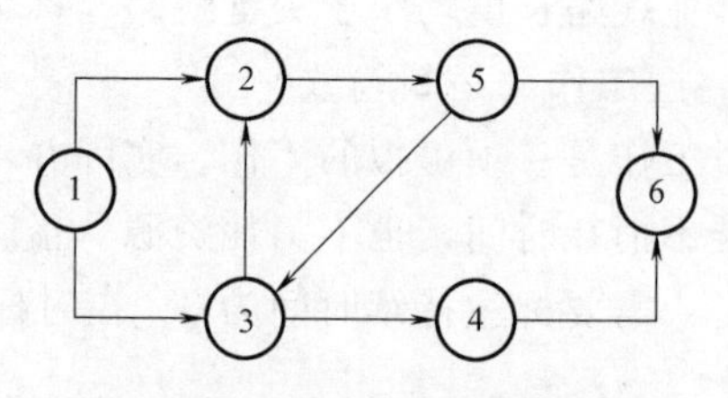

图10-12 相互矛盾的循环回路

3）双代号网络图中，在节点之间严禁出现带双箭头或无箭头的箭线。用于表示工程计划的网络图是一种有序有向的网络图，沿着箭头指引的方向进行。因此，一条箭线只有一个箭头，不允许出现方向矛盾的双箭头箭线和无方向的无箭头箭线，如图10-13所示。

图10-13 出现双向箭头箭线和无箭头箭线的错误网络图

a）双箭头 b）无箭头

4）在双代号网络图中，严禁出现没有箭头节点或没有箭尾节点的箭线。例如，图10-14a中出现了没有箭头节点的箭线；图10-14b中出现了没有箭尾节点的箭线，这都是不允许的。

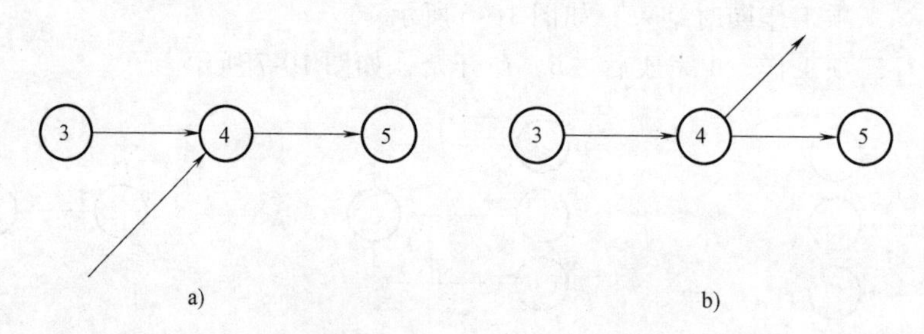

图10-14 没有箭头节点的箭线和没有箭尾节点的箭线

a）没有箭头节点 b）没有箭尾节点

5）当双代号网络图的起点节点和终点节点有多条内向箭线或多条外向箭线时，在不违反“一项工作应只有一条箭线和相应的一对节点编号”的规定的前提下，可使用母线法绘图。例如，图10-15a是起点节点多条外向箭线用母线绘制的示意图；图10-15b是终点节点多条内向箭线用母线绘制的示意图。

6）绘制网络图时，箭线不宜交叉。当交叉不可避免时，可用过桥法或指向法。例如，图10-16所示为过桥法，图10-17所示为指向法。

7）在双代号网络图中，应只有一个起点节点和一个终点节点，而其他所有节点均应是中间节点。

如图10-18中出现①、②两个起点节点，⑧、⑨、⑩三个终点节点是错误的。该网络图正确地画法，将

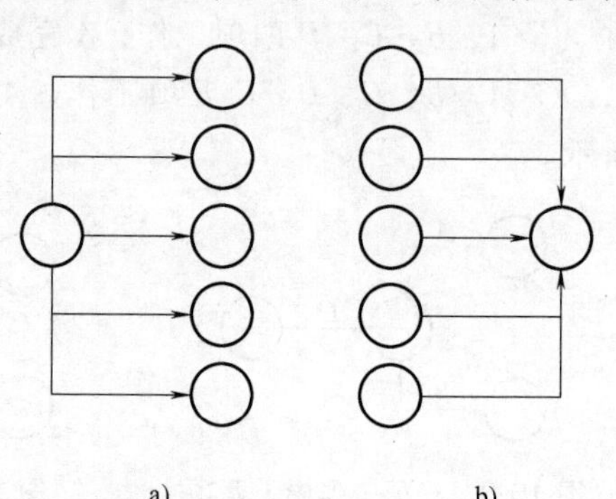

图10-15 母线的表示方法

图 10-16　过桥法　　图 10-17　指向法

①、②两个节点合并成一个起点节点，将⑧、⑨、⑩三个节点合并成一个终点节点。

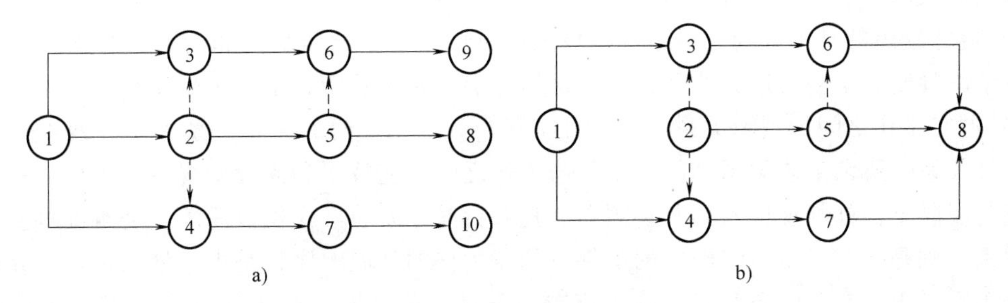

图 10-18　表达错误的网络图

a）错误画法　b）正确画法

8）在双代号网络图中，不允许出现重复编号的箭线。双代号网络图中一条箭线和其相关的节点只能代表一项工作，不允许代表多项工作。例如，图 10-19a 中的 *B*、*D* 两项工作，其编号均是 1-2，究竟指 *B* 工作还是指 *D* 工作呢？不清楚。遇到这种情况增加一个节点和一条虚箭线，如图 10-19b 就都是正确的。

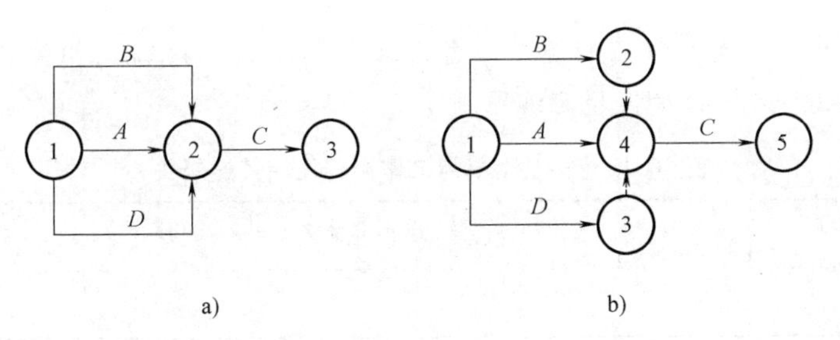

图 10-19　重复编号的工作示意图

a）错误　b）正确

10.2.3　绘图方法与要求

1. 绘图方法

绘制没有紧前工作的工作，使它们具有相同的开始节点，即起始节点。绘制没有紧后工作的工作，使它们具有相同的结束节点，即终点节点。当所绘制的工作只有一个紧前工作时，将该工作直接画在其紧前工作的结束节点之后。当所绘制的工作有多个紧前工作时，按以下四种情况分别考虑：

1）如果在其紧前工作中存在一项只作为本工作紧前工作的工作，则将本工作直接画在该紧前工作结束节点之后。

2）如果在其紧前工作中存在多项只作为本工作紧前工作的工作，先将这些紧前工作的结束节点合并，再从合并后的节点开始，画出本工作。

3）如果其所有紧前工作都同时作为其他工作的紧前工作，先将它们的完成节点合并，再从合并后的节点开始，画出本工作。

4）如果不存在上述三种情况，则将本工作箭线单独画在其紧前工作箭线之后的中部，然后用虚工作将紧前工作与本工作相连。

2. 绘图要求

绘制双代号网络图需要掌握大量工程信息，具备一定的专业技术知识，积累一定的工程经验和绘图技巧。一般来说，任何施工网络计划都是在既定施工方案前提下，通过统筹规划、精心安排所形成的。绘制双代号网络需要注意以下几点：

1）遵守绘图的基本规则。网络图是供人阅读的，为了便于交流和沟通，必须要遵从一定的基本绘图规则，统一表达方式和符号，这样才能使别人看懂，不致产生误解。

2）遵守工作之间的逻辑关系。在工程实践中，工作之间的逻辑关系主要有两类：工艺关系和组织关系。所谓工艺关系，就是工作与工作之间工艺技术和规程所规定的先后关系。譬如某一钢筋混凝土构件的现场预制，必须在绑扎好钢筋和安装好模板以后才能浇筑混凝土。所谓组织关系，则是指在劳动组织确定的条件下同一工作的开展顺序，是由计划人员在研究施工方案的基础上做出的有关资源配置、施工流向等安排。譬如说，有 *A* 和 *B* 房屋基础工程的土方开挖，如果施工方案确定使用一台抓铲挖掘机，开挖的顺序究竟先 *A* 后 *B*，还是先 *B* 后 *A*，应该取决于施工方案所做出的决定；如果使用两台抓铲挖掘机，则 *A* 和 *B* 可以同时施工。

3）条理清楚，布局合理。网络图往往需要多次反复绘制，一般先按分解任务后的逻辑关系表画出草图，再逐步调整和简化，经过多次修改，最后绘制出清楚的正规形式。工作间线不宜画成任意方向或曲线形状，应尽可能用水平线或斜线；关键线路、关键工作安排在图面中心位置，其他工作分散在两边；避免倒回箭头，杜绝循环回路等。

【例 10-1】 已知某大型工程的施工准备阶段的各项工作内容及相关逻辑关系，其工作逻辑关系见表 10-1，试绘制双代号网络图。

表 10-1 例 10-1 中的工作内容及相关逻辑关系

工作	*A*	*B*	*C*	*D*	*E*	*F*
紧前工作	—	—	—	*A*、*B*	*B*	*C*、*D*、*E*

【解】 根据双代号网络图的表达形式和绘图规则，依据工作逻辑关系表所确定的内容，绘制初始网络图，并经整理后得到该大型工程施工准备阶段的双代号网络图，如图 10-20 所示。

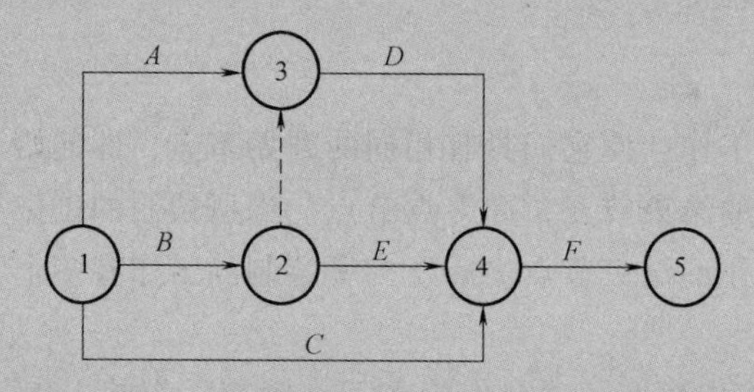

图 10-20 例 10-1 中大型工程施工准备阶段的双代号网络图

【例 10-2】 已知工程的施工准备阶段的各项工作内容及相关逻辑关系（表 10-2），试绘制双代号网络图。

表 10-2　例 10-2 中的工作内容及相关逻辑关系

工作	A	B	C	D	E	F	G	H	I
紧前工作	—	A	A	B	B、C	C	D、E	E、F	H、G
紧后工作	B、C	D、E	E、F	G	G	H	I	I	—

【解】 根据双代号网络图的表达形式和绘图规则及工作逻辑关系表所确定的内容，绘制初始网络图如图 10-21 所示。

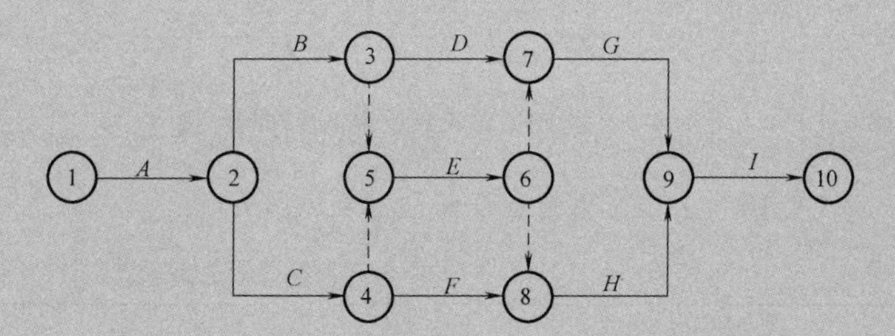

图 10-21　例 10-2 中工程的双代号网络图

【例 10-3】 某小区基础工程，施工过程为：挖槽 12d，打垫层 3d，砌墙基 9d，回填 6d；采用分三段流水施工方法，试绘制双代号网络图。

【解】 按下列步骤绘制该项目双代号网络图：

1）分析各项施工活动的工艺关系。

2）按照施工方案的要求，第Ⅰ、Ⅱ、Ⅲ施工段均按挖槽→垫层→砌墙基→回填的工艺顺序组织施工。

3）考虑各施工段之间的组织关系。当资源供应限制时，在每一施工活动仅只有一个工作队的情况下，必须考虑上述四项活动在三个施工段上的施工顺序。假定各项施工活动按Ⅰ→Ⅱ→Ⅲ段顺序组织，引入表示组织关系的虚工作后，形成各施工段带有组织关系网络图，如图 10-22 所示。

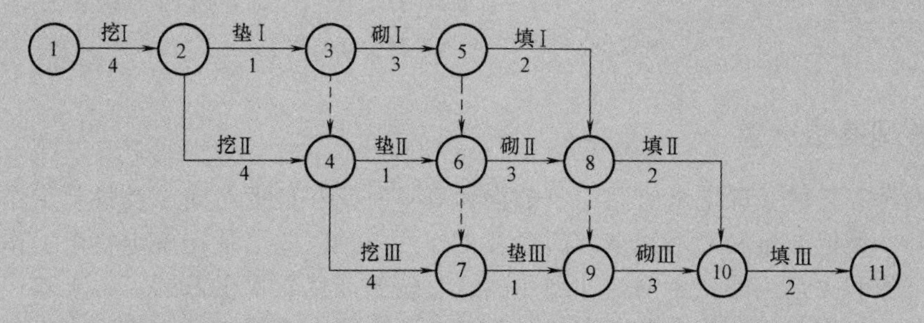

图 10-22　例 10-3 中各施工段带有组织关系网络图

挖—挖槽　垫—打垫层　砌—砌墙基　填—回填

4）逻辑关系的综合分析和修正。图 10-22 包含了全部的工艺逻辑和组织逻辑，由于增加了虚工作，使原先没有逻辑关系的某些工作，也产生了相互的制约关系。如虚工作③--→④，其本意是想表达打垫层Ⅰ做完后转到打垫层Ⅱ，但通过虚工作③--→④的引申，又想表示挖槽Ⅲ必须在打垫层Ⅰ完工后才能开始，这显然是不合理的约束，因为无论从工艺逻辑还是组织逻辑来说，挖槽Ⅲ和打垫层Ⅰ都是没有必要联系的。对此，必须进行逻辑关系的修正。同理，打垫层Ⅲ和砌墙基Ⅰ的逻辑关系也要进行相应的修正，从而可得图 10-23 所示的施工生产网络图，它在工艺关系和组织关系上都正确地表达了施工方案的要求。

总结图 10-22 中的逻辑关系错误：挖槽Ⅲ与打垫层Ⅰ无逻辑关系；打垫层Ⅲ与砌墙基Ⅰ无逻辑关系（人员、工作面、工艺均无）；砌墙基Ⅲ与回填Ⅰ无逻辑关系。

结论：应特别注意逻辑关系，一般可使用虚工序来避免这种节点，如图 10-23 所示。

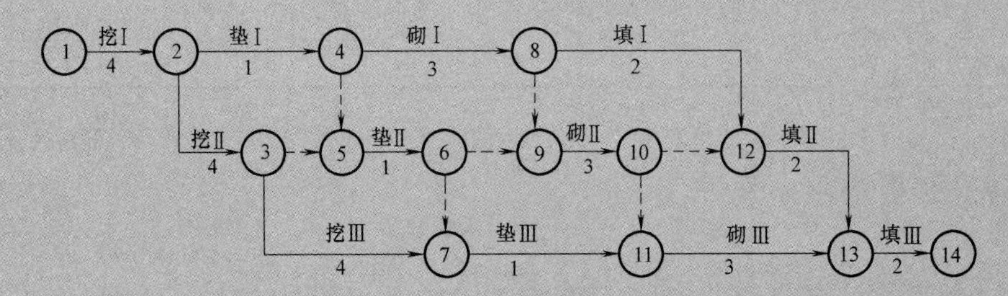

图 10-23 例 10-2 修正后的施工生产网络图

【例 10-4】 根据表 10-3 中逻辑关系，绘制双代号网络图。

表 10-3 例 10-4 中的工作内容及其逻辑关系

工作	A	B	C	D	E	G	H
紧前工作	—	—	—	—	A、B	B、C、D	C、D

【解】 对表 10-3 进行分析，绘制出的双代号网络图如图 10-24 所示。

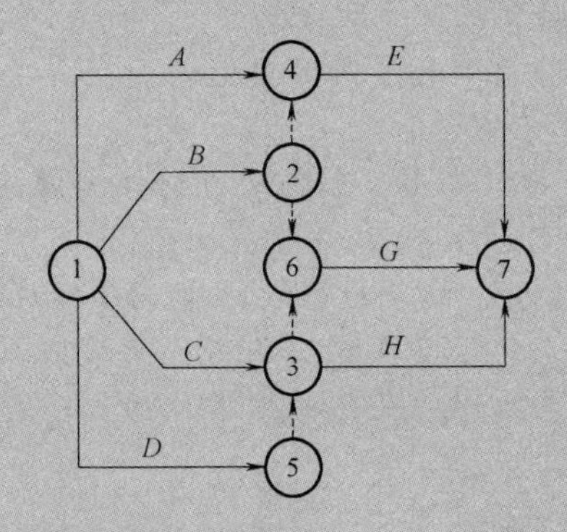

图 10-24 例 10-4 中的双代号网络图

10.2.4 时间参数计算

网络图的计算目的是确定网络图中各节点的最早时间和最迟时间以及各项工作最早开始和最早结束时间、最迟开始和最迟结束时间以及工作的各种时差，从而确定整个工作计划的完成日期、关键工作和关键线路，为网络计划的执行、调整和优化提供依据。由于双代号网络图中节点时间参数与工作时间参数有着紧密的联系，通常在图上直接计算，先标志出节点的时间参数，然后推算出工作的时间参数。各时间参数在网络图上常用六时标注法标注，如图 10-25 所

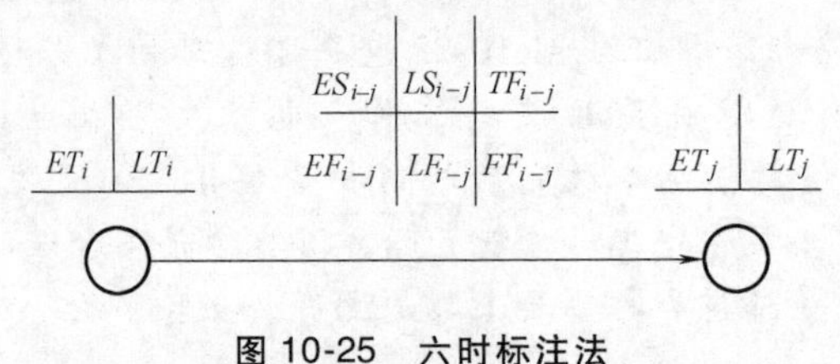

图 10-25 六时标注法

示。现以图 10-26 为例说明双代号网络图时间参数的计算方法。

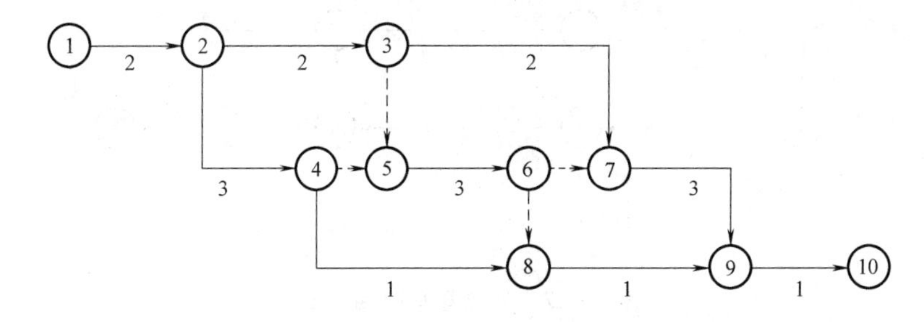

图 10-26　节点计算图例

10.2.4.1　节点时间参数的计算

节点时间参数是确定工作时间参数的基础，常采用图上计算法。

1. 节点最早时间 ET_i 的计算

节点最早时间，是指以网络起点节点的时间为零，沿着各条线路达到每一节点的时刻。它表示该节点紧前工作的全部完成，从这个节点出发的紧后工作最早能够开始的时间。如果进入这个节点的紧前工作没有全部结束，从这个节点出发的紧后工作就不能开始。

最早开始时间是在各紧前工作全部完成后，本工作有可能开始的最早时刻。工作 i-j 的最早开始时间用 $ES_{i\text{-}j}$ 表示。节点的最早时间 ET_i 应从网络计划的起点节点开始，顺着箭线方向依次逐项计算直至该节点为止，可按下列规定和步骤进行计算。

1）起点节点 i 如果未规定最早时间 ET_i 时，其值应等于零，即

$$ET_i = 0(i=1)$$

式中　ET_i——节点 i 的最早时间。

2）其他节点 j 的最早时间 ET_j 应按如下方式计算：

当节点 j 只有一条内向箭线时　　$ET_j = ET_i + D_{i\text{-}j}$

当节点 j 有多条内向箭线时　　$ET_j = \max\{ET_i + D_{i\text{-}j}\}$

式中　$D_{i\text{-}j}$——节点 j 内向箭线（工作）$i \rightarrow j$ 的持续时间。

3）计算工期 T_c

$$T_c = ET_n$$

式中　ET_n——终点节点 n 的最早时间。

计算工期得到后，可以确定计划工期 T_p，计划工期应满足以下条件：

当已规定了要求工期时　　$T_p \leqslant T_r$

当未规定要求工期时　　$T_p = T_c$

式中　T_p——网络计划的计划工期（施工方自己确定的工期）；

T_r——网络计划的要求工期（甲方合同约定的工期）；

T_c——网络计划的计算工期（通过网络图或者横道图等方法理论计算得出的工期）。

4）其他工作的最早开始时间等于其紧前工作的最早开始时间加该紧前工作的持续时间所得之和的最大值。

图 10-27 所示为双代号网络图中节点最早时间的计算过程。

由图 10-27 可见，节点最早时间的计算是从左向右用加法进行的，某项工作起点节点的最早时间加上该工作所需要的持续时间就是工作终点节点的最早时间。此外，如节点③、⑤、⑥那样有两个以上的内向箭线进入的，取计算结果中的最大值，也就是说在网络图上沿着到达各节点的最长线路求时间和。

2. 节点最迟时间 LT_i 的计算

节点最迟时间是在不影响整个任务按期完成的条件下，本工作最迟必须开始的时刻，工作

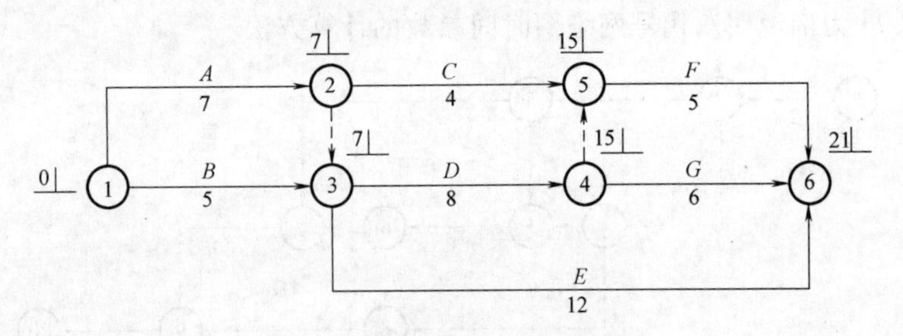

图 10-27 节点最早时间计算

i-j 的最迟开始时间用 $LS_{i\text{-}j}$ 表示。节点的最迟时间，就是在计划工期确定的情况下，从网络图的终点节点开始，逆向推出的各节点最迟的时刻，该时间是限定节点紧前工作最迟全部结束的时间。节点 i 的最迟时间 LT_i 应从网络计划的终点节点开始，逆着箭线方向依次逐项计算直至起点节点为止，可按下列规定和步骤进行计算。

1）终点节点 n 的最迟时间 LT_n 应按网络计划的工期 T_p 确定，即

$$LT_n = T_p$$

2）其他节点 i 的最迟时间 LT_i 应为

$$LT_i = \min\{LT_j - D_{i\text{-}j}\}$$

式中 LT_j——工作 $i \to j$ 的箭头节点的最迟时间。

节点最迟时间计算过程、计算结果，如图 10-28 所示。

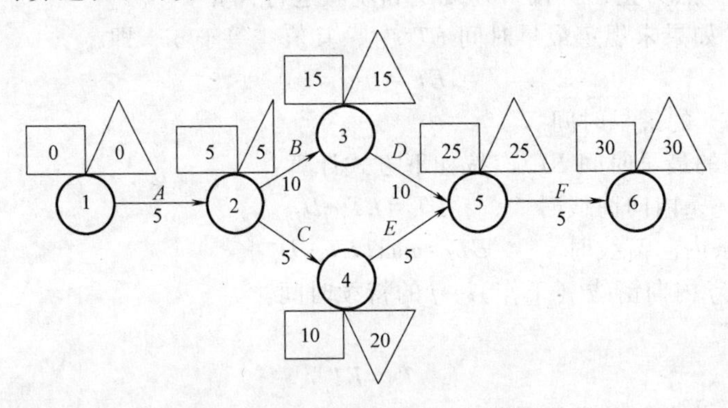

图 10-28 节点最迟时间的计算

由图 10-28 可见，节点最迟时间的计算和最早时间的计算相反。从网络图的最后一个节点算起，用工作终点节点的最迟时间减去工作所需要的持续时间就是工作起点节点的最迟时间。此外，如节点②那样引出两个以上外向箭线的，计算时取其中差数的最小值。

10.2.4.2 工作时间参数计算

工作时间是指各工作的开始和完成时间，分为工作最早开始和最早结束时间、工作最迟开始和最迟结束时间四种。工作时间与节点时间密切的联系，节点时间表示其内向箭线工作的结束时间，也表示外向箭线工作的开始时间。因此，可以根据已确定的节点时间推算工作时间。

1. 工作最早开始时间 $ES_{i\text{-}j}$ 和最早结束时间 $EF_{i\text{-}j}$

设工作 i-j 的持续时间 $D_{i\text{-}j}$，则其最早开始时间 $ES_{i\text{-}j}$ 等于其起点节点 i 的最早时间；最早结束时间 $EF_{i\text{-}j}$ 是在各紧前工作全部完成后，本工作有可能完成的最早时刻，即等于最早开始时间加上该工作的持续时间。总之，$ES_{i\text{-}j}$ 和 $EF_{i\text{-}j}$ 的计算式可写为

$$ES_{i\text{-}j} = ET_i$$

$$EF_{i\text{-}j} = ET_i + D_{i\text{-}j}$$

图 10-26 所示的双代号网络图的工作的最早开始时间和最早结束时间，可以根据节点最早

时间计算来推算，具体计算过程，如图 10-29 所示。

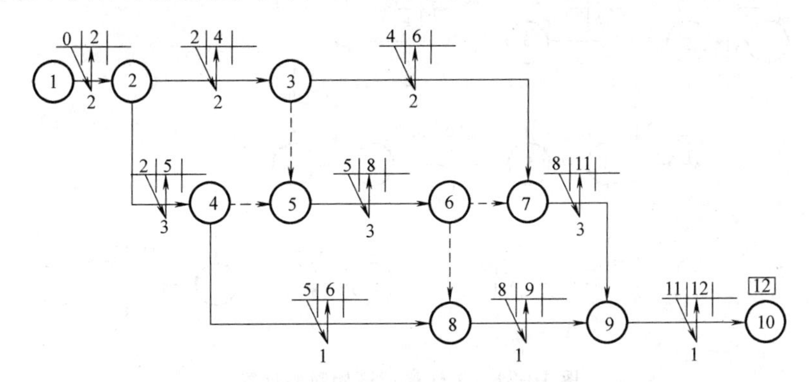

图 10-29　工作最早开始和最早结束时间的计算

2. 工作最迟开始时间 $LS_{i\text{-}j}$ 和最迟结束时间 $LF_{i\text{-}j}$

工作的最迟开始时间 $LS_{i\text{-}j}$ 和最迟结束时间 $LF_{i\text{-}j}$ 是指在不影响计划总工期的情况下，各工作开始时间的最后界限，在网络图上可以根据节点最迟时间求得。以网络计划的终点节点为完成节点的工作的最迟开始时间等于网络计划的计划工期减去该工作的持续时间。其他工作的最迟开始时间等于其紧后工作最迟开始时间减去本工作的持续时间所得之差的最小值。总之，某工作的最迟时间等于该工作终点节点的最迟时间，某工作的最迟结束时间减去该工作的持续时间，即为该工作的最迟开始时间，即

$$LF_{i\text{-}j} = LT_j$$

$$LS_{i\text{-}j} = LT_j - D_{i\text{-}j}$$

图 10-26 所示的双代号网络图的工作的最迟开始时间和最迟结束时间，可以节点最迟时间计算结果来推算，先计算工作最迟结束时间，再计算工作最迟开始时间，具体计算过程，如图 10-30、图 10-31 所示。

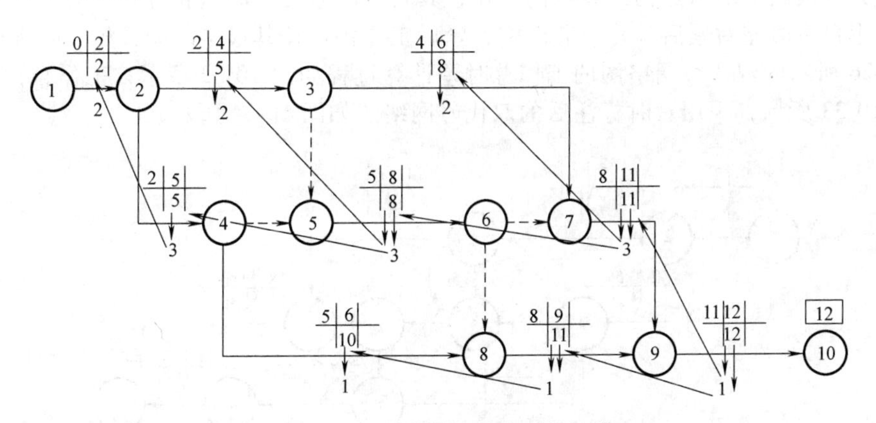

图 10-30　工作最迟结束时间计算

3. 工作时差计算

所谓时差，就是指工作的机动时间。按照其不同性质和作用，可以分为总时差、自由时差。

（1）总时差 $TF_{i\text{-}j}$　总时差，就是工作开始时间至最迟结束时间之间所具有的机动时间，也可以说是在不影响计划总工期的条件下，各工作所具有的机动时间。工作总时差等于工作最迟开始时间减去最早开始时间，或等于最迟完成时间减去最早完成时间。

工作 $i\text{-}j$ 的总时差用 $TF_{i\text{-}j}$ 来表示，计算公式为

$$TF_{i\text{-}j} = LT_i - ET_i = LT_j - ET_i - D_{i\text{-}j}$$

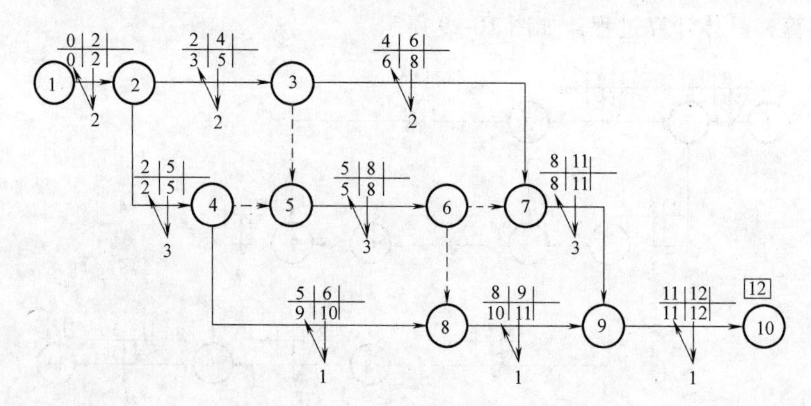

图 10-31 工作最迟开始时间计算

总时差具有以下性质：

1）总时差为零的工作，称为关键工作。

2）如果总时差等于零，自由时差也等于零。

3）总时差不但属于本项工作，而且与紧前、紧后工作都有关系，它为一条线路（或路段）所共有。

（2）自由时差 $FF_{i\text{-}j}$ 所谓自由时差，就是在不影响紧后工作最早开始的范围内，该工作可能利用的机动时间。工作自由时差等于该工作的紧后工作的最早开始时间减去本工作最早开始时间，再减去本工作的持续时间所得之差的最小值。

自由时差根据节点时间和工作的持续时间计算，可用下式表达：

$$FF_{i\text{-}j}=ET_j-ET_i-D_{i\text{-}j}$$

自由时差的主要特点是：

1）自由时差小于或等于总时差。

2）以关键线路上的节点为结束点的工作，其自由时差与总时差相等。

3）利用自由时差对紧后工作没有影响，紧后工作仍可按其最早时间开始时间进行。

图 10-26 所示的双代号网络图的工作总时差计算过程如图 10-32 所示，工作自由时差计算过程如图 10-33 所示，采用六时标注后的双代号网络图如图 10-34 所示。

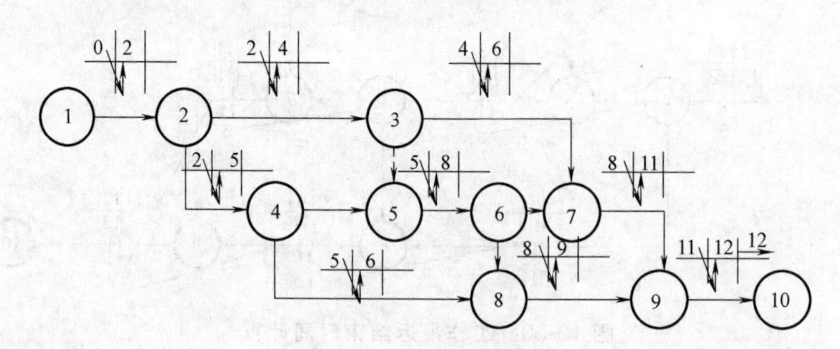

图 10-32 工作总时差计算

从图 10-34 可以看出，工作 1-2、2-4、5-6、7-9 和 9-10 的总时差为零，它们是关键工作，其他工作均为非关键工作。

图 10-27 工作时间的计算结果也可以按工作六时标注法，直接标注在双代号网络图上，如图 10-35 所示。

以上工作时间的计算过程还可以通过绘制横道图来显示。工作最早时间横道图和工作最迟时间横道图中，用粗线代表关键线路，关键工作 1-2、3-4、4-6（图 10-35 中的关键线路）的位置变化量为相应工作的总时差。

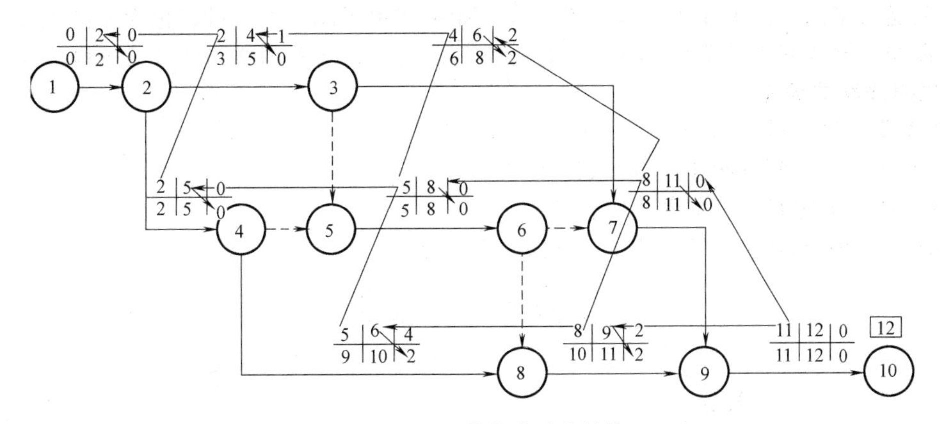

图 10-33 工作自由时差计算

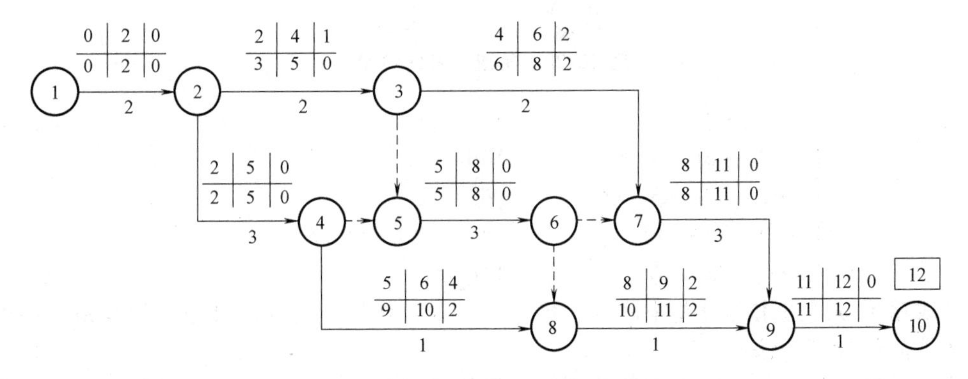

图 10-34 六时标注双代号网络图

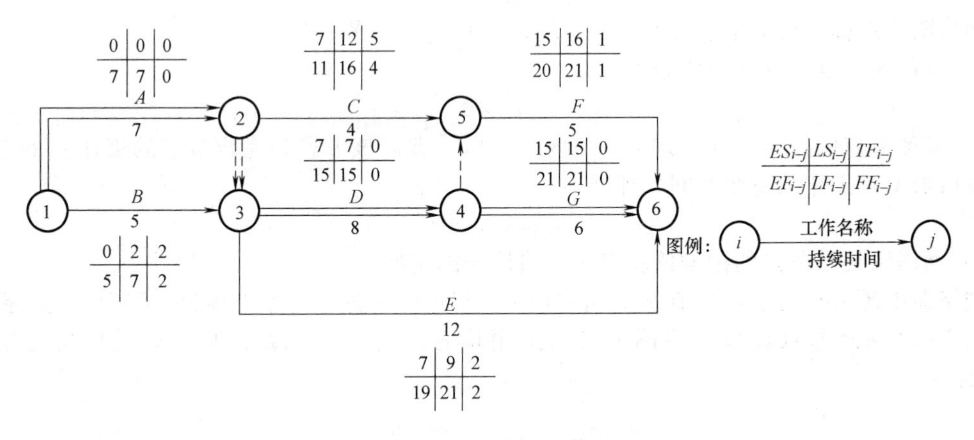

图 10-35 双代号网络图

10.2.4.3 关键线路

1. 关键线路的特点

关键线路就是总时差为零的关键工作组成的路线，它的总持续时间最长；其他线路叫非关键线路。在图 10-35 中，关键线路由 A、D、G 工作组成，一般用双线表示。掌握关键线路的特点，就能合理地安排施工计划，做好施工调度和进度控制。关键线路有以下特点：

1）关键线路上的工作的总时差和自由时差均等于零。

2）关键线路是从网络计划起点节点到终点节点之间持续时间最长的线路。

3）关键线路在网络计划中不一定只有一条，有时存在两条以上。

4）关键线路以外的工作称为非关键工作，如果使用了总时差，可转化为关键工作。

5）在非关键线路上的工作时间延长超过它的总时差，非关键线路就变成关键线路。

2. 关键线路的确定

关键线路：时间最长的线路（决定了工期）。

次关键线路：时间仅次于关键线路的线路。

关键工作：关键线路上的各项工作。

下面以图 10-36 所示的双代号网络图为例进行分析。

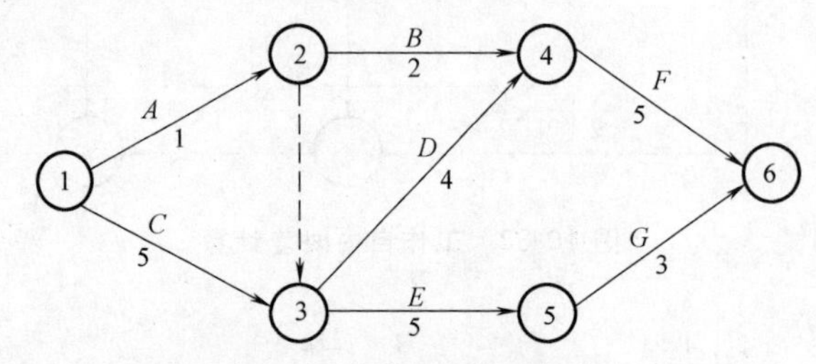

图 10-36 某双代号网络图

线路：	①→②→④→⑥	8d	
	①→②→③→④→⑥	10d	
	①→②→③→⑤→⑥	9d	
	①→③→④→⑥	14d	（关键线路）
	①→③→⑤→⑥	13d	

关键线路可以通过求总时差来确定，也可以寻找工作持续时间之和最长的线路，还可以运用标号法等简便计算方法。

采用标号法，先对每个节点用源节点和标号值进行标号，将节点全部都标号后，再从网络图终点节点开始，从右向左按源节点寻出关键线路。

网络图节点标号值即节点最早时间，可从前往后逐个节点计算：

1）设起点节点 1 的标号值为零，即

$$b_1=0$$

2）其他节点的标号值等于该节点的内向工作（即以该节点为完成节点的工作）的起点节点标号值加上该工作的持续时间，即

$$b_j=\max\{b_i+D_{i\text{-}j}\}$$

3）网络图终点节点的标号值就等于网络计划的工期。

网络图中源节点为求标号值 b_j 时所对应的 i 节点号，将源节点连接起来即为关键线路。

图 10-35 所示的双代号网络图也可以运用标号求得关键线路，其计算过程与结果如图 10-37所示。

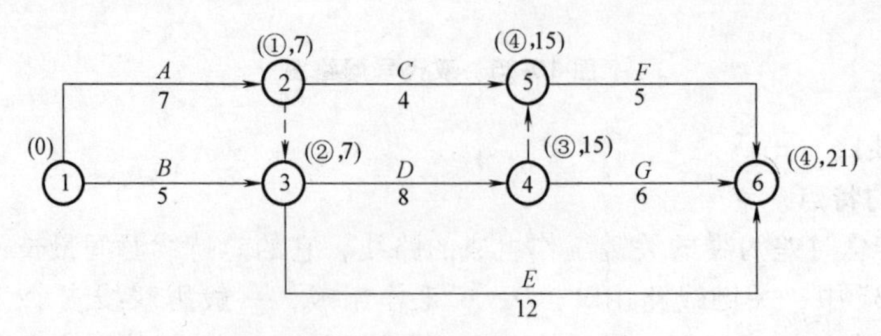

图 10-37 标号法确定关键线路

在工程施工进度管理中，应把关键工作作为重点来抓，保证各项工作如期完成，同时，还要注意挖掘非关键工作的潜力，合理安排资源，以节省工程费用。

【例 10-5】　某工程的双代号网络计划图，如图 10-38 所示，试用图算法进行时间参数计算，并标出关键线路。

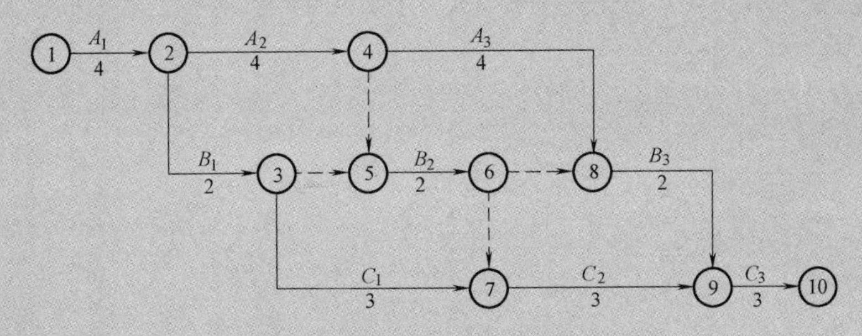

图 10-38　例 10-5 中的双代号网络计划图

A—吊顶　B—内墙面刷涂料　C—地面铺装

【解】　时间参数的计算结果和关键线路如图 10-39 所示。

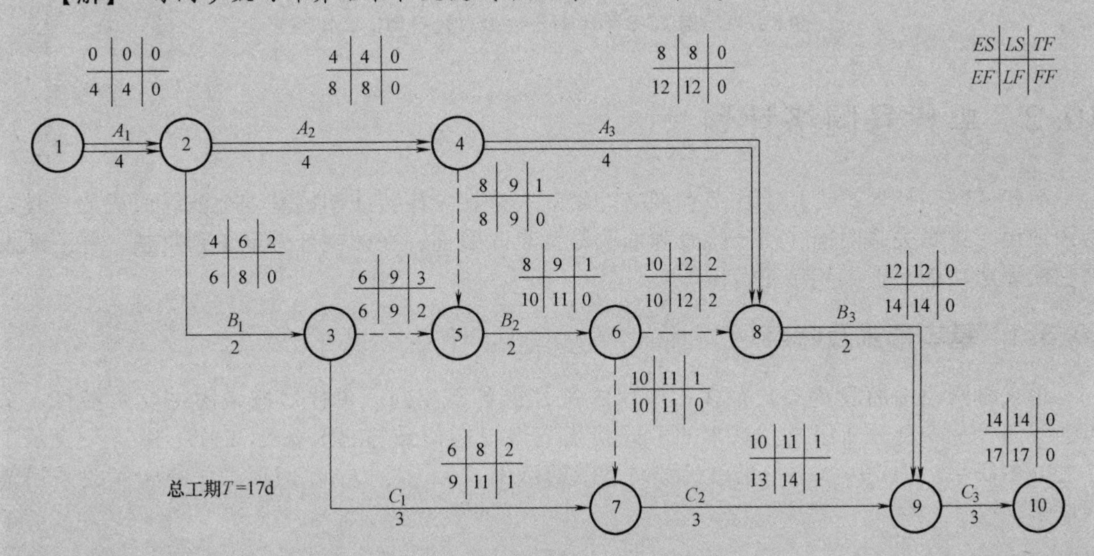

图 10-39　例 10-5 时间参数计算结果和关键线路

【例 10-6】　某工程网络图如图 10-40 所示，试画出六时标注网络计划图。

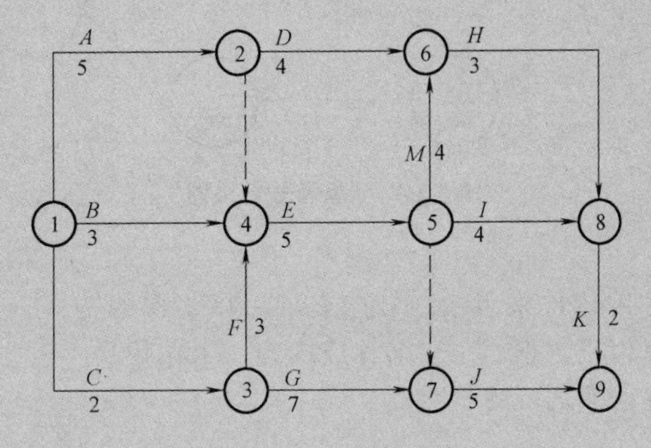

图 10-40　例 10-6 中的双代号网络计划图

【解】　六时标注结果如图 10-41 所示，其中，双线所示为关键线路。

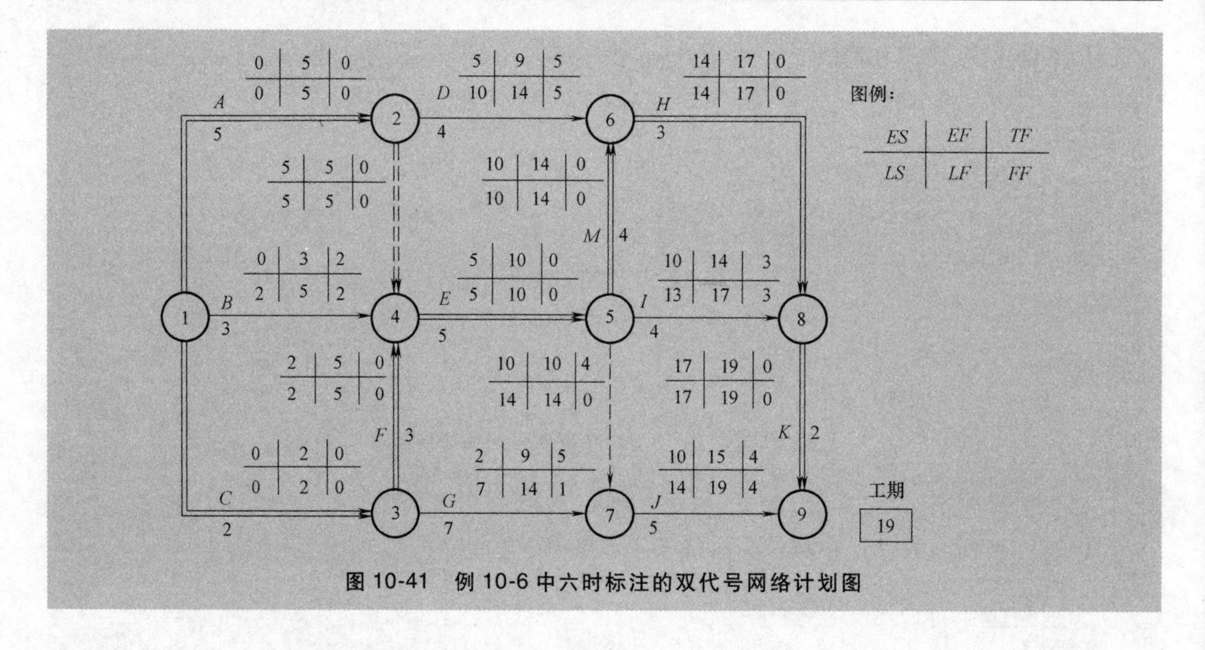

图 10-41 例 10-6 中六时标注的双代号网络计划图

10.3 单代号网络计划

单代号网络计划，也称工作节点网络计划。它是在工序流线图的基础上演绎而成的，具有绘图简便、逻辑关系明确，便于检查和修改等优点。目前，在国内外普遍受到重视，并不断发展它的表达功能，扩大其应用范围。

10.3.1 基本形式及特点

单代号网络图的表示形式很多，所用的符号也各不相同。单代号网络图主要由箭杆、节点、线路等三个部分所组成。基本的形式就是节点（圆圈或方框）表示工作，用箭头表示工作之间的联系。图 10-42 为一张单代号网络图的示例。*B*、*C*、*D*、*E* 四项工作的相互关系用箭线联系。

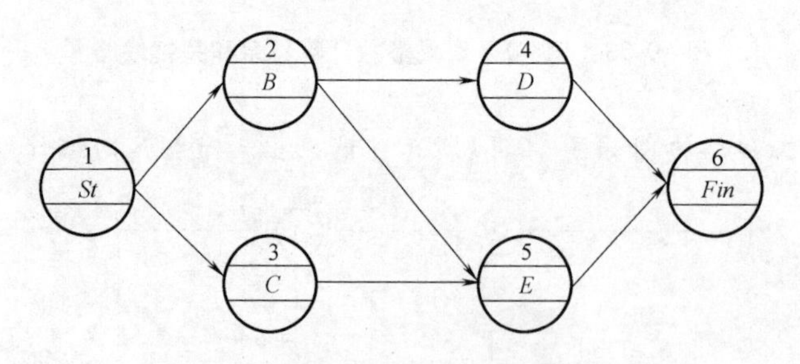

图 10-42 单代号网络图

1. 节点

单代号网络图的工作用节点来表示。节点表示一项工作的符号，节点的形式视其需要而定。可以采用圆圈，也可以用方框。工作名称或内容、工作代号、工作所需要的时间及有关的工作时间参数都可以写在圆圈内或方框内。

节点的特性：

1）一个节点只能表示一项工作。

2）节点要占用时间也可能消耗其他资源。

3）一个节点可以同多条箭杆相连接。

4）节点中就表明工作的名称、工作的代号及时间。

单代号网络图的工作表示方法，如图10-43所示。

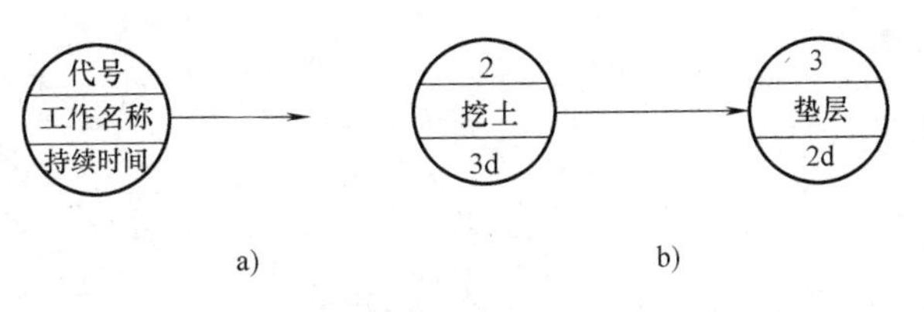

图10-43　单代号网络图的工作表示方法

2. 箭线

单代号网络图中工作之间的逻辑关系用箭线表示，箭线应画成水平直线、折线或斜线。箭线水平投影的方向应自左向右，表示工作的进行方向。箭杆的特性：

1）箭杆只表示工作之间存在逻辑关系。

2）箭杆不占用时间也不消耗其他资源。

3. 线路

单代号网络图中，各工作依先后顺序用箭线连接起来，形成线路。各条线路应用该线路上的节点编号自小到大依次表达，也可以用各工作名称来反映。

4. 单代号网络图的特点总结

1）单代号网络图用节点及其编号表示工作，以箭线表示工作间的逻辑关系。

2）单代号网络图作图方便，图面简洁，由于没有虚箭线产生逻辑错误的可能性较小。

3）单代号网络图用节点表示工作，没有长度概念，不够形象，不便于绘制时标网络计划，因而影响了它的推广和使用。

4）单代号网络图逻辑关系明确，更适宜应用计算机进行绘制、计算、优化和调整。

10.3.2　绘图规则与实例

由于单代号网络图和双代号网络图所表示的计划内容是一致的，两者的区别仅在与绘图的符号不同。因此，在双代号网络图中所说明的绘图规则，在单代号网络图中原则上都应遵守。例如：

1）正确表达已定的逻辑关系。

2）严禁出现循环回路。

3）箭线不宜交叉。当交叉不可避免时，可采用过桥法。

4）一个起点节点和一个终点节点。当网络图中有多项起点节点或多项终点节点时，应在网络图的起点和终点设置一项虚工作，作为该网络图的起点节点（St）和终点节点（Fin）。

但是，根据工作节点网络图的特点，一般必须而且只需引进一个表示计划开始的虚工作（节点）和表示计划结束的虚工作（节点），网络图中不再出现其他的虚工作。因此，画图时可以在工艺网络图上直接加上组织顺序的约束，就得到生产网络图。

【例10-7】 已知某工程的各项工作及相互逻辑关系（表10-4），试绘制单代号网络图。

表10-4　例10-7中各项工作及其逻辑关系

工作名称	*A*	*B*	*C*	*D*	*E*	*F*	*G*	*H*	*I*	*J*
紧后工作	*B*、*C*、*D*	*E*、*F*	*E*、*F*、*G*	*I*、*G*	*H*	*H*、*I*	*J*			

【解】 根据上述资料，首先设置一个开始节点，然后按工作的紧前关系或紧后关系，从左向右进行绘制。先绘制第一列*A*、*B*、*C*、*D*工作，在绘制第二列*E*、*F*、*G*工作，然后绘制*H*、*I*、*J*工作，最后设置一个终止的虚节点。本例经整理后的单代号网络图，如图10-44所示。

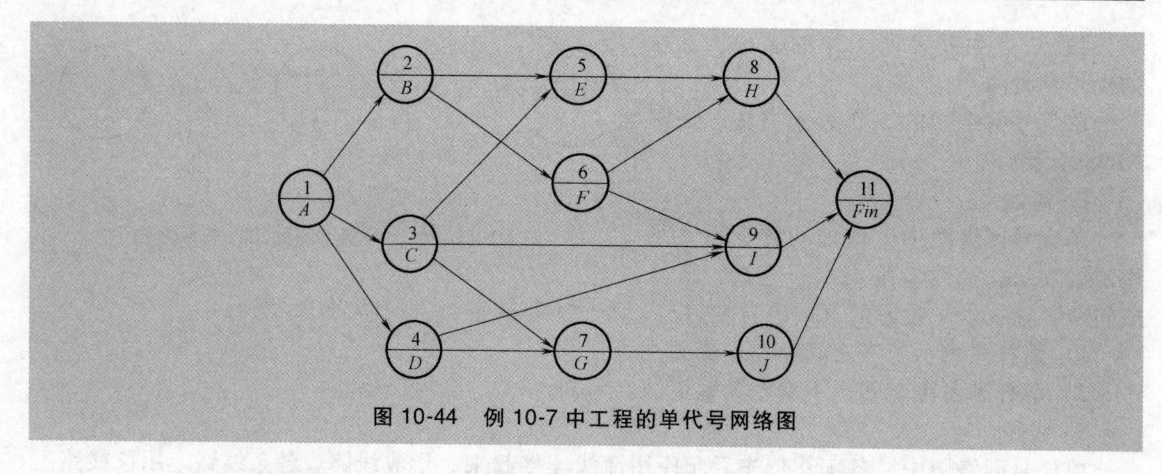

图 10-44 例 10-7 中工程的单代号网络图

10.3.3 时间参数计算

单代号网络图的节点表示工作。因此，只需要直接计算工作的时间参数。时间参数的含义及计算内容与双代号网络图完全相同，但计算步骤略有区别。为了便于比较，我们将图 10-26 所示的双代号网络图改为单代号网络图，并以此为例介绍单代号网络图时间参数的计算方法。时间参数的标注方式如图 10-45 所示。

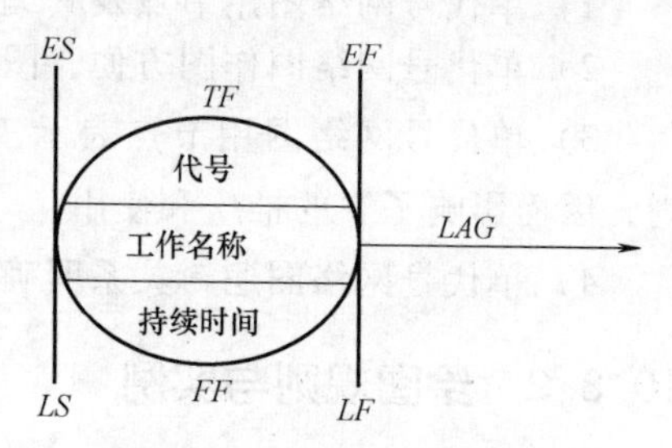

图 10-45 单代号网络图时间参数的标注方式

1. 工作最早开始时间 ES_i 和最早结束时间 EF_i

首先假定整个网络计划的开始时间为零，然后从左向右递推计算。任意一项工作的最早开始时间，取决于该工作前面所有工作的完成。最早结束时间等于它最早开始时间加上持续时间。对于起点工作，其最早开始时间为零。对于其任何工作，最早开始时间 ES_i 和最早结束时间 EF_i 的表达式为

$$ES_i=0(i=1)$$

$$ES_i=\max\{ES_h+D_h\}$$

$$EF_i=ES_i+D_i$$

式中 ES_h——工作 i 的紧前工作 h 的最早开始时间；

D_h——工作 i 的紧前工作 h 的持续时间。

图 10-26 所示双代号网络图改为单代号网络图时节点的最早开始时间与最早完成时间的计算如图 10-46 所示。

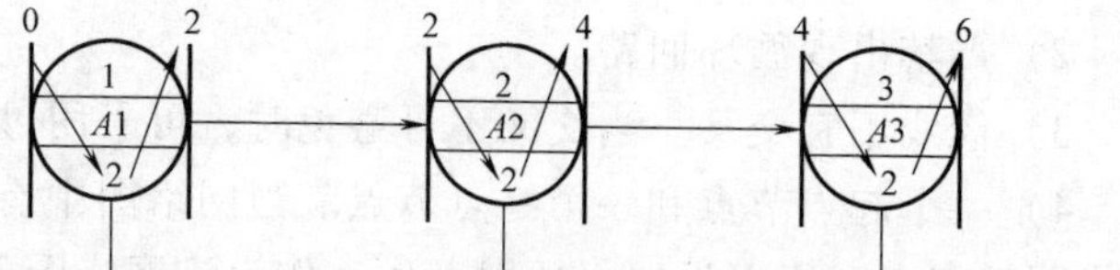

图 10-46 最早开始时间与最早完成时间的计算

2. 相邻两工作之间的时间 $LAG_{i\text{-}j}$

某项工作 i 的最早结束时间与其紧后工作 j 的最早开始时间的差，称为工作 i-j 之间的时间间隔，应当符合下列规定。

当终点节点虚拟工作时：

$$LAG_{i\text{-}n}=T_p-EF_i$$

式中　T_p——网络计划的工期。

$$LAG_{i\text{-}j}=ES_j-EF_i$$

图 10-26 所示双代号网络图改为单代号网络图的相邻两项工作时间间隔的计算如图 10-47 所示。

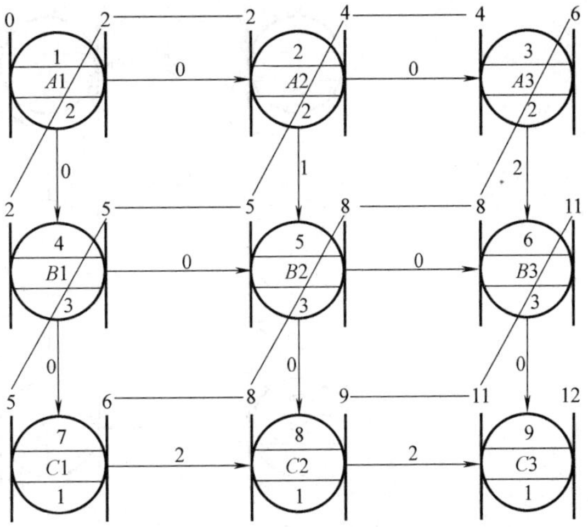

图 10-47　相邻两项工作时间间隔的计算

3. 工作总时差 TF_i

由于总时差是表达在不影响计划总工期，或不影响紧后工作最迟必须开始的条件下，工作所具有的机动时间。因此，任意一项工作 i 的总时差可以用该工作与紧后工作 j 的时间间隔 $LAG_{i\text{-}j}$ 与紧后工作的总时差 TF_i 之和来表示，当紧后工作有多项时应取其中最小值。

1）终点节点所代表工作的总时差为

$$TF_n=0$$

2）分期完成的工作的总时差值为零。

3）其他工作 i 的总时差为

$$TF_i=LS_i-ES_i$$

$$TF_i=LF_i-EF_i$$

$$TF_i=\min\{TF_j+LAG_{i\text{-}j}\}$$

图 10-26 所示双代号网络图改为单代号网络图的工作总时差计算如图 10-48 所示。

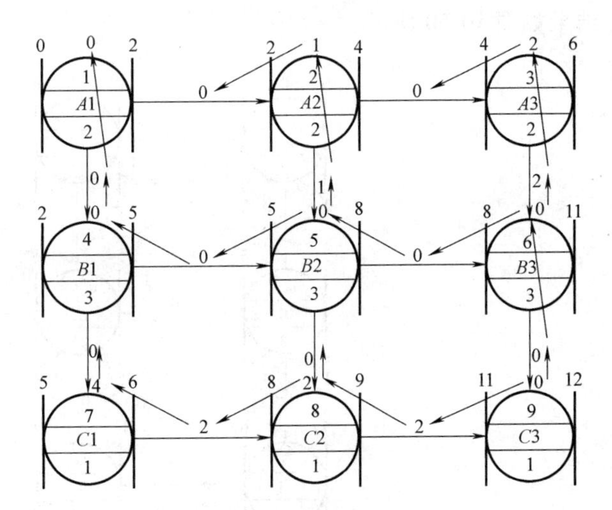

图 10-48　工作总时差的计算

4. 工作自由时差 FF_i

工作自由时差是指在不影响紧后工作最早开始的条件下，工作所具有的机动时间。因此，任意一项工作的自由时差取该工作与紧后诸工作时间间隔的最小值，即

1）终点节点所代表的工作 n 的自由时差 FF_n 应为

$$FF_n=T_p-EF_n$$

2）其他工作 i 的自由时差 FF_i 应为

$$FF_i=\min(LAG_{i\text{-}j})$$

$$FF_i=\min\{ES_j-EF_i\}$$

式中　j——i 工作的紧后工作。

图 10-26 所示的双代号网络图改为单代号网络图的工作自由时差的计算如图 10-49 所示。

5. 工作最迟开始时间 LS_i 和最迟结束时间 LF_i

1）工作最迟开始时间可以根据工作最早时间和总时差来推算，其计算公式为

$$LS_i=LF_i-D_i$$

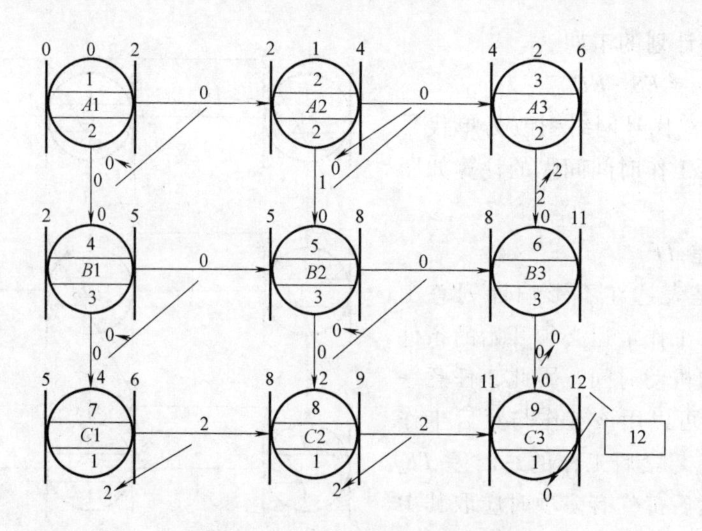

图 10-49 工作自由时差的计算

2）终点节点所代表的工作 n 的最迟完成时间 LF_n 应按网络计划的计划工期 T_p 确定，即

$$LF_n = T_p$$

3）分期完成的各项工作的最迟完成时间应等于分期完成的时刻。

4）其他工作 i 的最迟完成时间 LF_i 应为

$$LF_i = \min\{LS_j\}$$

$$LF_i = EF_i + TF_i$$

图 10-26 所示双代号网络图改为单代号网络图的工作最迟开始时间和最迟结束时间的计算结果如图 10-50 所示。

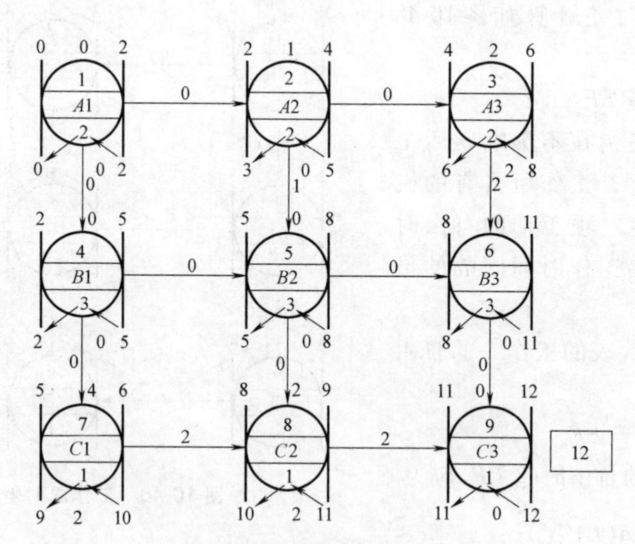

图 10-50 工作最迟开始时间和最迟结束时间的计算

6. 关键工作和关键线路

总时差最小的工作为关键工作；关键工作组成关键线路，关键线路上所有工作的时间间隔均为零。关键线路一般用粗线或双线标注。单代号网络计划的关键工作和关键线路的确定与双代号网络计划相同。

图 10-26 所示双代号网络图改单代号网络图的关键工作和关键线路如图 10-51 所示。

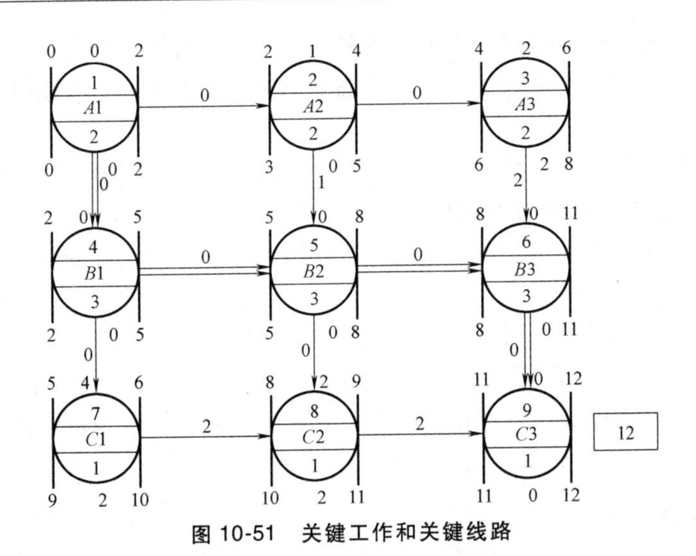

图10-51 关键工作和关键线路

10.4 单代号搭接网络计划

在普通的双代号和单代号网络计划中，即只有当其紧前工作全部完成之后，本工作才能开始，紧前工作的完成为本工作的开始创造条件。但是在工程施工实践中，有许多工作的开始并不是以其紧前工作的完成为条件。只要其紧前工作开始一段时间后，即可进行本工作，而不需要等其紧前工作全部完成之后再开始。如果用前述简单的网络图来表达工作之间的搭接关系，将使得网络计划变得更加复杂。

为了简单、直接地表达工作之间的搭接关系，使网络计划的编制得到简化，便出现了搭接网络计划。搭接网络计划一般都采用单代号网络图的表达方式，即以节点表达工作，以节点之间的箭线表示工作之间的逻辑顺序和搭接关系。

10.4.1 基本概念

在普通双代号和单代号网络计划中，各项工作按依次顺序进行，即任何一项工作都必须在它的紧前工作全部结束后才能开始。但在实际工作中，为了缩短工期，许多工作可采用平行搭接的方式进行。

例如，某三跨单层厂房混凝土地面工程由地面回填土、铺设垫层和浇筑混凝土面层三个施工过程组成搭接施工。当分为 A、B、C 三个施工段时，用双代号网络图来描述各施工段之间的工作搭接关系，就必须将模板、钢筋、浇混凝土三个施工过程分解为三部分，然后用虚工作联系起来，如图10-52所示。

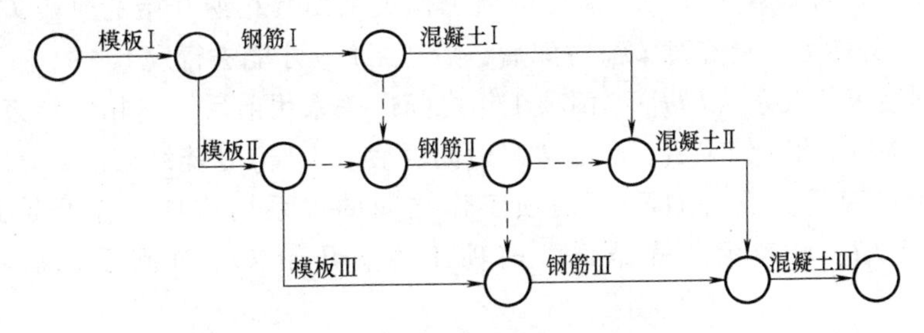

图10-52 混凝土地面工程施工双代号网络图

当施工段中施工过程较多时虚箭线也相应多了，这不仅增加了绘图和计算工作量，还会使画面复杂，不易被人们理解和掌握。近十多年来，国外陆续出现了一些能够反映各种搭接关系的网络计划技术。

搭接网络计划具有如下几个特点：

1）直接反映工作之间各种可能出现的顺序关系。

2）大大简化了网络计划的图形和计算，尤其适合重复性工作和许多工作同时进行的情况。

3）丰富了网络计划的内容，极大地扩展了应用范围。

4）可用多种方法手算，也可以采用计算机计算，方便灵活，适应性强。

因此，搭接网络计划作为一种严格的科学计划方法，借助于计算机手段，得到了广泛应用和推广。

10.4.2 表达方式

搭接网络类型繁多，但从其基本实质和特征来看，主要有搭接关系、时距设定等方面不同。目前常用的搭接网络计划用单代号网络图的形式表达，称为单代号搭接网络计划，它具有直观、简洁的特点。

1. 单代号搭接网络计划绘图要点和逻辑规则

1）一个节点代表一项工作，箭线表示工作先后顺序和相互搭接关系。节点形式同单代号网络图，基本内容包括工作代号、工作名称、持续时间以及6个时间参数，如图10-53所示。

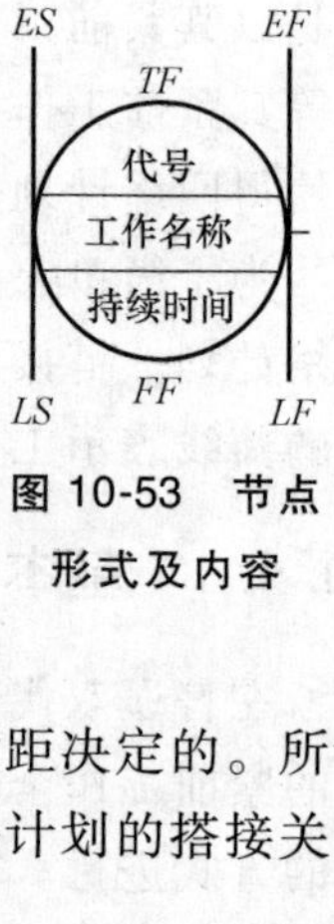

ES EF TF 代号 工作名称 持续时间 FF LS LF

图10-53 节点形式及内容

2）一般情况下要设开始点和结束点。开始点的作用是使最先可同时开始的若干工作有一个共同的起点；结束点的作用是使最后同时结束的若干工作有一个共同的终点。

3）根据工作顺序依次建立搭接关系。

4）每项工作的开始都必须和开始点建立直接或间接的联系；每项工作的搭接结束都必须和结束点建立直接或间接的联系。

2. 搭接关系分类

在搭接网络计划中，工作之间的搭接关系是由相邻两项工作之间的不同时距决定的。所谓时距，就是在搭接网络计划中相邻两项工作之间的时间差值。单代号搭接网络计划的搭接关系有五种：

（1）结束到开始的关系（*FTS*） 两项工作之间的关系通过前项工作结束到后项工作开始之间的时距 LT_1 来表达。当时距为零，表示两项工作之间没有间歇，这就是普通单代号网络图中的逻辑关系。

（2）开始到开始的关系（*STS*） 前后两项工作关系用其相继开始的时距 LT_2 来表示。就是说，前项工作 i 开始后，要经过 LT_2 时间后，后面工作 j 才能进行。

（3）结束到结束的关系（*FTF*） 两项工作之间的关系用前后工作相继结束的时距 LT_3 来表示。就是说，前项工作 i 结束后，经过 LT_3 时间，后项工作 j 才能结束。

（4）开始到结束的关系（*STF*） 两项工作之间的关系用前项工作开始到后项工作的结束之间的时距 LT_4 来表示。就是说，前项工作 i 开始 LT_4 时间后，后项工作 j 才能结束。

（5）混合搭接关系 当两项工作之间同时存在上述四种基本关系中的两种关系时，这种具有双重约束的关系叫作“混合搭接关系”。除了常见的 *STS* 和 *FTF* 外，还有 *STS* 和 *STF* 以及 *FTF* 和 *FTS* 两种混合搭接关系。

10.4.3 时间参数计算

单代号搭接网络图中工作时间参数的计算内容主要包括：①最早开始和结束时间（ES_i 和 EF_i）；②间隔时间（$LAG_{i\text{-}j}$）；③自由时差（FF_i）；④总时差（TF_i）；⑤最迟开始和最迟结束时间（LS_i 和 LF_i）；⑥确定关键线路。

1. 工作最早开始和结束时间

一项工作 j 的最开始时间 ES_j 和最早结束时间 EF_j 取决于其紧前工作 h（一项或多项）的最早开始和结束时间以及它们之间的搭接关系和时距。

注：① 在计算工作最早开始时间时，如果出现某工作最早开始时间为负值（不合理），应将该工作与起点节点用虚箭线相连接，并确定其时距 $STS=0$。

② 在计算最早开始和最早结束时间时，如果出现工作最早完成时间的最大值为中间节点，则应将该节点的最早完成时间作为网络计划的结束时间，并将该节点与结束节点用虚箭线相连接，并确定其时距 $FTF=0$。

2. 总工期的确定

应取各项工作的最早完成时间的最大值作为总工期，形成工期控制通路。

3. 工作最迟时间的计算

以总工期为最后时间限制，自虚拟终点节点开始，逆箭线方向由右向左，参照已知的时距关系，选择相应计算关系计算。

4. 间隔时间 $LAG_{i\text{-}j}$的计算

$LAG_{i\text{-}j}$表示前面工作与后面工作除必要时距 *LT* 之外的时间间隔。

5. 计算工作时差

1）工作总时差。即为最迟开始时间与最早开始时间之差，或最迟结束时间与最早结束时间之差。

2）工作自由时差。如果一项工作只有一项紧后工作，则该工作与紧后工作之间的 $LAG_{i\text{-}j}$ 即为该工作的自由时差；如果一项工作有多项紧后工作，则该工作的自由时差为其紧后工作之间的最小值。

6. 关键线路判别

单代号搭接网络计划的关键线路为自起点节点到终点节点总时差为 0 的节点及其间的 $LAG_{i\text{-}j}$为 0 的通路连接起来形成的线路。

单代号搭接网络计划的计算比较复杂。但是它与普通单代号网络计划相比，节点数量少，构图简单，清晰易懂，这样也就相应减少了一部分计算工作量，对于分段施工的平行工作，则效果尤为显著。

10.5 双代号时标网络计划

双代号时标网络计划，也称时间坐标网络计划，是以时间坐标为尺度表示工作时间及有关参数的一种网络计划。它将网络计划按照工作的逻辑关系，以一定的比例，绘制在一张带有时间坐标的表格之上，既简单易懂，又能反映工作之间的逻辑关系。因此，在我国容易被接受，应用面较广。

时标网络图中的工作全部按最早开始和最早完成时间绘制，称为早时标网络计划；网络图中的工作全部按最迟开始和最迟完成时间绘制，称为迟时标网络计划。时标网络计划中的实箭线表示工作，波形线表示一项工作的最早完成时间与其紧后工作最早开始时间之间的时间间隔。

时标网络计划形同水平进度计划，它是网络图与横道图的结合，它表达清晰醒目，编制亦方便，在编制过程中就能看出前后各工作之间的逻辑关系。这是一种深受计划部门欢迎的计划表达形式，它有以下特点：

1）时标网络计划既是一个网络计划，又是一个水平进度计划，它能标明计划的时间进程，便于网络计划的使用。

2）时标网络计划能在图上显示各项工作的开始与完成时间、时差和关键线路。

3）时标网络计划便于在图上计算劳动力、材料等资源的需用量，并能在图上调整时差，进行网络计划的时间和资源的优化。

4）调整时标网络计划的工作较繁。对一般的网络计划，若改变某一工作的持续时间，只需更动箭线上所标注的时间数字就行，十分简便。但是，时标网络计划是用箭线或线段的长短来表示每一工作的持续时间的，若改变时间就需改变箭线的长度和位置，这样往往会引起整个网络图的变动。

10.5.1 表示方法

时标网络计划的工作以实箭线表示，虚工作以虚箭线表示，波形线表示本工作与其紧后工作之间的自由间隔。当本工作之后紧接有工作时，波形线表示本工作的自由时差；当本工作之后紧接虚工作时，则紧接的虚工作上的波形线中的最短者为工作自由时差。

在图面上，节点无论大小均看成一个点，其中心对准相应的时标位置，它在时间坐标上的水平投影长度应看成为零。

时标的单位应根据需要确定，可以使用小时、天、周、旬、月等，必须在网络图上注明。时标网络计划的坐标体系有：计算坐标体系、工作日坐标体系和日历坐标体系等，如图 10-54 所示。

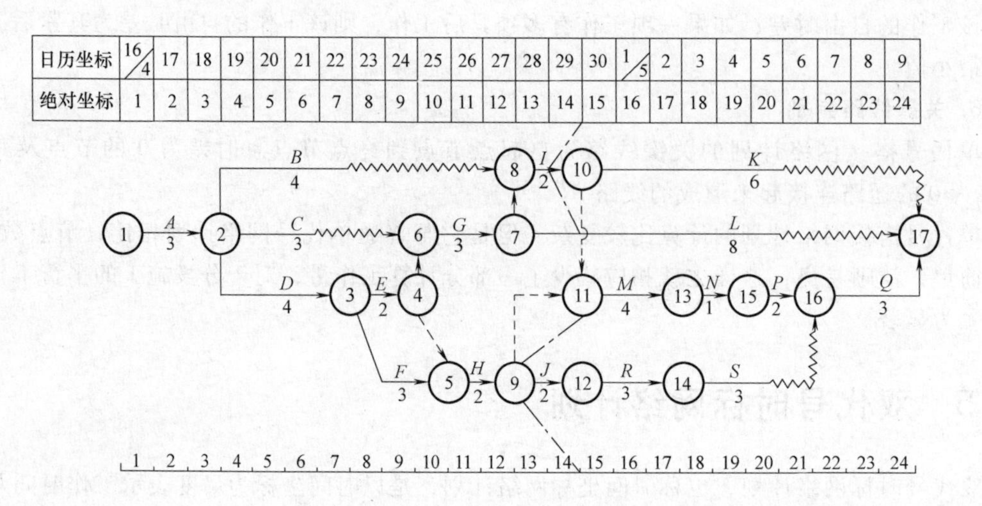

图 10-54 工作日坐标体系和日历坐标体系

1）计算坐标体系，主要用作计算时间参数，时间从零开始采用方便，但不够明确。

2）工作日坐标体系，表明工作在开工后第几天开始、第几天完成。工作日坐标的工作开始时间等于计算坐标的工作开始时间加 1，工作完成时间等于计算坐标的工作完成时间。

3）日历坐标体系，可以表明工程的开工日期和竣工日期，以及工作的开始日期和完工日期。日历坐标体系可扣除节假日休息时间，例如，双休日、五一节等。

在工程施工实践中，集成施工作业使用双代号编制的时标网络居多，其形式直观明了，如图 10-55 所示。

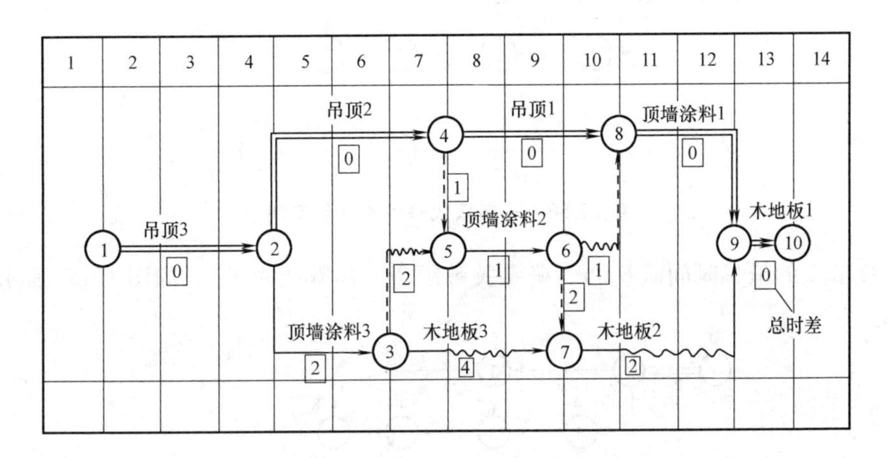

图 10-55　双代号时标网络计划

在图 10-55 中，所有工作均按最早时间表示，并按工作的最早开始时间和最早完成时间来绘制，其时差出现在最早完成时间之后，这种表达方式也称双代号延时网络计划。

10.5.2　绘制步骤

1. 绘制要求

1）宜按各项工作的最早开始时间绘制。

2）先绘制时间坐标表（顶部或底部有时标，或顶底和底部均有时标，可在顶部时间坐标之上或底部时间坐标之下加注日历；时间刻度线用细线，也可不画或少画）。

3）实箭线表示工作，虚箭线表示虚工作，自由时差用波形线。

4）节点中心对准刻度线。

5）虚工作必须用垂直虚线表示，其自由时差用波形线。

2. 绘制方法

在绘制时标网络计划时，一般先绘好一般网络计划，有间接绘图法和直接绘图法两种方法。

（1）直接绘图法　不经计算，直接按预先绘制好的一般网络计划在时标表上绘制时标网络计划，其步骤如下：

1）起点节点位于时标表起始刻度上。

2）绘制起点节点的外向箭线，其长度等于工作的持续时间。

3）工作的箭头节点，必须在其所有内向箭线绘出后，定位在这些内向箭线中的最晚完成的实箭线头处，其他实箭线长度不足部分，用波形线补足。

4）用上述方法自左至右依次确定其他节点的位置，直至终点节点定位。

（2）间接绘图法　即先算后画。根据预先绘制好的一般网络计划，算出各个节点的最早时间，确定关键线路，然后，再在时标表上确定节点位置，用箭线标出工作持续时间，某些工作箭线长度不足以达到该工作的完成时间节点时，用波形线补足。绘图时一般宜先绘制关键线路上的工作，再绘制非关键工作。

现举例说明先计算后绘制方法的步骤如下：

1）绘制一般双代号网络计划示例，如图 10-56 所示。

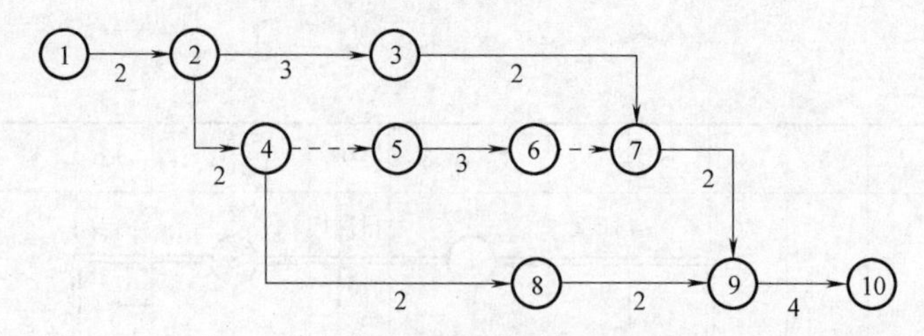

图 10-56　一般双代号网络计划示例

2）计算节点的最早时间（ET_i），确定关键线路（用双线表示），如图 10-57 所示。

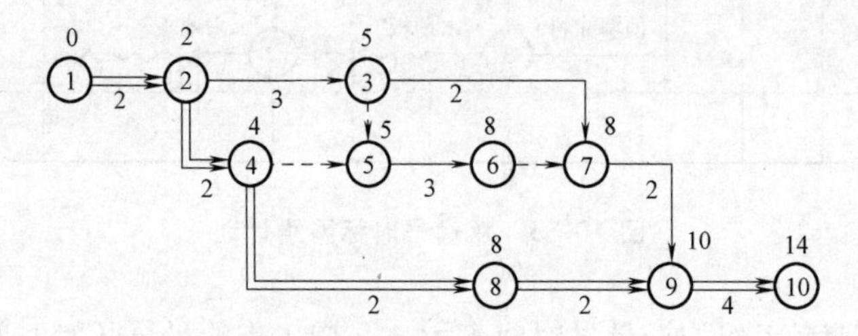

图 10-57　计算节点的最早时间

3）在时标表（图 10-58）上按最早开始时间确定每项工作的起点节点位置（图形尽量与草图一致）。

4）按各工作的时间长度绘制相应工作的实线部分，使其在时间坐标上的水平投影长度等于工作时间。虚工作因为不占时间，故只能用垂直虚线表示，其水平段用波形线表示。

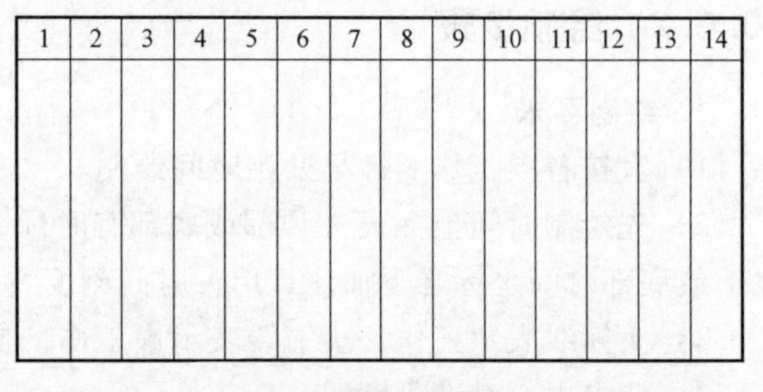

图 10-58　时标表

先将节点的最早时间标注在表上（图 10-59），在将工作的时间标注在表上（图 10-60）：

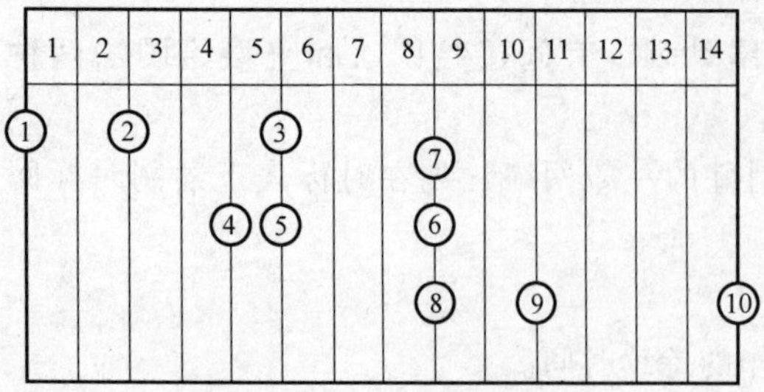

图 10-59　标注节点最早时间

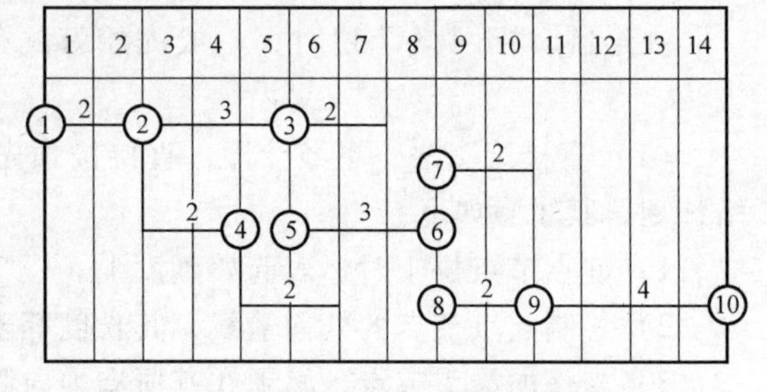

图 10-60　标注工作的时间

5）用波形线把实线部分与其紧后工作的起点节点连接起来，以表示自由时差。

根据关系，补全图完成后的双代号时标网络计划，如图 10-61 所示。

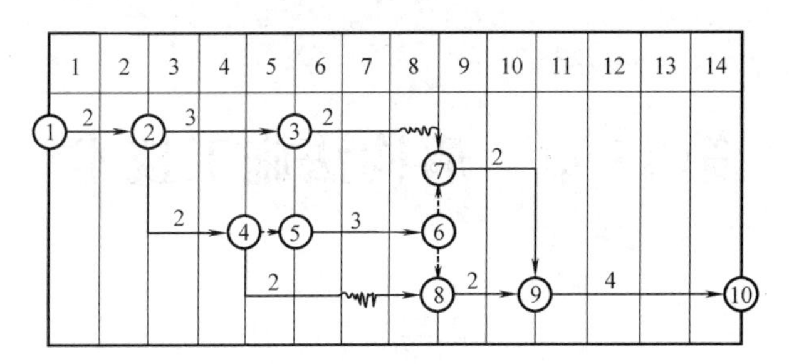

图 10-61　双代号时标网络计划

10.5.3　参数确定

时标网络计划的关键线路，可以自终点节点逆箭方向朝起点逐步进行判定，自始至终都不出现波形线的线路即为关键线路，也可以根据总时差来判断。关键线路可用双线或粗线表示。

网络计划的计算工期，应是其终点节点与起点节点所在位置的时标值之差。

在图 10-61 中，其他时间参数确定如下：

1. 工作最早时间

每条箭线左端节点中心所对应的时标值代表工作的最早开始时间，箭线实线部分右端所对应的时标代表工作的最早完成时间，如 $ES_{7\text{-}9}=8$，$EF_{7\text{-}9}=9$ 等。

2. 工作自由时差

箭线最右边的波形线长度为该工作的自由时差；若工作的紧后工作全部用虚工作与其相连接时，则该工作的自由时差为各项虚工作长度的最小值，如 $FF_{3\text{-}7}=1$ 等。

3. 工作总时差

工作总时差，可直接在图上根据其定义来判断；也可自右向左经过简单计算确定。用计算法时总时差须在其诸紧后工作的自由时差都被确定后才能求出，其值等于紧后工作的总时差和紧后工作和本工作之间的时间间隔（波形线）的最小值，即

$$TF_{i\text{-}j}=\min(TF_{j\text{-}k}+LAG_{i\text{-}j,\ j\text{-}k})$$

式中　$TF_{i\text{-}j}$，$TF_{j\text{-}k}$——本工作 $i\text{-}j$ 和紧后工作 $j\text{-}k$ 的总时差；

$LAG_{i\text{-}j,j\text{-}k}$——工作 $i\text{-}j$ 与其紧后工作 $j\text{-}k$ 的时间间隔。

例如，在图 10-61 中，工作 2-3 的紧后工作 3-7 的总时差为 1，工作 2-3 与紧后工作 3-7 之间的时间间隔为零，则工作 2-3 的总时差为 $TF_{2\text{-}3}=\min(1+0,\ 0+1)=1$。

4. 工作最迟时间

工作的最迟开始时间和最迟完成时间，分别等于工作最早开始时间或工作最早完成时间加上该工作的总时差，即

$$LS_{i\text{-}j}=TF_{i\text{-}j}+ES_{i\text{-}j}$$

$$LF_{i\text{-}j}=TF_{i\text{-}j}+EF_{i\text{-}j}$$

第 11 章　盾构法施工技术

11.1　盾构法隧道的发展历史

18 世纪末英国人提出在伦敦地下修建横贯通泰晤士河隧道的设想，并于 1798 年开始着手工作希望实现这个构想，但由于竖井挖不到预定深度，计划受挫。4 年后 Torevix 决定在另一个地方建造连接两岸的隧道，随后工程再次开工，当掘进到最后 30m 时，开挖面急剧浸水，工程再次受阻。工程从开工到被迫终止用了 5 年时间，此后修建横贯泰晤士河隧道的计划在以后 10 年内没有任何进展。

1818 年，Brunel 观察小虫腐蚀木船底板成洞的经过，从而得到启发，在此基础上提出了盾构工法，并得到专利。这就是所谓开放型手掘式盾构的原型，Brunel 对自己的新工法非常自信，于 1823 年拟定了修建另一条泰晤士河隧道的计划，随后这个计划得到英国国会批准，于 1825 年动工，初期，工程进展顺利，但后来由于地层下沉，工程被迫中止。但 Brunel 并没有灰心，总结了失败的教训后，对盾构做了 7 年改进后，于 1834 年再次开工，又经过 7 年施工，终于在 1841 年贯通隧道。

自 Brunel 向泰晤士河隧道发起挑战到胜利，前后经历了 20 年，此时，他已是 72 岁的老人。Brunel 对盾构工法的贡献极为卓著，这是后人的一致评价。

自 Brunel 的方形盾构后，盾构技术经过 23 年的改进。1869 年修建横贯通泰晤士河的第二条隧道，这个项目由 Great 负责。从起初 Torevix 的反复失败，到 Brunel 的盾构工法，进而改进为 Great 的盾构工法，前后经历了 80 年的漫长岁月。

19 世纪到 20 世纪中叶，盾构工法相继传入美国、法国、德国、日本、苏联等国，并得到不同程度的发展。在这一段时期，盾构工法虽然有一定进步，但这一时期仍主要是盾构工法在世界各国的推广与普及。

20 世纪 60 至 80 年代盾构工法继续发展完善，成绩显著。这一时期出现了多种盾构工法，以泥水式、土压式盾构工法为主。

1990 年至 2003 年，这一段时间盾构工法的技术进步极为显著。归纳起来有以下几个特点：

1）盾构隧道长距离化、大直径化。这一时期英法两国修建了长达 48km 的英吉利海峡隧道，隧道断面直径达 8.8m，采用的是土压盾构工法。

2）盾构多样化。出现了矩形、椭圆形、多圆搭接形等多种异圆断面盾构。

3）施工自动化。盾构掘进中和方向、姿态自动控制系统，施工信息化、自动化的管理系统及施工故障自诊断系统。

当前是泥水盾构、土压盾构技术的普及与推广时期，但有些技术细节还有待完善及改进。

多种特种盾构的相继问世，大大地扩展了盾构工法的应用范围，使用盾构工法的前景更加宽广。但由于这些特种工法问世时间不长，施工实例还不够多，有些细节仍有待改进。

近年来交通工程、下水道工程、共同沟工程存在大直径盾构隧道的构建需求，所以大直径、长距离、高速施工等施工措施、施工设备的研发与成功应用也较为迫切。

11.2　盾构法隧道的基本原理及特点

盾构法是一项综合性的地下工程施工技术，它利用一个特殊的钢结构组件系统，在沿隧道轴线推进的过程中完成对土壤的掘进、支护全过程。这个钢结构组件就是盾构机，工程中常简称盾构。

11.2.1　盾构的组成部分

盾构由通用机构与专用机构组成。通用机构一般由外壳、掘土机构、推进机构、挡土机构、管片组装机构、附属机构等组成。专用机构因机种而异，如对于土压盾构而言，专用机构即为排土机构、搅拌机构、添加材注入装置；而对于泥水盾构而言，专用机构系指送排泥机构、搅拌机构。

外壳：设置盾构外壳的目的是保护掘削、排土、推进、做衬等所有作业设备、装置的安全，故整个外壳用钢板制作，并用环形梁加固支承。一台盾构机的外壳沿纵向从前到后分为前、中、后三段，通常又将这三段称为切口、支承、盾尾三部分。

切口：该部位装有掘削机械和挡土设备，故又称掘削挡土部。

支承：支承部即盾构的中央部位，是盾构的主体构造部分。因为要支承盾构的全部荷载，所以该部位的前沿和后方均设有环状梁和支柱，由梁和柱支承其全部荷载。

盾尾：盾尾部即盾构的后部。盾尾部为管片拼装空间，该空间内装有拼装管片的举重臂。为了防止周围地层的土、地下水及背后注入的填充浆液窜入该部位，特设置尾封装置。

尾封：盾尾密封是为了防止周围地层的土砂、地下水、背后注入浆液、开挖面上的泥水、泥土从盾尾间隙流向盾构而设置的封装措施。尾封通常使用钢丝刷、脲烷橡胶或者两者的组合。尾封如图 11-1 所示。另外，最近作为防止高压地下水的措施，有人在钢丝刷之间的空隙处加压注入密封材和润滑剂等填充材料及采用 4 层钢丝刷密封，从而把耐地下水压的能力提高到 1.1MPa。

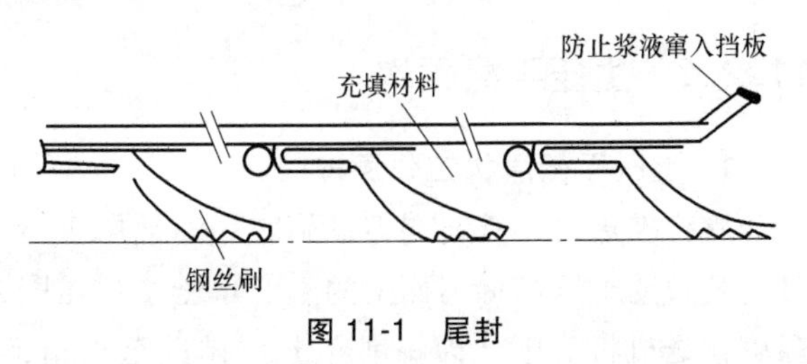

图 11-1　尾封

中折装置：在小曲率半径曲线段施工时，可以把盾构机做成可以折成 2 节、3 节的中折形式。中折装置的设置不仅可以减少曲线部位的超挖量，而且由于弯曲容易，使盾构千斤顶的负担得以减轻，推进时作用在管片上的偏压减小，故使施工性得以提高。

推进机构：盾构机的推进是靠设置在支承环内侧的盾构千斤顶的推力作用在管片上，进而通过管片产生的反推动力使盾构前进的。

挡土机构：挡土机构是为了防止掘削时，掘削面地层坍塌和变形，确保掘削面稳定而设置的机构。该机构因盾构种类的不同而不同。对泥水盾构而言，挡土机构是泥水舱内的加压泥水和刀盘面板；对土压盾构而言，挡土机构是土舱内的掘削加压土和刀盘面板。

掘削机构：对机械式盾构、封闭式（土压式、泥水式）盾构而言，掘削机构即掘削刀盘。

刀盘的构成及功能：掘削刀盘即作转动或摇动的盘状掘削器，由掘削地层的刀具、稳定掘削面的面板、出土槽口、转动或摇动的驱动机构、轴承机构等构成。刀盘设置在盾构机的最前方，其功能是既能掘削地层土体，又能对掘削面起一定支承作用从而保证掘削面的稳定。

排土机构：就土压盾构而言，排土机构由螺旋输送机、排土控制器及盾构机以外的泥土运出设备构成。螺旋输送机的功能是把土舱内的掘削土运出，经排土控制器送给盾构机外的泥土运出设备（至地表）。

盾构机的主要部件有刀盘、切口环、支撑环、盾尾、拼装机、螺旋机，如图 11-2 所示。

图 11-2 盾构机的主要部件

11.2.2 土压平衡盾构

1. 土压平衡盾构工作原理

盾构推进时，其前端刀盘旋转掘削地层土体，切削下来的土体进入土舱。当土体充满土舱时，其被动土压与掘削面上的土、水压基本相同，故掘削面实现平衡（即稳定）。这类盾构靠螺旋输送机将渣土（即掘削弃土）排送至土箱，运至地表，由装在螺旋输送机排土口处的滑动闸门或旋转漏斗控制出土量，确保掘削面稳定。

2. 土压平衡盾构掘进机与工法（图 11-3）

泥土在盾构压力舱中的增减受到有效控制，推进压力与土层压力和地下水压力相抗衡，使

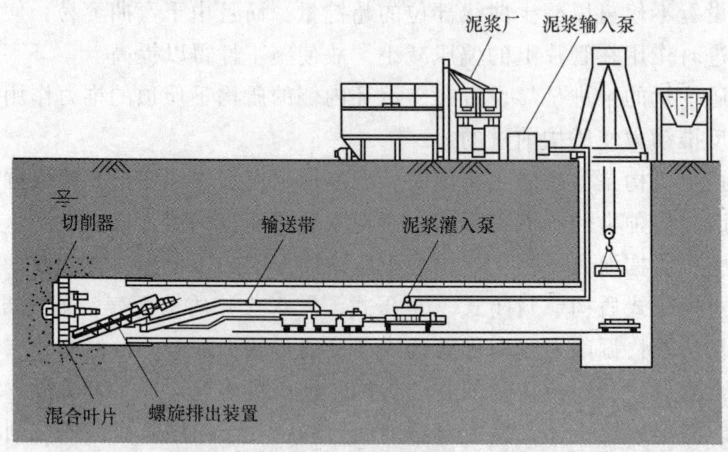

图 11-3 土压平衡盾构掘进机与工法

得掘进工作面保持稳定（图 11-4）。

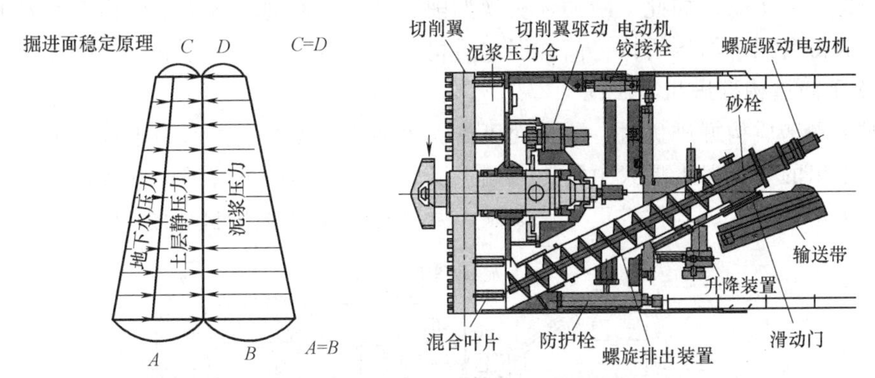

图 11-4　土压平衡盾构工法示意图

几种不同直径的土压平衡盾构掘进机如图 11-5 所示。

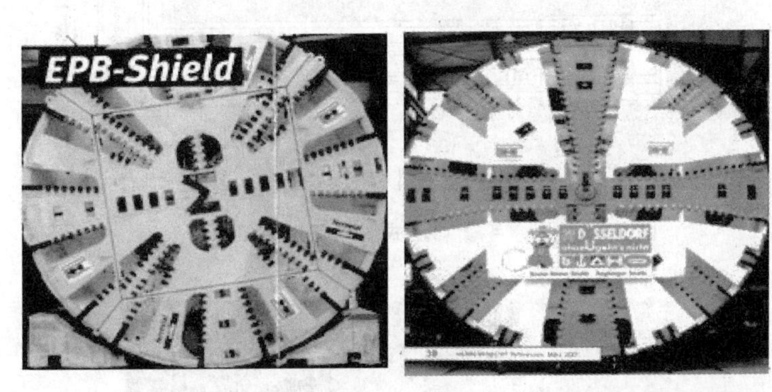

直径6.34m土压平衡盾构掘进机(用于地铁隧道)　直径9.43m混合式土压平衡盾构掘进机

直径7.15m土压平衡盾构掘进机　直径4.18m土压平衡盾构掘进机

图 11-5　土压平衡盾构掘进机

11.2.3　泥水平衡盾构

1. 泥水平衡盾构工作原理

泥水盾构系靠盾构机的推进力使泥水（水、黏土及添加剂的混合物）充满封闭式盾构的密封舱（也称泥水舱），并对掘削面上的土体施加一定的压力，该压力称为泥水压力。通常取泥水压力大于地层的地下水压力与土压力之和，所以尽管盾构刀盘掘削地层，但地层不会坍落，即处于稳态。

刀盘掘削下来的土砂进入泥水舱，经设置在舱内的搅拌装置拌和后成为含掘削土砂的高浓度泥水，再经泥浆泵将其泵送到地表的泥水分离系统，待土、水分离后，再把滤除掘削土砂的泥水重新压送回泥水舱，如此不断循环实现掘削、排土、推进。该类型盾构因靠泥水压力使掘削面稳定，故得名泥水加压盾构，简称泥水盾构。

2. 泥水平衡盾构掘进机与工法

使用泥水平衡盾构掘进机时，隧道面可被泥水加压所支撑，故适用于各种困难地层和控制地表沉降。挖出的土以泥水形式由管道运输，而砾石可压碎后被管道运输或在管道输送中途被移走。泥水平衡加压式盾构掘进机工法如图 11-6 所示，盾构掘进机如图 11-7 所示。

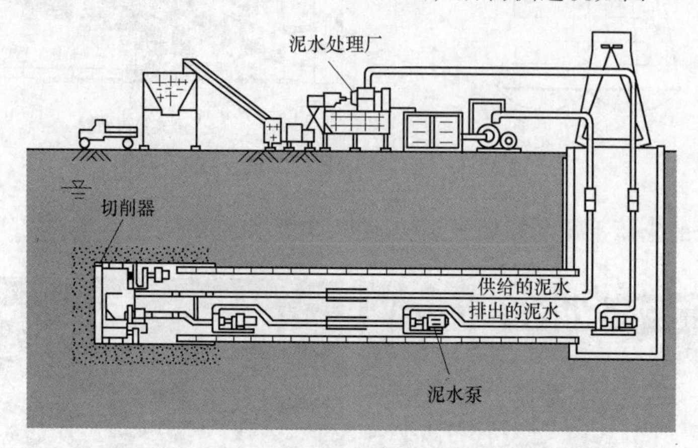

图 11-6 泥水平衡加压式盾构掘进机工法示意图

图 11-7 泥水平衡加压式盾构掘进机

11.3 盾构机的分类及选型

11.3.1 盾构机的分类

盾构机按开挖面与作业室之间隔板构造可分为全敞开式、半敞开式及闭胸式三种（图 11-8）。

1. 盾构机类型与渗透性的关系（图 11-9）

地层渗透系数对于盾构机的选型是一个很重要的影响因素。根据欧美和日本的施工经验，当地层的透水系数小于 10^{-7}m/s 时，可以选用土压平衡盾构；当地层的渗水系数在 10^{-7}m/s 和

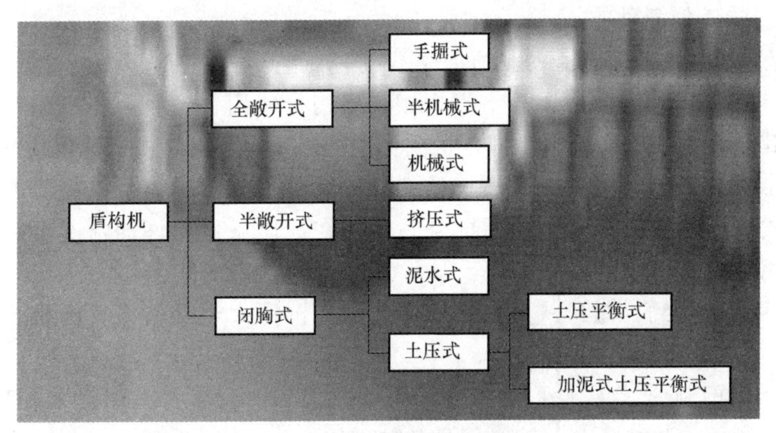

图 11-8　盾构机分类

10^{-4}m/s 之间时，既可以选用土压平衡盾构也可以选用泥水式盾构；当地层的透水系数大于 10^{-4} m/s 时，宜选用泥水盾构。

一般来说，细颗粒含量多，渣土易形成不透水的塑流体，容易充满土舱，在土舱中可以建立压力，平衡开挖面的土体。粗颗粒含量高的渣土流塑性差，实现土压平衡困难。

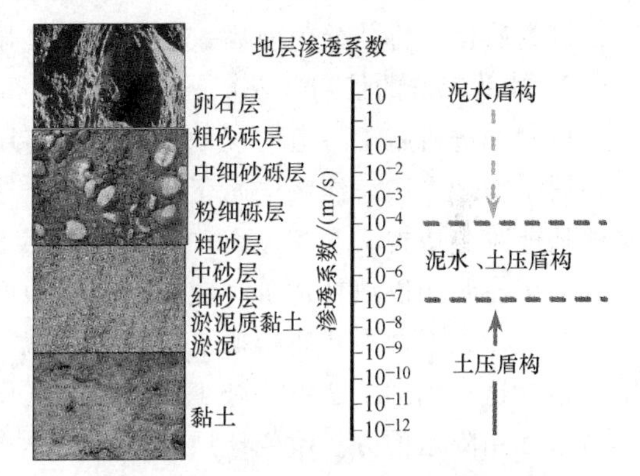

图 11-9　盾构机类型与颗粒级配的关系

2. 盾构机类型与水压的关系

当水压大于 0.3MPa 时，适宜采用泥水盾构。如采用土压平衡盾构，螺旋输送机难以形成有效的土塞效应，在螺旋输送机排土闸门处易发生渣土喷涌现象，引起土舱中土压力下降，导致开挖面坍塌。

当水压大于 0.3MPa 时，如因地质原因需采用土压平衡盾构，则需增大螺旋输送机的长度，或采用二级螺旋输送机。

11.3.2　我国典型地区盾构选型

我国盾构应用较多或较早的地区是上海、广州及北京地区，可以说这三个地区分别代表了我国三大区域的土层特征。上海是软土区域，广州是软弱不均区域，北京是砂卵石区域。

1. 根据地质条件选择盾构机类型

砂质土类自立性能较差的地层，应尽量使用密闭型的盾构施工。若为地下水较丰富且透水性较好的砂质土，则应优先考虑使用泥水平衡盾构。对黏性土，则可首先考虑土压平衡盾构。砂砾和软岩等强度较高的地层自立性能较好，应考虑半机械式或敞口机械式盾构施工。因在相同条件下，盾构复杂，操作困难，造价高；反之，盾构简单，制造使用方便，造价低。

针对地下水条件，若其压力值较高（大于 0.1MPa），就应优先考虑使用密封型的盾构，以保证工程的安全，条件许可也可采用降水或气压等辅助方法。

对于砾径较小的地层，可以考虑各种盾构的使用。若砾径较大，除自立性能较好的地层可考虑采用手掘式或半机械式盾构外，一般应使用土压平衡盾构，若需采用泥水平衡盾构的话，必须增加一个鳄式碎石机，在输出泥浆前，先将大石块粉碎。

2. 盾构选型的其他条件

除了地质条件以外的盾构选型的制约条件还很多，如工期、造价、环境因素、基地条件等。

（1）工期制约条件　因为手掘式与半机械式盾构机使用人工较多，机械化程度低，所以施工进度慢。其余各类型盾构机因为都是机械化掘进和运输，平均掘进速度比前者快。

（2）造价制约因素　一般敞口式盾构机的造价比密闭式盾构机低，主要原因是敞口式盾构机不像密闭式盾构机那样有复杂的后配套系统，在地质条件允许的情况下，从降低造价考虑，宜优先选用敞口式盾构机。

（3）环境因素的制约　敞口式盾构机引起的地表沉降大于网格式盾构机，更大于密闭式的盾构掘进机。

（4）基地条件的制约　泥水平衡式的盾构掘进机必须配套大型的泥浆处理和循环系统，若需使用泥水平衡盾构开挖隧道，就必须具备较大的地面空间。

（5）设计线路、平面竖向曲线形状的制约　若隧道转弯曲率半径太小，就需考虑使用中间铰接的盾构。将其分为前后铰接的两段，显然增加了施工中转弯的灵活性。

3. 辅助工法的使用

盾构掘进机施工隧道的辅助工法一般有压气工法、降水工法、冻结法、注浆加固法等。前三种属于物理方法，注浆法属于化学方法。这些方法也主要是用于保证隧道开挖面的稳定，注浆法还能减少盾构机开挖过程中引起的地表沉降。一般密闭式盾构掘进机使用最多的是注浆法。盾尾注浆用以填补建筑间隙，以减少地面沉降。在地层自立性能差的情况下，若采用手掘式、半机械式或网格式盾构掘进机施工，就需采用压气法辅助施工，以高气压保证开挖面的稳定，但在这一辅助工法下，施工人员易患气压职业病。当盾构机在砂质土或砂砾层中施工时，可考虑使用降水的方法改变地层的物理力学指标，增加其自立性能，确保开挖面的稳定。冻结法的施工成本较高，一般情况下不采用，但在长隧道的盾构对接中使用。

4. 盾构工法的选定程序流程（图 11-10）

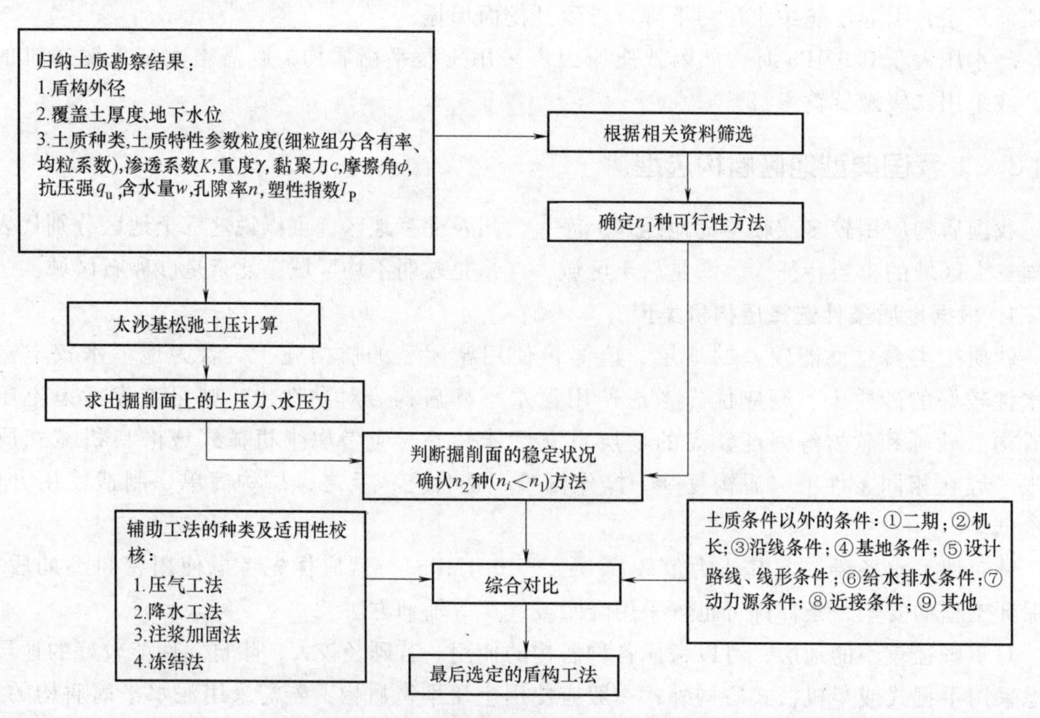

图 11-10　盾构工法的选定程序流程图

11.4　盾构施工关键技术

11.4.1　盾构的始发

1. 始发阶段特殊情况

盾构隧道始发技术是盾构法施工技术的关键，也是盾构施工成败的一个标志，必须要全力做好。始发阶段存在以下几种特殊情况：

1）始发推进前需凿除车站的围护结构（主要是处理钢筋混凝土结构），凿除围护结构后的土体在一定的时间段内必须保持自稳，不能有水土流失。

2）始发阶段盾构机主体在始发导轨上不能进行调向。

3）始发阶段的姿态及地面沉降控制比正常推进阶段更困难。

4）始发期间一些设备如管片小车、管片吊机，包括出渣都不能正常使用。有时也会存在盾构机因为车站结构的原因而不能整机始发。

综上所述，盾构在初始阶段的施工难度很大。因此，应确保盾构连续正常地从非(泥水)土压平衡工况过渡到（泥水）土压平衡工况，以达到控制地面沉降，保证工程质量等目的。

2. 始发技术

1）洞口端头处理（软土无自稳能力的地层中）。

2）洞门混凝土凿除（主要针对钢筋混凝土围护结构）。

3）盾构始发基座的设计加工、定位安装。

4）始发用反力架的设计加工、就位。

5）支撑系统、洞门环的安设。

6）盾构组装、盾构始发方案。

3. 始发洞口的地层处理

在盾构始发之前，一般要根据洞口地层的稳定情况评价地层，并采取有针对性的处理措施。地层处理一般采取如“固结灌浆”“冷冻法”措施进行地层加固处理（图 11-11)。选择加固措施的基本条件为加固后的地层要具备最少一周的侧向自稳能力，且不能有地下水的损失。常用的具体处理方法有搅拌桩、旋喷桩、注浆法，SMW 工法、冷冻法等。选择哪一种方法要根据地层具体情况而定，并且严格控制整个过程。

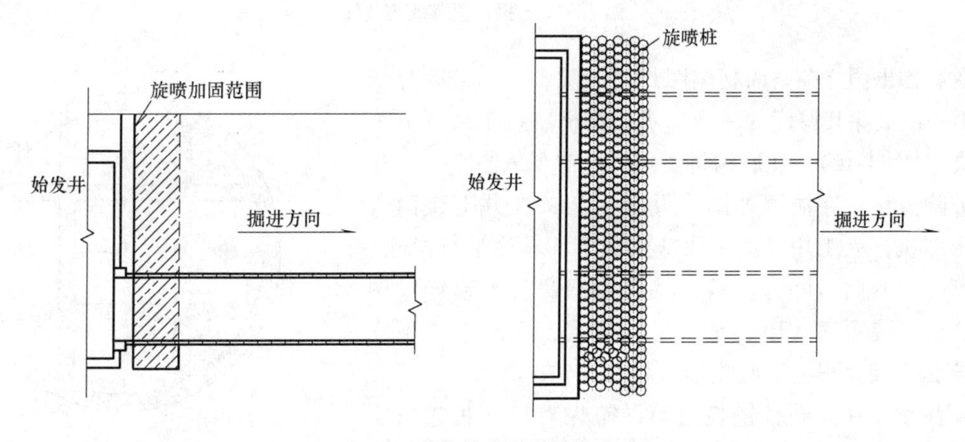

图 11-11　盾构始发前的洞门加固

4. 反力架、负环管片位置的确定依据

反力架的位置确定主要依据洞口第一环管片的起始位置、盾构的长度以及盾构刀盘在始发前所能到达的最远位置确定（图 11-12、图 11-13）。

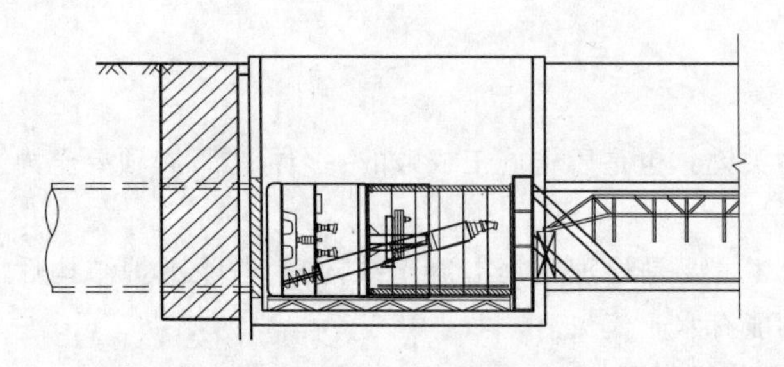

图 11-12 安装反力架及负环管片示意图

图 11-13 反力架及负环管片示意图

5. 始发洞口维护结构的切除

根据经验，一般在始发前至少一个月开始洞口维护结构的切除。整个施工一般分两次进行，第一次先将围护结构主体凿除，只保留维护结构的钢筋保护层，在盾构始发前将保护层混凝土凿除。

在凿除完最后一层混凝土之后，要及时检查始发洞口的净空尺寸，确保没有钢筋、混凝土侵入设计轮廓范围之内。

在盾构出洞之前要在洞圈内开探测孔（图 11-14、图 11-15），观测槽壁后的土体是否稳定，有无泥水漏出。

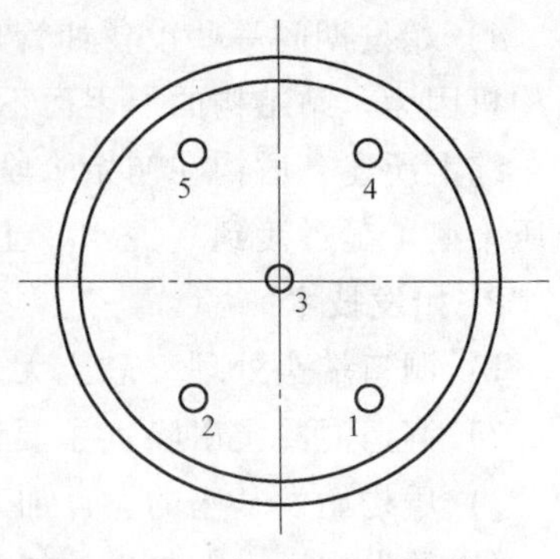

图 11-14 探测孔位置示意图

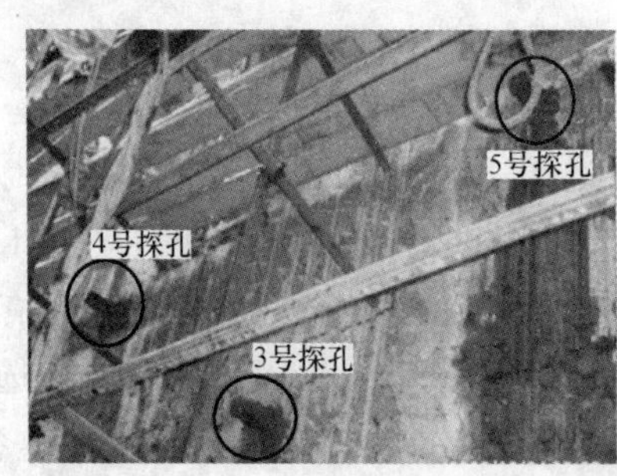

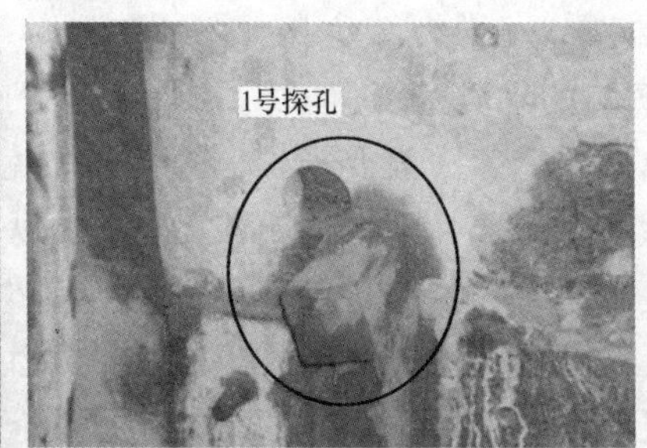

图 11-15 探测孔实际位置图

在盾构出洞之前，需把洞圈封门破除。封门破除分两次，第一次破除其厚度的一半。然后将槽壁剩下的部分分成九块（图 11-16），在盾构将要出洞之前予以割除。

破除方法：在洞圈外围搭设脚手架，在井上接两台空气压缩机，人工用风镐采取从上到下的顺序进行凿除。

第一次封门凿除完毕后，将安装洞圈防水装置（图 11-17）。安装顺序：用起重机吊着袜套，先从上向下安装。袜套安装完毕后，再安装铰链板。

须注意：在安装铰链板之前，需先对铰链板进行实地放样，实地摆放，编号。

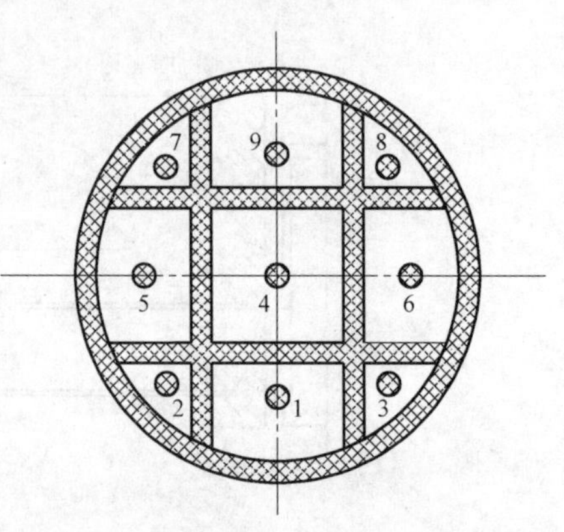

图 11-16 洞圈封门分块图

图 11-17　安装洞圈防水装置图

铰链板安装从上至下。当安装到最后一块时，如果铰链板长出，需将长出部分割除。

在负环拼装之前需事前将盾尾油脂填满盾尾钢丝束内（图 11-18）。

此时负环拼装完毕后，前期盾构出洞准备工作就绪，等待盾构正式出洞（图 11-19）。

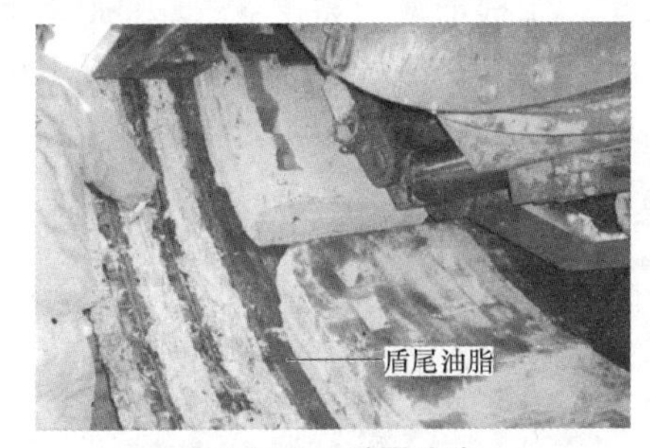

图 11-18　盾尾油脂

图 11-19　前期负环管片拼装完毕

在盾构出洞之前，在洞圈内左、右两边各焊接一段导向轨。此导向轨是基座轨道的延长线，但比基座轨道低 2cm，以免盾构出洞刀盘旋转碰到此导向轨。此导向轨的作用是为了防止盾构进入洞圈后，盾构磕头，盾尾下沉。

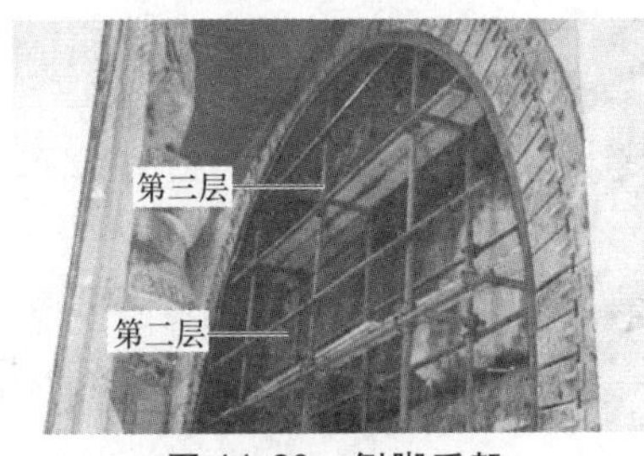

图 11-20　倒脚手架

盾构出洞时要先将洞门钢筋割除，分九大块，从下向上进行。为保护电焊工的人身安全，防止割除下来的混凝土块砸伤人，在割除之前先在洞圈上焊接安装倒脚手架（图 11-20）。

准备工作就绪，开始割除洞门钢筋。采用从下到上的方式分九块上、中、下三部分割除。另外，要在割除块处事先挂上钢丝绳。下方钢筋割除完后，为保证人员安全，电焊工需爬到事先搭设好的脚手架上再割除上方钢筋，以免混凝土块掉落砸伤人（图 11-21 ~ 图 11-23）。

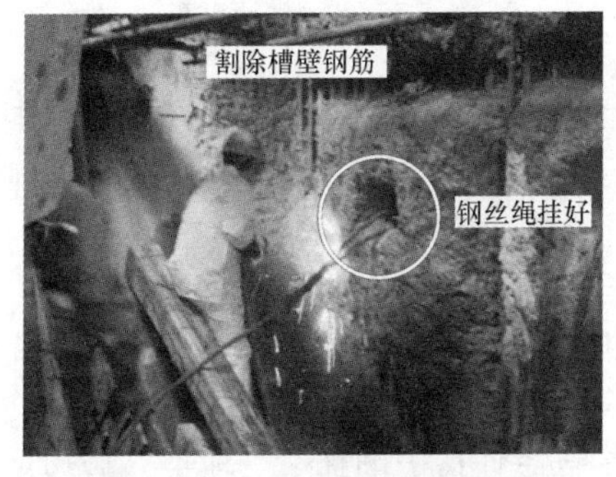

图 11-21　开始破槽壁割除钢筋

图 11-22　电焊工在脚手架上

图 11-23 拉除下部三块混凝土

下部混凝土拉除后，先将第一层脚手架割除，电焊工爬到第二层脚手架上开始割除中部混凝土块。

以上述方法类推，直至全部混凝土分块割除完毕。全部槽壁割除完毕后，要把最上方遗留的脚手架全部尽快割除（图 11-24、图 11-25）。将洞圈脏物清理完毕，掉落的混凝土块吊运到旁边，包括保护刀盘刀头和防水装置的方木（图 11-26、图 11-27）。

图 11-24 拉除第二层槽壁

图 11-25 割除脚手架

图 11-26 保护刀盘刀头

图 11-27 保护防水装置

工作准备就绪，盾构开始推进，向洞圈土体靠拢。在这期间，施工速度一定要快。在保证人员安全的情况下，尽量加快负环管片的拼装速度，配合盾构机以最快的速度靠近洞圈土体，防止土体暴露时间过长导致土体塌方。

盾构推进过程中，当负环管片脱离盾尾时，管片和盾构基座间将产生一定间隙。为防止管片下沉导致环缝开口，要在管片与盾构基座间用锥木塞住。为防止盾构推进导致管片标准块产生外张现象，在管片两边各焊接一支撑柱（图 11-28）。

盾构出洞是盾构施工中非常重要的环节，也是危险性最大的环节。所以，盾构出洞最关键的是要快。因此在破除洞门之前所有工作都应就绪，保证所有设备运转正常。各施工环节都应配合到位，力保盾构顺利靠上洞门土体。

6. 始发台两侧的加固

由于始发台在盾构始发时要承受纵向、横向的推力以及约束盾构旋转的扭矩。所以在盾构始发之前，必须对始发台两侧进行必要的加固。

图 11-28　开口环管片支撑

在安装井内的负环管片的拼装类型通常采取通缝拼装（图 11-29），主要是因为盾构井一般只有一个，在施工过程中要利用此井进行出渣、进管片。所以采用通缝拼装可以保证能及时、快速的拆除负环管片。

始发时盾构姿态的控制：主要通过盾构机的推进液压缸行程来控制姿态。

始发时盾构推进参数的控制：在保证盾构正常推进的情况下，稍微降低总推力和刀盘扭矩。

洞口注浆：在盾尾完全进入洞体后，调整洞口密封，进行洞口注浆。浆液不但要求顺利注入，而且要有早期的强度。

图 11-29　负环管片的拼装

反力架、负环管片的拆除：反力架、负环管片的拆除时间根据背衬注浆的砂浆性能参数和盾构的始发掘进推力决定。一般情况下，掘进 100m 以上（同时前 50 环完成掘进 7d 以上），可以根据工序情况和工作整体安排，开始进行反力架、负环管片拆除。

11.4.2　始发常见的问题处理

1. 加固效果不好

端头土体加固的效果不好是在始发过程中经常遇到的问题。采取的主要措施是必须根据端头土体情况选择合理的加固方法，而且要加强过程控制，特别是要严格控制一些基本参数。对于加固区与始发井间形成的必然间隙要采取其他方式处理。

2. 开洞门时失稳

开洞门时失稳主要表现为土体坍塌和水土流失两种，其主要原因也是由端头加固效果不好所致。在小范围的情况下可采用边破除洞门混凝土，边利用喷素混凝土的方法对土体临空面进行封闭。如果土体坍塌失稳情况严重时，只有封闭洞门重新加固。

3. 始发后盾构机“叩头”

始发推进后，在盾构机抵达掌子面及脱离加固区时容易出现盾构机“叩头”的现象，根据地质条件不同有些可能出现超限的情况。为此，通常采用抬高盾构机的始发姿态、合理安装始发导轨以及快速通过的方法尽量避免“叩头”或减少“叩头”的影响。

4. 密封效果不好

洞门密封的主要目的也是在始发掘进阶段减少土体流失。当洞门加固达到预期效果时，对于洞门环的强度要求相对较低，否则要在盾构推进前彻底检查和确定洞门环的状况。在始发过程中若洞门密封效果不好时可即时调整壁后注浆的配合比，使注浆后尽早封闭，也可采用在洞门密封外侧向洞门密封内部注快凝双液浆的办法解决。

5. 盾尾失圆

在很多情况下，始发阶段由于自重及其他原因，盾尾一般都会出现失圆的情况，有些可能达到 10cm 之多。可以采用盾构自带的整圆器进行整圆，在必要的情况下，可采用错缝拼装以保证在管片拼至隧道内时管片自身的椭圆度控制在误差以内。

6. 支撑系统失稳

支撑系统在某些情况下由于盾构机推进中的瞬时推力或扭矩较大而产生失稳，这样将导致整个始发工作的失败。对于支撑系统的失稳只能从预防角度进行，同时在始发阶段对支撑系统加强监测。

7. 地面沉降较大

由于始发施工的特殊性，始发阶段的地面沉降值均较大，因此在始发阶段需尽早建立盾构机的适合工况并严密注意出土量及土压力情况，同时加大监测频率，控制地面沉降值。

8. 小结

盾构的始发成功主要由始发条件及始发施工技术中每一环节的处理决定。在前期的地质勘探，特别是对端头土体的液限、塑限、渗透系数、含水量等各种物理力学指标进行全面的调查及评估是相当有必要的；同时应对始发技术施工中的每一个环节加强全面、细致的控制，以确保各种处理措施达到预期效果。因为始发技术与各个工程的始发条件息息相关，所以始发时每一个细节如采用什么端头加固方式、连续墙破除方式、始发台及反力架的定位等均需根据现场条件选择最合适的方法。

11.4.3 盾构施工的接收

盾构接收（进洞）阶段掘进是盾构法隧道施工最后一个关键环节。盾构能否顺利进洞关系到整个隧道掘进施工的成败。在盾构进洞前后需做好充分的盾构接收的准备工作，确保盾构以良好的姿态进洞，就位在盾构接收基座上。

盾构到达前须慎重考虑的事项如下：

1）选定加固工法加固到达部位近旁地层及设置出口密封圈。

2）为了确保盾构按规定计划路线顺利到达预定位置，需要认真讨论测定盾构位置的方法和隧道内外的联络方法。

3）讨论低速推进的起始位置、慢速推进的范围。

4）讨论泥水盾构泥水减压的起始位置。

5）讨论盾构推进到位时，由于推力的影响是否需要在竖井内侧井壁到达口处采取支护等措施。

6）讨论掘削到达面的方法及其起始时间。

7）认真考虑防止从盾构机外壳板和到达面间的间隙涌水、涌砂的措施。

8）盾构机停止推进的位置的讨论。

9）讨论到达部位周围的背后注浆工法。

10）应周密的考虑拉出盾构机到井内时的盾构承台等临时设备的配备及设置状况。

1. 盾构进洞土体加固

盾构进洞区域土体加固一般与出洞区域土体加固是同时进行，对盾构进洞土体加固效果的检验可参照对盾构出洞土体加固。

2. 盾构接收基座设置

盾构接收基座用于接收进洞后的盾构机，由于盾构进洞姿态是未知的。在盾构接收（进洞）前仍需复核接收井洞门中心位置和接收基座平面、高程位置（一般以低于洞圈面为原则），确保盾构机进洞后能平稳、安全推上基座。

3. 进洞前盾构姿态监控

在盾构进洞前 100 环对已贯通隧道内布置的平面导线控制点及高程水准基点做贯通前复核测量，是准确评估盾构进洞前的姿态和拟定进洞段掘进轴线的重要依据。复核数据应通过反复比较，分析误差是否在允许偏差之内，从而正确的指导进洞段盾构推进的方向。

4. 洞门围护结构凿除（进洞侧）

盾构进洞前需对接收井内围护结构背水面钢筋进行割除及混凝土凿除，通过打探孔实际验证盾构进洞区域土体加固的效果。在洞门围护结构凿除后同样需对其后土体自立性、渗漏等情况进行观察，判断进洞区域土体的实际加固效果是否满足盾构安全进洞的要求，否则应采取补救措施。

5. 盾构接收进洞

盾构接收（进洞）准备工作就绪后，盾构机向前推进，在前端刀盘露出土体直至盾构壳体顺利推上接收基座的过程称为“盾构接收进洞”。该关键环节要重点做好以下工作：

1）观察进洞洞口有无渗漏的状况，发现洞口渗漏应及时封堵。

2）及时安装洞口拉紧装置，并检查其牢固性。

6. 进洞前洞圈弧形钢板的焊接

盾构进洞前，为了缩小盾壳与洞圈的间隙、便于塞填海绵条以防止盾构进洞时洞圈产生出水、漏泥等问题，在洞圈内焊接一整环钢板。在盾构机靠上此钢板时，为确保钢板顺利外翻，在钢板一圈以 10cm 间距开缝，缝深约 10cm。

洞圈下部是盾构进洞的薄弱点，是最容易出现险情的部位，因此在洞圈底部钢板内、外层各加焊一道挡泥板，加焊在洞圈底部 6m 弧度范围，距离洞圈底部位置 25cm 处，10mm 厚；此外设高 100mm、内弧弦长 2m 钢板三道，间距 20cm，用于盾构进洞时清理盾构底部的泥土便于盾构顺利骑上基座（图 11-30）。

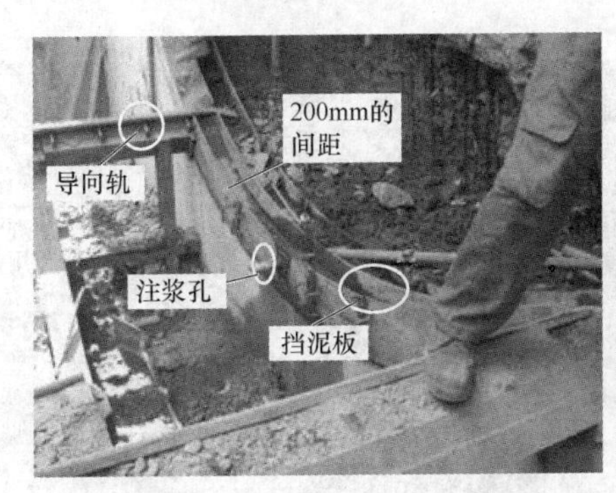

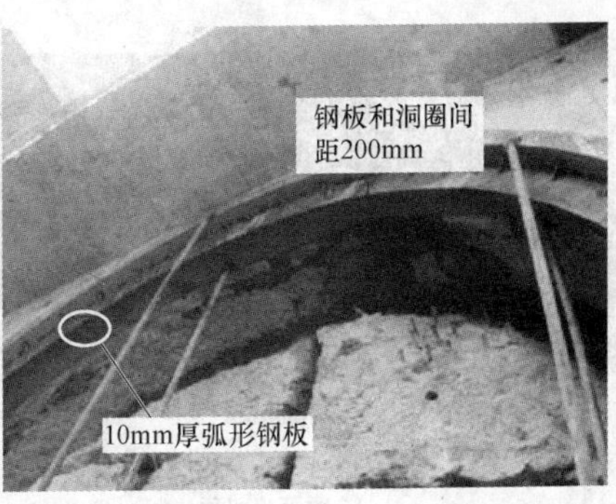

图 11-30　洞口

洞门破除完毕后，盾构开始推进。由于刀盘已出洞圈，前方无土层存在，故此时推进无出土，每推进 1.2m 应立即拼装尽快完成，从而缩短进洞时间防止发生意外。推进至盾尾还剩 70cm 在槽壁内停止推进盾构，一次进洞结束。

一次进洞后停止推进立即安装一整圈花纹钢板，钢板与洞圈采用段焊，当焊接完毕后用速凝水泥封堵弧形钢板上的所有间隙（图 11-31）。

隧道内注浆的同时考虑到浆液有可能顺着盾壳和管片间的间隙流出，所以在钢板上下左右 4 个位置开设注浆孔在必要时进行补压浆，浆液达到设定强度时开始二次进洞。

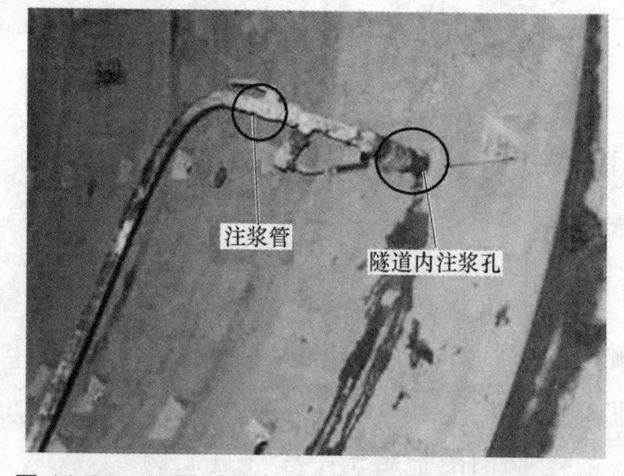

图 11-31 洞圈封堵完毕，准备开始进行壁后注浆

7. 防止管片被拉开的措施（图 11-32）

为防止盾构完全进洞后，千斤顶离开管片，管片反作用力的释放而拉开管片间的间隙，造成渗漏水现象，在管片的纵向螺栓上焊接 4 根拉杆，上部焊接两根，左右腰部各焊接一根。

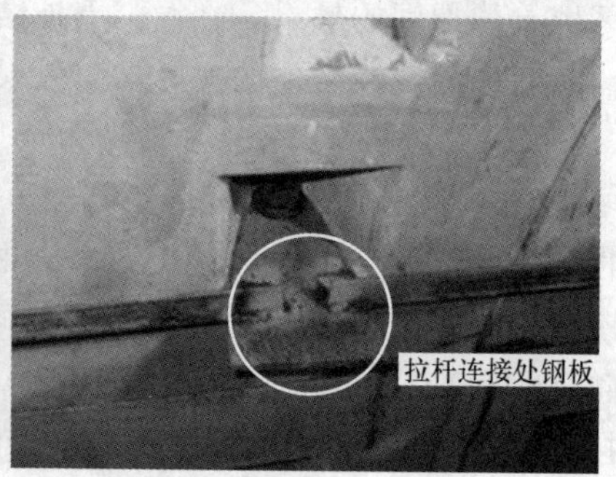

图 11-32 防止管片被拉开的措施图

把最后 20 环管片连接一起，先连接 547 环到 561 环，为保险起见此后每拼装好一环就焊拉杆连接。管片脱出盾尾后，螺栓有可能松动也会造成渗漏水现象，所以要加强对螺栓复紧、补紧。（注：拉杆材料为 10 号槽钢）

盾构正常推进阶段是千斤顶顶住管片向前前进，而此次推进已无管片，故使用顶管法，在千斤顶与管片之间加顶管使盾构机向前推进。当推进至盾尾离槽壁 3.5m 处停止推进（共推进 4.2m），二次进洞结束（图 11-33）。

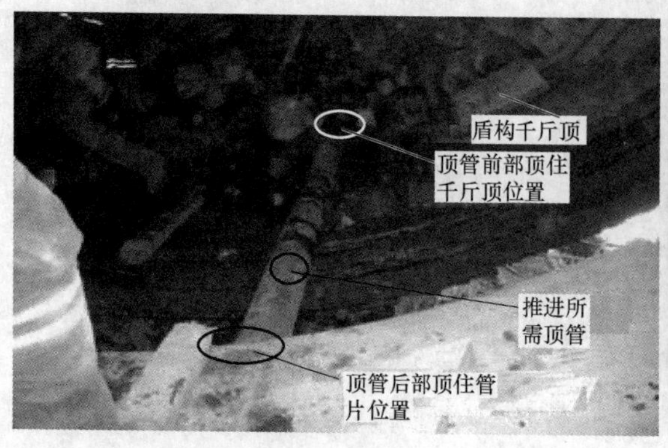

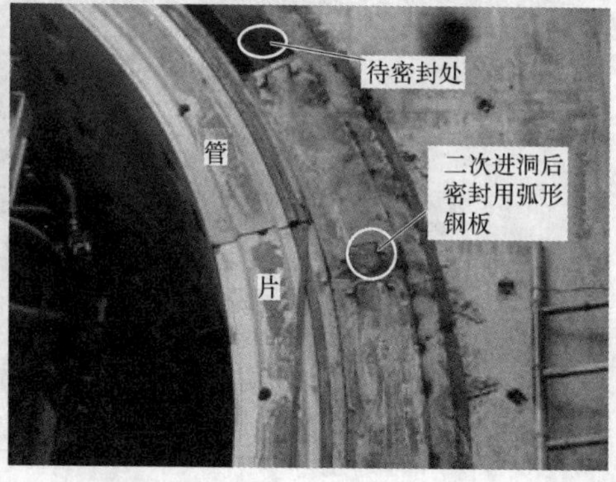

图 11-33 二次进洞图

二次进洞后同一次进洞相同，用弧形钢板焊接一圈，当焊接完毕后用速凝水泥封堵弧形钢板上的所有间隙，开始进行注浆加固。

11.4.4 砂性地层中盾构推进的影响

土压平衡盾构施工成功的关键之一是合理进行土压力管理，使开挖面保持稳定。为保证密封舱内的土压力能够真实反映，需要将开挖面切削下来的土体在密封舱内调整成一种“塑性流动状态”的土体。如果地层是淤泥质黏土层的话，只要在密封舱内通过旋转翼板搅拌，就可满足这种状态顺利进行施工。但是，如果地层是黏粒（粒径小于 0.005mm）的含量较少（小于 10%）的卵石层、砂土地层、粉土层、风化岩地层，进入密封舱的土体就很难形成这种“塑性流动状态”，从而给土压力保持带来困难，导致施工出现以下问题。

1. 开挖面失稳

当盾构开挖面中心水压力、土压力与盾构机密封舱内压力无法平衡的时候，将产生开挖面失稳。土压平衡盾构在砂性土层中施工时，由于砂性土流动性极差，切削下来的土体并不能充满整个密封舱，进入舱内砂性土大颗粒沉积在密封舱的底部，而细小颗粒浮在上层，出现分层离析、表层失水、开挖面上部的土压力无法被舱内压力平衡，发生土体失稳。

高水头压力下，大刀盘切削振动可能引起工作面附近砂土液化，孔隙水压力上升，有效应力减小，抗剪强度降低甚至丧失。液化引起的管涌流砂使工作面失去稳定平衡。土体失稳将引起大幅度的地层位移，使得相邻的建（构）筑物产生差异沉降，管线破裂，地表发生大范围沉陷，造成巨大的经济损失。

开挖面稳定性分析如下：土压平衡式盾构是将开挖下来的土料泥土化，由刀盘上轮辐开孔进入开挖面后的密封舱，通过施加适当的土压力并控制出土量，使密封舱土体挤压密实，保持与工作面水、土体侧压力动态平衡，开挖面处于稳定状态。

要保证开挖面的稳定必须注意以下几个环节：首先，盾构施工过程中必须在开挖面和隔板之间充满土料，这里土料是作为一种荷载传递的介质，将密封舱的压力由刀盘上的开孔传递到开挖面上，以维持工作面的稳定；其次，在盾构推进挖土和管片拼装过程中，始终保证盾构机密封舱内压力孔始终略微大于正面主动侧压力 P_S 和水压力 P_w 之和。

土压平衡式盾构在砂性土层中比较容易丧失稳定性主要是由于砂性土、砂质粉土等土层的渗透性好，受扰动后产生水土分离流出，土与水不能形成具有一定流动性的土料，无法完全充满开挖面与隔板之间的土舱，致使在开挖面上局部区域压力不平衡从而导致工作面失稳。由此可见要保证土压平衡式盾构在砂性土等特殊土层中施工时工作面的稳定，应当增加砂性土的保水性，改善其流动性。

2. 盾构推进时周围土体发生液化导致土体沉降

虽然土压平衡盾构施工时不会对盾构周围土体造成影响，但在砂性土等黏粒含量较少的特殊土层中的盾构推进过程会发生一个特殊现象，尤其是颗粒级配不理想和相对密度较小的土层中容易发生液化。

由于粉细砂层颗粒与颗粒之间吸引力相对很小，几乎没有连接，且含水量较高，所以在循环荷载作用的一开始，就产生一个较大的瞬间变形。原因分析如下：

颗粒受到挤压后，孔隙体积被压缩，孔隙比减小，此时部分有效应力发生转移，由超孔隙水压力来承担，土骨架强度降低，土体产生残余变形。当施加的动应力小于临界动应力时，随着振动时间的增长，土体颗粒经过不断调整，已能够适应变化了的压力环境，此时变形已趋于缓和，这是一个结构再造阶段。最后，当振动时间继续增长时，土体结构差异性调整已不明显，结构参数的变化大多趋于平缓，新的结构体系已基本形成；在压力的进一步作用下，新体系的结构要素仅做适当调整就能得到更加巩固的平衡结构。这时的永久变形值基本上已趋于稳定。但是当施加的动应力大于临界动应力时，随着振动次数增多，土体结构经过一段时间的调整仍不能适应新的压力环境，而在这个过程中，孔隙水压力不断上升，有效应力不断下降，最后导致土体强度丧失，也即粉细砂层达到了液化状态。

在砂性土层中盾构推进时，因盾构前进、盾构内部设备的振动和其他等因素，容易使周围的砂土发生液化，这在推进速度较慢和推进持续时间较长等情况下更加明显。砂土发生液化后，不可避免地造成土体的沉降。

3. 密封舱内砂土积聚，切削推进困难

土压平衡式盾构穿越砂性土地层时，若砂土中含有少量黏粒，则在盾构密封舱内的压力较高时，渣土往往无法顺利排出，在这样的情况下如果继续强行推进，那么密封舱内的砂粒失水固结越压越紧，将会使千斤顶的顶推力增加，刀盘的扭矩变大盾构无法正常推进，甚至会使刀具损伤，主轴承断裂，盾构严重损伤。上海地铁明珠二期Ⅰ临平路—溧阳路区间盾构隧道，在粉砂地层中施工，盾构推进时遇到这个问题，当时密封舱的闭塞密封舱内压力失控、扭矩变大、盾构推进困难，同时还引起较大的地层位移和地表沉降。

密封舱闭塞问题产生原因：土压平衡式盾构在砂性土层中掘进时，密封舱压力较在黏性土中掘进时高。含有少量黏粒的砂性土经刀盘切削进入密封舱后，由于砂性土本身具有较大的内摩擦力，加上少量黏粒所提供的黏结力，使得渣土在较高的密封舱压力作用下，发生应力重分布，在螺旋出土器的进出口附近容易产生拱作用，拱外渣土无法进入出土器，造成密封舱闭塞。

消除密封舱闭塞现象的关键在于消除压力拱。参照普氏理论，压力拱形成的一个重要原因就是松散体之间存在较大摩擦力和黏结力，因而应当从降低渣土的内摩擦角着手考虑。

4. 舱内泥砂“结饼”

当土压平衡式盾构在黏聚力和内摩擦角都比较大的土层中施工时，在密封舱内，主轴承附近的土体往往会排水固结，形成饼状，若不及时采取措施，结饼的范围将不断地扩大，最终充满整个密封舱，使得刀盘扭矩增大、切削困难甚至无法进行。2002 年，深圳地铁一期工程就遇到了这样的问题，最后不得不停止推进，打开密封舱人工处理，由此引起了邻近建筑物沉降，地表塌陷，对工程的影响巨大。

密封舱结饼现象问题产生原因：在砾质黏性土等同时具有较大的黏聚力和内摩擦角的土层中进行盾构掘进时，由于刀盘转动较慢，密封舱中的土体受到的搅拌作用的影响由周边向中间递减，在密封舱主轴处的土体基本上只受到沿盾构轴向的压力，在此荷载下，渣土中的孔隙水排出，发生固结，形成泥饼。若不及时处理，泥饼将向周边不断扩大直至充满整个密封舱。

与密封舱闭塞现象相似，引起结饼现象的关键在于砾质黏性土本身所具有的较大的黏聚力和内摩擦角，如何降低渣土的黏聚力和内摩擦角是解决结饼问题的核心。

5. 排土口喷涌，污染盾构作业面

通常情况下，在螺旋出土器的出口处，所排出的渣土中的水的压力为零，渣土在自重作用下落入输送带，然而在渗透性较大的砂性土中施工时，密封舱和排土器内的土体不能完全有效地抵抗开挖面上较高的水压力，会在螺旋出土器的口部产生喷涌。采用土压平衡式盾构施工的深圳地铁曾经遇到过这样的问题；广州地铁施工中也出现过因为喷涌而严重影响施工工期的情况。

喷涌发生的主体是强度较低的扰动土，发生路径是筒状的螺旋出土器，而且土体本身处于运动中，只是由于运动的速度和压力失控发生的现象。喷涌发生的关键是砂性土具有良好的渗透性，不能对流经的水造成较大的水头损失。

11.4.5　盾构施工管片拼装

1. 管片分类

管片宽度为 1.2m，厚度为 350mm。管片如图 11-34 所示。

2. 管片类型

钢管片、钢筋混凝土管片。

3. 技术名词解释

管片端头——每块管片的二个纵向端面。

张角——两块管片端面接头缝在径向向外张开称外张角，反之称内张角。

喇叭——两块管片端面接头缝在纵向向推进方向张开叫前喇叭，反之称后喇叭。

图 11-34　管片

踏步——前后两环管片内弧面的不平整度。

纵向螺栓——环与环之间的连接螺栓。

环向螺栓——同一环管片块与块之间的连接螺栓。

端肋——管片中每块管片两端头的肋板。

环肋——管片环向的肋板。

纵肋——管片在纵向的加劲肋。

椭圆度——圆环垂直、水平两直径之差值。

超前——指圆环环面与推进设计轴线垂直度的误差，有上、下超前和左、右超前之分。

4. 管片成环后的尺寸

隧道管片成环后，其管片外径为 6200mm，内径为 5500mm（指单圆隧道，盾构直径为 6340mm），如图 11-35 所示。

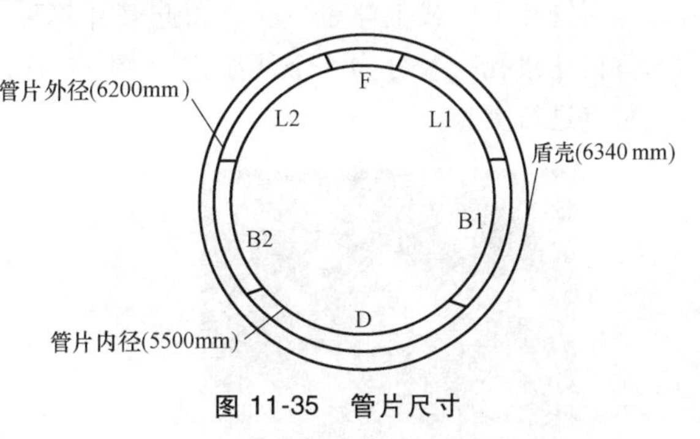

图 11-35　管片尺寸

5. 管片进场验收

管片进场必须对其进行验收，保证管片质量，对管片的生产日期和养护期、合格证进行校对。

管片吊卸必须小心轻放，防止管片被撞坏，影响管片的质量（图 11-36）。

管片堆放时，管片与管片之间必须放置枕木，防止管片受力不均，使管片产生裂缝。管片的堆放高度不得高于 3 块管片的高度（图 11-37）。

图 11-36　管片的吊装

图 11-37　管片的堆放

6. 管片防雨设施

管片堆场放置移动遮雨篷（图 11-38），可以在雨天中用来遮雨，并在雨天中可进行管片涂装工作。在下雨天中，用油布遮盖管片，以对管片的止水带（图 11-39）起保护作用（止水带遇水会膨胀，从而失去止水作用）。

图 11-38 管片的防雨措施

图 11-39 管片止水带

7. 同步注浆拌浆作业

盾构机在推进时，必须压注同步注浆浆液，控制地面的沉降。

管片与盾构间的建筑间隙，由单液浆对其进行有效的填充，减小盾构推进时对地面管线、建筑物的影响。

注浆时要进行浆液稠度测试（图 11-40），测试值为 9~11。

同步注浆的作用：同步注浆可以对管片的环与环之间的高差进行有效的控制，以免管片推出盾尾后管片下沉或上浮量过大，引起管片碎裂。

盾构注浆孔一般分为 6 个注浆点（图 11-41），可以随时根据管片姿态与盾构姿态对盾构的注浆点进行更换。

图 11-40 稠度仪

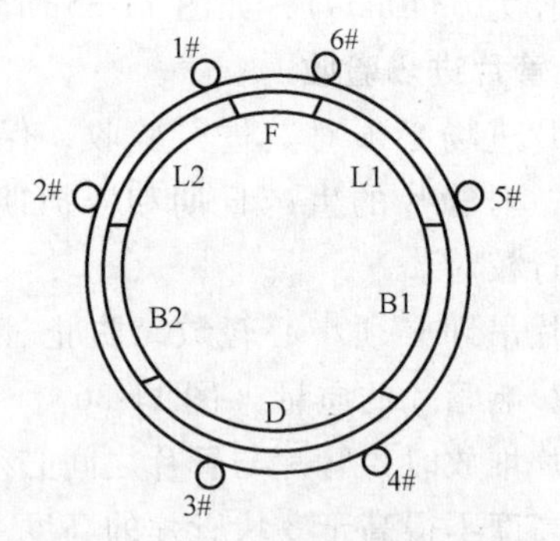

图 11-41 盾构同步注浆孔位置

8. 管片拼装的特点

管片拼装形式一般分为两种：通缝拼装和错缝拼装（图 11-42）。

通缝拼装：各环管片的纵缝对齐的拼装方法，这种拼装方法在拼装时定位容易，纵向螺栓容易穿进，拼装施工应力小，但容易产生环面不平，并有较大累计误差，导致环向螺栓很难穿进，环缝压密量不够。

错缝拼装：错缝拼装即前后环管片的纵缝错开拼装，一般错开 1/2~1/3 块管片弧长，用此法建造的隧道整体性好，拼装施工应力大，纵向穿螺栓困难，纵缝压密差。但环面较平正，穿环向螺栓比较容易。

a)

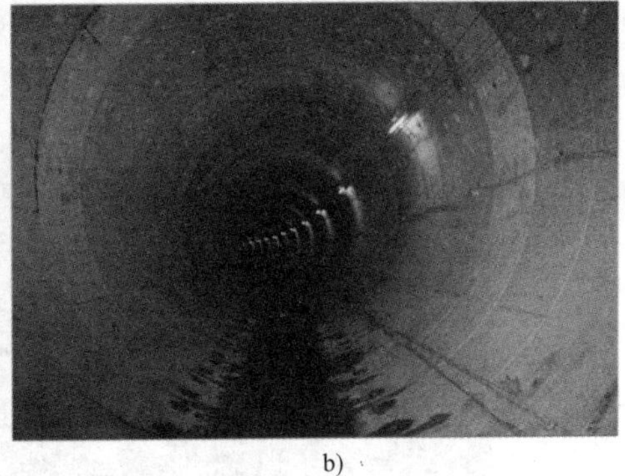

b)

图 11-42　管片拼装形式

a）通缝拼装隧道　b）错缝拼装隧道

成环隧道的直径：成环管片外径为 6200mm；成环管片的内径为 5500mm；

管片拼装成环一共由 6 块管片组成：1 块落底块 D 块、2 块标准块 B1、B2 块、2 块邻接块 L1、L2 块、1 块封顶块 F 块（图 11-43）。

9. 管片拼装顺序

管片拼装顺序一般为先下后上，如图 11-44 所示：

第一步：拼装落底块 D 块。

第二步：拼装标准块 B1、B2，左右交叉。

第三步：拼装邻接块 L1、L2 左右交叉。

第四步：拼装封顶块 F，纵向插入。

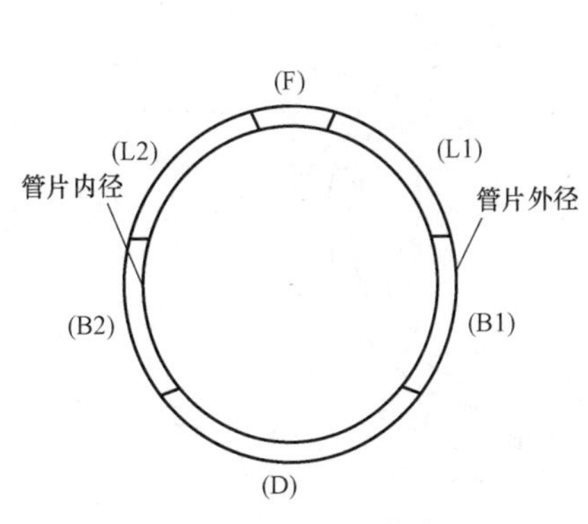

图 11-43　管片拼装成环

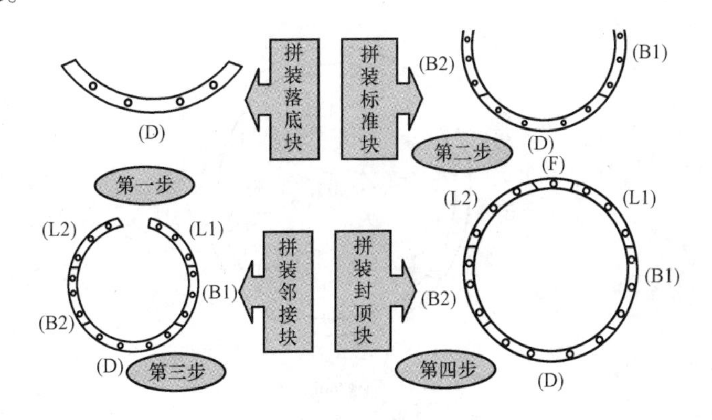

图 11-44　管片拼装顺序示意图

（1）拼装

1）管片拼装前，盾尾夹仓必须清理干净，里面不能有管片碎裂或小石块，以免使落底块拼装时，无法使其与上一环管片环面相平。

2）管片拼装时，检查管片的止水带有无脱落的现象，以免在管片拼装时翻到槽外，使其与前一环的环面不密贴，引起管片的渗漏水现象。

3）检查管片的环面是否平整，如果不平整，应用及时采用粘贴楔子，对其进行管片的纠偏。

4）拼装封顶块 F 块，为纵向插入式。

在其左右两侧涂刷润滑剂，使在插入时不会过紧，避免止水带向外逃出，从而影响下一环管片的拼装。在拼装时管片邻接块 L1、L2 两角部容易碎裂，从而引起管片渗漏水。

管片成环过程及成环后如图 11-45 所示。

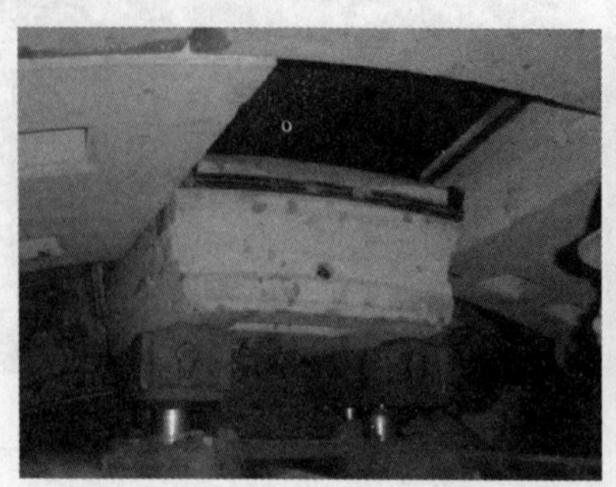

图 11-45 管片成环过程及成环后

(2) 管片超前量的制作

管片的超前量直接控制着整条隧道的质量，管片的超前量一般由井下测量人员使用垂线对其进行垂吊，并计算出管片的超前量。

施工队按照管片的实际超前量与设计超前量并与盾构机现在的盾构姿态，对管片的超前量做出相应的调整。如果实际管片的超前量比设计超前量大得多，并且落低块已经与盾壳相碰，那么此时应对管片做下超，相反为上超，如果管片标准块 B1 与盾壳相碰或间隙过小，那么管片应做右超，相反为左超（图 11-46）。

如果管片的楔子不及时跟上，会引起在盾构推进时管片外弧被盾壳拉坏，引起管片的渗漏水。

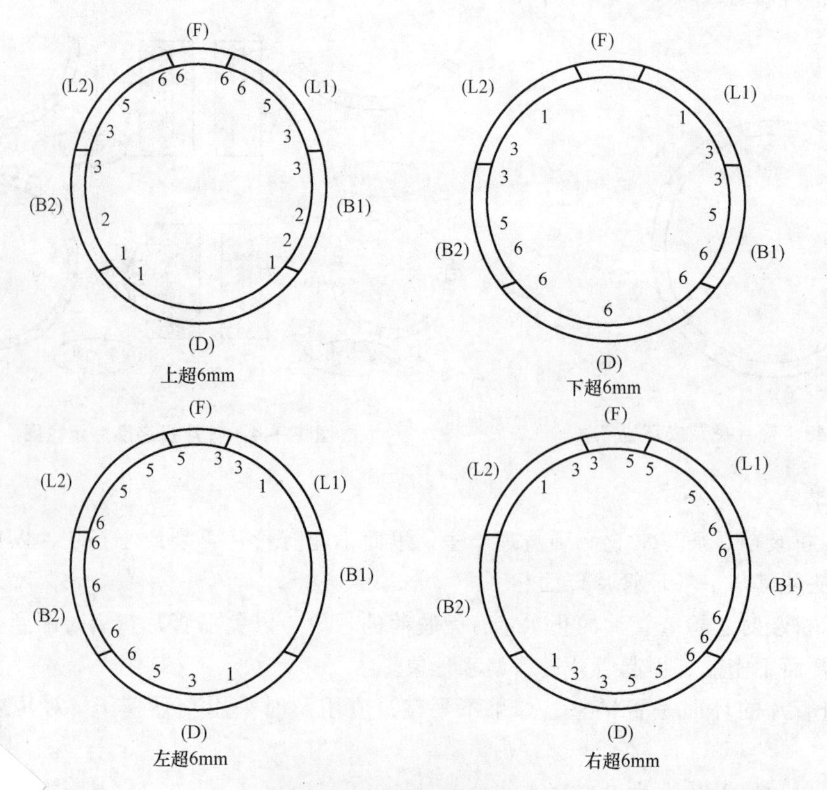

图 11-46 管片超前量示意图

（3）管片环面错位纠偏　对于管片十字缝错位，将采用楔子对其进行环面纠偏。

1）楔子粘贴。管片十字缝错位纠偏应把楔子粘贴于管片的侧面，根据十字缝错位的大小，调整楔子的粘贴量和粘贴部位，防止管片拼装成环后出现喇叭口（图 11-47）。

a)

b)

图 11-47　楔子粘贴

a）楔子粘贴后　b）楔子未粘贴

2）楔子的特性。一般楔子的厚度分为 1mm、2mm、3mm 三种。楔子的粘贴量一般最厚为 6mm，并且粘贴时在膨胀止水带上多粘贴一条红色止水条。楔子的粘贴一般以阶梯式进行（图 11-48）。楔子的粘贴不易过厚，以免使管片受力后，因受力不均匀而产生裂缝，影响隧道质量。

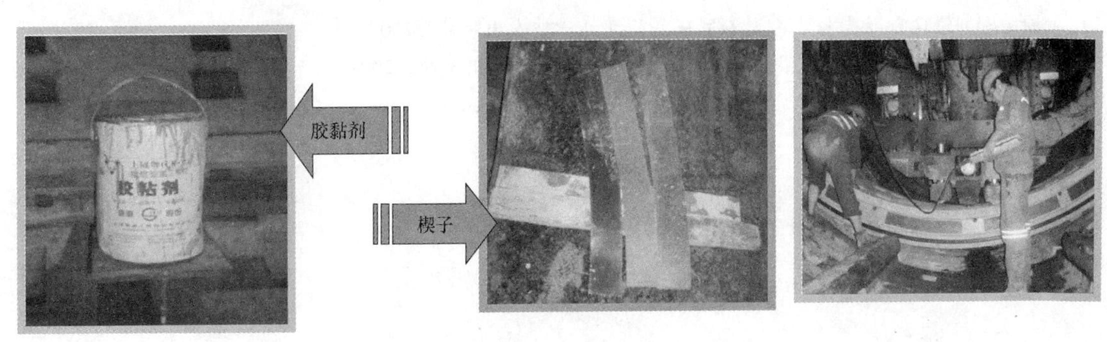

图 11-48　楔子粘贴过程

参考文献

[1] 应惠清. 土木工程施工（上、下）[M]. 上海：同济大学出版社，2003.

[2] 刘津明，韩明. 土木工程施工 [M]. 天津：天津大学出版社，2001.

[3] 毛鹤琴. 土木工程施工 [M]. 3 版. 武汉：武汉理工大学出版社，2007.

[4] 于书翰. 道路工程 [M]. 武汉：武汉工业大学出版社，2000.

[5] 李书全. 土木工程施工 [M]. 上海：同济大学出版社，2004.

[6] 郭正兴. 土木工程施工 [M]. 南京：东南大学出版社，2007.

[7] 俞国凤. 土木工程施工工艺 [M]. 上海：同济大学出版社，2007.

[8] 阎西康. 土木工程施工 [M]. 北京：中国建材工业出版社，2000.

[9] 刘宗仁. 土木工程施工 [M]. 北京：高等教育出版社，2003.

[10] 段新胜，顾湘. 桩基工程 [M]. 武汉：中国地质大学出版社. 1994.

[11] 杨南方，尹辉. 建筑工程施工技术措施 [M]. 北京：中国建筑工业出版社，2000.

[12] 刘嘸. 土木工程施工技术 [M]. 北京：中国建筑工业出版社，2007.

[13] 李伟，王飞. 建筑工程施工技术 [M]. 北京：机械工业出版社，2006.

[14] 北京建工集团. 建筑工程施工技术规程 [M]. 北京：中国建筑工业出版社，2006.

[15] 李建峰. 现代土木工程施工技术 [M]. 北京：中国电力出版社，2008.

[16] 范宏. 建筑施工技术 [M]. 北京：化学工业出版社，2005.

[17] 王士川. 建筑施工技术 [M]. 北京：冶金工业出版社，2004.

[18] 应惠清. 建筑施工技术 [M]. 上海：同济大学出版社，2006.

[19] 邬永华，何光. 建筑施工技术 [M]. 上海：东华大学出版社，2004.

[20] 魏瞿霖，王松成. 建筑施工技术 [M]. 北京：清华大学出版社，2006.

[21] 周金春. 建筑施工技术 [M]. 石家庄：河北科学技术出版社，2005.

[22] 张厚先，王志清. 建筑施工技术 [M]. 北京：机械工业出版社，2008.

[23] 侯洪涛. 建筑施工技术 [M]. 北京：机械工业出版社，2008.